机械图绘制与识读

从新手到高手

HUIZHI YU SHIDU
CONG XINSHOU
DAO GAOSHOU

何培英　樊宁　利歌　著

化学工业出版社

·北京·

内 容 简 介

本书从满足机械工程技术人员设计制图、识图的实际需要出发，通过大量的范例介绍机械图样绘制和识图的相关知识。

采用三步法标注尺寸、三步法识读图样，从而实现快速绘制和阅读机械图样。主要内容包括：制图识图的基本知识，投影与视图，轴测图和展开图，零件图，常用标准件及齿轮、弹簧，装配图，识读装配图和零件图实训。书中图例及标准均采用最新国家标准。

书中配备了丰富的视频讲解，手机扫码即可观看，一目了然，便于自学。

本书内容由浅入深，循序渐进，可为机械制图识图的初学者、高校机械及相关专业师生尽快掌握绘制和识读机械图样的技巧和方法提供有益帮助，也可作为参考书供从事机械设计、制造相关工作的工程技术人员学习、使用，还可作为全国职业技能大赛、1＋X证书考评及全国制图大赛学习提高的教材，亦可配套《中望机械工程识图能力实训评价软件 V2021》和《中望三视图考评软件 V2021》两款信息化教学软件使用。

图书在版编目（CIP）数据

机械图绘制与识读从新手到高手/何培英，樊宁，利歌著. —北京：化学工业出版社，2022.4
ISBN 978-7-122-40760-3

Ⅰ.①机⋯　Ⅱ.①何⋯ ②樊⋯ ③利⋯　Ⅲ.①机械制图②机械图-识图　Ⅳ.①TH126

中国版本图书馆 CIP 数据核字（2022）第 021311 号

责任编辑：贾　娜　　　　　　　　　　文字编辑：朱丽莉　陈小滔
责任校对：宋　夏　　　　　　　　　　装帧设计：王晓宇

出版发行：化学工业出版社（北京市东城区青年湖南街 13 号　邮政编码 100011）
印　　装：三河市延风印装有限公司
787mm×1092mm　1/16　印张 25　字数 637 千字　2023 年 4 月北京第 1 版第 1 次印刷

购书咨询：010-64518888　　　　　　　售后服务：010-64518899
网　　址：http://www.cip.com.cn
凡购买本书，如有缺损质量问题，本社销售中心负责调换。

定　价：128.00 元

前言

机械设计过程，是在不断总结前人设计的基础上进行优化和创新，设计人员不但需要具有制图技能，同时更需要识图能力，本书正是为满足读者的这一需求而编写的。主要介绍了机械图样绘制及识读的有关知识和方法，从设计的角度出发，阐述各种机械零部件的表达方法，尺寸标注特点，各种符号、代号的含义，图样的绘制技巧和阅读方法，突出学用结合，帮助读者快速绘制和读懂机械零部件的结构形状及内外在质量要求。

本书具有以下特点：

1. 以图说图，通俗易懂

书中尽量采用以图说图的形式介绍基本概念、图样画法、图样识读等，直观形象，文字简洁，详略得当。

2. 范例来自工程实践，实用性强

机械制图是设计者把设计思想转变成产品这一过程中的首要环节，而识图则是将设计理念变成产品的必备技能，因此机械图样的绘制和识读是每个机械工程从业人员必须具备的能力。本书所举实例充分考虑到学用结合，大部分范例以工程实例为主，其内容涉及机械工程的各个方面，所举图例具有参考示范作用，可供读者参考。

3. 内容丰富，覆盖面广

本书列举了常用机械零件的绘制和阅读方法，包括轴套类零件、轮盘类零件、叉架类零件、箱体类零件、钣金与冲压类零件、塑料及镶嵌类零件、型材折弯类零件、焊接类零件等；以及圆柱齿轮、圆锥齿轮、蜗轮蜗杆、弹簧、轴承、螺纹连接件、键和销、骨架式油封、弹性挡圈等零件的画法，轴测图和展开图画法，装配图及装配示意图的画法。总结了常用标准结构的图形及尺寸，常用的各种标准件结构及尺寸，常用工程材料，常用的技术要求书写方法，供设计者设计和绘图时参考使用。基本涵盖了机械行业的各类图样，能够满足机械设计人员在设计过程中的绘图及识图需要。

4. 手机扫码可视，方便直观

书中配备了丰富的视频讲解，以直观的方式为读者讲解了机械制图识图的各个过程，手机扫码即可观看，一目了然，实用性强，便于读者自学掌握。

5. 具有前瞻性和延续性

采用最新国家标准，对新旧国标的相同与不同作了对比，方便设计人员兼顾过去、现在和未来。

6. 复习、检验学习效果

每章后面都附有一定量的练习题，供读者复习、检验学习效果。同时设置了实训内容，供读者检验自学成果。

本书由郑州轻工业大学何培英、郑州工业应用技术学院樊宁、河南轻工职业学院利歌共同编写。本书是教育部产学合作协同育人项目（2019年第二批，项目编号：201902122001）的成果之一。在撰写过程中，得到了各界同仁和朋友的大力支持、鼓励和帮助，特别是广州中望龙腾软件股份有限公司的大力支持，在此表示衷心的感谢。

由于笔者水平及经验所限，书中不妥之处在所难免，恳请广大读者提出宝贵意见。

著　者

目录

第1章
制图识图的基本知识　　　　　　　　　　　　　　　　　　　1

1.1　对机械图样的初步认识　……………………………………………………　1
 1.1.1　认识机械零部件和机械图样　……………………………………………　2
 1.1.2　产品及其组成部分的名词　………………………………………………　5
 1.1.3　图样的分类　………………………………………………………………　6
 1.1.4　产品图样及设计文件图样的基本要求　…………………………………　7
 1.1.5　绘制机械图样应具备的基本知识　………………………………………　8
1.2　技术制图与机械制图国家标准——基本规定　…………………………………　8
 1.2.1　图纸幅面和格式（GB/T 14689—2008）　………………………………　8
 1.2.2　比例（GB/T 14690—1993）　……………………………………………　13
 1.2.3　字体（GB/T 14691—1993）　……………………………………………　14
 1.2.4　图线及其画法（GB/T 17450—1998、GB/T 4457.4—2002）　………　14
 1.2.5　尺寸注法（GB/T 4458.4—2003、GB/T 16675.2—2012）　…………　17
1.3　手工绘图工具及使用方法　……………………………………………………　21
 1.3.1　丁字尺　……………………………………………………………………　21
 1.3.2　三角板　……………………………………………………………………　22
 1.3.3　圆规　………………………………………………………………………　22
 1.3.4　分规　………………………………………………………………………　22
 1.3.5　铅笔　………………………………………………………………………　23
 1.3.6　曲线板　……………………………………………………………………　23
 1.3.7　模板　………………………………………………………………………　24
1.4　几何作图　………………………………………………………………………　24
 1.4.1　等分直线段　………………………………………………………………　24
 1.4.2　作直线段垂直平分线　……………………………………………………　24
 1.4.3　规则几何图形的画法　……………………………………………………　25
 1.4.4　锥度和斜度的画法　………………………………………………………　27
 1.4.5　圆弧连接　…………………………………………………………………　28
 1.4.6　椭圆的画法　………………………………………………………………　31
1.5　平面图形的画法　………………………………………………………………　32
1.6　手工绘制工程图样的步骤　……………………………………………………　34
 1.6.1　绘图前的准备工作　………………………………………………………　34
 1.6.2　绘图的方法和步骤　………………………………………………………　35

第 2 章
投影与视图

2.1　投影的基本知识 ……………………………………………………………… 37
　2.1.1　投影概念和正投影法 ………………………………………………… 37
　2.1.2　正投影的投影特性 …………………………………………………… 38
2.2　点、线、面的投影特性 ……………………………………………………… 39
　2.2.1　点的投影及投影特性 ………………………………………………… 39
　2.2.2　直线的投影及投影特性 ……………………………………………… 41
　2.2.3　平面的投影及投影特性 ……………………………………………… 44
2.3　视图 …………………………………………………………………………… 48
　2.3.1　基本视图的形成及投影规律 ………………………………………… 48
　2.3.2　简单形体的视图表达——三视图 …………………………………… 49
　2.3.3　物体上可见与不可见部分的表示法 ………………………………… 49
　2.3.4　画三视图的方法与步骤 ……………………………………………… 50
2.4　基本几何立体的视图及画法 ………………………………………………… 52
　2.4.1　常见平面立体的视图及画法 ………………………………………… 52
　2.4.2　常见曲面立体的视图及画法 ………………………………………… 56
2.5　组合体视图 …………………………………………………………………… 60
　2.5.1　组合体的组合方式 …………………………………………………… 60
　2.5.2　简单截切体的视图画法 ……………………………………………… 63
　2.5.3　相贯体的视图画法 …………………………………………………… 78
　2.5.4　组合体视图的画法 …………………………………………………… 85
　2.5.5　识读组合体视图方法——三步法 …………………………………… 91
　2.5.6　组合体的尺寸标注 …………………………………………………… 103
2.6　第三角投影法简介 …………………………………………………………… 109
　2.6.1　第三角画法的概念 …………………………………………………… 109
　2.6.2　第三角画法的特点 …………………………………………………… 109
　2.6.3　第一角、第三角画法对比 …………………………………………… 109

第 3 章
轴测图和展开图

3.1　轴测图 ………………………………………………………………………… 111
　3.1.1　轴测图概述 …………………………………………………………… 111
　3.1.2　正等轴测图 …………………………………………………………… 112
　3.1.3　斜二等轴测图 ………………………………………………………… 119
　3.1.4　轴测图的尺寸标注 …………………………………………………… 120
3.2　展开图 ………………………………………………………………………… 121
　3.2.1　展开图绘制的基本知识 ……………………………………………… 121
　3.2.2　平面立体的展开 ……………………………………………………… 124

3.2.3 可展曲面的展开 ·· 127
3.2.4 不可展曲面的近似展开 ·· 131
3.2.5 展开图实例 ··· 133

第 4 章
零件图

4.1 零件图的常用表达方法 ·· 136
4.1.1 零件外形的表达方法——视图 ···································· 136
4.1.2 视图的识读注意事项 ··· 139
4.1.3 零件内形的表达方法——剖视图 ································· 141
4.1.4 剖视图的识读 ·· 152
4.1.5 零件断面的表达方法——断面图 ································· 155
4.1.6 断面图的识读 ·· 158
4.1.7 零件的局部表达方法——局部放大图 ··························· 159
4.1.8 零件表达的规定画法及简化表示法 ······························ 160
4.1.9 零件的常用表达方法应用实例 ···································· 165
4.2 零件图的尺寸标注 ·· 169
4.2.1 基于不同表达方法的尺寸标注特点 ······························ 169
4.2.2 标注零件尺寸时尺寸基准的选择 ································ 171
4.2.3 合理标注尺寸的一些原则 ·· 171
4.2.4 各类孔的尺寸标注 ··· 173
4.2.5 长圆形孔的尺寸注法 ··· 174
4.2.6 机件尺寸的标注方法和步骤 ······································ 175
4.2.7 尺寸标注举例 ·· 178
4.3 零件图中的技术要求 ·· 181
4.3.1 表面结构要求（GB/T 131—2006） ······························ 181
4.3.2 极限与配合（GB/T 1800.1—2020，GB/T 1800.2—2020） ········ 187
4.3.3 几何公差（GB/T 1182—2018） ································· 195
4.3.4 零件常用材料、涂镀与热处理 ···································· 198
4.3.5 技术要求的书写规范和要点 ······································ 202
4.4 零件上常见的工艺结构 ·· 202
4.4.1 铸造零件工艺结构 ··· 202
4.4.2 倒角和圆角 ·· 203
4.4.3 退刀槽和砂轮越程槽 ··· 204
4.4.4 V 形槽和 T 形槽 ··· 205
4.4.5 方槽和半圆槽 ·· 205
4.4.6 中心孔 ··· 206
4.4.7 凸台和沉孔 ·· 206
4.5 零件上螺纹结构的表达 ·· 207
4.5.1 螺纹的常见结构 ··· 208
4.5.2 螺纹要素 ··· 208

4. 5. 3　螺纹的规定画法（GB/T 4459. 1—1995）·······················209

4. 5. 4　螺纹的种类及标注 ·······211

4. 5. 5　螺纹工艺结构参数 ·······214

4. 6　常见典型零件的结构、画法、尺寸标注及技术要求 ·······214

4. 6. 1　轴套类零件 ·······215

4. 6. 2　轮盘类零件 ·······221

4. 6. 3　叉架类零件 ·······227

4. 6. 4　箱体类零件 ·······231

4. 6. 5　钣金类与冲压类零件 ·······237

4. 6. 6　塑料零件及镶嵌类零件 ·······239

4. 6. 7　型材折弯类零件 ·······241

4. 6. 8　零件图绘制注意事项(JB/T 5054. 2—2000) ·······243

4. 7　焊接件图样 ·······243

4. 7. 1　常见焊缝画法、焊缝符号表示法及其标注 ·······244

4. 7. 2　焊接图样画法及示例 ·······248

4. 8　识读零件图 ·······250

4. 8. 1　识读零件图的方法和步骤 ·······250

4. 8. 2　零件图识读举例 ·······250

第 5 章
常用标准件及齿轮、弹簧

261

5. 1　螺纹紧固件的连接及画法 ·······261

5. 1. 1　常用的螺纹紧固件 ·······261

5. 1. 2　常用螺纹紧固件的连接及画法 ·······263

5. 1. 3　螺纹连接的防松结构 ·······269

5. 1. 4　螺纹紧固件相关的工艺结构 ·······271

5. 2　键连接的结构及画法 ·······273

5. 2. 1　常用键连接、画法及尺寸注法 ·······273

5. 2. 2　花键连接、画法及尺寸注法 ·······275

5. 3　销连接的结构及画法 ·······276

5. 3. 1　圆柱销连接、画法及尺寸注法 ·······277

5. 3. 2　圆锥销连接、画法及尺寸注法 ·······278

5. 3. 3　开口销及弹性圆柱销 ·······278

5. 4　滚动轴承的结构及画法 ·······278

5. 4. 1　滚动轴承的规定画法和简化画法（GB/T 4459. 7—2017）·······279

5. 4. 2　滚动轴承的代号和标记（GB/T 272—2017）·······280

5. 4. 3　轴承安装的常用结构画法 ·······281

5. 5　旋转轴唇形密封圈的结构及画法 ·······281

5. 5. 1　旋转轴唇形密封圈结构 ·······281

5. 5. 2　旋转轴唇形密封圈画法 ·······281

5. 6　弹性挡圈的结构及画法 ·······283

5.6.1 孔用弹性挡圈 ······ 283

5.6.2 轴用弹性挡圈 ······ 283

5.7 齿轮类零件的结构、画法及尺寸注法 ······ 284

5.7.1 直齿圆柱齿轮 ······ 284

5.7.2 直齿圆锥齿轮 ······ 288

5.7.3 蜗杆蜗轮 ······ 290

5.8 常用弹簧结构、画法及尺寸注法 ······ 294

5.8.1 螺旋弹簧的规定画法（GB/T 4459.4—2003） ······ 295

5.8.2 压缩弹簧的结构及画法 ······ 295

5.8.3 拉伸弹簧的结构及画法 ······ 298

5.8.4 其他弹簧的结构及画法 ······ 298

5.8.5 装配图中弹簧的画法 ······ 299

第 6 章
装配图

301

6.1 装配图的表达方法 ······ 304

6.1.1 装配图的规定画法 ······ 304

6.1.2 装配图的特殊画法 ······ 305

6.2 装配图的尺寸标注和技术要求的注写 ······ 307

6.2.1 装配图的尺寸标注 ······ 307

6.2.2 装配图上技术要求的注写 ······ 308

6.3 装配图的零件序号及明细栏 ······ 309

6.3.1 零件序号的编写 ······ 309

6.3.2 明细栏的编写（GB/T 10609.2—2009） ······ 310

6.4 常见的装配结构 ······ 312

6.5 装配图的画法 ······ 313

6.5.1 画图前的准备 ······ 313

6.5.2 视图的选择 ······ 314

6.5.3 装配图的画图步骤 ······ 319

6.5.4 装配图绘制实例 ······ 320

6.5.5 画装配图应注意的事项 ······ 324

6.6 装配示意图的画法 ······ 326

6.6.1 装配示意图的符号 ······ 326

6.6.2 装配示意图的绘制实例 ······ 327

6.7 识读装配图及由装配图拆画零件图 ······ 330

6.7.1 识读装配图的方法和步骤 ······ 330

6.7.2 由装配图拆画零件图 ······ 337

第 7 章
识读装配图和零件图实训

347

7.1 实训说明 ······ 347

7.2　识读螺旋千斤顶实训测验题 ·· 347

7.3　识读球阀实训测验题 ·· 352

7.4　识读齿轮液压泵实训测验题 ·· 362

参考答案　　　　　　　　　　　　　　　　　　　　　　374

附录　　　　　　　　　　　　　　　　　　　　　　　　375

附录 A　优先及常用配合孔和轴的极限偏差 ···························· 375

附录 B　常用零件的结构要素 ·· 379

附录 C　螺纹紧固件 ··· 382

附录 D　键与销 ··· 387

参考文献　　　　　　　　　　　　　　　　　　　　　　389

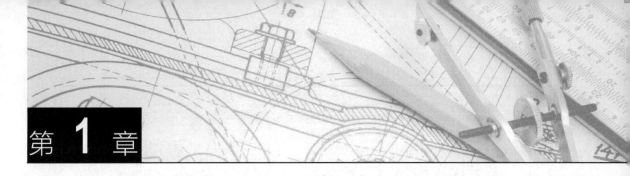

第 1 章

制图识图的基本知识

图样是用来表达设计者思想的媒介，其内容包含形状大小和内外结构、工作原理、连接方法等，是用于制作、使用和交流的工具，故画法应遵循一定的要求和规定。凡绘制了视图、编制了技术要求的图纸称为图样。

1.1
对机械图样的初步认识

一台机器（或设备）是由若干零部件组成的。如一台齿轮油泵系统是由动力部分（电动机）、齿轮油泵、连接架、联轴器和进、出油管路等组成，如图 1-1 所示。反映这个机器或设备的图纸称为总（部）装配图，如图 1-2 所示。齿轮油泵是这个齿轮油泵系统的一个部件，由 16 种零件组成，如图 1-3 所示。反映这个齿轮泵的图纸称为部件装配图，如图 1-4 所示。组成机器或机械的不可分拆的单个制件称为零件，它是机器的基本单元，反映某个零件的图纸称为零件图，如图 1-5 所示。

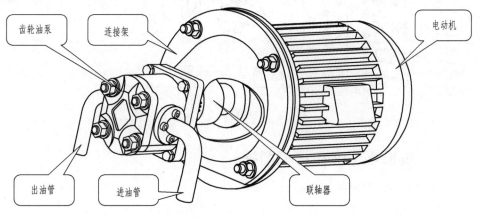

图 1-1　齿轮油泵系统

在工程实践中，先将零件组装成部件，然后再将这些部件组装成机器或设备。无论是设

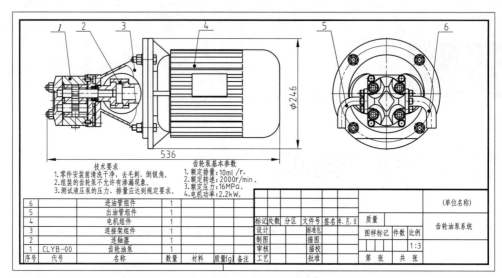

技术要求
1. 零件安装前清洗干净，去毛刺，倒锐角。
2. 组装的齿轮泵不允许有渗漏现象。
3. 测试液压泵的压力、排量应达到规定要求。

齿轮泵基本参数
1. 额定排量：10ml /r。
2. 额定转速：2000r/min。
3. 额定压力：16MPa。
4. 电机功率：2.2kW。

6		进油管组件	1			
5		出油管组件	1			
4		电机组件	1			
3		连接架组件	1			
2		连轴器	1			
1	CLYB-00	齿轮油泵	1			
序号	代号	名称	数量	材料	质量[g]	备注

					(单位名称)		
标记	处数	分区	文件号	签名	年，月，日	质量	
设计				标准化		齿轮油泵系统	
制图				描图	图样标记	件数	比例
审核				描校			1:3
工艺				批准	第 张	共 张	

图 1-2　齿轮油泵系统装配图

计、制造、安装还是使用机器设备，都离不开各种机械图样。机械图样是设计、制造、检测、安装和使用过程不可或缺的技术文件。能够看懂和绘制各种常用的机械图样是机械行业技术人员的基本功。本章首先认识一下工程中常用的机械图样。

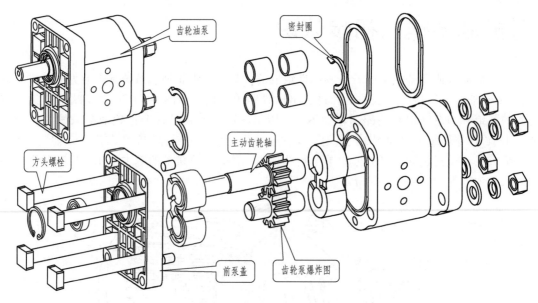

图 1-3　齿轮油泵及爆炸图

1.1.1　认识机械零部件和机械图样

(1) 机械零件和零件图样

机械零件是组成机器或设备的基本单元。在日常生活和工程实践中会用到或看到各种各样的机械设备，无论是哪种类型的机器都是由若干零件组装而成，因此零件是构成机器的基本单元。零件的形状、大小、材料和内、外在质量，是由零件在机器中所承担的任务和所起

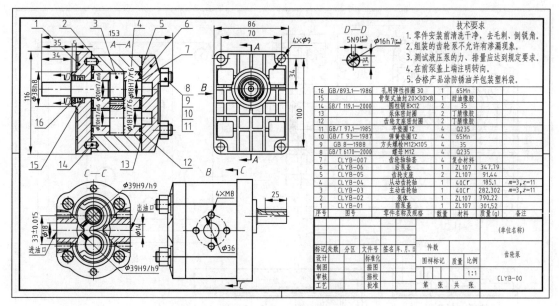

图1-4 齿轮油泵装配图

的作用决定的。如起连接作用的连接架（图1-1），它承担连接电动机和齿轮油泵的作用；起传动作用的主动齿轮轴（图1-3），它承担动力输入和输出压力油的作用；而螺栓、螺母（图1-3）起连接紧固作用，密封圈起防止压力油泄漏的作用。齿轮泵系统中每个零件担负着不同的作用，把它们组合在一起，完成一个共同的任务，即输出压力油的作用。

零件图样是由设计人员，按照机器的使用目的和使用条件，通过设计计算及确定结构、形状、大小和材料后，绘制成的，再由技术工人根据图样进行加工、制造、检测，最后组装成机器。

零件图样是加工零件的技术依据，是设计部门交给生产部门的技术文件，设计部门和生产部门是通过机械图样进行交流的。所以说，机械图样是工程界交流的语言和工具，是不可替代的技术文件，学会阅读和绘制机械图样是每个机械行业技术人员的必备技能。

如图1-5所示是齿轮油泵前泵盖的零件图样，从图中可以看出零件图样应包含以下内容：零件的名称、材料、结构形状、大小、加工方法、内外在质量等信息。归纳起来应包含四个方面的内容，即一组视图、完整的尺寸、技术要求、标题栏。

1）一组视图

一组视图是用来表达零件形状和结构的，包括基本视图、剖视图、断面图等。

2）完整的尺寸

完整的尺寸是用来确定零件各部分形状结构大小的，包括定形尺寸、定位尺寸和总体尺寸等。

3）技术要求

技术要求是用来确定零件内外在质量的，包括加工方法、表面质量、尺寸公差、几何公差、热处理和涂镀等信息。

4）标题栏

标题栏中需要填写零件的名称、数量、材料、质量、比例、设计单位和设计者等信息。

如图1-5所示，前泵盖的结构形状是用多个视图来表达的，图中采用了视图和剖视图来

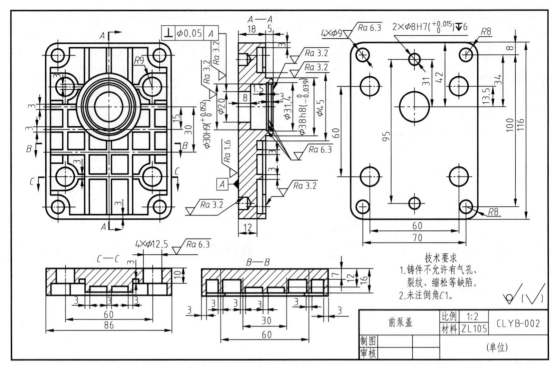

图 1-5　齿轮液压泵前泵盖零件图

表达前泵盖的外形和内部结构。这些视图是怎么画出来的呢？这是后面要重点学习的内容之一。

零件尺寸的大小，要按一定要求用数字标注在图上。在有些尺寸数字的后面带有正、负数或零，这是对零件加工尺寸的精度要求。

此外，在图上还有 ✓ 、✓ 等符号，这是表面粗糙度符号，表明零件表面加工质量和要求。还有一些加工的技术要求是用图形、符号表示的，或用文字写在标题栏的上方。

图样的右下角是标题栏，也代表图样看图的方向。记载着零件的名称、材料、比例等。ZL105 表示该零件的材料是铸铝合金，ZL 是铸铝合金的代号，105 是指铝硅合金。1:2 是比例，表示该图形与实物线性尺寸之比，即所画图形的线性尺寸是实物的线性尺寸的一半。除此之外，图样中还记载着设计单位和设计人员等信息。

（2）机械部件及部件图样

机械部件是由若干零件组装而成，在整个机器中起一定独立作用的零件组。如齿轮液压泵就是一个部件，它还可以与其他零件和部件再组装成更大的部件，如齿轮液压泵系统，最后组装成机器。齿轮液压泵部件，如图 1-4 所示。

部件图样（装配图）是表达部件的图样，又称为部件装配图。装配图用来表达机器或部件的构造、性能、工作原理、各组成零件之间的装配关系、连接方式，以及主要零件的结构形状。在机器制造过程中，需要按照装配图所表达的内容、装配关系和技术要求，把零件组装成部件或机器。在使用机器设备时，阅读装配图可以了解机器或部件的功用，从而正确地使用机器或设备，并进行保养和维修。如图 1-4 所示是齿轮液压泵的装配图。

一张完整的装配图应包含以下内容：一组视图、必要的尺寸、技术要求、标题栏、明细栏等。

1）一组视图

一组视图用来表明机器或部件的工作原理、结构形状、相对位置、装配关系、连接方式和主要零件的形状。

2）必要的尺寸

在装配图中应标注性能规格尺寸、装配尺寸、安装尺寸、总体尺寸和一些重要尺寸。与以上内容无关的尺寸不需要标注。

3）技术要求

技术要求是指，当装配、调试、检验、安装、使用和维修等要求无法在图中表示时，可以在明细栏的上方或左侧用文字加以说明。

4）零件序号、明细栏和标题栏

在装配图中，每一种零件都有一个编号，在明细栏中列出该零件的名称、数量、材料和质量等信息，标题栏中需要填写部件的名称、数量、比例、设计单位和设计者等内容。

从图 1-4 所示的齿轮液压泵装配图中可以看到，装配图的内容和零件图有相同之处也有不同之处，这是由它们各自功用不同决定的。

零件图的功用主要是加工这个零件使用的图纸依据；装配图的功用是将加工好的零件按照装配图中的要求组装在一起。相同之处是各自都有一组视图，都要标注尺寸，也都有技术要求和标题栏等内容。不同的是两种图的视图表达目的不同，零件图通过视图表示单个零件的结构形状，而装配图是通过视图表示装配体各组成零件的配合、安装关系、连接方式和主要零件的形状；另外尺寸标注要求、技术要求也各不相同。从图上还可看出，在装配图上除已叙述的各项内容外，有别于零件图的就是在标题栏的上方有标明零件序号、规格名称、数量及材料等的明细栏，在图中有零件序号及指引线。

1.1.2 产品及其组成部分的名词

根据 JB/T 5054.1—2000《产品图样及设计文件总则》产品及其组成部分的名词术语如下。

认识机械零部件和机械图样

① 产品。产品是生产企业向用户或市场以商品形式提供的制成品。

② 成套设备（成套装置、机组）。成套设备是在生产企业一般不用装配工序连接，但用于完成相互联系的使用功能的两个或两个以上的产品的总和。

③ 零件。零件是不采用装配工序制成的单一成品。如图 1-5 所示的齿轮泵前泵盖。

④ 部件。部件是由若干个组成部分（零件、分部件），以可拆或不可拆的形式组成的成品。分部件可按其从属关系划分为 1 级分部件，2 级分部件，……如图 1-4 所示的齿轮泵。

⑤ 专用件（基本件）。专用件是本产品专用的零部件。

⑥ 模块。模块是具有相对独立功能和通用接口的单元。

⑦ 借用件。借用件是在采用隶属编号的产品图样中，使用已有产品的组成部分。

⑧ 通用件。通用件是在不同类型或同类型不同规格的产品中具有互换性的零部件。

⑨ 标准件。标准件是经过优选、简化、统一，并给予标准代号的零部件。如螺栓、轴承等。

⑩ 外购件。外购件是本企业产品及其组成部分中采购其他企业的产品。如气缸、换向阀等。

⑪ 附件。附件是供用户安装、调整和使用产品所必需的专用工具和检测仪表，或为产

品完成多种功能（用途）必需的，而又不能同时装配在产品上的组成部分。

⑫ 易损件。易损件是产品在正常使用（运转）过程中容易损坏和在规定期间必须更换的零部件。

⑬ 备件。备件是为保证产品的使用和维修，供给用户备用的易损件和其他件。

1.1.3 图样的分类

(1) 按表示的对象分类

1) 零件图

零件图是制造与检验零件用的图样。应包括必要的数据和技术要求。

2) 装配图

装配图是表达产品（部件）中部件与部件、零件与部件，或零件间连接的图样，包括装配（加工）与检验所必需的数据和技术要求。产品装配图亦称总装配图。

产品装配图中具有总图所要求的内容时，可作为总图使用。

3) 总图

总图是表达产品及其组成部分结构概况、相互关系和基本性能的图样。

当总图中标注有产品及其组成部分的外形、安装和连接尺寸时，可作为外形图或安装图使用。

4) 外形图

外形图是标有产品外形、安装和连接尺寸的产品轮廓图样。必要时，应注明突出部分间的距离，以及操作件、运动件的最大极限位置尺寸。

5) 安装图

安装图是用产品及其组成部分的轮廓图形，表示其在使用地点进行安装的图样，并包括安装时必需的数据、零件、材料与说明。

6) 简图

简图是用规定的图形符号、代号和简化画法绘制出的示意图样的总称。如原理图、系统图、方框图、接线图等。

① 原理图。原理图是表达产品工作程序、功能及其组成部分的结构、动作等原理的一种简图。如电气原理图、液压原理图等。

② 系统图。系统图一般是以注释的方框形式，表达产品或成套设备组成部分某个具有完成共同功能的体系中各元器件或产品间连接程序的一种简图。

③ 方框图。方框图一般是用带注释的方框形式，表明产品或成套设备中组成部分的相互关系、布置情况的一种简图。

④ 接线图。接线图是根据电气原理图表明整个系统或部分系统中各电气元件间安装、连接、布线的工作图样。各连接部位（端子）分别给予标示。

7) 表格图

表格图是用表格表示两个或两个以上形状相同的同类零件、部件或产品，并包括必要的数据与技术要求的工作图样。

8) 包装图

包装图是为产品安全储运，按照有关规定而设计、绘制的运输包装图样。

(2) 按完成的方法和使用特点分类

1) 原图（稿）

原图（稿）是供制作底图或供复制用的图样（文件）。

注：原图（稿）可作为底图（稿）使用，但必须确认对图样（文件）责任人员的规定签署正确无误。

2）底图（稿）

底图（稿）是完成规定签署手续，供制作复印图（稿）的图样（文件）。

底图是用半透明的硫酸纸覆盖在原图上，用墨笔按照原图描绘在硫酸纸上，绘制出的图，这种纸称为描图纸。随着技术的进步，也可以直接用打印机打印在硫酸纸上。其作用相当于照相用的底片，通过曝光，制作出工程使用的多张蓝图。

3）副底图（稿）

副底图（稿）是与底图（稿）完全一致的底图（稿）副本。

4）复印图（稿）

复印图（稿）是用能保证与底图（稿）或副底图（稿）完全一致的方法制出的图样（文件）。复印图是工程中现场施工使用的图纸——蓝图。这种纸表面涂有感光材料，在光的照射下使其曝光，显影后的底色为浅蓝色，工程施工中把这种图样称为蓝图，这种纸称为晒图纸。其制作过程是，在描绘好的底图下面放上晒图纸，通过一定时间的曝光，绘有图线的墨线不透光，其余部分透光，通过显影，墨线遮挡的部分显影后成白色（或其他颜色），其余部分呈现浅蓝色，通过这种方法可以制作多张施工使用的图纸。底图相当于照相过程中的底片，蓝图相当于照相过程中的相片。随着技术的进步，可以使用工程复印机生产复印图。

注：用缩微副底图（稿）制出的缩微复印图（稿）也属于复印图（稿）。

(3) 按设计过程分类

1）设计图样

设计图样是在初步设计和技术设计时绘制的图样。

2）工作图样

工作图样是在工作图设计时绘制的，包括产品及其组成部分在制造、检验时所必需的结构尺寸、数据和技术要求的图样。样机（样品）试制图样、小批试制图样和正式生产图样均是工作图样。

1.1.4　产品图样及设计文件图样的基本要求

《产品图样及设计文件　图样的基本要求》（JB/T 5054.2—2000）规定了机械工业产品图样，包括 CAD 图样的基本要求。本标准适用于机械工业产品图样（以下简称图样）及有关技术文件。采用 CAD 绘制的图样也应符合本标准的规定。其他图样及文件可参照执行。

① 图样必须按照现行国家标准如《技术制图》《机械制图》等及其他相关标准或规定绘制，达到正确、完整、统一、简明。

采用 CAD 制图时，必须符合 GB/T 14665 及其他相关标准或规定，采用的 CAD 软件应经过标准化审查。

② 图样上术语、符号、代号、文字、图形符号、结构要素及计量单位等，均应符合有关标准或规定。

③ 图样上的视图与技术要求，应能表明产品零、部件的功能、结构、轮廓及制造、检验时所必需的技术依据。

④ 图样在能清楚表达产品和零、部件的功能、结构、轮廓、尺寸及各部分相互关系的前提下，视图的数量应尽可能少。

⑤ 每个产品或零、部件，应尽可能分别绘制在单张图样上。如果必须分布在数张图样时，主要视图、明细栏、技术要求，一般应配置在第一张图样上。

⑥ 图样上的产品及零、部件名称应符合有关标准或规定。如无规定，应尽量简短、确切。

⑦ 图样上一般不列入有限制工艺要求的说明。必要时，允许标注采用一定的加工方法的工艺说明，如"同加工""配作""车削"等。

⑧ 每张图样按规定应填写标题栏，在签署栏内必须经"技术责任制"规定的有关人员签署。

在计算机上交换信息和图样，应按照 GB/T 17825.7 标准规定或按产品数据或工程图档案管理系统进行授权管理。

1.1.5　绘制机械图样应具备的基本知识

绘制机械图样必须具有以下三个方面的基本知识。

① 了解掌握正投影法的基本原理及各种图样的表达方法及画法。

② 了解掌握机械零件加工制造的工艺知识和机械部件装配工艺的知识。

③ 了解掌握国家标准在机械设计和制图方面的知识。

这三方面的知识都非常重要。有关以上三个方面的知识在本书相关章节中将加以介绍。

1.2
技术制图与机械制图国家标准——基本规定

国家标准简称"国标"，代号"GB"，本节摘录了有关《机械制图》和《技术制图》国家标准的基本规定。

1.2.1　图纸幅面和格式（GB/T 14689—2008）❶

(1) 图纸幅面尺寸

图纸幅面是指图纸宽度与长度组成的图面，绘制技术图样时，应优先采用表 1-1 中规定的基本幅面（第一选择）。基本幅面有五种，代号 A0、A1、A2、A3、A4，形状大小尺寸如图 1-6 中的粗实线所示。

表 1-1　基本幅面（第一选择）　　　　　　　　单位：mm×mm

幅面代号	A0	A1	A2	A3	A4
幅面尺寸 $B×L$	841×1189	594×841	420×594	297×420	210×297

必要时也允许选用表 1-2（第二选择）和表 1-3（第三选择），这些幅面的尺寸是由基本幅面的短边成整数倍增加后得出的。在图 1-6 中细实线表示为表 1-2 所规定的加长幅面，虚线表示为表 1-3 所规定的加长幅面。

---

❶ GB/T 表示推荐性国家标准，14689 为标准顺序号，2008 为颁布年份。

表 1-2　加长幅面（第二选择）　　　　　　　　　　　　　　　　　单位：mm×mm

幅面代号	A3×3	A3×4	A4×3	A4×4	A4×5
幅面尺寸 $B×L$	420×891	420×1189	297×630	297×841	297×1051

表 1-3　加长幅面（第三选择）　　　　　　　　　　　　　　　　　单位：mm×mm

幅面代号	A0×2	A0×3	A1×3	A1×4	A2×3	A2×4	A2×5
幅面尺寸 $B×L$	1189×1682	1189×2523	841×1783	841×2378	594×1261	594×1682	594×2102
幅面代号	A3×5	A3×6	A3×7	A4×6	A4×7	A4×8	A4×9
幅面尺寸 $B×L$	420×1486	420×1783	420×2080	297×1261	297×1471	297×1682	297×1892

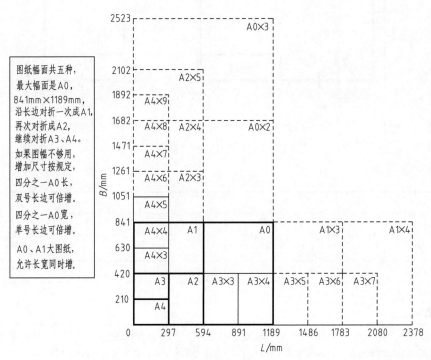

图 1-6　图纸的幅面尺寸

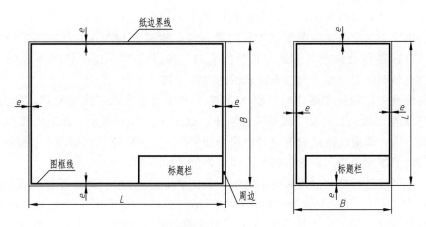

（a）无装订边图纸（X型）的图框格式　　　　（b）无装订边图纸（Y型）的图框格式

图 1-7　无装订边的图框格式

(2) 图框格式

在图纸上，必须用粗实线画出图框来限定绘图区域，其格式分为不留有装订边和留装订边两种，同一产品的图样只能采用一种格式。不留装订边的图纸，格式如图 1-7 所示，其图框线距图纸边界的距离 e 按表 1-4 的规定；留装订边的图纸，图框格式如图 1-8 所示，周边尺寸按表 1-4 的规定。

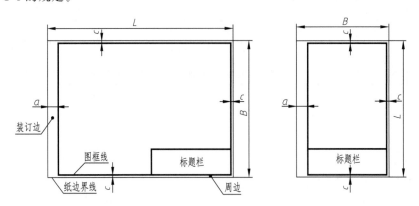

(a) 有装订边图纸(X型)的图框格式　　　　(b) 有装订边图纸(Y型)的图框格式

图 1-8　有装订边的图框格式

表 1-4　图框尺寸

幅面代号		A0	A1	A2	A3	A4
幅面尺寸 $B \times L$ /(mm×mm)		841×1189	594×841	420×594	297×420	210×297
图框尺寸	e/mm	20			10	
	c/mm	10			5	
	a/mm	25				

注：装订规格有两种，A4 竖装和 A3 横装。装订边宽 25mm。不装订边分两种，A0、A1、A2 号边宽 10mm，其余宽 5mm 即够用。如果图纸单张用，边宽也是分两种，A0 与 A1 号宽 20mm，其余宽 10mm 即够用。

(3) 标题栏的方位

每张图纸上都必须画出标题栏，其位置应处于图框右下角，如图 1-7、图 1-8 所示。当标题栏的长边置于水平方向并与图纸的长边平行时，构成 X 型图纸，如图 1-7（a）、图 1-8（a）所示；当标题栏的长边与图纸的长边垂直时，构成 Y 型图纸，如图 1-7（b）、图 1-8（b）所示，此情况下看图的方向与看标题栏的方向一致。

为了利用预先印制的图纸，允许将 X 型图纸的短边置于水平位置使用，如图 1-9（a）所示，或将 Y 型图纸的长边置于水平位置使用，如图 1-9（b）所示。此时需要明确绘图与看图时图纸方向，即应在图纸的下边对中符号处画出一个方向符号，如图 1-9 所示。方向符号是用细实线绘制的等边三角形，其大小和所处位置如图 1-10 所示。

为了在复制或进行缩微摄影时便于定位，表 1-1 和表 1-2 中所列的各号图纸，均应在图纸各边长的中点处画出对中符号，如图 1-9 所示。对中符号用粗实线绘制，线宽不小于 5mm，长度从纸边开始至伸入图框内 5mm；对中符号处在标题栏范围内时则伸入标题栏部分省略，如图 1-9（b）所示。

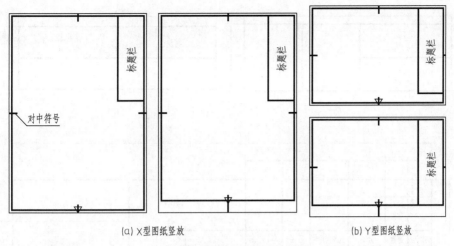

(a) X 型图纸竖放　　　　　　　(b) Y 型图纸竖放

图 1-9　X 型和 Y 型图纸对中符号与看图方向

(4) 标题栏的内容（GB/T 10609.1—2008）

标题栏用来说明图样名称、绘图比例、设计者、设计单位等一些信息，一般位于图纸的右下角，如图 1-11 所示。

1）标题栏的基本要求

a. 每张技术图样中均应有标题栏。

b. 标题栏在技术图样中应按 GB/T 14689 中所规定的位置配置。

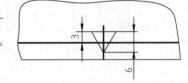

图 1-10　方向符号的尺寸和位置

c. 标题栏中的字体，除签字外，应符合 GB/T 14691 中的要求（参考 1.2.3 节）。

d. 标题栏中的线型应按 GB/T 17450 中规定的粗实线和细实线要求绘制（参考 1.2.4 节）。

e. 标题栏中的年月日应按照 GB/T 7408 的规定格式填写，常用格式为年-月-日。

2）标题栏组成与格式

标题栏一般由更改区、签字区、其他区、名称及代号区组成。也可按实际需要增加或减少项目。各区的布置可采用图 1-11（a）的形式，也可采用图 1-11（b）的形式。当采用图 1-11（a）的形式配置时，各部分尺寸与格式如图 1-11（c）所示。

实际工程中各设计生产单位也有采用自制的标题栏。

3）标题栏填写

更改区：更改区中的内容应按由下而上的顺序填写，也可根据实际情况顺延，或放在图样中其他的地方，但应该有表头。更改区包括标记、处数、分区（用于带分区的图幅，必要时按规定填写）、更改文件号及签名。

a. 签字区：一般按设计、审核、工艺、标准化、批准等有关规定签署姓名和年月日。

b. 其他区：一般包括材料标记、阶段标记、质量、比例、共 张 第 张、投影符号。各部分的填写方式如下。

• 材料：按照相应标准或规定填写所使用的材料。

• 阶段标记：按有关规定由左向右填写图样的各生产阶段。第一格填 S，后面空白，表示该图纸是试制阶段，一般做样机；第二格填 A，即为试制成功之后加上的，表示产品可以进行小批量生产；第三格填 B，表示产品可以批量生产；第四格填 C，表示产品可以大批量生产。

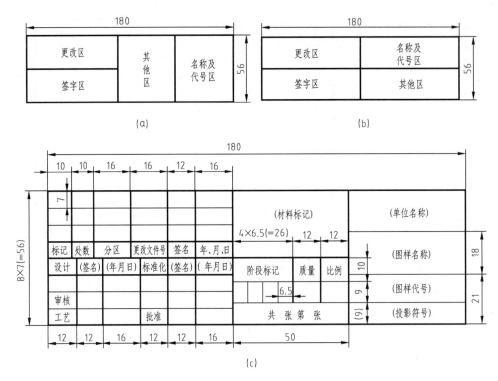

图 1-11　标题栏的尺寸和内容

- 质量：填写所绘制图样相应产品的计算质量，以千克（公斤）为计量单位时，允许不写出其计量单位。
- 比例：填写绘制图样所采用的比例。
- 共 张 第 张：填写同一图样代号中图样的总张数和该张所在的张次。

投影符号：如图 1-12 所示，如采用第一角画法时，可以省略。

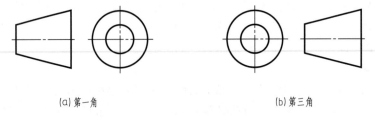

(a) 第一角　　　　　　　　　　(b) 第三角

图 1-12　投影符号

c. 名称及代号区：包括单位名称、图样名称、图样代号。其中图样代号在产品设计时非常重要，由设计者编制，能够反映出本图所表达的零部件用于什么产品、隶属于哪一张装配图或部装图等信息。

（5）图幅分区

必要时，可以用细实线在图纸周边内画出分区，如图 1-13 所示。每一分区的长度应在 25～75mm，分区的数目必须取偶数。分区的编号，沿上下方向（依看图方向为准）用大写拉丁字母从上到下顺序编写，沿水平方向用阿拉伯数字从左到右顺序编写。

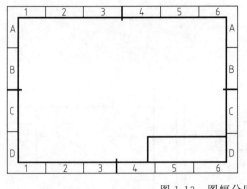
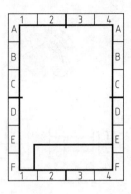

图1-13　图幅分区

1.2.2　比例（GB/T 14690—1993）

图中图形与其实物相应要素的线性尺寸之比称为比例。

比例分为原值、放大和缩小三种，绘图时根据需要按表1-5中所列的比例选用。必要时，也允许选取表1-6中的比例。

图纸幅面与格式

表1-5　一般选用的比例系列

种　类	比　　例		
原值比例	1：1		
放大比例	5：1 5×10^n：1	2：1 2×10^n：1	1×10^n：1
缩小比例	1：2 $1：2 \times 10^n$	1：5 $1：5 \times 10^n$	1：10 $1：1 \times 10^n$

注：n 为正整数。

表1-6　允许选用的比例系列

种　类	比　　例				
放大比例	4：1 4×10^n：1	2.5：1 2.5×10^n：1			
缩小比例	1：1.5 $1：1.5 \times 10^n$	1：2.5 $1：2.5 \times 10^n$	1：3 $1：3 \times 10^n$	1：4 $1：4 \times 10^n$	1：6 $1：6 \times 10^n$

注：n 为正整数。

绘制同一机件的各个视图一般应采用相同的比例，并在标题栏的"比例"栏内填写，如"1：1""2：1"等。当某个视图需要采用不同的比例时，可在视图名称下方注出比例，如图1-14所示。

为使图形更好地反映机件实际大小的真实概念，绘图时应尽量采用1：1，如不宜采用1：1的比例，可选用放大或缩小的比例。图1-15展示了同一个机件采用不同比例绘制视图的效果，无论采用何种比例绘图，图上所注尺寸一律按机件的实际大小标注。

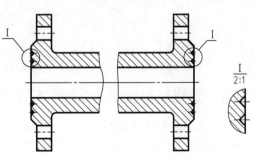

图1-14　某个视图采用不同比例的标注

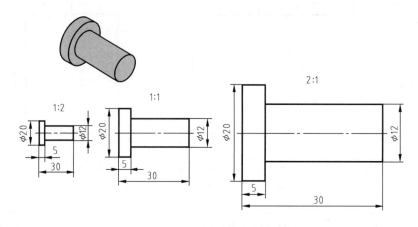

图 1-15　用不同比例绘制的视图

1.2.3　字体（GB/T 14691—1993）

比例与字体

（1）图样中字体的基本要求

① 书写的字体必须做到：字体工整、笔画清楚、间隔均匀、排列整齐。

② 字体高度（用 h 表示）的公称尺寸系列为：1.8mm、2.5mm、3.5mm、5mm、7mm、10mm、14mm、20mm。如需要书写更大的字，其字体高度应按 $\sqrt{2}$ 的比例大小递增，字体高度代表字体的号数。

③ 汉字应写成长仿宋体，并应采用国家正式公布推行的简化汉字。汉子的高度 h 不小于 3.5mm，字宽一般为 $h/\sqrt{2}$。

④ 字母和数字分 A 型和 B 型，A 型字体的笔划宽度（d）为字高（h）的 1/14，B 型字体笔画宽度为字高的 1/10。在同一图样上，只允许选用一种形式的字体。

⑤ 字母和数字可写成斜体和直体。斜体字字头向右倾斜，与水平线成 $75°$。

⑥ 汉字、拉丁字母、数字等组合书写时，其排列格式和间距都应符合标准规定。

（2）常用字体示例

① 汉字：如图 1-16 所示。

字体工整　笔画清楚　间隔均匀　排列整齐

横平竖直　注意起落　结构均匀　填满方格

图 1-16　长仿宋体汉字示例

② 数字和字母：如图 1-17 所示。

③ 分数、指数和注脚等数字及字母，应采用小一号的字体，如图 1-18 所示。

1.2.4　图线及其画法（GB/T 17450—1998、 GB/T 4457.4—2002）

（1）图线的形式及应用

常用图线的名称、形式以及在图上的一般应用如表 1-7 所示，图 1-19 所示为图线的应用举例。

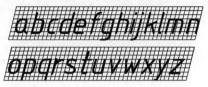

IIIIIIVVVIVIIVIIIIXX

ABCDEFGHIJKLMN
OPQRSTUVWXYZ

abcdefghijklmn
opqrstuvwxyz

图 1-17　数字和字母示例

$$10^3 \quad S^{-1} \quad D_1 \quad Td \quad \phi 20^{+0.010}_{-0.023} \quad 7^{\circ +1^\circ}_{-2^\circ} \quad \frac{3}{5}$$

图 1-18　字体组合示例

(2) 图线的尺寸

机械图样一般采用粗、细两种线宽，它们之间的宽度比例为 2∶1。所有线型的图线宽度 d 应按图样的类型、图的大小和复杂程度在数系 0.25mm、0.35mm、0.5mm、0.7mm、1mm、1.4mm、2mm 中选择。在绘制虚线、点画线、双点画线时，其线素（点、画、长画和短间隔）的长度如表 1-7 所示。

表 1-7　机械图样中常用图线

图线名称	线型	图线宽度	应用举例
粗实线		粗(d)	可见棱边线,可见轮廓线,相贯线,螺纹牙顶线,螺纹长度终止线,齿顶圆(线),表格图、流程图中的主要表示线,系统结构线(金属结构工程),模样分型线,剖切符号用线
细实线		细($d/2$)	尺寸线,尺寸界线,剖面线,重合断面的轮廓线,可见过渡线,弯折线,螺纹牙底线,引出线,辅助线等
波浪线		细($d/2$)	断裂处的边界线,视图和剖视图的分界线
双折线		细($d/2$)	断裂处的边界线,视图和剖视图的分界线
细虚线		细($d/2$)	不可见轮廓线,不可见棱边线
粗虚线		粗(d)	允许表面处理的表示线

图线名称	线型	图线宽度	应用举例
细点画线	0.5d ← 24d → ← 3d →	细 ($d/2$)	轴线,对称中心线,齿轮分度圆(线),孔系分布的中心线,剖切线
粗点画线	—— —— ——	粗(d)	限定范围表示线
细双点画线	—— — —— — ——	细 ($d/2$)	相邻辅助零件的轮廓线,可动零件的极限位置的轮廓线,重心线,成形前轮廓线,剖切面前的结构轮廓线,轨迹线,毛坯图中制成品的轮廓线,特定区域线,延伸公差带表示线,工艺用结构的轮廓线,中断线

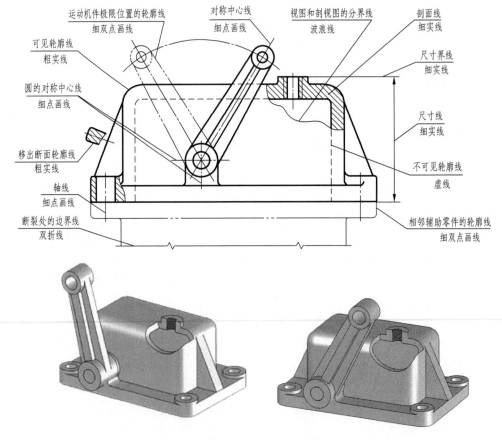

图 1-19　图线的应用举例

(3) 图线画法

① 在同一图样中同类图线的宽度应基本一致。同一条虚线、点画线和双点画线中的点、短画、长画和短间隔的长度应各自大致相等。

② 点画线和双点画线的首尾两端应是长画而不是点。画圆的对称中心线（细点画线）时，细点画线两端应超出圆弧或相应图形 2～5mm，圆心应为长画的交点。在较小的图中画

细点画线或细双点画线有困难时，可用细实线代替，如图 1-20（b）所示。

③ 当图线相交时，应是线段相交。当虚线在粗实线的延长线上时，在虚线和粗实线的分界点处，应留出间隙，如图 1-20（c）所示。

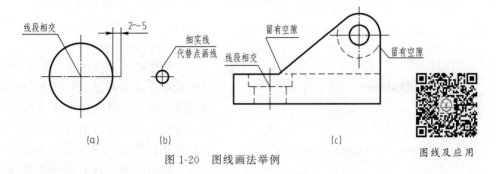

图 1-20　图线画法举例

图线及应用

1.2.5　尺寸注法（GB/T 4458.4—2003、 GB/T 16675.2—2012）

(1) 基本规则

① 机件的真实大小应以图样上所注的尺寸数值为依据，与图形的大小及绘图的准确度无关。

② 图样中（包括技术要求和其他说明）的尺寸，以 mm（毫米）为单位时，不需标注计量单位的代号或名称，若采用其他单位，则必须注明相应计量单位的代号或名称。

③ 图样中所标注的尺寸，为该图样所示机件完工后的尺寸，否则应另加说明。

④ 机件的每一尺寸，一般只标注一次，并应标注在反映该结构最清晰的图形上。

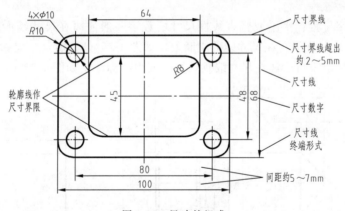

图 1-21　尺寸的组成

(2) 尺寸的组成

一个完整的尺寸应由尺寸界线、尺寸线和尺寸数字组成，其相互间的关系如图 1-21 所示。

1) 尺寸界线

尺寸界线表示尺寸的度量范围，用细实线绘制。一般由图形的轮廓线、轴线、对称中心线引出，也可利用轮廓线、轴线、对称中心线作为尺寸界线。尺寸界线应超出尺寸线约2～5mm，如图 1-21 所示。尺寸界线一般与尺寸线垂直。在

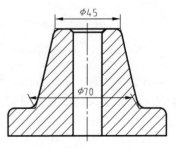

图 1-22　特殊尺寸界线画法

光滑过渡处标注尺寸时，必须用细实线将轮廓线延长，从它们的交点处引出尺寸界线。当尺寸界线过于贴近轮廓线时，允许将其倾斜画出，如图 1-22 所示。

2）尺寸线

尺寸线表示尺寸的度量方向，用细实线绘制，终端可以有两种形式：箭头或斜线，如图 1-23 所示，机械图样中一般采用箭头。

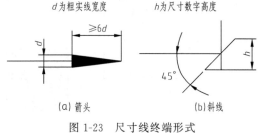

图 1-23　尺寸线终端形式

画尺寸线时注意：

尺寸线必须单独画出，不允许与其他任何图线重合或画在其延长线上，也不能用任何图线代替，尽量避免尺寸线与尺寸界线相交，如图 1-21 所示。标注角度尺寸时，尺寸线为圆弧，圆心为角顶点，如图 1-24（a）。在同一张图纸中，只采用一种终端形式，只有狭小部位允许用圆点或斜线代替，如图 1-24（b）所示。

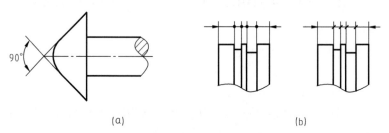

图 1-24　角度尺寸线及狭小部位尺寸线

3）尺寸数字

线性尺寸数字位置：水平或竖直线性尺寸的数字一般注写在尺寸线上方或左方，如图 1-25（a）所示；也允许注写在尺寸线的中断处，如图 1-25（b）所示。同一张图纸中一般用一种形式。特殊情况下可标注在尺寸线延长线上或引出标注，如图 1-25（a）中尺寸 $SR5$。

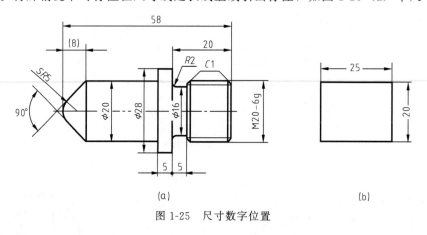

图 1-25　尺寸数字位置

线性尺寸数字字头方向：水平尺寸数字朝上，竖直尺寸数字朝左，倾斜时尺寸数字垂直于尺寸线且字头趋于向上或朝左。避免在 30° 内注写尺寸数值，如图 1-26（a）所示，若不可避免，则引出标注，如图 1-26（b）所示。

角度尺寸数值一律水平注写，且写在尺寸线中断处；也可以注写在尺寸线上或引出标注，如图 1-27 所示。

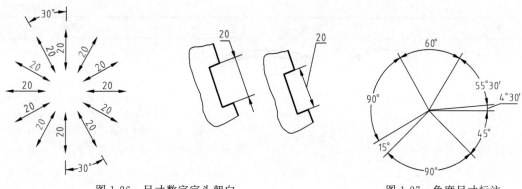

图 1-26　尺寸数字字头朝向　　　　　　　　　　　　图 1-27　角度尺寸标注

（3）尺寸符号

表 1-8 所示为不同类型的尺寸符号。

表 1-8　尺寸符号

符号	含义	符号	含义
ϕ	直径	t	厚度
R	半径	$\smile$	埋头孔
S	球	$\sqcup$	沉孔或锪平
EQS	均布	$\downarrow$	深度
C	45°倒角	$\square$	正方形
$\angle$	斜度	$\triangleright$	锥度

（4）尺寸标注示例

常用的尺寸标注示例见表 1-9。

表 1-9　尺寸标注示例

分类	示例	说明
线性尺寸注法		尺寸线必须与所标注的线段平行，在几条相邻且平行的尺寸线中，大尺寸线在外，小尺寸线在内，且尺寸线间距离相等（5～7mm），同一方向上的尺寸线尽量在一条直线上
圆及圆弧尺寸注法		圆的直径和圆弧半径尺寸线的终端应画成箭头。圆和大于半圆的圆弧注直径，数字前加符号 ϕ，尺寸线通过圆心。小于和等于半圆的圆弧尺寸注半径，数字前加符号 R

分类	示例	说明
大半径圆弧尺寸注法	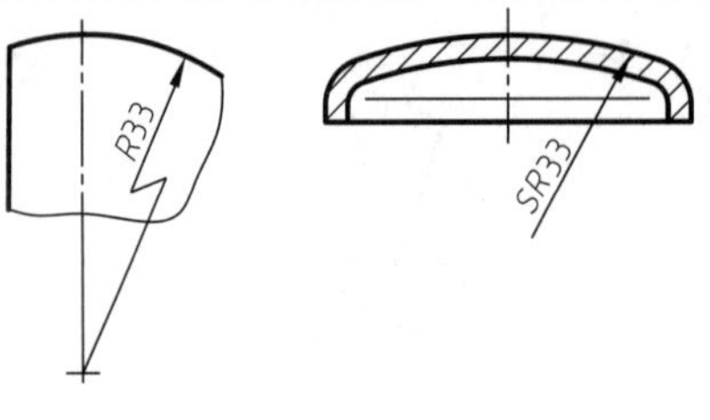 （a）　　　　（b）	当圆弧的半径过大或在图纸范围内无法标出其圆心位置时,可按图（a）的形式标注。若不需要标出其圆心位置,可按图（b）的形式标注
小尺寸的注法	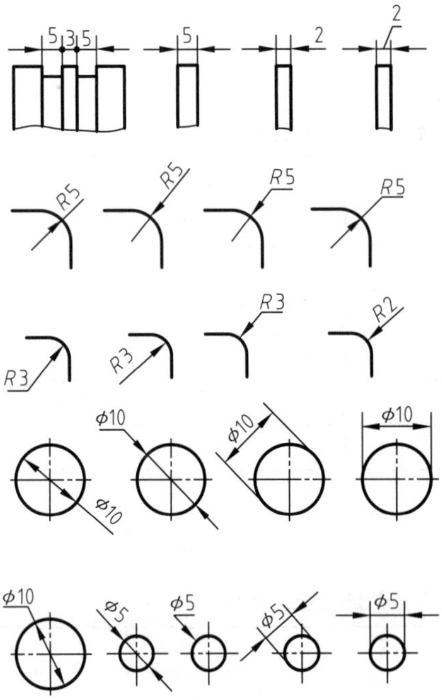	当没有足够的位置画箭头和写数字时,可将其中之一标注在外面,也可把箭头和数字都注在外面
对称机件尺寸注法	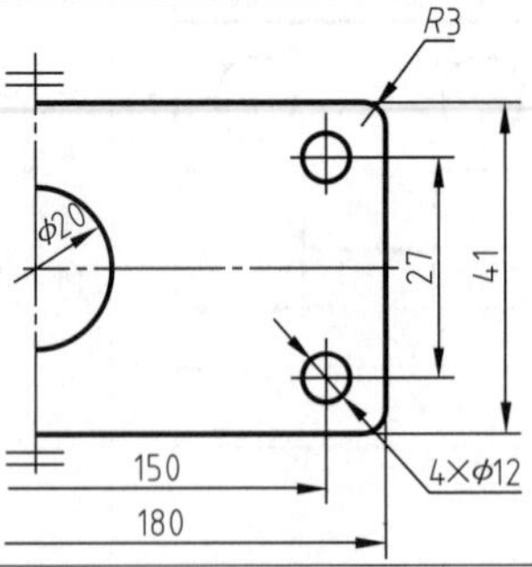	对称机件的图形只画一半或略大于一半时,尺寸线应略超出对称中心线或断裂处的边界,且仅在尺寸线一端画箭头
图线通过尺寸数字	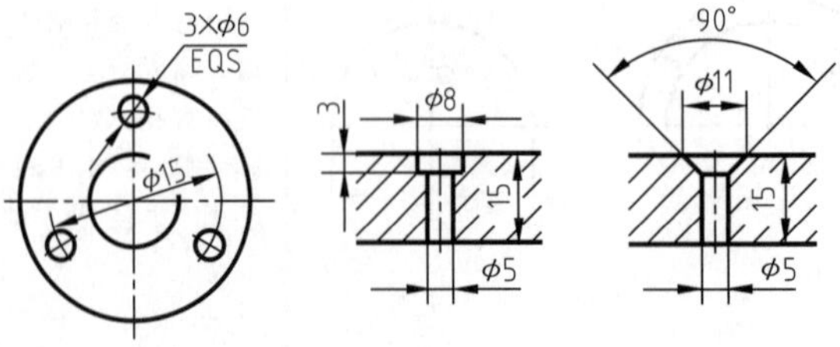	当尺寸数字无法避免被图线通过时图线必须断开

分类	示例	说明
角度和弧长尺寸注法	⌒14　15°　65°　75°　20°	角度的尺寸界线沿径向引出,尺寸线画成圆弧,其圆心是角顶,角度数字一律水平写 标注弧长尺寸时,尺寸界线平行于弦的垂直平分线,尺寸线画成圆弧,并在相应的尺寸数字左方加注符号"⌒"
斜度和锥度尺寸注法	1:1.5　1:6	斜度和锥度采用引出标注,斜度符号"∠"的斜边方向应与斜度方向一致,锥度符号"◁"的方向应与圆锥方向一致

1.3 手工绘图工具及使用方法

尺寸标注的一般规定

常用的绘图工具有图板、丁字尺、三角板、圆规和分规、铅笔等,如图1-28 所示。

曲线板　绘图仪器　三角板　铅笔　模板　图板　丁字尺

图 1-28　常用绘图工具

绘图工具介绍

1.3.1　丁字尺

丁字尺主要用来画水平线,如图 1-29 所示。

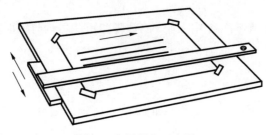

图 1-29　图板和丁字尺

1.3.2 三角板

三角板与丁字尺配合用来画铅垂线,如图 1-30 所示。利用两个三角板可以画已知直线的平行线、垂直线,如图 1-31 所示;还可以画角度 15°倍数的斜线,如图 1-32 所示。

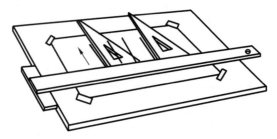

图 1-30 三角板与丁字尺配合画铅垂线

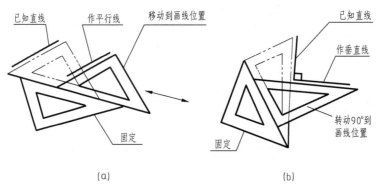

(a)   (b)

图 1-31 三角板画已知线的平行线、垂直线

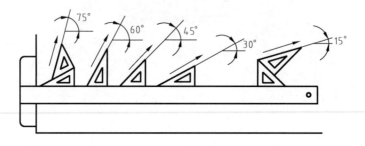

图 1-32 三角板与丁字尺配合画 15°倍数的斜线

1.3.3 圆规

圆规主要用于画圆和圆弧,画图时圆规的针脚和铅芯尽量与纸面垂直,它的使用方法如图 1-33 所示。

1.3.4 分规

分规主要用于量取尺寸和截取线段,如图 1-34 所示。截取若干等长线段时,应使分规的两腿交替为轴,沿给出的直线连续截取,这样不但操作方便,而且截取线段的误差也较小。

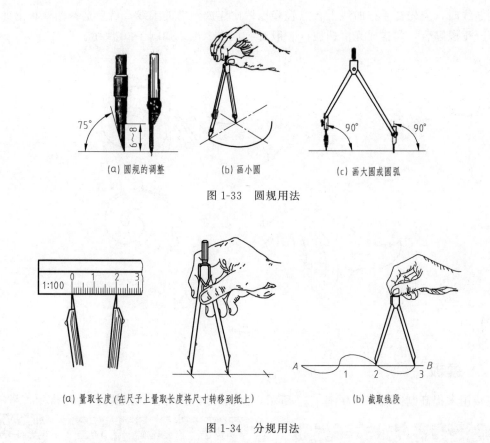

75°
6~8
(a) 圆规的调整
(b) 画小圆
90°
90°
(c) 画大圆或圆弧

图 1-33　圆规用法

0 1 2 3
1:100
A
B
1
2
3
(a) 量取长度(在尺子上量取长度将尺寸转移到纸上)
(b) 截取线段

图 1-34　分规用法

1.3.5　铅笔

铅笔铅芯的软硬分别用字母 B 和 H 表示。B 前数字越大表示铅芯越软，H 前数字越大表示铅芯越硬，HB 铅笔铅芯软硬适中。画图时，常用 H 或 HB 铅笔画底稿、描深细实线、细虚线、细点画线及书写文字，B 或 2B 铅笔描深粗实线、粗虚线。画粗线条的铅笔，铅芯应削磨成矩形，其余则削磨成圆锥形，如图 1-35 所示。

7~8
7~8
6~8
20

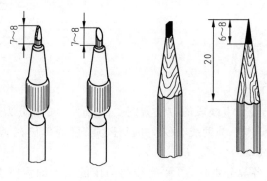

图 1-35　铅笔削法

1.3.6　曲线板

曲线板用来描绘非圆曲线。

画曲线时，应先徒手把曲线上各点轻轻地依次连成圆滑的细线，然后选择曲线板上曲率合适部分逐段贴合，勾描成光滑曲线。一般对 4 点连 3 点，如图 1-36 所示。

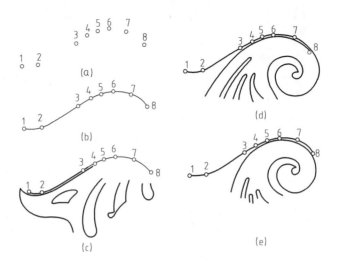

图 1-36　曲线板用法

1.3.7　模板

模板用来提高制图效率。如图 1-37 所示，模板可以用来快速绘制圆及各种常用符号。

图 1-37　绘图模板

绘图工具的
使用方法

1.4
几何作图

1.4.1　等分直线段

已知直线段的长度，等分直线段的方法如图 1-38 所示（6 等分为例）。

① 过点 A（或 B）任作一辅助线 AC，并以任意长度为单位在 AC 上截取 6 个等分点，例图 1-38（a）中的 1、2、3、4、5、6。

② 连 B6，过 AC 上各等分点作 B6 平行线与 AB 的交点即为所求的等分点，如图 1-38（b）所示。

1.4.2　作直线段垂直平分线

已知直线段的长度，作其垂直平分线或求其中点的方法如图 1-39 所示。

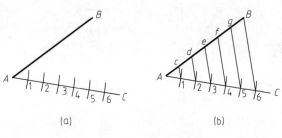

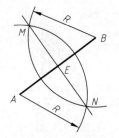

图 1-38　等分直线段　　　　图 1-39　作直线段垂直平分线　　　　等分线段和垂直平分线

① 以线段的端点 A、B 为圆心，以大于 $AB/2$ 长为半径画弧得交点 M、N。

② 连接 M、N，即得所求的垂直平分线 MN（E 为 AB 中点）。

1.4.3　规则几何图形的画法

（1）正六边形画法

① 已知外接圆直径画图。画图方法有两种：一是利用圆规三角板画图，如图 1-40 所示；二是利用丁字尺和三角板画图，如图 1-41 所示。

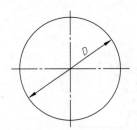
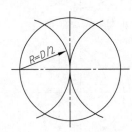
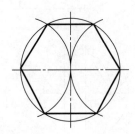

图 1-40　利用圆规三角板画正六边形

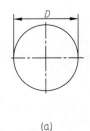
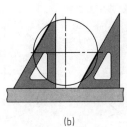
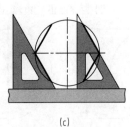
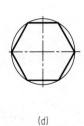

（a）　　　　　　（b）　　　　　　（c）　　　　　　（d）

图 1-41　利用丁字尺三角板画正六边形

② 已知对边距离画图，如图 1-42 所示。

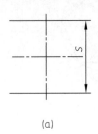
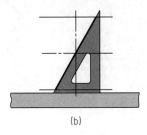
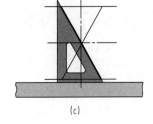

（a）　　　　　　　　（b）　　　　　　　　（c）

图 1-42

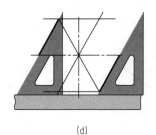 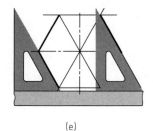 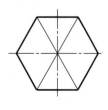

（d）　　　　　　　　　　（e）　　　　　　　　　　（f）

图 1-42　已知对边距离画正六边形

（2）正五边形画法

已知外接圆直径画图（近似作图），方法 1 如图 1-43 所示，方法 2 如图 1-44 所示。

绘制正六边形
和正五边形

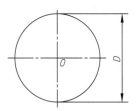 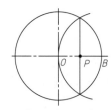 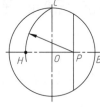

（a）画外接圆　　　　　　（b）等分半径 OB 得 P 点　　　　（c）以 PC 为半径画弧得 H 点

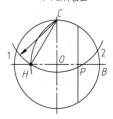 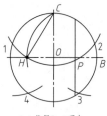 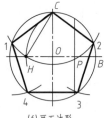

（d）以 CH 为边长，截得 1、2 顶点　　（e）截得 3、4 顶点　　　　（f）画五边形

图 1-43　正五边形画法（方法 1）

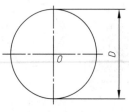 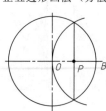 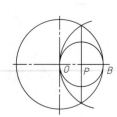

（a）画外接圆　　　　　　（b）等分半径 OB 得 P 点　　　（c）以 P 为圆心，PO 为半径画圆

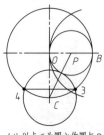 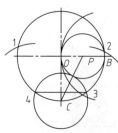 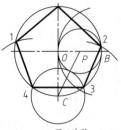

（d）以点 C 为圆心作圆与 P　　　（e）截得 1、2 顶点　　　　（f）画五边形
　　圆相切，得 3、4 顶点

图 1-44　正五边形画法（方法 2）

(3) 正 N 边形画法（以正七边形为例）

已知外接圆直径画图，如图 1-45 所示。

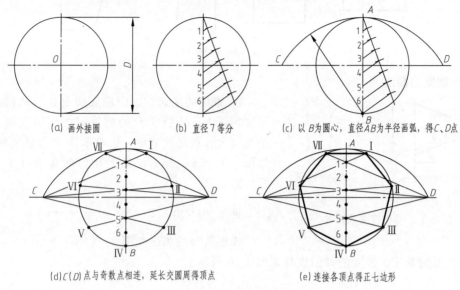

(a) 画外接圆　(b) 直径 7 等分　(c) 以 B 为圆心，直径 AB 为半径画弧，得 C、D 点

(d) C(D) 点与奇数点相连，延长交圆周得顶点　(e) 连接各顶点得正七边形

图 1-45　正七边形画法

1.4.4　锥度和斜度的画法

(1) 斜度的画法

① 定义。一直线（或平面）相对于另一直线（或平面）的倾斜程度称为斜度，如图 1-46（a）所示，斜度就是它们夹角的正切值，常把比值转化为 $1:n$ 的形式。

$$斜度 = \tan\alpha = \frac{H}{L} = 1 : \frac{L}{H} \rightarrow 1 : n$$

斜度符号的画法如图 1-46（b）所示。

② 斜度的画法。斜度的画图步骤如图 1-47 所示，图（a）为已知图形，图（b）和图（c）为作图方法。

③ 斜度的标注方法。斜度的标注见图 1-48，以 $1:n$ 的形式表示，写在斜度符号后，在图中标注时，指引线从被标注的斜线引出，标注斜度的细实线和参考线平行。斜度符号的方向应与被注图形的斜线斜度方向一致。

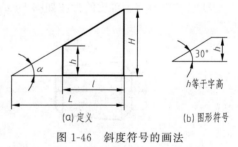

(a) 定义　(b) 图形符号

图 1-46　斜度符号的画法

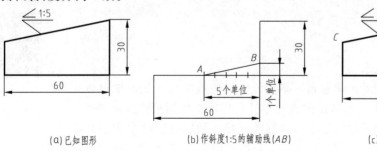

(a) 已知图形　(b) 作斜度 1:5 的辅助线 (AB)　(c) 完成作图 (CD//AB)

图 1-47　斜度的画图步骤

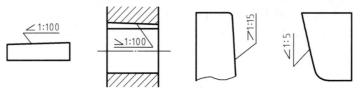

图 1-48　斜度的标注

(2) 锥度的画法

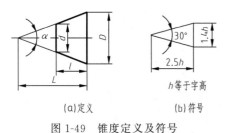

(a)定义　　　　(b)符号

图 1-49　锥度定义及符号

① 锥度的定义。正圆锥底圆直径与圆锥长度之比称为锥度。正圆锥台的锥度则可用两底圆直径之差与锥台长度之比表示。锥度取决于圆锥角的大小，如图 1-49 （a） 所示，常把比值转化为 1：n 的形式。即：

$$锥度 = 2\tan(\alpha/2) = \frac{D}{L} = \frac{D-d}{l} \rightarrow 1：n$$

锥度符号的画法如图 1-49 （b） 所示。

② 锥度的画法。锥度的画图步骤如图 1-50 所示。

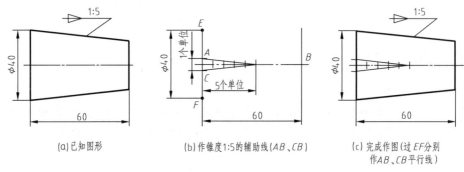

(a)已知图形　　　(b)作锥度1:5的辅助线(AB、CB)　　(c)完成作图(过EF分别作AB、CB平行线)

图 1-50　锥度的画图步骤

③ 锥度的标注。锥度的标注如图 1-51 所示，符号的方向应与被注图形的锥度方向一致。

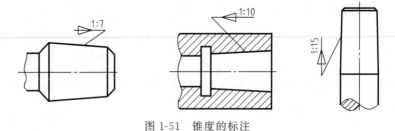

图 1-51　锥度的标注

1.4.5　圆弧连接

斜度和锥度的画法

(1) 圆弧连接的概念

绘制机器零件轮廓时，常遇到一条线段（直线或曲线）光滑地过渡到另一条线段的情况，如图 1-52 所示的机械零件，用肋板将两圆柱连接起来，肋板与圆柱光滑过渡，表示在图纸上即为圆弧连接。故圆弧连接是用已知半径的圆弧光滑连接（即相切）两已知线段（直线或圆弧），这段已知半径的圆弧称为连接弧。

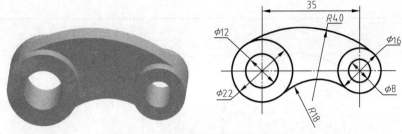

图 1-52　机械零件上的圆弧连接

（2）圆弧连接的形式

圆弧连接的形式有三种，如图 1-53 所示。

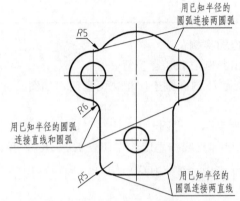

图 1-53　圆弧连接三种形式

（3）圆弧连接的作图原理

圆弧连接的基本作图原理如表 1-10 所示。

表 1-10　圆弧连接的作图原理

项目	图例	说明
圆弧与已知直线相切		圆心：圆心的轨迹是距离直线 L 为 R 的两条平行线 切点：由选定的连接弧（R）圆心 O_1 向已知直线 L 作垂线，垂足 K 即为切点
圆弧与已知圆外切		圆心：圆心的轨迹是已知圆弧的同心圆。其半径为 $R_2＝R_1＋R$ 切点：两圆圆心连线 OO_1 与已知圆弧的交点 K，即为切点

项目	图例	说明
圆弧与已知圆内切	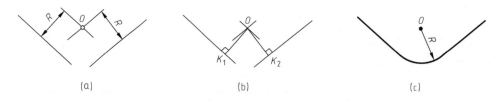	圆心:圆心轨迹是已知圆弧的同心圆,其半径为 $R_2=R_1-R$ 切点:两圆圆心的连线 OO_1 延长线与已知弧的交点 K,即为切点

(4) 各种圆弧连接的作图实例

画连接弧前,必须求出其圆心和切点位置。

[**例 1-1**] 用已知半径为 R 的圆弧连接相交两直线,如图 1-54 所示。

作图方法:

a. 作两直线平行线,距离 R,得圆心,如图 1-54 (a) 所示。

b. 求切点:过 O 向两已知直线作垂线,得切点 K_1、K_2,见图 1-54 (b)。

c. 连接:以 O 为圆心,R 为半径,自 K_1 至 K_2 画弧,见图 1-54 (c)。

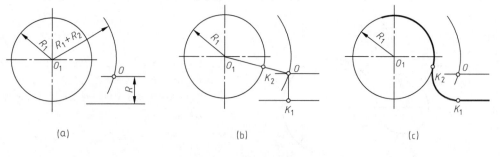

图 1-54 连接相交两直线

[**例 1-2**] 用已知半径为 R 的圆弧连接直线和圆弧(半径 R_1),如图 1-55 所示。

作图方法:

a. 求圆心:以 O_1 为圆心,R_1+R 为半径画弧;作已知直线的平行线距离为 R,则圆弧与直线的交点即为连接弧的圆心 O。

b. 求切点:连接 O_1、O,O_1O 与被连接圆弧交点为切点 K_2。

c. 连接:以 O 为圆心,R 为半径,自 K_1 至 K_2 画弧。

图 1-55 连接直线和圆弧

［例 1-3］ 用已知半径为 R 的圆弧连接两圆弧（半径为 R_1、R_2，内切），如图 1-56 所示。

作图方法：

a. 求圆心：分别以 O_1、O_2 为圆心，$R-R_1$、$R-R_2$ 为半径画弧，则两圆弧的交点即为连接弧的圆心 O。

b. 求切点：连接 O_1、O，O_2、O，则 O_1O、O_2O 延长线与被连接圆弧交点为切点 K_1、K_2。

c. 连接：以 O 为圆心，R 为半径，自 K_1 至 K_2 画弧。

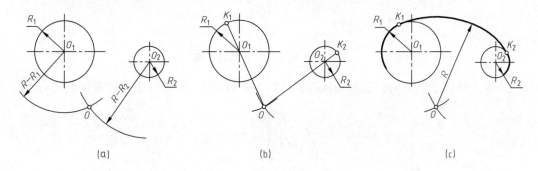

图 1-56　连接两圆弧（内切）

［例 1-4］ 用已知半径为 R 的圆弧连接两圆弧（半径为 R_1、R_2，外切），如图 1-57 所示。

作图方法：

a. 求圆心：分别以 O_1、O_2 为圆心，$R+R_1$、$R+R_2$ 为半径画弧，则两圆弧的交点即为连接弧的圆心 O。

b. 求切点：连接 O_1、O，O_2、O，则 O_1O、O_2O 与被连接圆弧交点为切点 K_1、K_2。

c. 连接：以 O 为圆心，R 为半径，自 K_1 至 K_2 画弧。

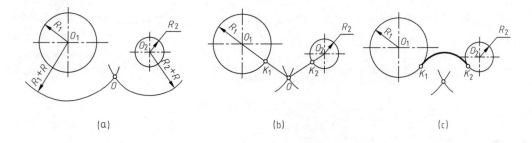

图 1-57　圆弧连接两圆弧（外切）

1.4.6　椭圆的画法

椭圆的画法很多，常用的有同心圆法和四心法。

① 用同心圆法作精确椭圆。已知椭圆长短轴，其作图方法与步骤如图 1-58 所示。

圆弧连接

a. 分别以长轴和短轴为直径画大圆和小圆，如图 1-58（a）所示。

b. 过圆心作辐射线分别与大圆和小圆相交，过射线与大圆交点作铅垂线，过射线与小圆交点作水平线，得各交点，如图 1-58（b）所示。

c. 用曲线板将各交点光滑连接即得椭圆，如图 1-58（c）所示。

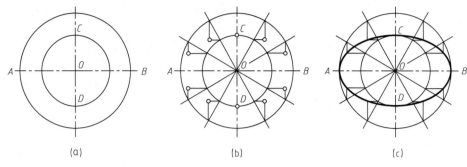

（a）　　　　　　　（b）　　　　　　　（c）

图 1-58　同心圆法作精确椭圆

② 四心法作近似椭圆。已知椭圆长轴 AB 和短轴 CD，作图方法与步骤如图 1-59 所示。

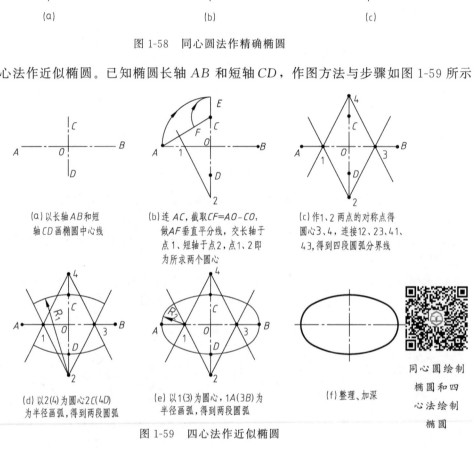

图 1-59　四心法作近似椭圆

1.5
平面图形的画法

　　一个平面图形通常由一个或多个封闭图形组成，而每一个封闭图形一般又由若干线段（包括直线段、圆弧、曲线）连接而成，如图 1-60 所示。每条线段又由相应的尺寸来决定其长短（或大小）和位置。一个平面图形能否正确绘制出来，要看图中所给的尺寸是否齐全和正确。因此，绘制平面图形时应先进行尺寸分析和线段分析。

（1）尺寸分析
平面图形中的尺寸按用途可以分为两大类。

① 定形尺寸。用于确定平面图形中几何元素大小的尺寸。例如图 1-60 中直线段的长度尺寸（单位为 mm）40、5，圆的直径 $\phi12$、$\phi20$，圆弧半径 $R10$、$R8$，等等。

② 定位尺寸。用于确定几何元素位置的尺寸。例如圆心的位置尺寸、直线与中心线的距离尺寸等，如图 1-60 中的尺寸 20、3、26 等。因平面图形具有两个向度（长、高），故一般情况下，几何元素的定位尺寸都有两个。

尺寸基准。即标注定位尺寸的起始线。一般选择图形中的主要对称线、中心线、主要轮廓线作为尺寸基准，如图 1-60 中的尺寸 20、3 用来确定直线（长 40）的位置。

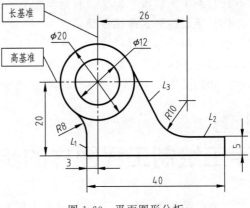

图 1-60　平面图形分析

(2) 线段分析

平面图形中的线段，依其尺寸是否齐全可分为三类。

① 已知线段。具有齐全的定形尺寸和定位尺寸的线段为已知线段，作图时可以根据已知尺寸直接绘出，如图 1-60 中的圆尺寸 $\phi12$、$\phi20$，直线尺寸 40、5，等等。

② 中间线段。只给出定形尺寸和一个定位尺寸的线段为中间线段，其另一个定位尺寸可依靠与相邻已知线段的几何关系求出，如图 1-60 中的线段 L_1、L_2，圆弧 $R10$。

③ 连接线段。只给出线段的定形尺寸，定位尺寸必须依靠与之相邻的已知线段关系求出，如图 1-60 中的圆弧 $R8$、线段 L_3。

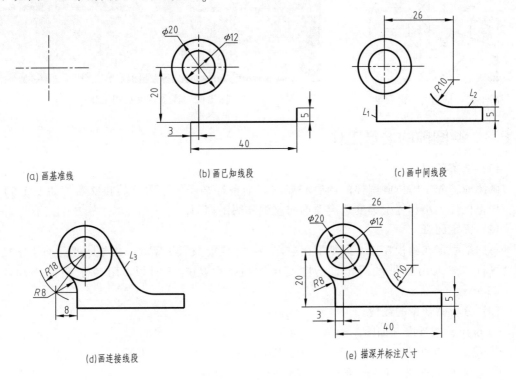

(a) 画基准线　　　(b) 画已知线段　　　(c) 画中间线段

(d) 画连接线段　　　(e) 描深并标注尺寸

图 1-61　平面图形画图步骤

仔细分析上述三类线段的定义，不难得出线段连接的一般规律：在两条已知线段之间可以有任意条中间线段，但必须有且只能有一条连接线段。

(3) 平面图形的画图步骤

通过平面图形的线段分析，显然可以得出绘制平面图形的步骤：先画出各已知线段，再依次画出各中间线段，最后画出各连接线段。

已知如图 1-60 所示的图形，其绘图步骤如图 1-61 所示。

1.6
手工绘制工程图样的步骤

下面以吊钩平面图形为例介绍一下图样的绘制过程，吊钩的平面图形如图 1-62 所示。绘图前准备 A2 图板一块、丁字尺 600mm 一把、A3 图纸一张、绘图仪器 1 套、三角板一套、铅笔、橡皮、胶带纸等，如图 1-63 所示。

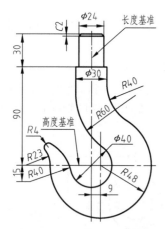

图 1-62　吊钩的平面图形

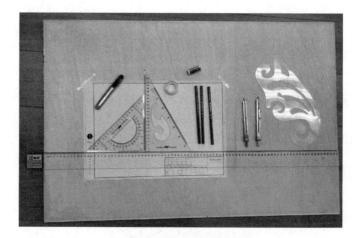

图 1-63　准备各种绘图工具

1.6.1　绘图前的准备工作

(1) 准备事项

画图前应先了解所画图样的内容和要求，准备好必需的绘图工具和仪器，如图 1-63 所示。根据机件大小和复杂程度选定图形的比例和图纸幅面。

(2) 固定图纸

将图纸固定在图板左边，图纸下边空出的距离应能放置丁字尺，图纸水平边与丁字尺工作边平行。图纸用胶带纸固定，不应使用图钉，以免损坏图板、阻碍丁字尺移动，如图 1-63 所示。

(3) 分析图形中的线段

① 确定绘图基准，如图 1-64 (a) 所示。

② 确定已知线段，$\phi 40$、$\phi 24$、$\phi 30$、R48、9、30、C2 等，如图 1-64 (b) 所示。

③ 确定中间线段：R40、R23，如图 1-64 (c) 所示。

④ 确定连接线段：R40、R60、R4，图 1-64 (c) 中所缺的线段即为连接线段。

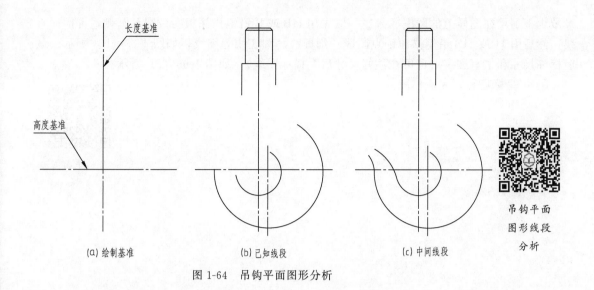

长度基准

高度基准

(a) 绘制基准　　　　(b) 已知线段　　　　(c) 中间线段

吊钩平面
图形线段
分析

图 1-64　吊钩平面图形分析

1.6.2　绘图的方法和步骤

手工绘图时，首先画底稿，检查无误后描深并标注尺寸，最后填写标题栏。

① 画底稿。画底稿时，用笔尖为锥形的 H 或 HB 铅笔轻淡画出，并经常磨削铅笔。

画图步骤：先画图形的基准线（对称中心线或轴线），再画已知线段（主要轮廓线），中间线段和连接线段，最后画细小结构线段，如图 1-65（a）所示。图形是剖视图或断面图时，最后画剖面符号或剖面线。注意各图之间位置布置匀称、美观，应留有标注尺寸的地方。底稿线要轻、细，但应清晰、准确。

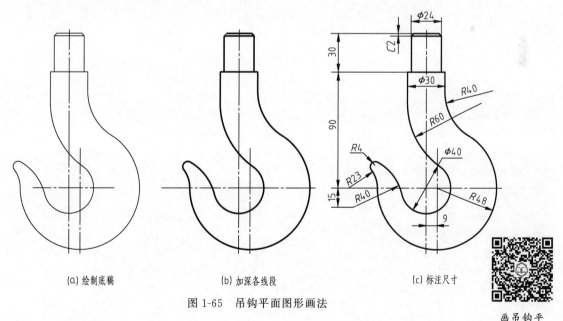

(a) 绘制底稿　　　　(b) 加深各线段　　　　(c) 标注尺寸

画吊钩平
面图形

图 1-65　吊钩平面图形画法

② 检查、描深并标注尺寸。底稿完成后应检查有无遗漏，并擦去多余线条。描深图线时要用力均匀、线型分明、连接光滑、图面整洁。

描深步骤：按先曲线后直线、由上到下、由左向右、所有图形同时描深的原则进行。尽量减少丁字尺在图样上的摩擦次数。一般先用 HB 或 B 铅笔描深粗实线圆及圆弧，再描深直线；然后用 H 或 HB 铅笔描深细点画线、细虚线、细实线等细线，如图 1-65（b）所示。最后标注尺寸和书写文字（也可在注好尺寸后再描深图线），如图 1-65（c）所示。

③ 填写标题栏，完成作图。

画吊钩平面图形
加深

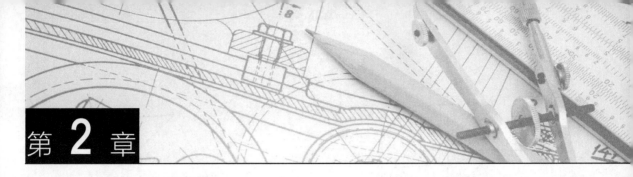

第 **2** 章

投影与视图

2.1
投影的基本知识

2.1.1 投影概念和正投影法

日常生活中到处可以看到影子，如灯光下的物影、阳光下的人影等，这些都是自然界的一种投影现象。在工业生产发展的过程中，为了解决工程图样的问题，人们将影子与物体的关系经过几何抽象形成了"投影法"。

(1) 投影法的形成

把光源抽象为投射中心，光线抽象为投射线，预设的平面设为投影面，如将物体置于投射中心和投影面之间，则在投影面上就会产生空间物体的投影，如图 2-1 所示。这种投射线通过物体，向选定的面投射，并在该面上得到图形的方法称为投影法。

投影四要素：投射中心（S）投出投射线（SA），物体（$\triangle ABC$），投影面（P）和投影（$\triangle abc$），如图 2-1所示。

(2) 投影法的种类

中心投影法：投射线相交于投射中心，如图 2-1 所示。

平行投影法：投射中心移至无限远时，投射线相互平行。

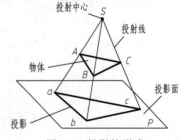

图 2-1　投影的形成

平行投影法又分为正投影和斜投影。正投影是投射线垂直于投影面，如图 2-2（a）所示；斜投影是投射线倾斜于投影面，如图 2-2（b）所示。

由于正投影法在投影上易表达物体的形状和大小，作图也比较方便，因此在机械制图中得到广泛的应用。

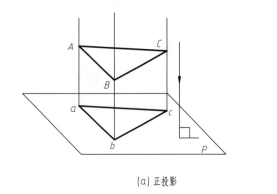

(a) 正投影   (b) 斜投影

图 2-2　平行投影

2.1.2　正投影的投影特性

①　实形性。直线或平面与投影面平行时，投影为实长或实形，如图 2-3（a）所示的直线 AB、平面 P。

②　积聚性。直线与投影面垂直时，投影积聚为一点；平面与投影面垂直时，投影积聚为直线，如图 2-3（b）所示的直线 CD、平面 Q。

③　类似性。倾斜于投影面的直线或平面，其投影仍为直线或平面，如图 2-3（c）所示的直线 MN、平面 R。

④　等比性。一直线上的两线段长度之比与该直线投影后的两段长度之比相等，如图 2-3（d）所示，直线 $AE/EB = ae/eb$。

⑤　平行性。物体上相互平行的两直线或平面其投影仍互相平行，如图 2-3（d）所示的平面 T 和平面 S。

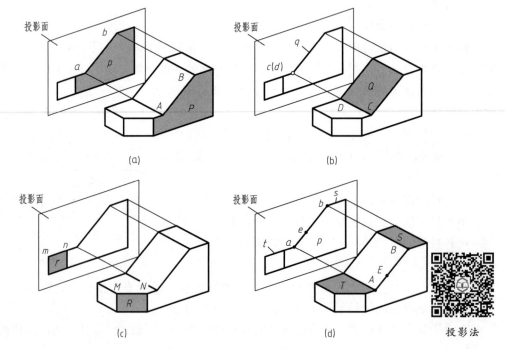

(a)   (b)

(c)   (d)   投影法

图 2-3　正投影的投影特性

2.2
点、线、面的投影特性

2.2.1 点的投影及投影特性

(1) 三投影面体系

如图 2-4（a）所示，点 A 在平面 H 上的投影 a 仍然是点，而且是唯一的。但点的一个投影是不能确定其空间位置的，如图 2-4（b）所示。因此为了使投影确定空间点的位置，必须增加投影面，形成多面正投影（GB/T 14692—2008），如图 2-5 所示，即三投影面体系。相互垂直的三个投影面分别称为正立投影面（简称正面），用 V 表示；水平投影面（简称水平面），用 H 表示；侧立投影面（简称侧面），用 W 表示。三个投影面的交线称为投影轴，分别用 OX、OY、OZ 表示。

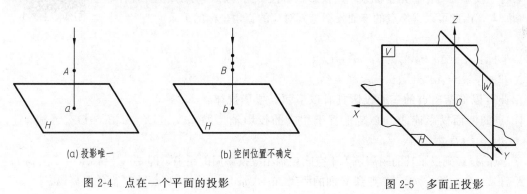

(a) 投影唯一　　　(b) 空间位置不确定

图 2-4　点在一个平面的投影　　　图 2-5　多面正投影

(2) 点的投影特性

为了叙述简便、图示清晰，将本书中出现的标记（未加特别注释的情况下）做如下约定。

空间点、线、面用大写字母或罗马数字表示，如 P、Q、M、A、B、C、…，Ⅰ、Ⅱ、Ⅲ、…

点、线、面在 H 面投影称为水平投影，用相应的小写字母或阿拉伯数字表示，如 p、q、m、a、b、c、…，1、2、3、…

点、线、面在 V 面投影称为正面投影，用相应的小写字母或阿拉伯数字加一撇表示，如 p'、q'、m'、a'、b'、c'、…，$1'$、$2'$、$3'$、…

点、线、面在 W 面投影称为侧面投影，用相应的小写字母或阿拉伯数字加两撇表示，如 p''、q''、m''、a''、b''、c''、…，$1''$、$2''$、$3''$、…

投影不可见的点、线、面用相应的标记加括号表示，如 (p)、(p')、(p'')、…

如图 2-6（a）所示，在三投影面体系中有一个空间点 A，分别向 H、V、W 三投影面进行投射，得到点 A 的三个投影：水平投影 a、正面投影 a'、侧面投影 a''。为了把点的三个投影图画在同一平面上（即一张图纸上），必须把投影面展开摊平。展开时规定：V 面不动，H 面绕 OX 轴向下旋转 $90°$，W 面绕 OZ 轴向右旋转 $90°$，使 H 面、W 面与 V 面在同一平面上，如图 2-6（b）、（c）所示。

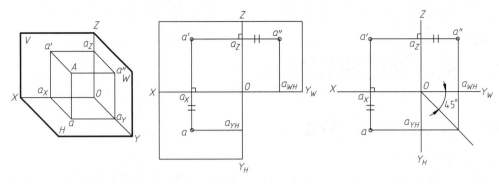

| (a) 点在三投影面体系中的投影 | (b) 投影面的展开 | (c) 去掉投影面边框后的投影 |

图 2-6 点的三面投影

从图 2-6 可以看出 Aa、Aa'、Aa'' 分别是点 A 到 H、V、W 三投影面的距离。

若将三投影面看作直角坐标系，则投影轴、投影面、点 O 分别是坐标轴、坐标面和原点，由此可以得出点的三面投影与其对应的直角坐标的关系。

点的投影

Z 坐标：$z=Aa=a_Xa'=a_Ya''=Oa_Z$。

Y 坐标：$y=Aa'=a_Xa=a_Za''=Oa_Y$。

X 坐标：$x=Aa''=a_Ya=a_Za'=Oa_X$。

由此可以概括出点的三面投影具有以下两条投影规律：

① 点的两面投影连线，必定垂直于相应的投影轴，即 $aa'\perp OX$，$a'a''\perp OZ$，$aa_{YH}\perp OY_H$，$a''a_Y\perp OY_W$，$aa_X=a'a_Z$。

② 点的投影到投影轴的距离，等于空间点到相应投影面的距离，即 $a'a_X=a''a_Y=A$ 点到 H 面的距离 Aa，$aa_X=a''a_Z=A$ 点到 V 面的距离 Aa'，$aa_Y=a'a_Z=A$ 点到 W 面的距离 Aa''。

根据上述投影规律，若已知点的两投影，则可求出其第三投影；若已知点的三个坐标值，则可求出点的三面投影。

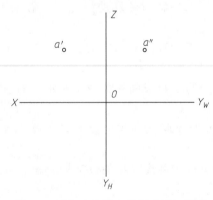

图 2-7 已知点的两个投影求第三投影

[例 2-1] 如图 2-7 所示，已知点 A 的正面投影 a' 和侧面投影 a''，求点 A 的水平投影 a。

分析：根据点的投影规律，$aa'\perp OX$ 轴，$aa_X=a''a_Z$。

作图步骤：

a. 过点 a' 作 OX 的垂线，如图 2-8（a）所示。

b. 过点 a'' 作 OY_W 的垂线与 45°辅助线相交，过此交点作 OY_H 的垂线，与过 a' 所作垂线相交，交点即为点 A 的水平投影 a，如图 2-8（b）所示。也可以用分规截取 $a_Xa=a_Za''$，从而得到 a。

[例 2-2] 已知点 A 的坐标（10，5，15），求作点 A 的三面投影。

作图步骤：

a. 在 OX 轴上量取 $Oa_X=10$，过 a_X 作 OX 轴的垂线，如图 2-9（a）所示。

b. 在此垂线上从 a_X 向上量取 $a_Xa'=15$，从而确定 a'，向下量取 $a_Xa=5$，从而确定 a，如图 2-9（b）所示。

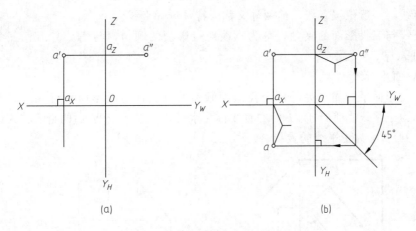

(a)   (b)

图 2-8　根据点的两投影求第三投影

c. 根据点的投影规律由 a、a' 求出 a''，如图 2-9（c）所示。

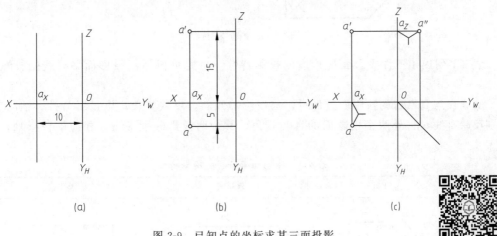

(a)   (b)   (c)

图 2-9　已知点的坐标求其三面投影

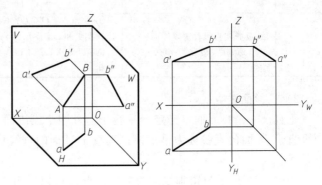

点投影作图
（例 2-1、例 2-2）

2.2.2　直线的投影及投影特性

(1) 直线投影图的画法

两点确定一条直线，因此，画直线的投影，一般只需画出两点（通常是直线段的两个端点）的三面投影，然后连接这两点的各个同面投影即可。直线的投影一般情况下还是直线，投影用粗实线表示。如图 2-10 所示，若已知直线 AB 两端点的投影 $A(a, a', a'')$、$B(b, b', b'')$，则连接 ab，$a'b'$，$a''b''$，即得 AB 的投影图。

(2) 直线的投影特性

直线在三投影面体系中的空间位置有三种情况：投影面平行线、

图 2-10　直线投影图的画法

投影面垂直线、一般位置直线，前两种又称为特殊位置直线。

空间直线与三投影面的夹角，称为直线对投影面的倾角，与 H、V、W 三个投影面的倾角分别用 α、β、γ 表示。

1）投影面平行线

与某一投影面平行而与另外两个投影面倾斜的直线称为投影面平行线。其中平行于 V 面的直线称为正平线；平行于 H 面的直线称为水平线；平行于 W 面的直线称为侧平线。

如图 2-11 所示为正平线的投影。

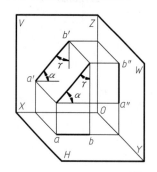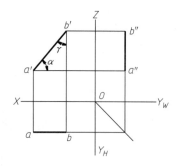

图 2-11　正平线的投影

表 2-1 列出了三种投影面平行线的投影特性。由此可概括出投影面平行线的投影特性如下：

直线在与其平行的投影面上的投影与投影轴倾斜，反映实长；该投影与投影轴的夹角，分别反映直线对另外两个投影面的真实倾角。其余两投影分别平行于相应的投影轴，长度缩短。

表 2-1　投影面平行线的投影特性

名称	正平线	水平线	侧平线
投影图	*(图)*	*(图)*	*(图)*
投影特性	①$a'b'$ 倾斜于 OX、OZ 投影轴，反映实长和真实倾角 α、γ ②$ab /\!/ OX$，$a''b'' /\!/ OZ$，长度缩短	①ab 倾斜于 OX、OY 投影轴，反映实长和真实倾角 β、γ ②$a'b' /\!/ OX$，$a''b'' /\!/ OY_W$，长度缩短	①$a''b''$ 倾斜于 OY、OZ 投影轴，反映实长和真实倾角 β、α ②$ab /\!/ OY_H$，$a'b' /\!/ OZ$，长度缩短

2）投影面垂直线

垂直于一个投影面（必定会平行于另外两个投影面）的直线，称为投影面的垂直线。其中垂直于 H 面的直线称为铅垂线；垂直于 V 面的直线称为正垂线；垂直于 W 面的直线称为侧垂线。

如图 2-12 所示为铅垂线的投影，由此图可以得出铅垂线的投影特性：在 H 面上的投影积聚成一点，在另外两投影面上的投影都平行于 OZ 轴，而且反映实长。

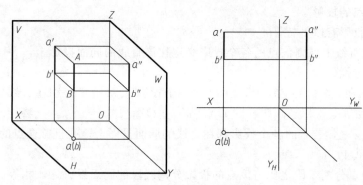

图 2-12　铅垂线的投影

表 2-2 列出了三种投影面垂直线的投影特性。由此可概括出投影面垂直线的投影特性如下：

直线在与其垂直的投影面上的投影积聚成一点；其余两投影垂直相应的投影轴（都平行于相同的投影轴），而且反映实长。

表 2-2　投影面垂直线的投影特性

名称	铅垂线	正垂线	侧垂线
投影图			
投影特性	①水平投影积聚成一点 ②另外两投影反映实长，而且都平行于 OZ 轴	①正面投影积聚成一点 ②另外两投影反映实长，而且分别平行于 OY_W 和 OY_H 轴，即 Y 轴	①侧面投影积聚成一点 ②另外两投影反映实长，而且都平行于 OX 轴

3）一般位置直线

与三个投影面都倾斜的直线称为一般位置直线。如图 2-13 所示，直线 AB 与三个投影面都倾斜，可以看出一般位置直线的投影特性如下：

在三个投影面上的投影都倾斜于投影轴，线段长度缩短；三个投影与投影轴的夹角，都不反映直线与投影面的真实倾角。

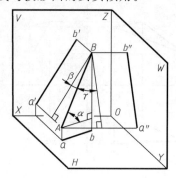

图 2-13　一般位置直线的投影

(3) 直线上点的投影

直线上点的投影有以下特性：

① 如果点在直线上，则该点的各个投影必定在该直线的同面投影上，并且符合点的投影特性。

直线的投影

如图 2-14 所示，点 C 在 AB 上，点 C 的三个投影 c、c'、c'' 分别在直线的三个投影 ab、$a'b'$、$a''b''$ 上，且 $cc'\perp OX$，$c'c''\perp OZ$，$cc_X = c''c_Z$，此特性被称为从属性。反之，若点的各个投影都在直线的同面投影上，并且符合点的投影特性，则该点必定在此直线上。

② 线段上的点分割线段之比与该点的投影分割线段的同面投影之比相等。

如图 2-14 所示，点 C 分割线段 AB，则 $AC:CB = ac:cb = a'c':c'b' = a''c'':c''b''$。此特性被称为定比性。反之，若点的各个投影都在直线的同面投影上，且点分割线段的投影长度之比保持相同，则该点必定在此直线上。

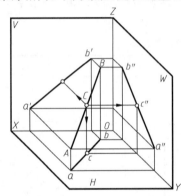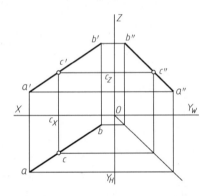

图 2-14　点在直线上的投影

利用上述性质，可以在直线上求点、判断点是否在直线上及计算分割线段的比例。

2.2.3　平面的投影及投影特性

(1) 平面的投影的表示方法

平面的投影通常用确定平面的几何元素的投影表示，如用不在一条直线上的三个点的投影表示；用一直线和直线外的一点的投影表示；用相交两直线的投影表示；用平行两直线的投影表示；用任意平面图形的投影表示等。如图 2-15 所示为用三角形表示，求出三角形三个顶点的三面投影，然后连接这三个点的各个同面投影即可。

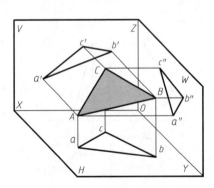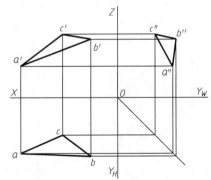

图 2-15　平面的投影

(2) 平面的投影特性

从与投影面的相对位置的角度来说，平面有三种：投影面垂直面、投影面平行面和一般位置平面。前两种统称为特殊位置平面。

1）投影面垂直面

垂直于一个投影面而倾斜于另外两个投影面的平面称为投影面垂直面。其中，垂直于 V 面的平面称为正垂面；垂直于 H 面的平面称为铅垂面；垂直于 W 面的平面称为侧垂面。

表 2-3 列出了投影面垂直面的投影特性。由此可概括出投影面垂直面的投影特性如下：

平面在与其垂直的投影面上的投影积聚成直线，该投影与投影轴的夹角，分别反映平面对另外两个投影面的真实倾角；其余两投影为类似形。

表 2-3 投影面垂直面的投影特性

名称	正垂面	铅垂面	侧垂面
立体图	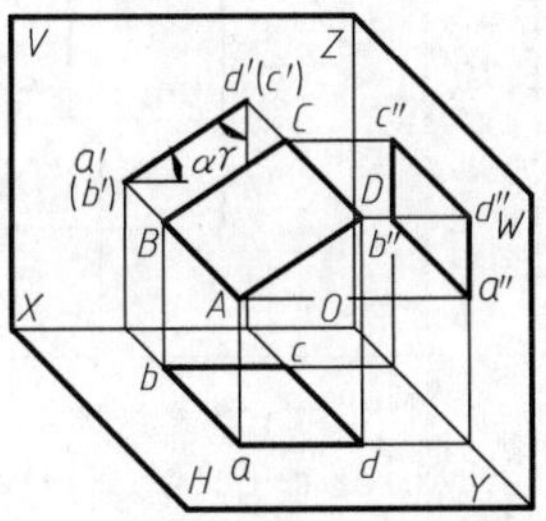	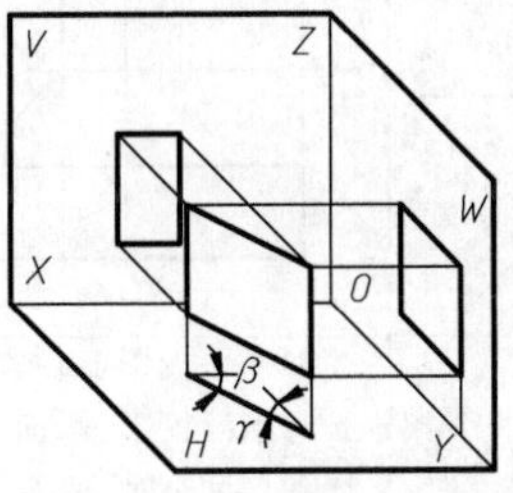	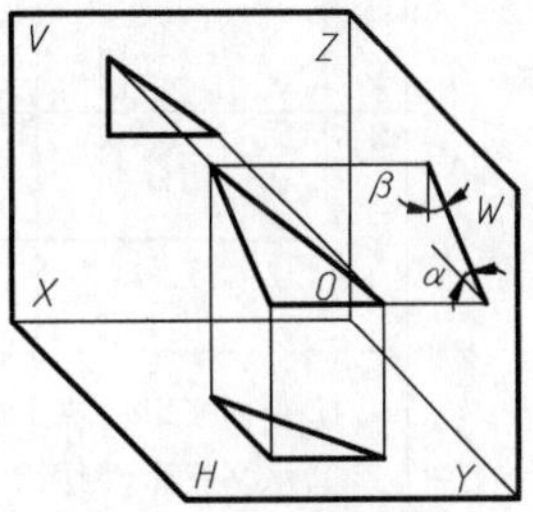
投影图	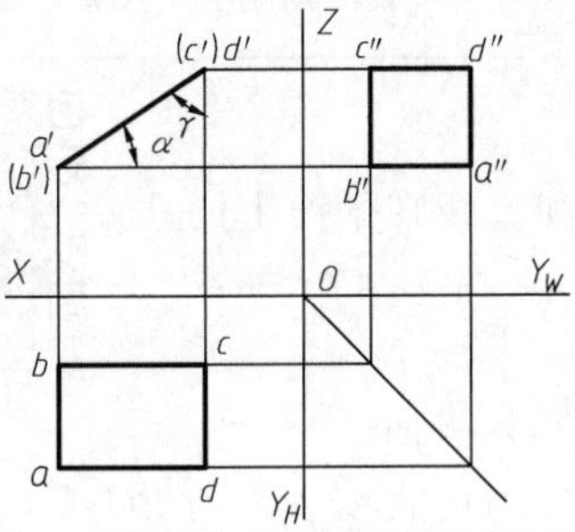	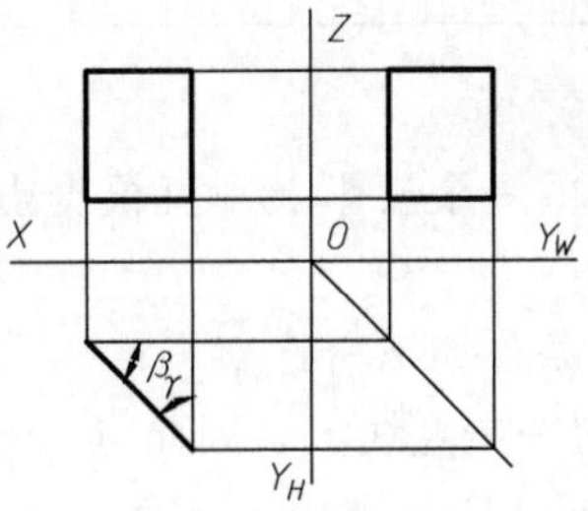	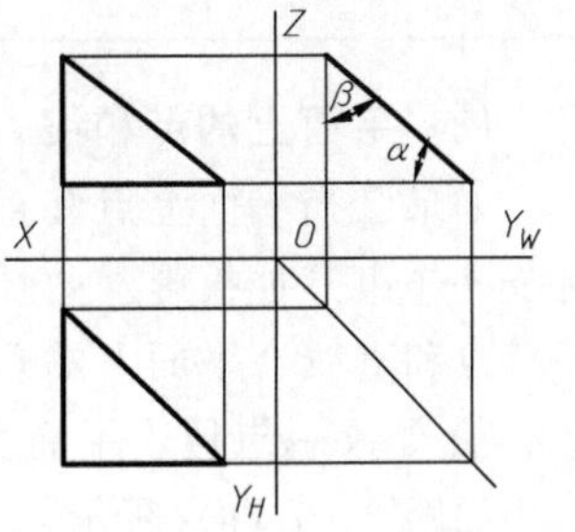
投影特性	①正面投影积聚成一条与坐标轴倾斜的直线；它与 OX、OZ 轴的夹角分别为 α、γ。②水平投影和侧面投影均为面积缩小的类似形。	①水平投影积聚成一条与坐标轴倾斜的直线；它与 OX、OY_H 轴的夹角分别为 β、γ。②正面投影和侧面投影均为面积缩小的类似形	①侧面投影积聚成一条与坐标轴倾斜的直线；它与 OZ、OY_W 轴的夹角分别为 β、α。②正面投影和水平投影均为面积缩小的类似形

2）投影面平行面

平行于某一投影面（必定会垂直于另外两个投影面）的平面，称为投影面平行面。其中，平行于 V 面的平面称为正平面；平行于 H 面的平面称为水平面；平行于 W 面的平面称为侧平面。

表 2-4 列出了投影面平行面的投影特性。由此可概括出投影面平行面的投影特性如下：

平面在与其平行的投影面上的投影为实形，其余两投影积聚为直线且平行于相应的投影轴（垂直于同一个投影轴）。

3）一般位置平面

对三个投影面都倾斜的平面，称为一般位置平面。一般位置平面在三个投影面上的投影都是原空间平面图形的类似形，参见图 2-15。

表 2-4　投影面平行面的投影特性

名称	正平面	水平面	侧平面
立体图			
投影图			
投影特性	①正面投影反映实形。 ②水平投影、侧面投影积聚为直线，并分别平行于 OX 轴、OZ 轴	①水平投影反映实形。 ②正面投影、侧面投影积聚为直线，并分别平行于 OX 轴、OY_W 轴	①侧面投影反映实形。 ②水平投影、正面投影积聚为直线，并分别平行于 OY_H 轴、OZ 轴

（3）平面上的点和线

如果已知平面上点和直线的一个投影，则可根据点和直线在平面上的几何条件作出其他投影。

点和直线在平面上的几何条件如下所述。

平面的投影

① 如果一点位于平面上的一条直线上，则此点必定在该平面上。

如图 2-16（a）所示，点 E、F 分别位于平面 $\triangle ABC$ 内的直线 AB 与 BC 上，显然 E、F 就是在 $\triangle ABC$ 平面上的两个点。

② 一直线通过平面上的两个点，则此直线必定在该平面上。

如图 2-16（b）所示，E、F 是 $\triangle ABC$ 平面上的两个点，则过点 E、F 所作的直线 EF 必定在 $\triangle ABC$ 平面上。

③ 直线通过平面内上一个点，且平行于平面内的另一直线，则此直线必定在该平面上。

如图 2-16（c）所示，点 E 是 $\triangle ABC$ 平面上点，过点 E 作直线 $EL /\!/ AC$，则此直线必定在 $\triangle ABC$ 平面上。

[例 2-3]　如图 2-17（a）所示，完成 $\triangle ABC$ 平面上点 M、N 另一投影 m、n'。

分析：在平面上取点，就要先在平面内作含该点的辅助直线，然后利用直线上点的投影规律求出点的投影。

作图步骤：

a. 求点 M 的水平投影 m。如图 2-17（b）所示，连接 $c'm'$ 并延长与 $a'b'$ 交于 d'，由 d' 得 d，连接 cd，再由 m' 作出 m。

b. 求点 N 的正面投影 n'。如图 2-17（b）所示，过点 n 作一直线 $ne /\!/ ab$，并与 ac 交于 e，由 e 作出 e'，再过 e' 作 $a'b'$ 的平行线 $e'n'$，最后由 n 作出 n'。

[例 2-4]　试完成如图 2-18（a）所示的平面四边形 $ABCD$ 的正面投影。

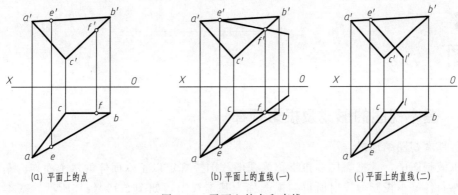

(a) 平面上的点   (b) 平面上的直线(一)   (c) 平面上的直线(二)

图 2-16 平面上的点和直线

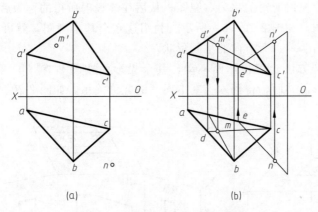

(a)   (b)

图 2-17 求作平面上点的另一投影

分析：本题关键就是要求 d'。该平面已经由给定的三点 A、B、C 唯一确定，由于点 A、B、C、D 共面，所以此题实质上是平面上取点的问题。

作图步骤：如图 2-18（b）所示，连接 ac、bd 交于点 e，连接 $a'c'$，根据 e 求出 e'，连接 $b'e'$ 并延长，过 d 作投影连线与 $b'e'$ 交于 d'，连接 $a'd'$、$d'c'$，完成作图。

线面作图

（例 2-3、例 2-4）

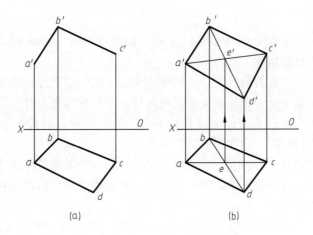

(a)   (b)

图 2-18 完成平面四边形的投影

2.3

视图

2.3.1 基本视图的形成及投影规律

(1) 基本视图的形成

在机械制图中，常把物体的投影称为视图。国标规定以正六面体的六个面作为基本投影面，机件向各基本投影面投射所得的视图称为基本视图，如图 2-19 (a) 所示。基本视图中从前向后投射所得的称为主视图，从上向下投射所得的称为俯视图，从左向右投射所得的称为左视图，从右往左投射所得的称为右视图，从后往前投射所得的称为后视图，从下向上投射所得的称为仰视图，如图 2-19 (b) 所示。利用这六个基本视图，就可以清晰地表示出机件的上、下、左、右、前、后方向的不同形状。

各投影面的展开方法为正投影面不动，其余投影面按图 2-19 (b) 箭头所指的方向旋转，使其与正立投影面共面，得到六个基本视图的配置关系，如图 2-20 所示。

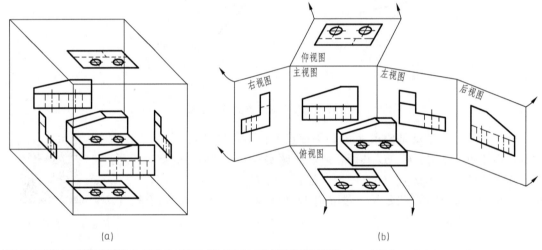

(a)   (b)

图 2-19　基本视图及展开

在同一张图纸内六个基本视图按图 2-20 (a) 配置视图时，一律不标注视图名称。

(2) 基本视图的投影规律

将物体的上、下尺寸称为高，左、右尺寸称为长，前、后尺寸称为宽，那么主、后视图反映物体的高度和长度尺寸，俯、仰视图反映物体的宽度和长度尺寸，左、右视图反映物体的宽度和高度尺寸；六个基本视图之间保持着长、高、宽相等的投影关系，作图时常叫做"长对正，高平齐，宽相等"，称为"三等"规律。

物体各部分在空间分上下、前后、左右六个方位，六个基本视图能清楚地反映物体各部分的相对位置。在方位对应关系上，除后视图外，其他视图在"远离主视图"的一侧均表示物体的前面部分，如图 2-20 (b) 所示。

实际作图时，应根据机件的结构特点和复杂程度选用必要的基本视图。如图 2-21 所示的机件采用了四个基本视图来表达它的形状。

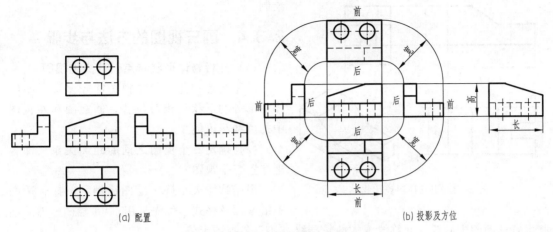

图 2-20　六个基本视图的配置及关系

国标规定，绘制机械图样时，视图一般只画机件的可见部分，必要时才画出其不可见部分。如图 2-21 所示，左视图中表示机件右面的不可见轮廓，以及右视图中表示机件左面的不可见轮廓均不画虚线，而主视图中表示孔深度的虚线则不能省略。

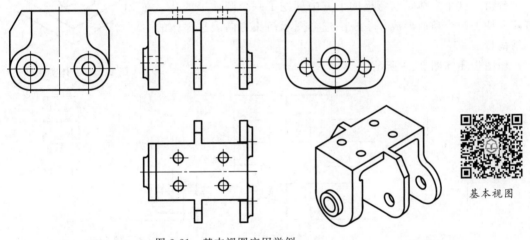

基本视图

图 2-21　基本视图应用举例

2.3.2　简单形体的视图表达——三视图

一般来说，简单的形体用主、俯、左三个基本视图就能够表达清楚其形状结构，习惯上常将主视图、俯视图、左视图称为三视图，如图 2-22 即为用三视图表达物体形状。三个视图在绘图时仍然符合基本视图投影规律，即：

主、俯视图长对正——长相等。它们同时反映了物体的长度方向的尺寸。

主、左视图高平齐——高相等。它们同时反映了物体的高度方向的尺寸。

俯、左视图宽相等——宽相等。它们同时反映了物体的宽度方向的尺寸。

2.3.3　物体上可见与不可见部分的表示法

若用三视图表达物体形状，则在绘制三视图时，物体上可见部分的轮廓线用粗实线绘制；必要时不可见部分的轮廓线用细虚线绘制；圆的中心线、图形的对称线用细点画线

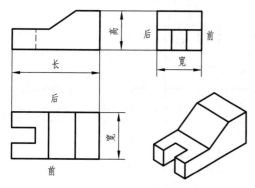

图 2-22　用三视图表达物体

绘制。

2.3.4　画三视图的方法与步骤

（1）分析物体形状特点，选择主视图

平稳放置物体，使主视图能较多地反映物体各部分的形状和相对位置，俯视图和左视图中的虚线尽可能少。

（2）确定三个视图之间的距离关系（即合理布置三个视图）

根据物体大小确定绘图比例，选择合适的图纸幅面及格式，优先采用 1∶1 绘图。然后绘制出各视图的中心线、对称线或大的轮廓线，实现各视图定位。

（3）绘图

先画底稿，后描深。如果不同的图线重合在一起，应按粗实线、虚线、细点画线的顺序，用前者优先的方法进行绘制。

［例 2-5］　画出图 2-23 所示立体的三视图。

分析：这个立体是在弯板的下方中部挖了一个圆柱形的孔，在右前方切去一个角而形成。主视图选择图示箭头方向表达立体的主要结构特征。

作图步骤如图 2-24 所示。

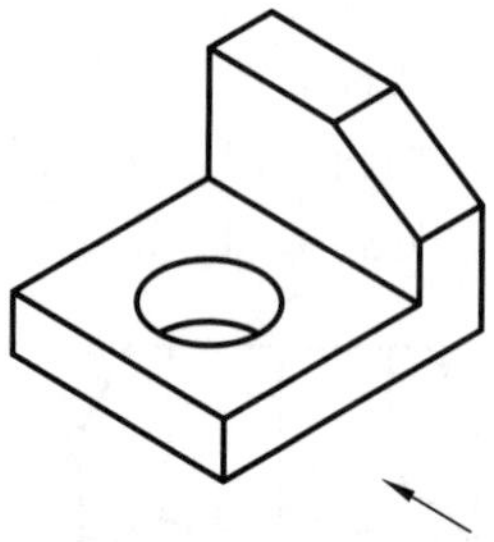

图 2-23　立体实例（一）

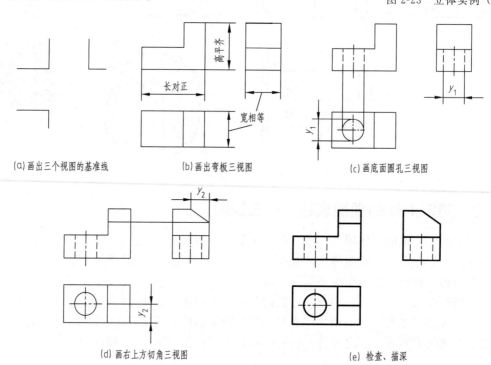

(a)画出三个视图的基准线　　(b)画出弯板三视图　　(c)画底面圆孔三视图

(d)画右上方切角三视图　　　　　(e)检查、描深

图 2-24　物体三视图的画图步骤

a. 画三个视图的基准线。

b. 画弯板的三视图，画图顺序：主→俯→左。

c. 画底面圆孔的三视图，画图顺序：俯→主→左。

d. 画右边切角的三视图，画图顺序：左→主→俯。

e. 描深。步骤：先曲线后直线，由上到下，由左向右，三个视图同时进行。

[例 2-6]　画出图 2-25 所示立体的三视图。

分析：这个物体是在弯板的上方中部叠加了一个三棱柱，又在底板挖了一个沉孔。选择箭头方向作为主视图方向，表达弯板及三棱柱形状及相互位置特征。

作图步骤如图 2-26 所示。注意"三等"关系。

a. 画三个视图的基准线，由于俯视、左视图对称，所以此两个视图以对称中心线定位。

b. 画底板的三视图，画图顺序：俯→主→左。

c. 画立板的三视图，画图顺序：左→主→俯。

d. 画肋板的三视图，画图顺序：主→俯→左。

e. 检查、擦去多余的线、描深。

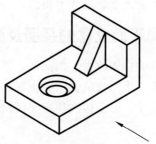

图 2-25　立体实例（二）

画简单体的
三视图

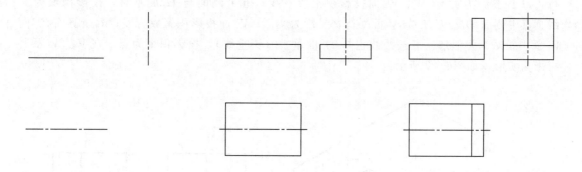

(a) 画出三视图的定位基准线
　　（对称线、大的轮廓线）　　　　　　(b) 画出底板的三视图　　　　　　　(c) 画出立板的三视图

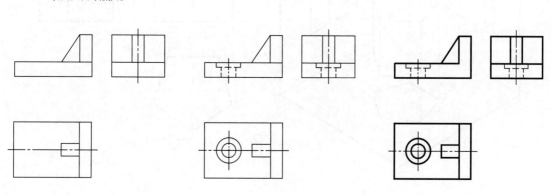

(d) 画出肋板的三视图　　　　　　　(e) 画出沉孔的三视图　　　　　　　(f) 检查、整理、描深

图 2-26　画物体的三视图

2.4
基本几何立体的视图及画法

为了快速正确地绘制机件的视图，必须熟悉常见基本几何立体的视图。

2.4.1 常见平面立体的视图及画法

由平面围成的立体称为平面立体，常见的有棱柱、棱锥。平面立体由平面围成，而平面是由若干直（棱）线围成的，因此画平面立体的视图就是画平面立体各棱线的投影，然后判别各棱线的可见性，可见棱线用粗实线绘制，不可见棱线用细虚线绘制。

(1) 棱柱

1) 形体特点

有两个相同且平行的多边形端面，当所有侧面都垂直于端面时，称为直棱柱；侧面倾斜于端面的棱柱称为斜棱柱。

2) 棱柱的视图（以直五棱柱为例）

将五棱柱按如图 2-27 (a) 所示放置在三面投影体系中，则五棱柱的上下端面与 H 面平行，H 面投影为实形，V、W 面投影积聚成直线。五个侧面与 H 面垂直，投影积聚为直线，其中侧面 DD_1E_1E 与 V 面平行，投影为实形，W 面投影积聚成直线；其余侧面在 V、W 面上投影为类似形。五条棱线也与 H 面垂直（铅垂线），投影积聚为点，在 V、W 面上投影为实形，如图 2-27 所示。

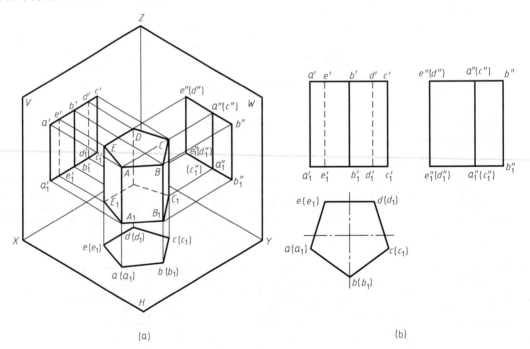

图 2-27 直五棱柱的三视图

3）棱柱视图的画法（以五棱柱为例）

画图步骤如图 2-28 所示。注意图（c）俯视图和左视图中尺寸 y_1 的对应关系。

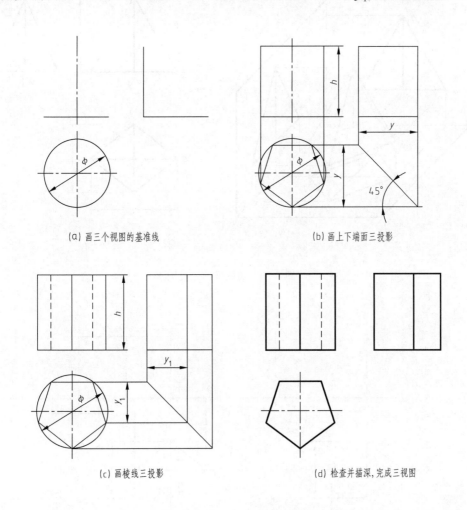

(a) 画三个视图的基准线　　　　(b) 画上下端面三投影

(c) 画棱线三投影　　　　(d) 检查并描深，完成三视图

图 2-28　画棱柱三视图步骤

（2）棱锥

1）形体特点

棱锥有一个多边形的底面，所有的棱线都交于一点——锥顶。

2）棱锥的视图（以四棱锥为例）

将四棱锥按如图 2-29（a）所示放置在三面投影体系中，则四棱锥底面与 H 面平行，H 面投影为实形，V、W 面投影积聚成直线。SA、SC 与 V 面平行，投影为实长，H、W 面投影为缩短了的直线；SD、SB 与 W 面平行，投影为实长，H、V 面投影为缩短了的直线，如图 2-29 所示。

3）棱锥视图的画法（以四棱锥为例）

画图步骤如图 2-30 所示。

（3）常见平面立体的三视图及画图步骤

常见平面立体的三视图及画图步骤如表 2-5 所示。

棱柱、棱锥
画法

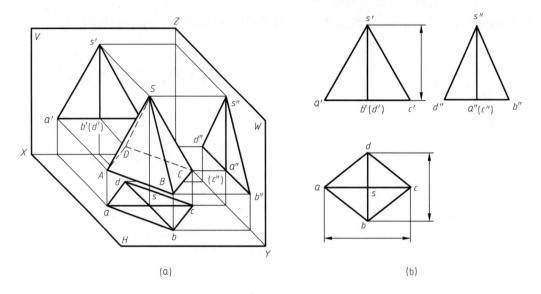

图 2-29　四棱锥的三视图

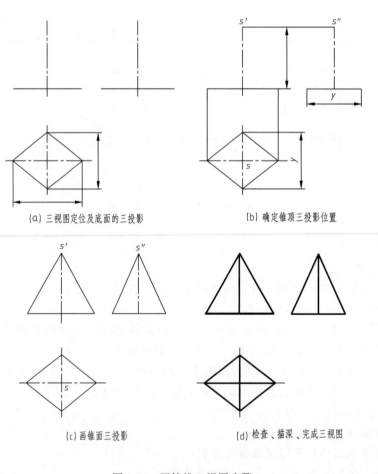

(a) 三视图定位及底面的三投影　　　(b) 确定锥顶三投影位置

(c) 画锥面三投影　　　(d) 检查、描深、完成三视图

图 2-30　画棱锥三视图步骤

表 2-5　常见平面立体的三视图及画图步骤

平面立体	画图步骤
四棱柱 	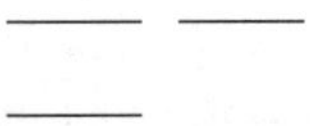 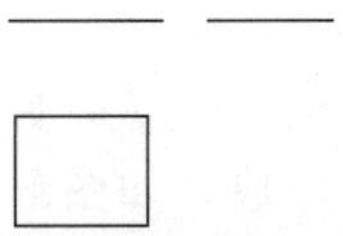 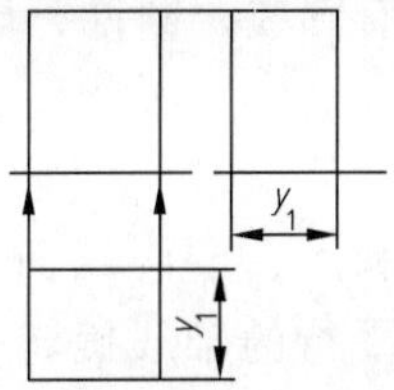 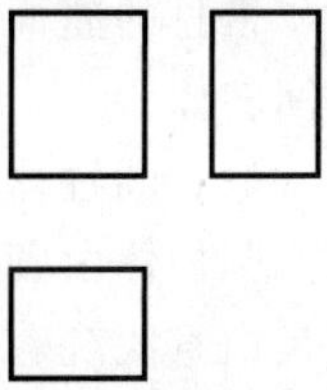 (a) 定位　　(b) 画底端面三投影　　(c) 利用三等关系画出上端面和棱面三投影　　(d) 检查、描深
三棱柱 	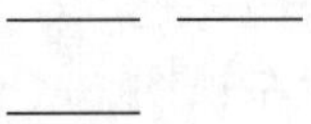 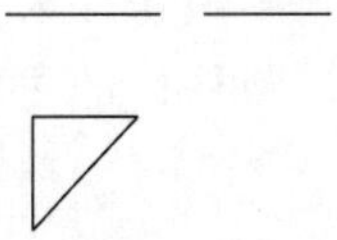 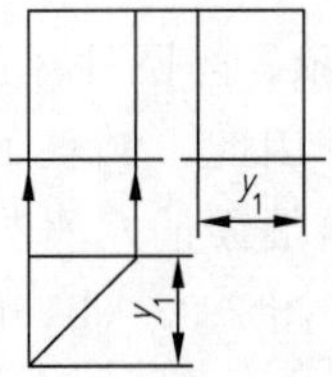 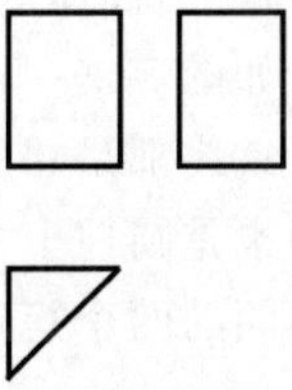 (a) 定位　　(b) 画底端面三投影　　(c) 利用三等关系画出上端面和棱面三投影　　(d) 检查、描深
六棱柱 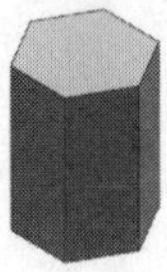	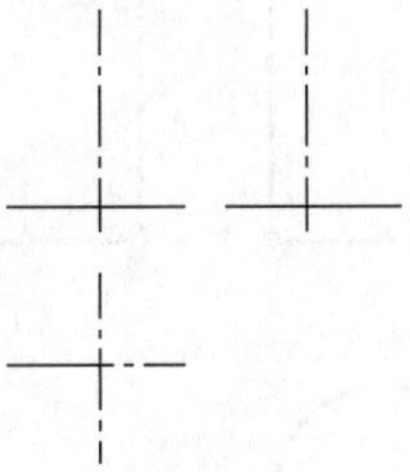 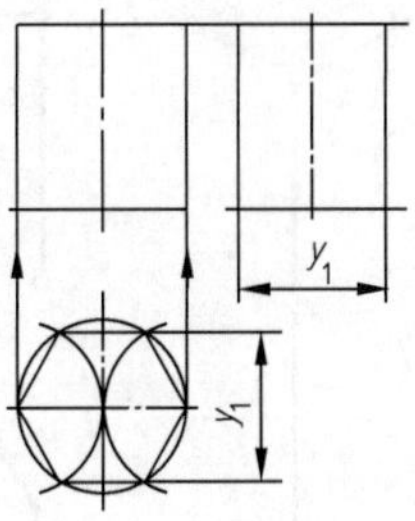 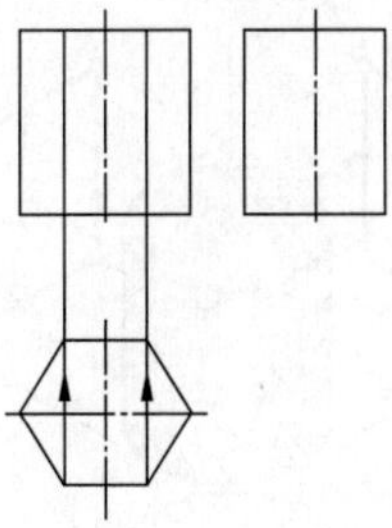 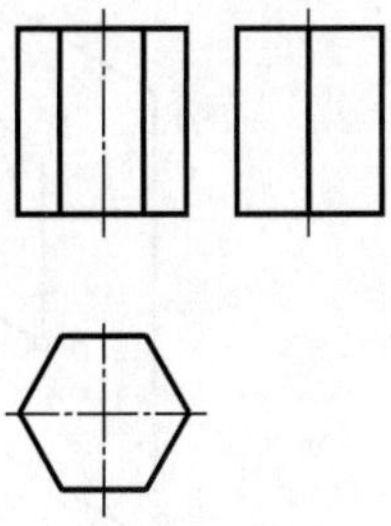 (a) 定位　　(b) 画底、上端画三投影　　(c) 利用三等关系画出上端面和棱面三投影　　(d) 检查、描深
三棱锥 	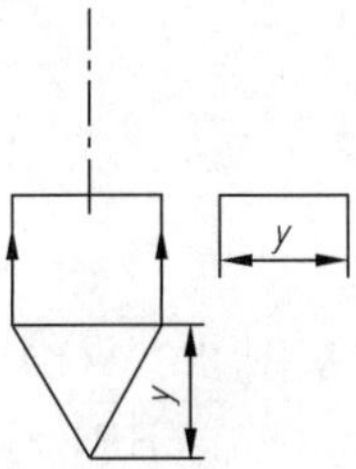 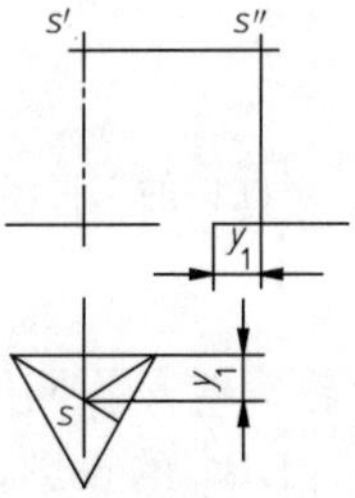 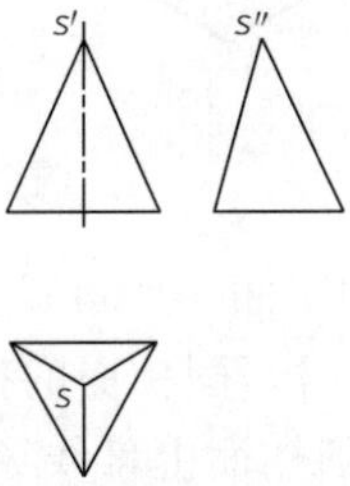 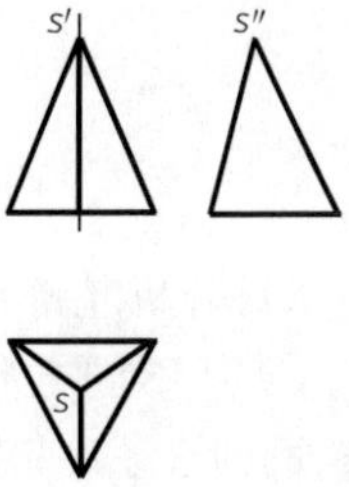 (a) 定位 (画底端面三投影)　　(b) 定锥顶三投影，注意尺寸 y_1　　(c) 画各棱线三投影　　(d) 检查、描深
斜五棱柱 	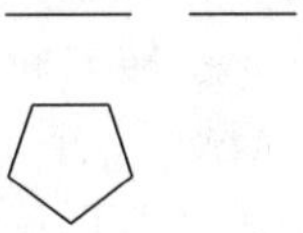 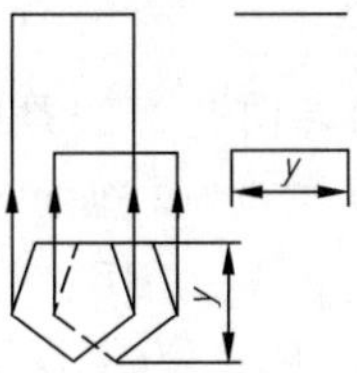 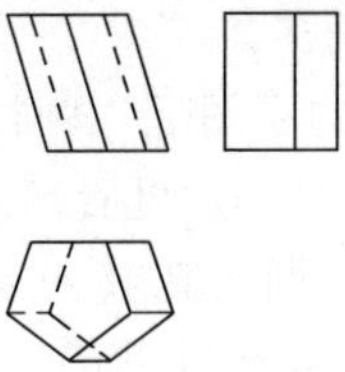 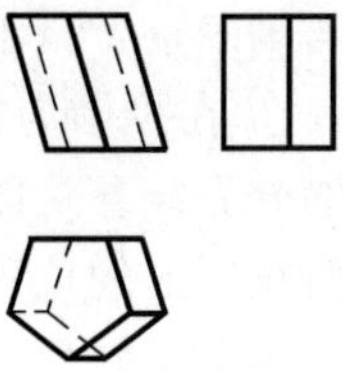 (a) 画底端面三投影　　(b) 画上端面三投影　　(c) 画棱线三投影　　(d) 检查、描深

2.4.2 常见曲面立体的视图及画法

常见的曲面立体有圆柱、圆锥、球、圆环等，它们由回转面和平面或回转面围成，故又称回转体。

(1) 圆柱体

圆柱体由圆柱面和上、下两端面（平面）围成。圆柱面可以看成是由直线绕着与它平行的轴线旋转一周而成，如图 2-31 所示，该直线称为母线。圆柱面上任意一条平行于轴线的直线，称为圆柱面的素线。

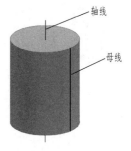

图 2-31 圆柱面的形成

1) 圆柱体的视图

如图 2-32（a）所示，当圆柱体的轴线是铅垂线时，圆柱面上的所有素线都是铅垂线。因此，圆柱面的水平投影积聚成一个圆，这个圆也是圆柱上、下两端面的水平投影，圆柱体的主视图和左视图为相同的两个矩形，如图 2-32（b）所示。

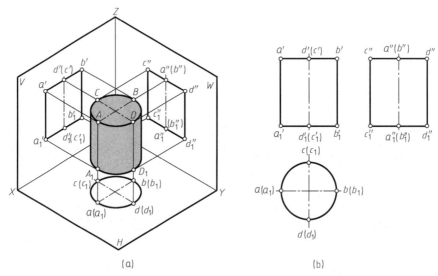

(a)　　　　　　　　　　　　(b)

图 2-32 圆柱体的三视图

2) 分析轮廓线与判断曲面的可见性

① 从不同方向投影时，圆柱面的投影轮廓线是不同的。从图 2-32（b）可看出，主视图上轮廓线 $a'a_1'$、$b'b_1'$ 是圆柱面上素线 AA_1、BB_1 的投影，把 AA_1、BB_1 称为圆柱面对正面的转向轮廓线。但在左视图上 $a''a_1''$、$b''b_1''$ 与轴线重合，它们并不是左视图的投影的轮廓线，所以左视图不必画出。而左视图上圆柱面轮廓线 $c''c_1''$、$d''d_1''$ 是从左向右看时圆柱面上素线 CC_1、DD_1 的投影，CC_1、DD_1 称为圆柱面对侧面的转向轮廓线，它们在主视图上的投影也与轴线重合，不必画出。

② 在投影为非圆的视图上，圆柱面的转向轮廓线是圆柱面在该视图上投影可见与不可见的分界线。从图 2-32（b）可看出，主视图上圆柱面可见部分，由转向轮廓线 AA_1、BB_1 在俯视图上的位置来判断，在转向轮廓线 AA_1、BB_1 以前的 ADB 半个圆柱面是可见的，而后半个圆柱面 ACB 是不可见的，AA_1、BB_1 为主视图上可见与不可见的分界线。同理 DD_1、CC_1 是左视图上可见与不可见的分界线。

3）圆柱体视图的画法

画图步骤如图 2-33 所示。

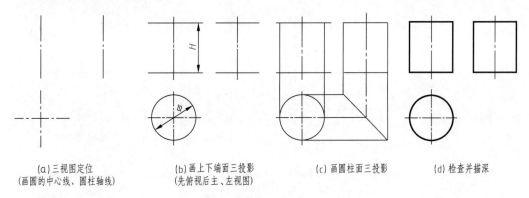

(a)三视图定位
(画圆的中心线、圆柱轴线)

(b)画上下端面三投影
(先俯视后主、左视图)

(c) 画圆柱面三投影

(d) 检查并描深

图 2-33　画圆柱体三视图步骤

（2）圆锥体

圆锥体是由圆锥面和平面围成。圆锥面可以看成是由直线绕着与它相交的轴线（OO_1）旋转一周而成，如图 2-34 所示。该直线称为母线（SA），母线上任一点（M）旋转一周的轨迹为圆，称为纬圆；圆锥面上过锥顶的任一直线，称为圆锥面的素线。

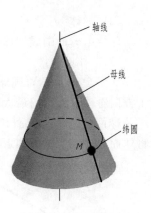

图 2-34　圆锥面的形成

1）圆锥体的视图

如图 2-35（a）所示，当圆锥体的轴线是铅垂线时，圆锥俯视图为一圆。这个圆反映了底面的实形，也是圆锥面的投影。其主视图和左视图分别为一个等腰三角形，底边是底面圆的积聚投影，两个腰分别是圆锥面对 V 面与 W 面的转向轮廓线的投影。圆锥面的三个投影都没有积聚性，如图 2-35（b）所示。

轮廓线分析与曲面可见性的判断与圆柱面相同。

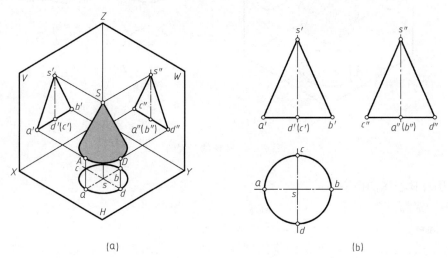

(a)　　　　　　　　　　　(b)

图 2-35　圆锥体的三视图

2）圆锥体视图的画法

画图步骤如图 2-36 所示。

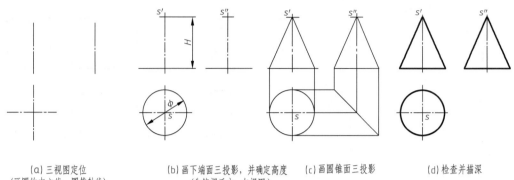

(a) 三视图定位
(画圆的中心线、圆锥轴线)

(b) 画下端面三投影, 并确定高度
(先俯视后主、左视图)

(c) 画圆锥面三投影

(d) 检查并描深

图 2-36　画圆锥体三视图步骤

（3）球体

球体由球面围成。球面是半圆绕其直径回转一周而形成的。

1）球体的视图

如图 2-37 所示，圆球体的三视图，均为直径等于圆球直径的圆。这三个圆是分别从三个方向看球时所得的最大圆，即三个方向球面的转向轮廓线（转向圆）A、B、C。转向圆 A 将球面分为前半球面和后半球面，转向圆 B 将球面分为左半球面和右半球面，转向圆 C 将球面分为上半球面和下半球面，球面的三个视图投影均没有积聚性。

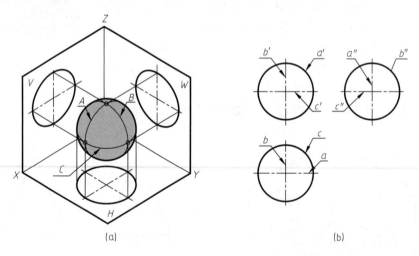

(a)

(b)

图 2-37　圆球的三视图

2）圆球体视图的画法

画图步骤如图 2-38 所示。

（4）圆环

圆环的表面是环面，环面是圆绕圆所在平面上且在圆外的一条直线（轴线）旋转而成的。

1）圆环的视图

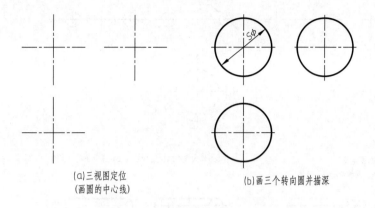

(a)三视图定位
(画圆的中心线)

(b)画三个转向圆并描深

图 2-38　画圆球体三视图步骤

图 2-39 所示为圆环的三视图。在图示位置，俯视图为两个同心圆，是环面对水平投影面的两个转向轮廓线（圆）的投影，它们分别是环面上最大、最小纬圆的水平投影，该纬圆将环面分成上下两部分，上部分投影可见，下部分投影不可见。主视图和左视图由平行于投影面的素线圆的投影，以及两条平行且与两圆相切的直线组成，该直线是圆环最高点与最低点的投影。在主视图中，左、右两个圆和与这两圆相切的直线是环面正面投影的转向轮廓线投影，粗实线半圆在外环面上，细虚线半圆在内环面上，左、右两个圆把圆环分成前后两部分；前半外环面可见，后半外环面和内环面不可见。左视图与主视图相似，两个圆把环面分成左右两部分，左半外环面可见，右半外环面和内环面不可见。

2）圆环视图的画法

画图步骤如图 2-40 所示。

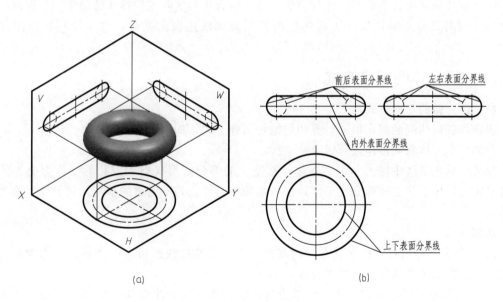

(a)

(b)

图 2-39　圆环的三视图

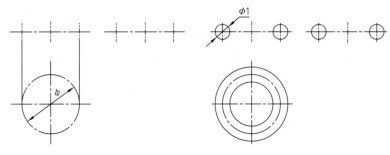

(a)三视图定位
(画母圆的轨迹线、圆的中心线、轴线)

(b)画最大最小纬圆俯视图及主、左视图的转向圆

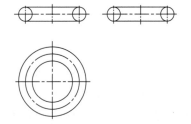

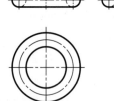

(c)画主、左视图两小圆的切线

(d)判断环面投影可见性，检查并描深

图 2-40　画圆环三视图步骤

圆柱、圆锥、
球体和圆环
三视图画法

2.5
组合体视图

由基本几何体组合而成的形体称为组合体。组合体是实际工程物体的抽象化，因此学习组合体的视图及画法是向实际工程物体的视图及画法过渡的基础，也是绘制机械图样的基础。

2.5.1　组合体的组合方式

（1）组合体的形成方式

组合体各形体间的组合形式有叠加与挖切两种方式，如图 2-41 所示。

叠加：实形体和实形体进行组合。

挖切：从实形体中挖去一个实形体，被挖去的部分就形成空腔或孔洞（称为空形体）；或者是在实形体上切去一部分实形体，使被切的实形体成为不完整的基本几何形体（称为截切体）。

注意：

① 由于实际的机器零件形状有时较复杂，单一的叠加或挖切式组合形式较为少见，更多的是综合叠加和挖切而形成的组合体。

② 对一些常见的简单组合体，可以直接把它们作为构成组合体的形体，不必再作过细的分解，如图 2-42 所示。

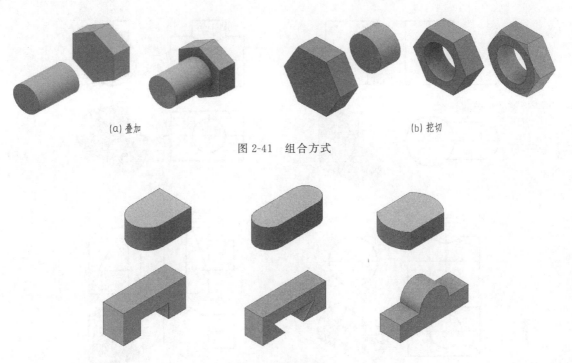

(a) 叠加   (b) 挖切

图 2-41　组合方式

图 2-42　简单组合体

（2）组合体邻接表面间过渡关系

简单形体经叠加、挖切组合后，形体邻接表面间可能产生共面、相切和相交三种特殊位置。

① 共面。当两邻接表面共面时，在共面处，两邻接表面不应有分界线。如果两邻接表面不共面，则在两邻接表面处应有分界线，如图 2-43 所示。

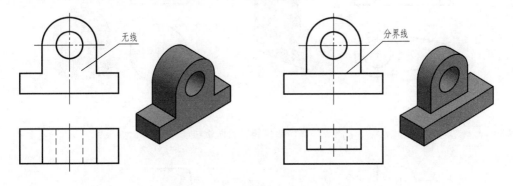

图 2-43　两邻接表面间关系（一）

② 相交。两形体的邻接表面相交，邻接表面之间一定产生交线，如图 2-44 所示。无论是两形体邻接表面相交，还是实形体与空形体或空形体与空形体的邻接表面相交，其相交的本质是一样的，交线均可按实形体与实形体的邻接表面相交求得。

③ 相切。当两形体邻接表面相切时，由于相切是光滑过渡，所以切线的投影在三个视图上均不画出，如图 2-45（a）、（b）所示。仅当切线恰好与回转面某个方向的转向线重合时，才画出与其重合的切线的投影，如图 2-46 所示。

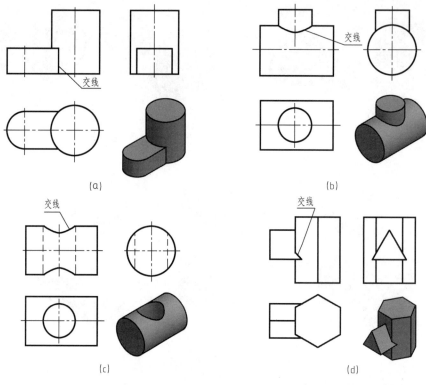

图 2-44　两邻接表面间关系（二）

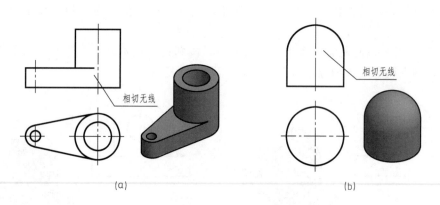

图 2-45　两形体邻接表面相切（一）

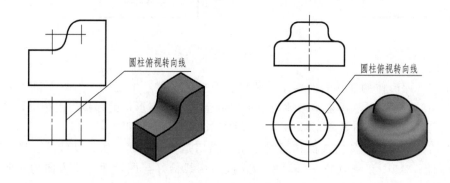

图 2-46　两形体邻接表面相切（二）

两形体叠加在一起形成一个物体，两个形体重合部分将融为一体，此时融合部分不再画原形体轮廓线，如图 2-47 所示。

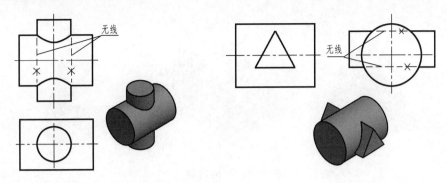

图 2-47　融合部分画法

(3) 形体分析法

形体分析法是假想把组合体分解为若干个基本几何形体或简单形体，并确定各形体间的组合形式和形体邻接表面间相互位置的方法，如图 2-48 所示。

机件组成
及邻接
表面关系

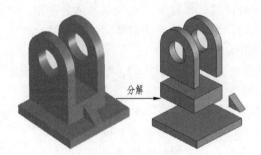

图 2-48　形体分析

注意：分解组合体时，分解过程并非是唯一和固定的。尽管分析的中间过程各不相同，但其最终结果都是相同的，如图 2-49 所示。

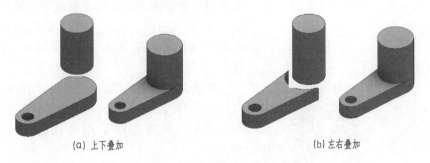

(a) 上下叠加　　　　　　　　　　(b) 左右叠加

图 2-49　不同的分解方式

2.5.2　简单截切体的视图画法

(1) 平面立体被截切

1) 基本概念

基本平面立体（完整的棱柱和棱锥）被截平面截切去某些部分后的形体称为平面立体的切割体，简称平面切割体，如图 2-50 所示。

图 2-50　平面切割体

基本平面立体被切割后，在它的外形上出现了一些新的表面与交线，这些新的表面称为截断面，交线称为截交线。截交线是截平面与立体表面的共有线，它们都是直线。由于截平面和立体与投影面的相对位置不同，形成的截交线其位置和投影特点也不同，故画平面切割体的视图时必须对其进行以下三个问题的分析。

① 切割前的基本体是棱柱还是棱锥。

② 截平面与基本体相对位置，即截平面切割基本体的部位，从而判断截断面的形状。

③ 截平面相对投影面的位置，从而判断截断面的投影特性。

2）平面切割体的视图画法

画平面切割体视图的方法主要是棱线法，即求各棱线与截平面的交点，连点成线。其次是棱面法，即求出截平面与棱面的交线。其作图步骤如下：

① 画出切割前的基本体的视图。

② 画出具有积聚性投影的截平面（截断面）投影。

③ 利用棱线法或棱面法及点线面的投影特性求截交线的其余投影。

[例 2-7]　求四棱锥被截切后的俯视图和左视图。如图 2-51（a）所示。

分析：由图 2-51（a）可知，截平面斜切四棱锥，且与四条棱线相交，故截断面为四边形；由于截平面为正垂面，所以截断面也为正垂面，其空间模型如图 2-51（b）所示。由于截平面与 V 面垂直，故在 V 面投影积聚为直线，在 H、W 面投影为类似形。

作图步骤：如图 2-52 所示，其中 II、IV 两点所在的棱线为侧平线，故水平投影通过其左视图的投影，利用直线上点的投影规律求出比较方便。

[例 2-8]　如图 2-53（a）所示，补全三棱锥被截切后形体的另两个视图。

分析：此立体为三棱锥被一个与 H 面平行的平面（P）和一个与 V 面垂直的平面（Q）所截切，如图 2-53（b）所示。由于 P 面与三棱锥底面平行，

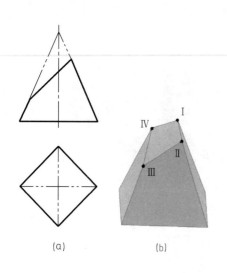

图 2-51　四棱锥被截切

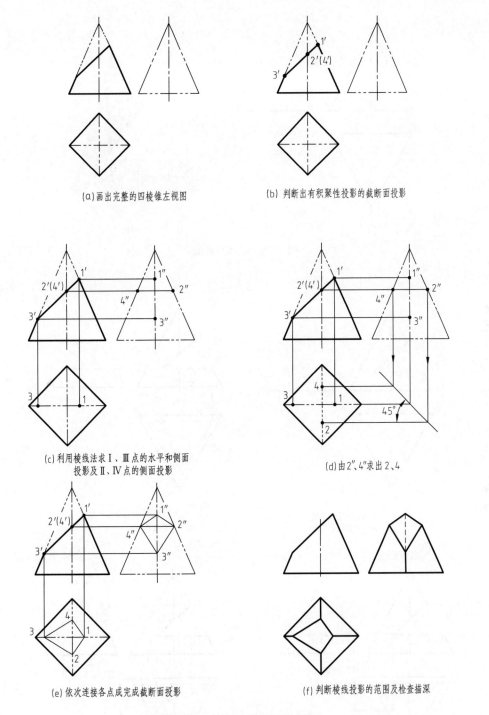

(a) 画出完整的四棱锥左视图

(b) 判断出有积聚性投影的截断面投影

(c) 利用棱线法求Ⅰ、Ⅲ点的水平和侧面
投影及Ⅱ、Ⅳ点的侧面投影

(d) 由2″、4″求出2、4

(e) 依次连接各点成完成截断面投影

(f) 判断棱线投影的范围及检查描深

图 2-52　截切四棱锥画图步骤

所以 P 面截切的截交线在 H 面的投影与三棱锥底面的 H 面投影平行，截交线在 W 面积聚为直线；Q 截平面垂直于 V 面，投影积聚为直线，在 H、W 面投影为类似形；两截平面交线垂直于 V 面，投影积聚为一点，在 H、W 面投影为实长，且为两个截平面共有线。

作图步骤：如图 2-54 所示。

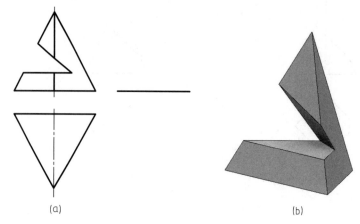

(a)   (b)

图 2-53　三棱锥被截切

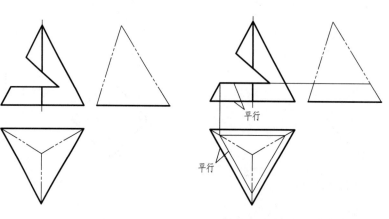

(a) 画出完整的三棱
锥俯视图和左视图

(b) 利用平行投影特性画出 P 面
截切后截交线的 H、W 面投影

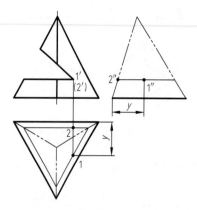

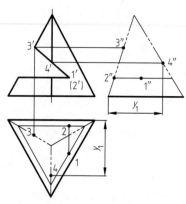

(c) 求出两平面交线的 H、W 面投影

(d) 利用棱线法求出 Q 面截切后
棱线Ⅲ、Ⅳ点的 H、W 面投影

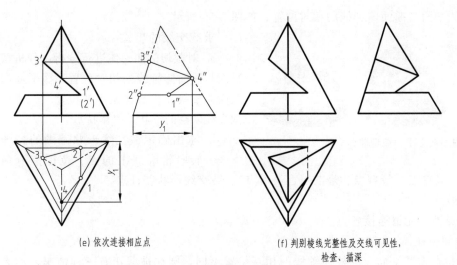

(e) 依次连接相应点　　　　　　　　(f) 判别棱线完整性及交线可见性，
　　　　　　　　　　　　　　　　　　　　　检查、描深

图 2-54　截切三棱锥作图步骤

平面体截切

常见的平面立体被截切和其三视图情况如表 2-6 所示。

表 2-6　平面截切平面立体

立体图	三视图	立体图	三视图

（2）曲面立体被截切

平面截切曲面立体，在曲面体表面产生新的表面与交线，该平面称为截平面，交线称为截交线。截交线是截平面与曲面体表面的共有线，它一般是平面曲线，其形状取决于曲面体表面的形状及截平面与曲面体轴线的相对位置，如图 2-55 所示。

图 2-55　平面截切曲面立体

求截交线的步骤：

a. 对截切的曲面体进行分析：分析截平面与曲面体轴线的相对位置，截平面和曲面体轴线在投影体系中的位置——明白截交线的空间形状、投影特点。

b. 求出确定截交线形状范围的特殊点——转向轮廓线上的点、范围点（最高点、最低点、最左点、最右点、最前点、最后点）、截交线形状特征点。

c. 求出一般点。

d. 判断可见性，光滑连接各点。

1）平面截切圆柱体

① 空间分析：按截平面与圆柱体轴线的相互位置不同，圆柱被截切有三种情况，如表 2-7 所示。

表 2-7　圆柱体截切情况

截平面位置	空间情况	三视图	截交线形状
截平面平行于轴线	截平面与端面交线　截平面与圆柱面交线		与圆柱面的交线为两平行直线
截平面垂直于轴线	与圆柱等直径的圆		圆
截平面倾斜于轴线	椭圆短轴等于圆柱直径　椭圆		椭圆

② 三视图作图实例。

［例 2-9］　求出图 2-56 所示圆柱体被平面斜截后的三视图。

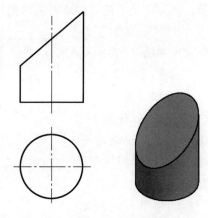

图 2-56　平面斜截圆柱

分析：截平面倾斜于圆柱轴线——截交线为椭圆。截平面与 V 面垂面，截交线在 V 面投影积聚为直线，截交线的 H 面投影积聚在圆周上，W 面的投影需要求出。

作图步骤：如图 2-57 所示。

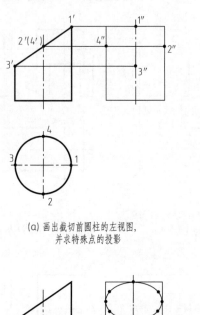

(a) 画出截切前圆柱的左视图，
并求特殊点的投影

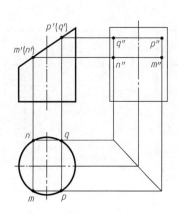

(b) 利用积聚性得出一般点 M、N、P、Q 的 V 面
和 H 面投影，再由此两面投影，利用三
等规律求出 W 面的投影

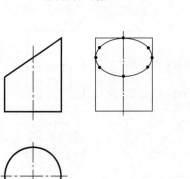

(c) 光滑连接各点

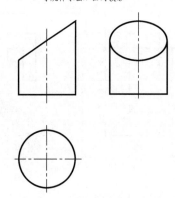

(d) 判别截交线可见性及圆柱轮廓投影
范围，检查并描深

图 2-57　作图步骤

[例 2-10]　如图 2-58 所示，为一简化后的零件，补画出俯视图和左视图。

分析：此零件整体为一直立圆柱，它的左上角被与 H 面平行的平面 A 和与 W 面平行的平面 B 截取一块，其下部又被与 H 面平行的平面 C 和两个与 W 面平行的平面 D、E 截取一块。由表 2-7 可知：圆柱面被与其轴线平行的平面 B 和 D、E 截切，且 B、D、E 与 W 面平行，截交线为一对平行线，截断面为矩形，在 W 面投影为实形，在 V、H 面积聚为线。圆柱面被与其轴线垂直的平面 A 和 C 截切，且 A、C 与 H 面平行，截交线为圆弧，在 H 面投影为实形，在 W、V 面积聚为直线。

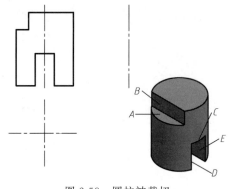

图 2-58　圆柱被截切

作图步骤：如图 2-59 所示。

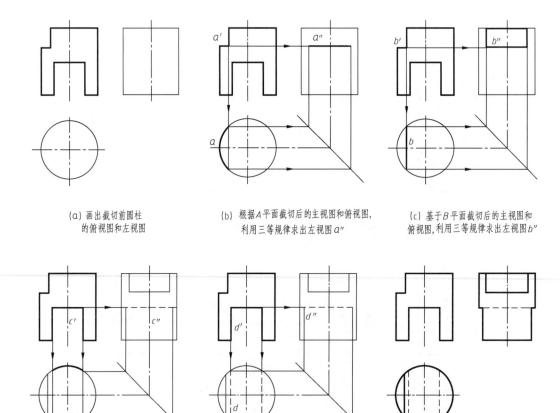

(a) 画出截切前圆柱的俯视图和左视图

(b) 根据A平面截切后的主视图和俯视图，利用三等规律求出左视图 a″

(c) 基于B平面截切后的主视图和俯视图，利用三等规律求出左视图 b″

(d) 基于C平面截切后的主视图和俯视图，利用三等规律求出左视图 c″

(e) 基于D平面截切后的主视图和俯视图，利用三等规律求出左视图 d″

(f) 同理求出 e″，判别圆柱体轮廓投影的可见性，检查并描深

图 2-59　作图步骤

2）平面截切圆锥体

① 空间分析：按截平面与圆锥体轴线的相互位置不同，圆锥被截切有五种情况，如表 2-8 所示。表中 α 为 1/2 圆锥角，β 为截平面与圆锥轴线夹角。

圆柱截切

表 2-8　圆锥体截切情况

截平面位置	空间情况	三视图	截交线形状
截平面过锥顶	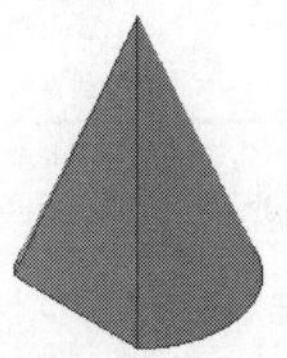	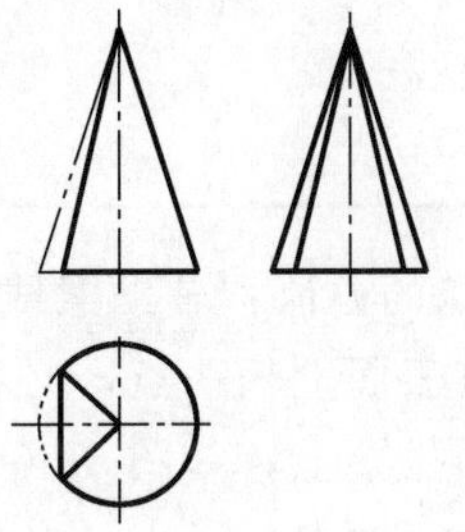	过锥顶的等腰三角形
截平面垂直轴线	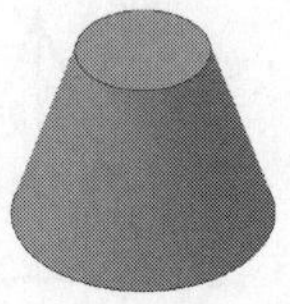	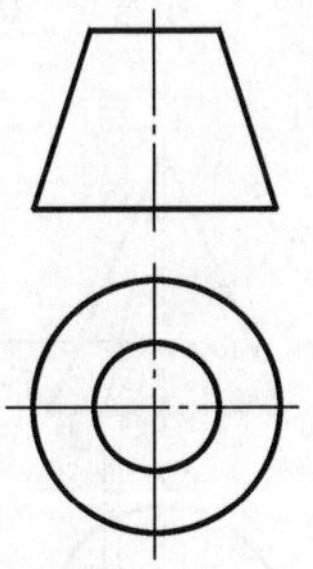	圆
截平面倾斜于轴线 $\beta > \alpha$	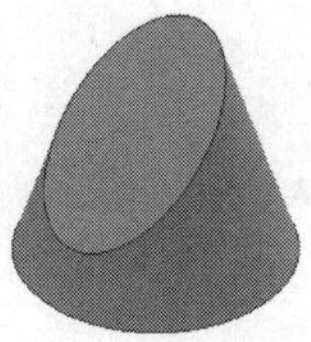	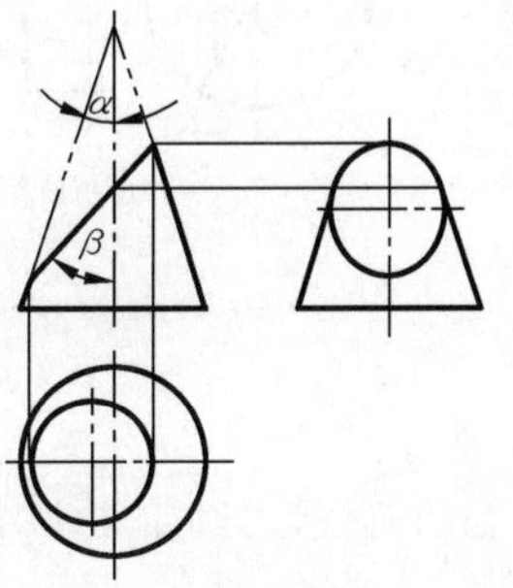	椭圆或椭圆弧与直线段
截平面倾斜于轴线 $\beta = \alpha$	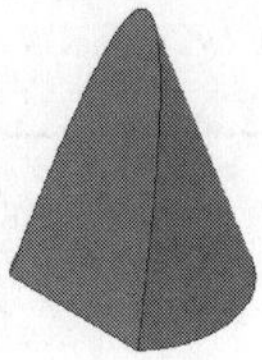	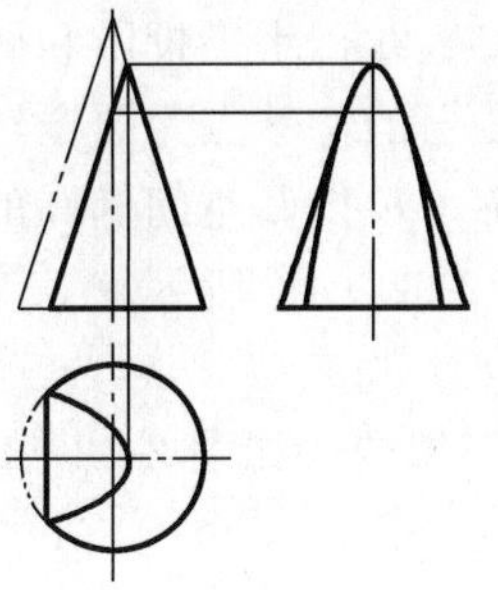	抛物线与直线段

截平面位置	空间情况	三视图	截交线形状
截平面平行于轴线或 $\beta < \alpha$			双曲线与直线段

② 圆锥表面上求点的方法：辅助素线法和辅助纬圆法，如图 2-60 所示。

辅助素线法：圆锥表面上任一点，必在圆锥面的一条素线上，该点的投影必在某条素线的同面投影上，如图 2-60（b）所示。

辅助纬圆法：圆锥表面上任一点，必位于圆锥面的某个纬圆上，该点的投影必在纬圆的同面投影上，如图 2-60（c）所示。

圆锥截切
分析及作
图步骤

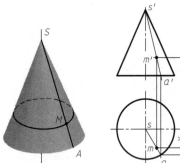

（a）空间概念　　（b）辅助素线法　　（c）辅助纬圆法

图 2-60　圆锥表面求点

③ 三视图作图实例。

[例 2-11]　如图 2-61 所示，圆锥被与 V 面垂面的平面所截切，已知主视图，求俯视图和左视图。

分析：由表 2-8 可知，截交线是一个椭圆，它的正面投影积聚成一直线，水平投影和侧面投影则仍为椭圆，截交线上的特殊点为圆锥转向轮廓线上的点 A、B 和 E、F 以及空间椭圆的长轴 AB 和短轴 CD，如图 2-62（a）所示。

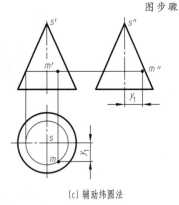

图 2-61　圆锥被截切

作图步骤：

a. 画出完整圆锥三视图，如图 2-62（b）所示。

b. 求特殊点。

A、B、E、F 为转向线上的点，其三面投影可直接求出，如图 2-62（c）所示。C、D

两点的正面投影 c'、d' 重合为一点，并位于 $a'b'$ 的中点处。c、d、c''、d'' 可利用辅助纬圆法求得，如图 2-62（d）所示。

　　c. 求一般点。一般点求法同点 C、D，也可用辅助素线法，如图 2-62（e）所示。

　　d. 逐点连线。判断圆锥轮廓及截交线投影的可见性，光滑地连接各点，完成三视图。

注意：与斜截圆柱不同，该椭圆中心不在圆锥的轴线上。

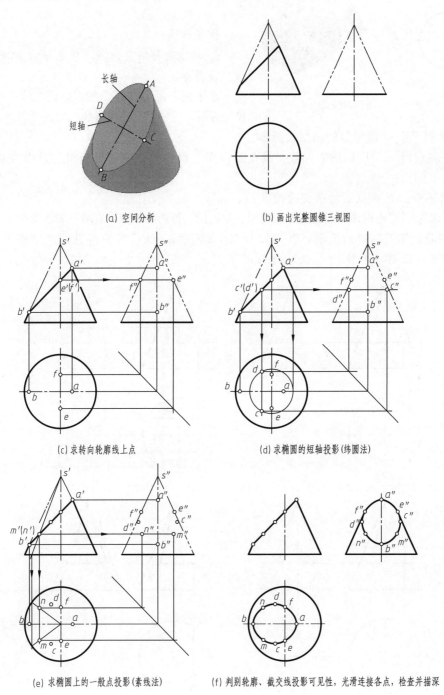

(a) 空间分析　　　　　　　　　　(b) 画出完整圆锥三视图

(c) 求转向轮廓线上点　　　　　　(d) 求椭圆的短轴投影(纬圆法)

(e) 求椭圆上的一般点投影(素线法)　　(f) 判别轮廓、截交线投影可见性，光滑连接各点，检查并描深

图 2-62　作图步骤

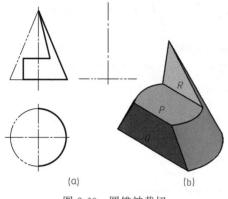

(a)　　　　　　(b)

图 2-63　圆锥被截切

[**例 2-12**]　如图 2-63（a）所示，圆锥被三个平面所截切，已知主视图，画出左视图和俯视图。

分析：由所给主视图可看出，该圆锥分别被水平面 P、侧平面 Q 和正垂面 R 所截切，如图 2-63（b）所示。由表 2-8 可知，其截交线分别为圆、双曲线、等腰三角形。

作图步骤：

a. 画出完整的左视图，求水平面 P 截切后的截交线投影。

水平面 P 垂直于圆锥轴线，截交线在俯视图上投影为圆，左视图投影为直线，如图 2-64（a）所示。

b. 求侧平面 Q 截切后的截交线投影。

侧平面 Q 平行于圆锥轴线，截交线在俯视图上投影为直线，侧视图上投影为双曲线实形，如图 2-64（b）所示。

c. 求正垂面 R 截切后的截交线投影。

正垂面 R 过圆锥锥顶，截交线在俯视图、左视图上投影为相交二直线，如图 2-64（c）所示。

d. 判断圆锥轮廓投影范围，截交线及三个截平面交线投影的可见性，擦去多余图线，描深，完成三视图，如图 2-64（d）所示。

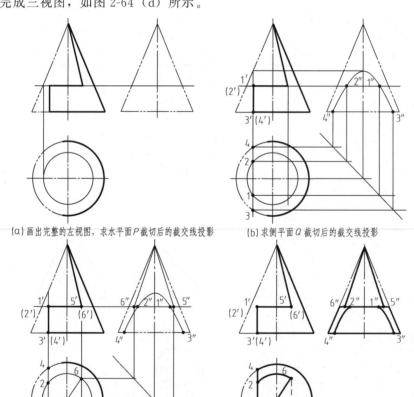

(a) 画出完整的左视图，求水平面 P 截切后的截交线投影　　(b) 求侧平面 Q 截切后的截交线投影

(c) 求正垂面 R 截切后的截交线投影　　(d) 判断圆锥轮廓及截交线投影的可见性，描深

图 2-64　作图步骤

平面与圆锥
相交例 2-12

3）平面截切圆球

① 空间分析：圆球有无穷多条回转轴线，故平面截切圆球时，无论截平面与圆球处于何种位置，其截交线均为圆。根据截平面相对于投影面的位置不同，截交线的投影可能是圆、椭圆或积聚为一直线，如表 2-9 所示。

表 2-9　圆球被截切时截平面与投影面的位置情况及截交线投影

截平面平行于投影面	截平面垂直于投影面

② 圆球表面上求点的方法。

辅助纬圆法：圆球表面上任一点，必位于圆球面的某个纬圆上，如图 2-65（a）所示，该点的投影必在纬圆的同面投影上，如图 2-65（b）~（d）所示。

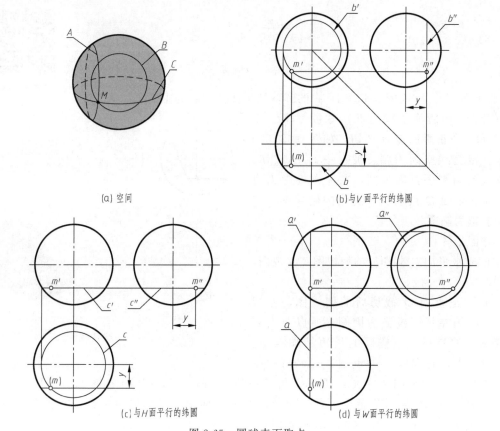

(a) 空间　　　　(b) 与 V 面平行的纬圆

(c) 与 H 面平行的纬圆　　　　(d) 与 W 面平行的纬圆

图 2-65　圆球表面取点

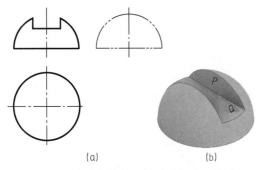

图 2-66　半球切槽的三维图及部分二维图

③ 三视图作图实例。

[**例 2-13**]　完成如图 2-66（a）所示半球切槽的俯视图和左视图。

分析：矩形槽是由一个与 H 面平行的 Q 面和两个与 W 面平行的 P 面截切半圆球而成，如图 2-66（b）所示。两个平面 P 左右对称，与球面的交线为完全相同的两段与 W 面平行的圆弧，侧面投影重合并反映实形；平面 Q 与球面交线的水平投影反映实形，为两段圆弧；其正面投影和侧面投影都积聚成直线。

作图步骤：具体作图过程如图 2-67 所示。

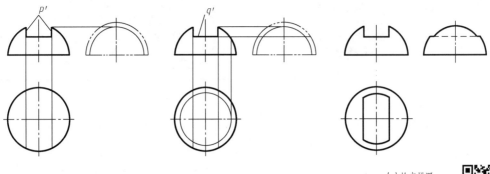

(a) 求平面 P 截交线　　　　　(b) 求平面 Q 截交线　　　　　(c) 检查描深
（侧面为圆、水平为直线）　　（水平为圆、侧面为直线）　　（判断可见性）

图 2-67　球被截切

平面截球体

[**例 2-14**]　完成图 2-68（a）中的圆球被平面截切后的主视图和俯视图。

分析：由所给主视图可知球被一个水平面 P 和一个正垂面 Q 所截切，如图 2-68（b）所示，截交线空间为圆。被水平面 P 截切，截交线的俯视图投影为圆，左视图投影为直线；被正垂面 Q 截切，截交线的俯视图、左视图投影为椭圆。

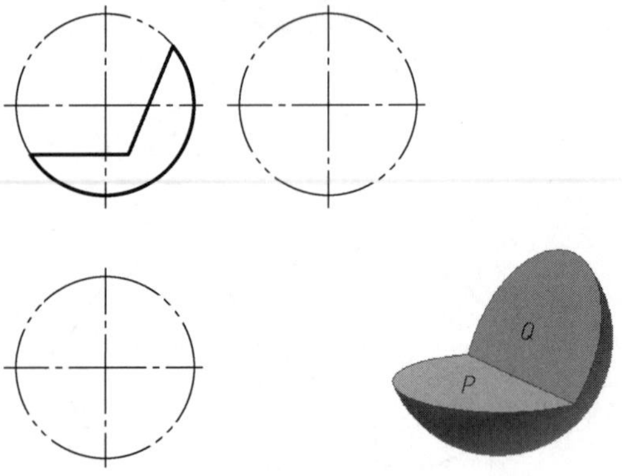

作图步骤：

a. 求水平面 P 截切后的俯视图、左视图，如图 2-69（a）所示。

b. 求正垂面 Q 截切后的俯视图、左视图。由于俯左视图投影为椭圆，所以要先求出椭圆上的特殊点（椭圆的长短轴端点Ⅰ、Ⅱ、Ⅲ、Ⅳ，转向线上的点Ⅶ、Ⅷ，两截平面交点Ⅴ、Ⅵ），如图 2-69（b）所示。再求一般点（M、N），如图 2-69（c）所示。

c. 判断圆球轮廓投影范围，截交线及两个截平面交线投影的可见性，擦去多余图线，描深，完成三视图，如图 2-69（d）所示。

(a)　　　　　　　　(b)

图 2-68　球被截切

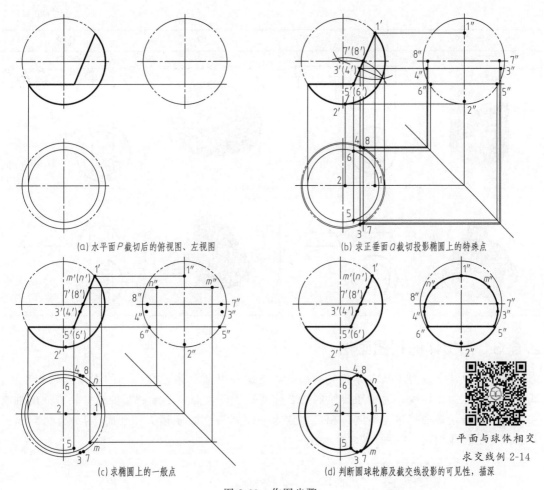

(a) 水平面 P 截切后的俯视图、左视图

(b) 求正垂面 Q 截切投影椭圆上的特殊点

(c) 求椭圆上的一般点

(d) 判断圆球轮廓及截交线投影的可见性，描深

平面与球体相交

求交线例 2-14

图 2-69　作图步骤

常见的曲面立体（回转体）被截切和其三视图情况如表 2-10 所示。

表 2-10　常见平面与曲面立体（回转体）交线的求法

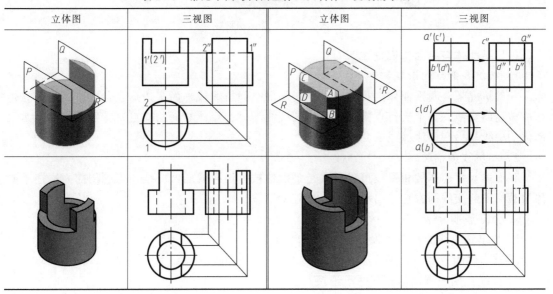

立体图	三视图	立体图	三视图

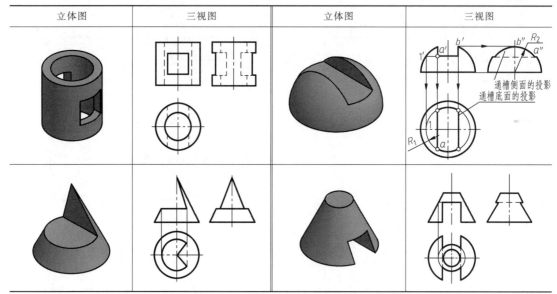

2.5.3 相贯体的视图画法

组合体中常出现两个基本体相交的情况，把这种由基本体相交得到的立体叫做相贯体，其表面交线称为相贯线，为了正确绘制组合体的三视图，必须了解和掌握这些相贯线的性质和画法。按照相贯的基本体不同，相贯体分为平面体与平面体相贯、平面体与曲面体相贯、曲面体与曲面体相贯，如图 2-70 所示。

图 2-70　两立体相贯

（1）平面体与平面体相贯

1）相贯线的空间形状

一般情况下，两平面体的相贯线是一封闭的空间折线或平面多边形。各段折线是两立体相应棱面的交线，每个转折点都是一形体的棱线与另一形体表面的交点（特殊情况可能是一形体的棱线与另一形体棱线的交点）。

2）相贯线的求法

平面体与平面体的相贯线可以看成是平面体被截切形成的截交线，可利用前面所述平面体被截切求截交线的方法求出相贯线，步骤如下。

a. 分析基本形体。

b. 找出相贯线的积聚性投影，关键是转折点。

c. 求出转折点的另外两面投影。

d. 连线：同一表面的相邻两点连接。

e. 判断可见性，整理描深。

[**例 2-15**] 求如图 2-71（a）所示三棱锥与三棱柱的相贯线。

分析：可以看作三棱锥被平面 P、Q 截切，而三棱柱水平投影有积聚性，故相贯线的水平投影可直接得出，只需求出相贯线的正面投影，如图 2-71（b）所示。

作图步骤：如图 2-71（c）、（d）所示，利用三棱柱水平投影有积聚性求平面 P、Q 和三棱柱的截交线△ⅠⅡⅢ、△ⅣⅤⅥ，正面投影用棱线法。

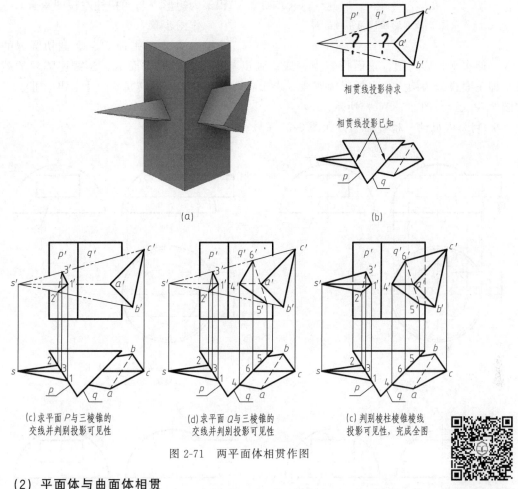

（a）

相贯线投影待求

相贯线投影已知

（b）

（c）求平面 P 与三棱锥的
交线并判别投影可见性

（d）求平面 Q 与三棱锥的
交线并判别投影可见性

（c）判别棱柱棱锥棱线
投影可见性，完成全图

图 2-71 两平面体相贯作图

平面体相贯

（2）平面体与曲面体相贯

1）相贯线的空间形状

一般由若干段平面曲线或平面直线围成的空间封闭图形，每段平面曲线或平面直线都是平面体侧面截割曲面体形成的截交线，每个转折点都是平面体棱线与曲面体表面的交点。

2）相贯线的求法

平面体与曲面体的相贯线可以看成是曲面体被平面截切形成的截交线，可利用前面所述平面截切曲面立体求截交线的方法求出相贯线，步骤如下。

a. 分析基本形体。

b. 分析各棱面与曲面体（圆柱、圆锥、球体）表面的截交线及总体情况。

c. 分别求出各棱面与曲面体（圆柱、圆锥、球体）表面的截交线，以及各段截交线之间的转折点。

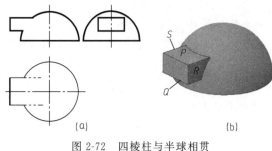

图 2-72　四棱柱与半球相贯

d. 判断可见性，整理描深。

[例 2-16]　求如图 2-72（a）所示四棱柱与半球的相贯线。

分析：可以看作球被两个水平面 P、Q 和两个与正面平行的平面 R、S 截切，如图 2-72（b）所示，相贯线的侧面投影积聚为矩形（与四棱柱左视图重合）。

作图步骤：

a. 画出水平面 P、Q 截切圆球的截交线，即水平投影为圆，正面投影为直线；画出与正面平行的平面 R、S 截切圆球的截交线，即正面投影为圆，水平投影为直线。求出各段截交线之间的转折点（Ⅰ、Ⅱ、Ⅲ、Ⅳ）。如图 2-73（a）～图 2-73（c）所示。

b. 判断可见性，检查描深，如图 2-73（d）所示。

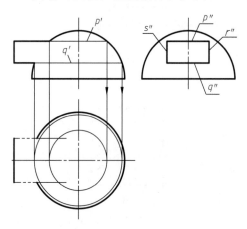

(a) P、Q 截切圆球的截交线：正面投影为直线，水平投影为圆

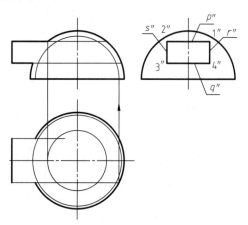

(b) S、R 截切圆球的截交线：水平投影为直线，正面投影为圆

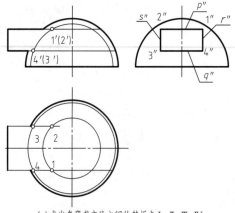

(c) 求出各段截交线之间的转折点Ⅰ、Ⅱ、Ⅲ、Ⅳ

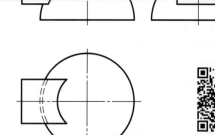

(d) 判断截交线及球轮廓投影可见性，检查描深

平面曲面相贯

图 2-73　四棱柱与球相贯

(3) 两曲面体相贯

1) 相贯线的空间形状

一般情况下，两曲面体的相贯线是空间曲线，在特殊情况下，其相贯线是平面曲线或直线。由于两曲面体的几何形状、大小或相对位置不同，相贯线的形状也不相同，如图 2-74 所示。

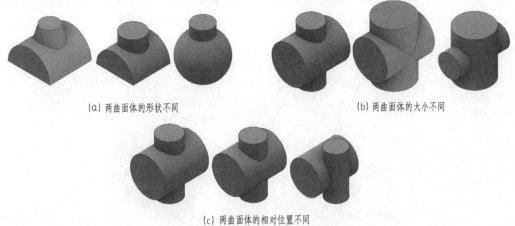

(a) 两曲面体的形状不同　　　　　(b) 两曲面体的大小不同

(c) 两曲面体的相对位置不同

图 2-74　两曲面体的相贯线

2）相贯线的性质

相贯线是两相交回转体表面的共有线，也是相交两回转体表面的分界线，相贯线上的点是两相交回转体表面的共有点。

3）求相贯线的步骤

a. 对相贯两回转体进行分析。分析两回转体的相对位置——搞清楚相贯线的空间形状、投影特点。

b. 求出确定相贯线形状范围的特殊点——最高点、最低点、最左点、最右点、最前点、最后点、转向轮廓线上的点。

c. 求一般点。

d. 判断可见性，光滑连接各点。形体轮廓要完整。

4）相贯线的求法

a. 表面投影积聚性法（表面取点法）。

b. 辅助平面法。

5）利用表面投影的积聚性求相贯线

适用于两相贯的回转体之一是轴线垂直于某投影面的圆柱，由于圆柱面在该投影面上的投影具有积聚性（积聚为圆），因此，相贯线在该投影面上的投影也为圆。这时，可以将相贯线看成是另一曲面上的曲线，利用曲面上取点的方法作出相贯线的其他投影。

[例 2-17]　完成如图 2-75（a）所示相贯两圆柱的三视图。

空间分析：两圆柱轴线垂直相交，有共同的前后、左右对称面，小圆柱完全穿进大圆柱，因此相贯线是一条封闭的空间曲线，如图 2-75（b）所示。

投影分析：小圆柱轴线垂直于 H 面，小圆柱面水平投影积聚为圆，相贯线的水平投影也积聚在该圆上。大圆柱轴线垂直于 W 面，大圆柱面侧面投影积聚为圆，相贯线的侧面投影也积聚在该圆上。根据相贯线的共有性，相贯线的侧面投影为大小两圆柱面侧面投影的公共部分，即为小圆柱面侧面投影转向线之间的一段圆弧。本题需要求出相贯线的正面投影。

作图步骤：

a. 求特殊点的投影。相贯线在小圆柱转向线上的点Ⅰ、Ⅱ、Ⅲ、Ⅳ，同时Ⅱ、Ⅳ也在大圆柱转向线上且为相贯线上的最高点，也是最左点和最右点，Ⅰ、Ⅲ是相贯线上的最低点以及最前点和最后点，如图2-75（c）所示。

b. 求一般点的投影。在H面投影上选择一般位置点Ⅴ、Ⅵ，则Ⅴ、Ⅵ点的侧面投影必在大圆柱面的投影（圆）上（5″、6″），由Ⅴ、Ⅵ点的H、W面投影，可求出其正面投影，如图2-75（d）所示。

c. 判别可见性，检查描深。

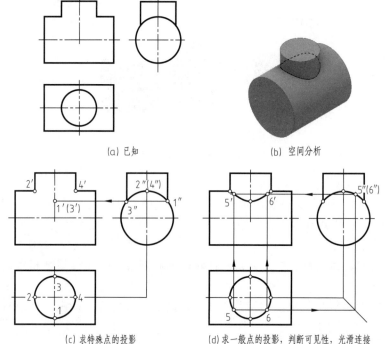

(a) 已知   (b) 空间分析

(c) 求特殊点的投影
（由相贯线水平投影及共有性求出正面投影）

(d) 求一般点的投影，判断可见性，光滑连接各点(利用大圆柱表面取点法求一般点)

两圆柱相贯线的求法

图 2-75　利用投影的积聚性（表面取点法）求相贯线

在工程实践中，对于轴线垂直相交的两圆柱，其相贯线可以采用简化画法，即用一段圆弧代替相贯线。作图方法如图2-76所示。

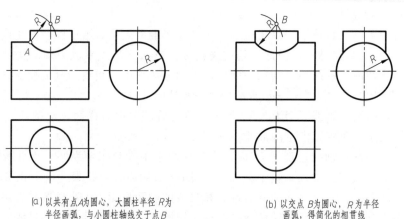

(a) 以共有点A为圆心，大圆柱半径R为
半径画弧，与小圆柱轴线交于点B

(b) 以交点B为圆心，R为半径
画弧，得简化的相贯线

图 2-76　两圆柱正交相贯线简化画法

讨论：

a. 两轴线垂直相交的圆柱，其相贯线一般有三种情况：两圆柱外表面相贯，如图 2-77（a）所示；一圆柱外表面与另一圆柱内表面相贯，如图 2-77（b）所示；圆柱内表面相贯，如图 2-77（c）所示。无论哪种情况，其相贯线的求法相同。

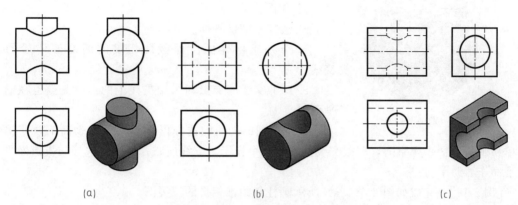

(a)   (b)   (c)

图 2-77　圆柱与圆柱相贯的三种情况

b. 两轴线垂直相交的圆柱，其直径变化对相贯线的影响，如图 2-78 所示。相贯线始终凹向大直径圆柱，当两个圆柱等直径时，相贯线为两条平面曲线（椭圆）。

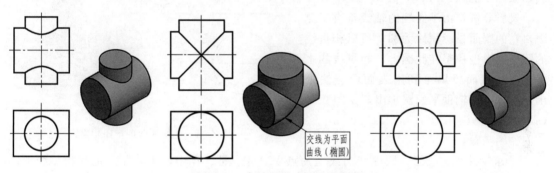

交线为平面曲线（椭圆）

图 2-78　直径变化对相贯线影响

c. 两轴线垂直交叉圆柱相贯线的趋势，如图 2-79 所示。

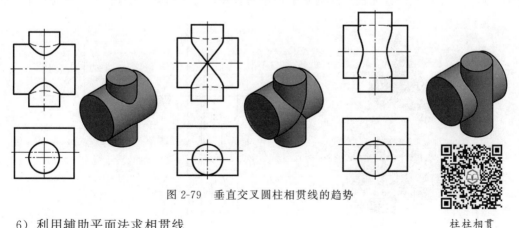

图 2-79　垂直交叉圆柱相贯线的趋势

6）利用辅助平面法求相贯线

柱柱相贯

① 辅助平面法原理。利用"三面共点"的原理。如图 2-80 所示，用与两曲面体都相交

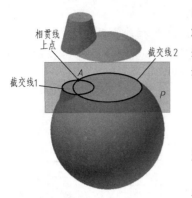

图 2-80　辅助平面法

的辅助平面截切割两个立体，分别得到截交线 1 和截交线 2，截交线 1、2 的交点（如 A 点）为辅助平面和两曲面体表面的三面共点，即为相贯线上的点，这种求相贯线的方法，称为辅助平面法。

② 作图步骤：

a. 选择一辅助平面。

b. 分别求出辅助平面截切相贯的两曲面体后的截交线。

c. 两截交线的交点即为相贯线上的点，此点也在辅助平面上。

注意：辅助平面的选择以截切两立体表面都能获得最简单易画的截交线为原则，即截交线至少有一个投影为直线或圆，且一般选择与投影面平行的平面作辅助平面。

[例 2-18] 完成如图 2-81（a）所示圆柱与圆锥相贯的三视图。

空间分析：圆柱圆锥轴线垂直相交，有共同的前后对称面，圆柱体完全穿进圆锥体，其相贯线为一封闭、光滑的空间曲线，如图 2-81（b）所示。

投影分析：由于圆柱的轴线垂直于侧面，它的侧面投影积聚为圆，所以相贯线的侧面投影也积聚在此圆上，相贯线的水平投影和正面投影可利用表面取点法求出，也可以用辅助平面法求出，如图 2-82（a）所示。

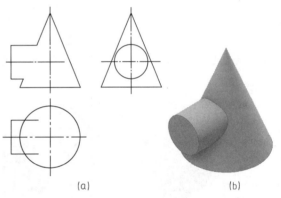

(a)　　　　　(b)

图 2-81　圆柱体与圆锥体相贯

作图步骤：

a. 求特殊点的投影。圆柱转向线上的点 Ⅰ、Ⅱ、Ⅲ、Ⅳ中，Ⅰ、Ⅱ点也是相贯线上的最高点和最低点，Ⅰ、Ⅱ两点三投影可直接求出（1、2、1′、2′、1″、2″）。Ⅲ、Ⅳ点的正面和水平面投影利用作辅助平面 P 求得，如图 2-82（b）所示，P 平面与圆锥面截交线的水平投影为圆，P 平面与圆柱面截交线的水平投影两直线，直线与圆的交点 3、4 即为水平投影。

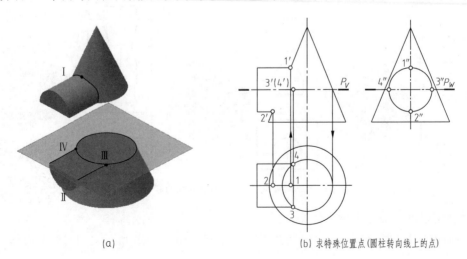

(a)　　　　　(b) 求特殊位置点(圆柱转向线上的点)

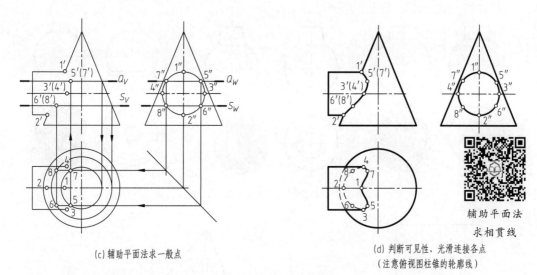

(c) 辅助平面法求一般点

(d) 判断可见性、光滑连接各点
（注意俯视图柱锥的轮廓线）

辅助平面法
求相贯线

图 2-82 辅助平面法求相贯线

由 3、4 可求出 3′、4′。

b. 求一般点。作一系列的辅助平面，如图 2-82（c）所示的辅助平面 Q、S。每个辅助平面便可求出两个一般点。

c. 判别可见性，光滑连接各点。

检查描深：对某一投影面来说，只有同时位于两个可见表面上的点才是可见的。本例中水平投影 4、7、1、5、3 各点在圆柱的上半个表面上，均可见，画成粗实线；3、6、2、8、4 点在圆柱的下半个表面上，均不可见，画成细虚线。光滑连接各点的正面投影，完成作图，如图 2-82（d）所示。

讨论：两立体直径的变化对相贯线的影响，如图 2-83 所示。

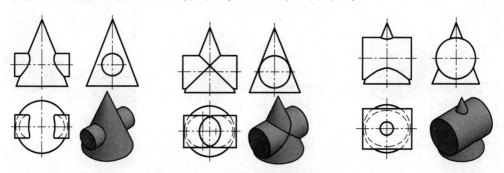

图 2-83 直径的变化对相贯线的影响

7）相贯线的特殊情况

a. 同轴相贯：两回转体具有公共轴线时，相贯线为垂直于轴线的圆，如图 2-84 所示。

b. 两圆柱轴线平行、两圆锥共锥顶，相贯线为直线，如图 2-85 所示。

c. 两回转体共切于一个球，相贯线为平面曲线（椭圆），如图 2-86 所示。

2.5.4 组合体视图的画法

(1) 以叠加式为主的组合体三视图画法

① 对组合体进行形体分析。如图 2-87 所示，分析内容如下所述。

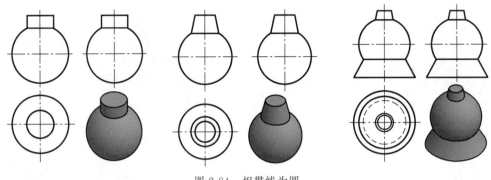

图 2-84　相贯线为圆

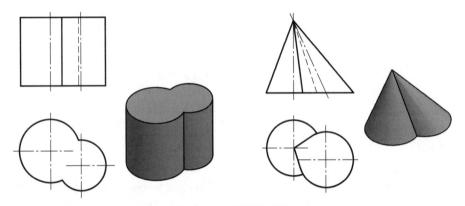

图 2-85　相贯线为直线

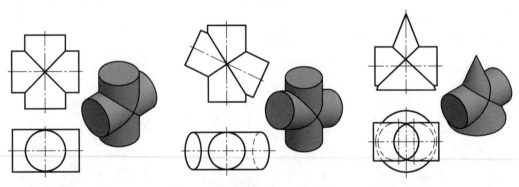

图 2-86　相贯线为平面曲线（椭圆）

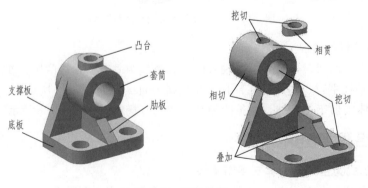

图 2-87　形体分析

a. 分析所画的组合体是由哪些基本形体（简单形体）按照怎样的方式组合而成的。

b. 明确各组成部分的形状、大小和相对位置关系。

c. 明确哪部分是组成该组合体的主体部分。

② 选择主视图。选择主视图应考虑以下三点。

a. 物体的安放位置：平稳、自然，主要平面或轴线与投影面平行。

b. 主视图的投射方向：使主视图最能反映组合体的形体特征（形体之间的组合方式、形状大小、相对位置关系）。

c. 视图的清晰性：尽可能减少俯、左视图中的虚线。

③ 选比例、定图幅。根据物体的大小采用合适的图纸幅面，尽量采用1∶1绘图。

④ 布置视图、画基准线，如图2-88（a）所示。

⑤ 逐个画出各形体的三视图，如图2-88（b）～（f）所示。

画形体的顺序：从反映形体特征的视图画起，再按投影规律画出其他两个视图。

一般先实（实形体）后空（挖去的形体），先大（大形体）后小（小形体），先画轮廓后画细节。画每个形体时，要三个视图联系起来画，对称图形要画出对称线，圆、半圆和大于半圆的圆弧要画出中心线，回转体一定要画出轴线。对称线、中心线和轴线用细点画线画出，如图2-88所示。

⑥ 检查、描深，最后再全面检查，如图2-88（g）所示。

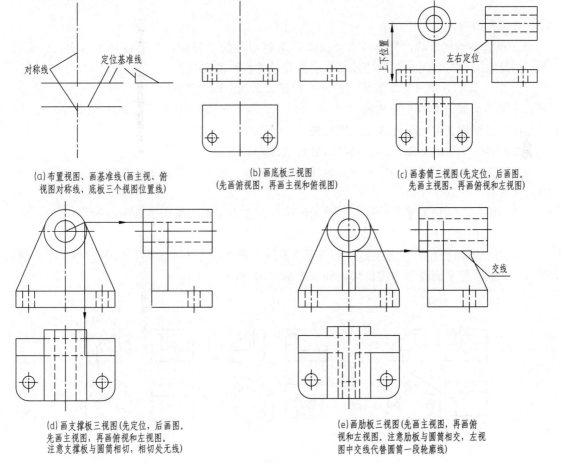

(a)布置视图、画基准线(画主视、俯视图对称线、底板三个视图位置线)

(b)画底板三视图(先画俯视图，再画主视和俯视图)

(c)画套筒三视图(先定位，后画图。先画主视图，再画俯视和左视图)

(d)画支撑板三视图(先定位，后画图。先画主视图，再画俯视和左视图。注意支撑板与圆筒相切，相切处无线)

(e)画肋板三视图(先画主视图，再画俯视和左视图。注意肋板与圆筒相交，左视图中交线代替圆筒一段轮廓线)

图2-88

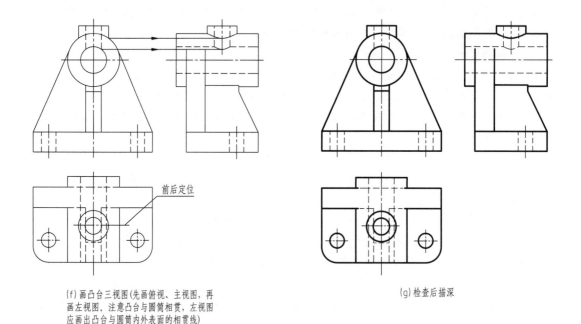

(f) 画凸台三视图(先画俯视、主视图,再
画左视图。注意凸台与圆筒相贯,左视图
应画出凸台与圆筒内外表面的相贯线)

(g) 检查后描深

图 2-88　叠加式组合体三视图画图步骤

具体作图时注意三个问题:

a. 根据各组成形体的投影特点,逐步画出各形体的三视图。一般按先主后次,先实后虚,先轮廓后细节,先画积聚的投影、后画其他的投影的顺序。

b. 同一基本形体(简单形体)的三个视图联系起来同时作图。

c. 先打底稿,检查后再描深。

(2) 以挖切为主的组合体三视图画法

在形体分析法的基础上,运用线面分析法进行画图。

线面分析法:运用面、线的空间性质和投影规律,分析形体表面的投影,进行画图、看图的方法。

视图中,除相切关系外,任意一个封闭的线框都表示形体某个表面的投影。

① 与投影面平行的平面投影反映平面实形,如图 2-89 (a) 所示。

② 与投影面垂直的平面投影一个积聚为直线,另外两个为类似形,如图 2-89 (b)～(d) 所示;一般位置平面投影为类似形,如图 2-89 (e) 所示。

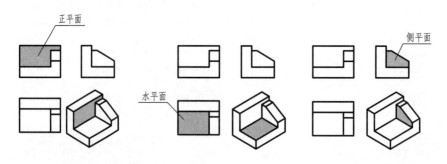

(a)

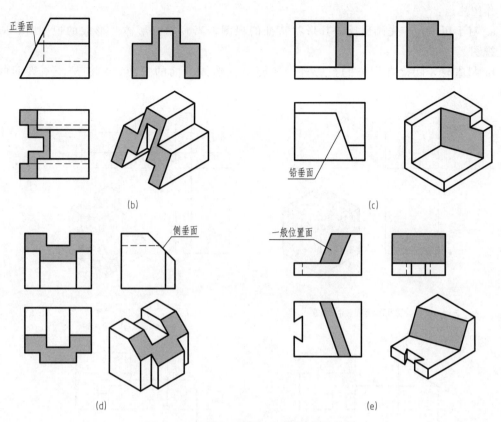

图 2-89 立体上不同位置平面的投影特点

[**例 2-19**] 求导向块的三视图，如图 2-90（a）所示。

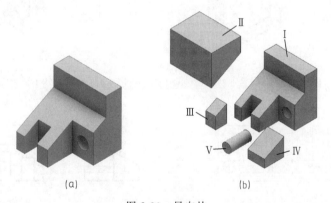

图 2-90 导向块

形体分析：该组合体是由长方体Ⅰ切去形体Ⅱ、Ⅲ、Ⅳ，又钻了一个孔（Ⅴ）形成的，如图 2-90（b）所示。

作图步骤：

a. 画出形体挖切前的三视图。

b. 利用形体分析法和线面分析法逐步画出每挖切去一个形体后的投影，如图 2-91 所示。

作图注意：

a. 对于切口，应先画出反映其形状特征的视图，当画切去形体Ⅱ形成的视图时，应先画主视图。

b. 检查时，除检查形体的投影外，还要检查形体上面的投影，特别是倾斜表面的类似性。

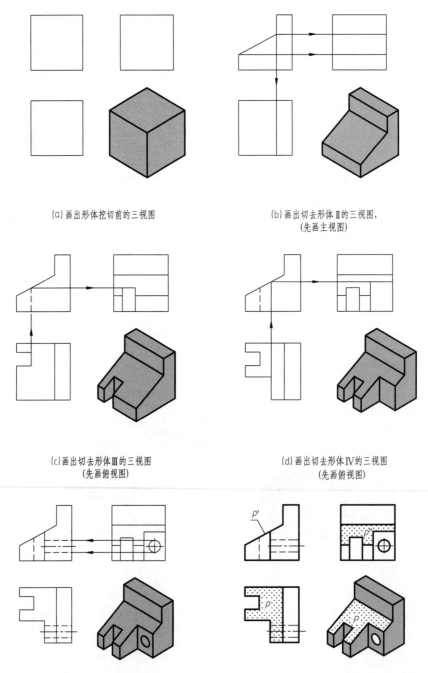

(a)画出形体挖切前的三视图

(b)画出切去形体Ⅱ的三视图，
(先画主视图)

(c)画出切去形体Ⅲ的三视图
(先画俯视图)

(d)画出切去形体Ⅳ的三视图
(先画俯视图)

(e)画出切去形体Ⅴ的三视图
(先画左视图)

(f)检查描深
(注意平面P俯、左视图投影的类似性)

图 2-91　挖切为主的组合体三视图画图步骤

(3) 组合体三视图的画法

画出如图 2-92 所示立体的三视图。

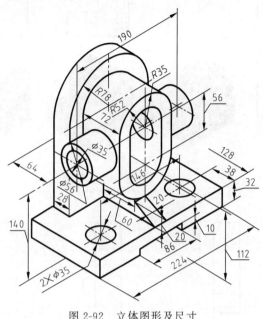

图 2-92　立体图形及尺寸

画组合体三视图

2.5.5　识读组合体视图方法——三步法

识读机件图样是根据已知的几个视图，运用形体分析法和线面分析法（线面投影规律法），想象出机件的空间形状。其过程是：设计者把设计结果用图样表达出来，制造技术人员识读图样，把图样转换成实物并制造出来，识读过程如图 2-93 所示。

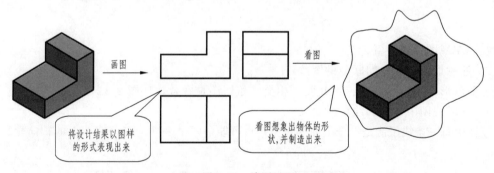

图 2-93　读图过程

(1) 识读机件图样时应注意的几个问题

1）几个视图联系起来看

视图是采用正投影原理画出来的，每一个视图只能表达物体一个方向的形状，不能反映物体的全貌，所以一个视图或两个视图不能完全确定物体形状，看图的时候必须几个视图联系起来看。如图 2-94 所示，主、俯视图一定，但对应物体有多种形式，左视图确定其形状。

2）抓住特征视图

特征包括形状特征与位置特征，如图 2-95 所示，其主视图中的圆和矩形是凸台还是凹坑（孔）通过主、俯视图不能确定，只有通过左视图才能确定其位置特征，故主视图反映形

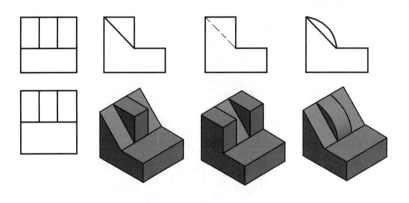

图 2-94　左视图确定形状

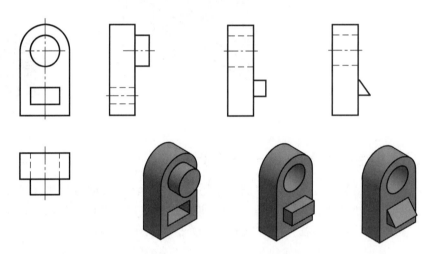

图 2-95　左视图确定形状和位置

状特征，左视图反映位置特征。

3）注意形体表面之间联系的图线

分清两形体之间是共面、不共面、相交、相切还是融合，如图 2-96 所示。

4）理解视图中直线和线框的含义

视图中每一条线可能是一个平面的投影，也可能是两个平面的交线或曲面的转向轮廓线。

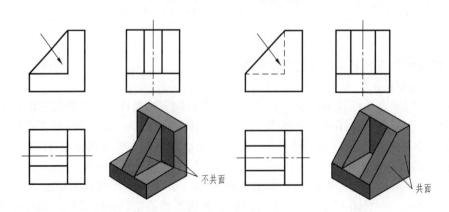

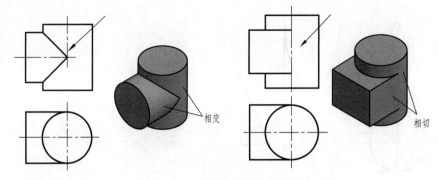

图 2-96 形体之间的交线

如图 2-97 所示,主视图中的 a' 为平面 A 的积聚性投影,俯视图中的 b 为两个平面的交线。

视图中每一封闭线框,一般情况下代表一个面的投影,也可能是一个孔的投影。如图 2-98 所示,封闭线框 a' 代表物体的最前面,俯视图中的封闭线框 b 为物体的方孔投影。

视图中相邻两个封闭线框一般表示两个面,这两个面必定有上下、左右、前后之分,同一面内无分界线。如图 2-99 所示的主视图中有两个封闭线框,代表了物体的两个平面,从左视图可以区别这两平面的前后位置,即 B 平面在前,A 平面在后。视图中嵌套的两个封闭线框一般表示凸

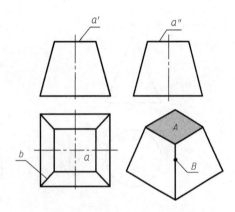

图 2-97 线和线框的投影分析

台或孔(凹坑),如图 2-98 所示的俯视图中嵌套的两个线框 b、c,b 线框表示一个孔。

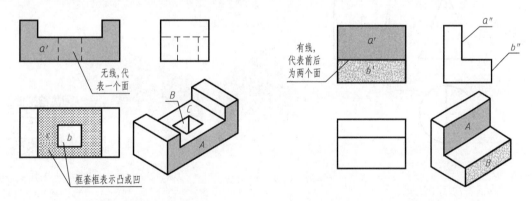

图 2-98 封闭线框的投影分析　　　图 2-99 相邻线框的投影分析

5)要善于构思空间形体

看图的过程是从三视图构想三维立体,再从三维立体到三视图,不断修正想象中机件的思维过程。如图 2-100(a)所示三视图,看主视图可以是圆锥,也可以是棱锥,如图 2-100(b)所示;从俯视图来看,中间有一条线,所以不可能是圆锥或棱锥(圆锥或棱锥相交于顶点);由于俯视图外形轮廓为圆,所以可以理解为其是由一个圆柱被斜切去两边得到的,如图 2-100(c)所示;也可以理解为其是由一个三棱柱被一个圆从上切到下截切所得到的,如图 2-100(d)所示。

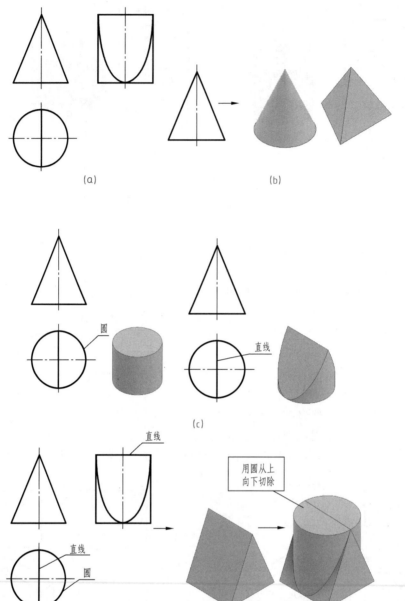

图 2-100　构思空间形体

识读机件图样时应
注意的几个问题

（2）机件图样识读的基本方法——三步法

读图的过程可采用形体三步法，即分形体、找特征、攻难点。然后再根据三视图的投影规律，即长对正、高平齐和宽相等，来读懂视图。在识读图样的过程中，始终牢记：主视图是从前向后投射得到的；俯视图是从上向下投射得到的；左视图是从左向右投射得到的。俯视图、左视图宽相等。在读图过程中，一定要两个以上的视图一起看，先易后难，先总体后局部，不断地思考、假设、修正，直到读懂为止。

1）外部轮廓分形体——看总体

外部轮廓主要用来区分是平面立体、曲面立体还是它们的组合。

① 平面立体。平面立体一般都是由直线组成的封闭的线框，如图 2-101 所示。

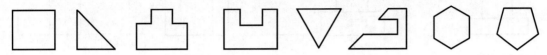

图 2-101　平面立体

② 曲面立体（回转体）。回转体至少有一个投影是圆，如图 2-102 所示。

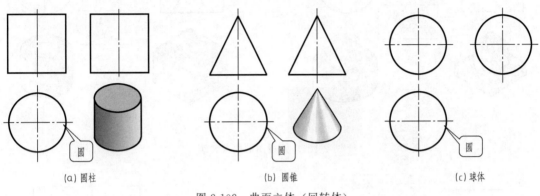

（a）圆柱　　　　　　　　　（b）圆锥　　　　　　　　　（c）球体

图 2-102　曲面立体（回转体）

③ 组合形式。组合形式一般都是平面立体和回转体或回转体与回转体的组合，如图 2-103 所示。

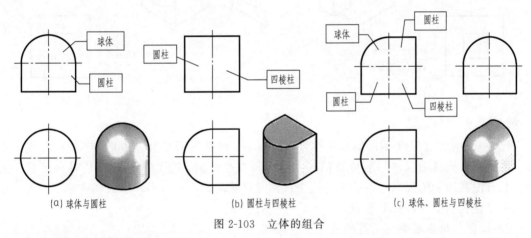

（a）球体与圆柱　　　　　　（b）圆柱与四棱柱　　　　　（c）球体、圆柱与四棱柱

图 2-103　立体的组合

2）内部轮廓找特征——看局部

如果在视图内部出现一个封闭的轮廓，则按照投影规律长对正、高平齐和宽相等找出对应的局部特征，来判断是凸台还是凹坑（孔），如图 2-104 所示（俯视图）。

图 2-105（a）是一个机件的主、俯视图，按照识读形体三步法读图。第一步分形体，从主、俯视图的外形来看，应该是平面立体，四棱柱或三棱柱。第二步找特征，如果外形为四棱柱，从主视图来看有一个方形的内部轮廓，它有两种可能，凸台或凹坑，如图 2-105（b）和图 2-105（c）所示；但从俯视图来看，图 2-105（b）的可能被排除，有可能是图 2-105（d），如果是图 2-105（d）的形状，则视图中会出现虚线，如图 2-105（e）所示。从图 2-105（a）主、俯视图中没有虚线来看，这个平面立体不是四棱柱，而是一个三棱柱。主、俯视图中的内部轮廓可以是凸台也可以是凹坑。

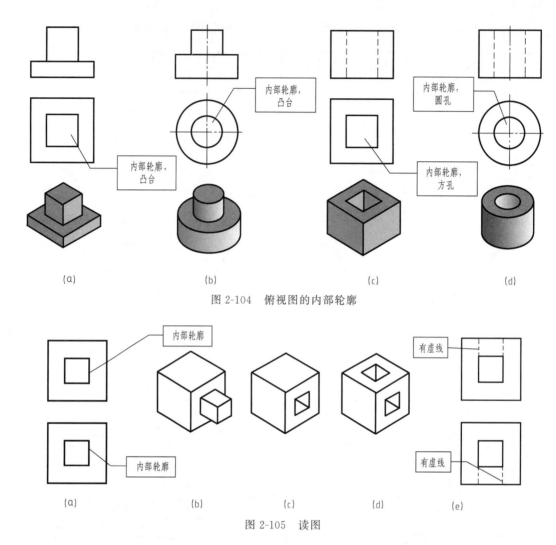

图 2-104 俯视图的内部轮廓

图 2-105 读图

图 2-106 给出了几种不同的形体都可以满足主、俯视图的要求。从几个不同的左视图来看，左视图反映这个机件的形位特征，主视图和左视图能清楚地表达这个机件的形状。但是，只有主视图和俯视图是不能表达这个机件的形状的，可能有多种形式，这是视图表达过程中应该避免的事情，视图的表达一定是唯一的。

3）线面分析攻难点——看细节

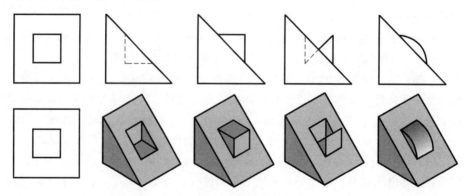

图 2-106 俯视图的内部轮廓

这里说的线是指两平面的交线、平面与立体的交线，或者是两立体的交线；这里说的面一般是指平面，或者是平面与立体的截平面，它们的形状与立体的形状和截平面与立体的位置有关，可参阅表 2-6～表 2-10。

① 平面与平面立体的交线。在平面立体中经常出现有槽的结构形式，当槽的上端无线时，这个槽从前向后贯通，如图 2-107（a）所示。当有线时，槽可能不通，另外一种形式可能是斜面，如图 2-107（b）所示，这要根据两个以上的视图来判断。

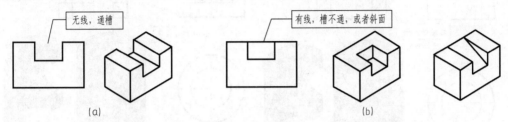

图 2-107　平面立体中的槽形结构（一）

当出现两个相互垂直的槽时，槽可能一样深，也可能有深有浅。当槽一样深时，是一个十字形的平面；当不一样深时，深的槽是通槽，如图 2-108 所示。

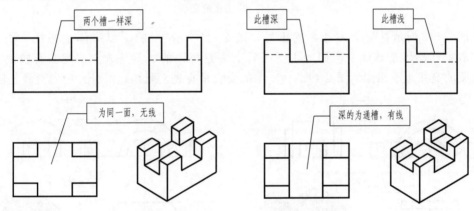

图 2-108　平面立体中的槽形结构（二）

有时平面立体中也会出现半圆槽，如平面立体中一个半圆槽与一个方槽垂直交错。当方槽底面与半圆槽相切时，方槽是通槽，如图 2-109 所示；当二者不相切，且方槽比半圆槽浅时，半圆槽为通槽，此时将产生交线，如图 2-110 所示。

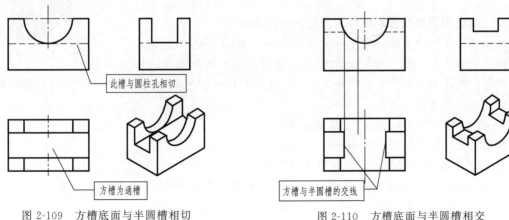

图 2-109　方槽底面与半圆槽相切　　　　　图 2-110　方槽底面与半圆槽相交

② 常见曲面立体表面的交线。在圆柱体中经常出现轴线相互垂直的孔（圆孔或方孔），当孔的大小不同时，其交线也不同，如图 2-111 所示。

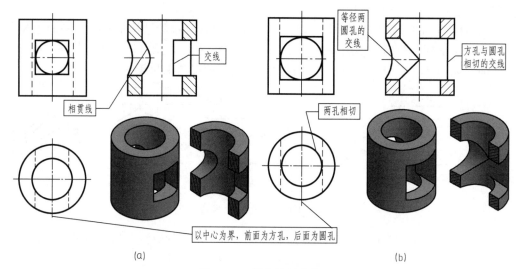

图 2-111　圆柱孔的交线

如图 2-112 所示是两个带耳朵的机件，图 2-112（a）中的主要形体是圆柱，图 2-112（b）中的主要形体是球体。它们的主视图看上去是相同的，但是俯、左视图有较大差异，且俯视图的交线也不相同，图 2-112（a）中的交线是直线，图 2-112（b）中的交线是圆弧。

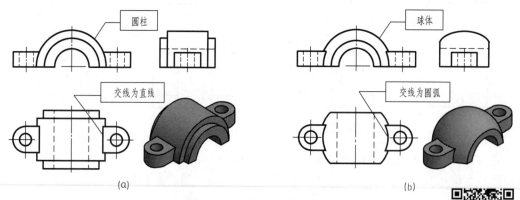

图 2-112　圆柱和球体的交线

（3）识读不同组成方式机件图样的方法与步骤

识读机件图样的方法有形体分析法和线面分析法（投影规律法）。一般以形体分析法为主，线面分析法为辅。识读时首先要根据已知视图的外形轮廓特征，确定机件的构成形式是以叠加为主还是以挖切为主，然后采用前面所述识读的基本方法——三步法进行读图。

1）叠加式机件图样的识读方法和步骤

叠加式机件图样的识读采用三＋三步法。

① 读图一般从主视图入手，将视图分为几个封闭的线框。

② 按照线框对投影确定形状和位置。按照机件图样识读的基本方法（三步法）：分形体、找特征、攻难点来看图，一般每一个封闭的线框代表一个形体。

③ 综合起来想整体。

读图时，始终把想象形体的形状放在首位。

[例 2-20] 读懂图 2-113 所给机件的两个视图，想象机件形状，补画第三视图。

分析与作图步骤：

① 从主视图入手，根据视图特性，分为三个线框Ⅰ、Ⅱ、Ⅲ，如图 2-114（a）所示。

② 三步法定形体。

a. 外部轮廓分形体。形体Ⅰ俯视图为圆，主视图为矩形，故形体Ⅰ为圆柱，如图 2-114（b）所示；从形体Ⅱ的主、俯视图来看，是个平面立体（四棱柱右下方截去一个四棱柱），从俯视图可知，与圆柱相切，如图 2-114（c）所示；从形体Ⅲ的主、俯视图来看，也是个平面立体（断面为梯形的四棱柱），工程上常称为肋板，如图 2-114（d）所示。

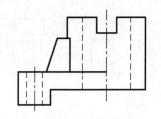
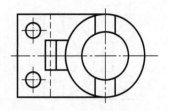

图 2-113　机件视图

b. 内部轮廓找特征。形体Ⅰ俯视图圆的内部有一个圆，从主视图中的虚线可知是个圆孔，上部开有一个通槽；形体Ⅱ上有两个小圆，从主视图的虚线来看，是两个小圆孔。

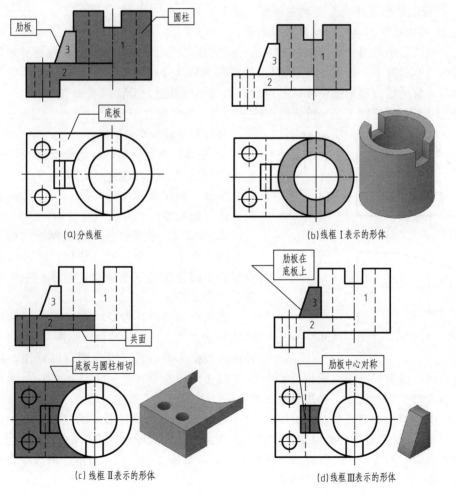

图 2-114

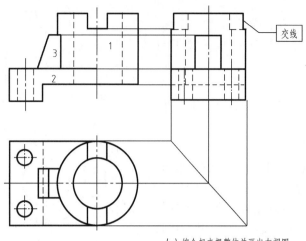

叠加为主的
机件读图

(e) 综合起来想整体并画出左视图

图 2-114　叠加式机件识读步骤

　　c. 线面分析攻难点——看细节。由主视图可看出，形体 Ⅱ 与圆柱相切，底面与圆柱的底面共面，形体Ⅲ在底板上，且与圆柱相交，如图 2-114（b）和图 2-114（d）所示。

　　③ 综合起来想整体，并补画左视图，如图 2-114（e）所示。

　　2）挖切式机件图样的识读方法和步骤

　　挖切式机件采用图样识读的基本方法——三步法进行识读。首先根据视图外部轮廓确定挖切前的基本（简单）形体（看总体）；然后利用形体分析法逐一分析被挖切掉的基本形体（看局部）；最后综合起来想整体，并用线、面投影特性进行验证（看细节）。

　　[例 2-21]　看懂图 2-115 所给机件的三视图，想象机件形状。

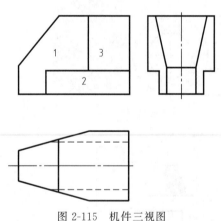

图 2-115　机件三视图

分析与识读步骤：

　　① 外部轮廓分形体。根据所给三视图可以看出此机件为平面立体四棱柱被挖切而形成。首先补齐截切部分，如图 2-116（a）所示，可以看出是一个四棱柱（长方体），如图 2-116（b）所示。

　　② 内部轮廓找特征——看局部。主视图为在一个封闭线框中有三个相连的线框，这表示主视方向有前后不同位置的三个平面；同理，左视和俯视也具有同样的特征。

　　首先由主视图外形轮廓可以看出，它是在四棱柱的左上方截去一个三棱柱，如图 2-116（c）所示；其次由线框 1 对应俯、左视图可以看出，线框 1 为一个铅垂面，由俯视图可以看出此面是由在四棱柱的左前、左后方各切去一个三棱柱而形成，如图 2-116（d）所示；再由线框 2 对应俯、左视图可以看出，线框 2 为一个正平面，由左视图可以看出此面是在四棱柱的前、后方各切去一个四棱柱形成的，如图 2-116（e）所示；线框 1、2 代表的两个平面相交；而线框 3 由俯、左视图可以看出是四棱柱本身的棱面，与线框 1 相交，和线框 2 平行且位于相框 2 前方，如图 2-116（f）所示；最后综合起来想整体，如图 2-116（e）轴测图所示。

　　③ 线面分析攻难点——看细节。观察图 2-116（f）中 P 平面的投影，利用平面形状的

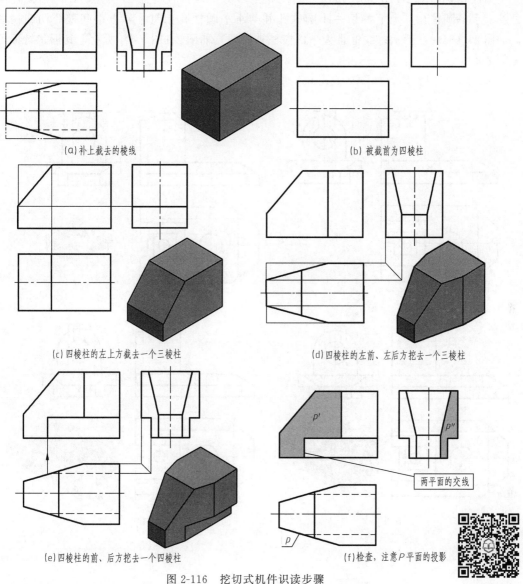

(a)补上截去的棱线

(b) 被截前为四棱柱

(c)四棱柱的左上方截去一个三棱柱

(d)四棱柱的左前、左后方挖去一个三棱柱

(e)四棱柱的前、后方挖去一个四棱柱

两平面的交线

(f)检查,注意P平面的投影

图 2-116　挖切式机件识读步骤

切割体的读图

投影具有类似性验证其正确性。

[**例 2-22**] 看懂图 2-117 所给机件的三个视图,想象机件形状。

分析与识读步骤:根据所给视图可以看出此机件是以叠加为主、挖切为辅而形成的。

① 从主视图入手,分形体。根据视图特性,分为三个线框,如图 2-118（a）所示。

② 三步法定形体。按线框对应的投影定形状、看位置。线框Ⅰ为一四棱柱挖

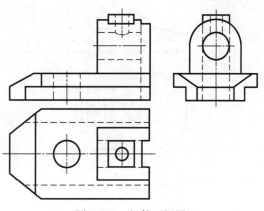

图 2-117　机件三视图

切一个圆柱孔，如图 2-118（b）所示；线框Ⅱ主体为一四棱柱与半圆柱叠加，与半圆柱同轴处挖一水平圆柱孔，上下挖切一小圆柱孔并与水平圆柱孔相贯，右方中间挖一切四棱柱槽，如图 2-118（c）所示；线框Ⅲ为一四棱柱被挖切，如图 2-118（d）所示，其形状特征可参见例 2-21。

③ 综合起来想整体，如图 2-118（e）所示。

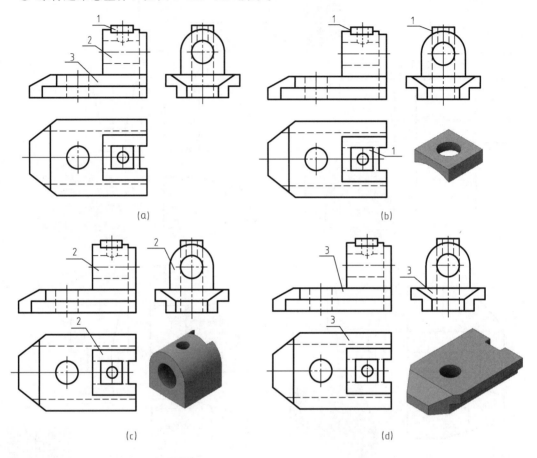

(a)　　　　　　　　　　　　　　　　(b)

(c)　　　　　　　　　　　　　　　　(d)

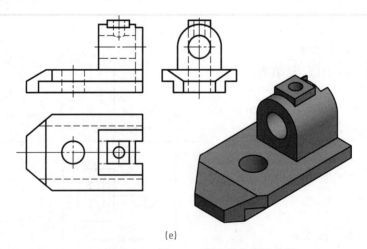

(e)

图 2-118　图 2-117 所示机件识读步骤

2.5.6 组合体的尺寸标注

尺寸标注的基本要求：正确、完整、清晰。

组合体视图尺寸的种类：定形尺寸、定位尺寸（包括尺寸基准）、总体尺寸。

(1) 常见基本形体的尺寸注法

① 平面体，如图 2-119 所示。

a. 四棱柱（长、宽、高三个尺寸）。

b. 三棱柱（底面长、宽与高三个尺寸）。

c. 四棱锥（底面长、宽与高三个尺寸）。

d. 四棱台（上、下底面长、宽与高五个尺寸）。

e. 正六棱柱（对边距离与高两个尺寸）。

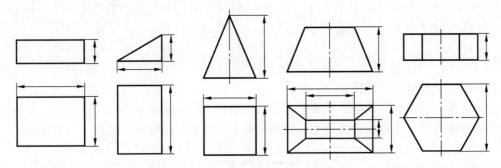

图 2-119 常见平面基本体尺寸标注

② 曲面体，如图 2-120 所示。

a. 圆柱体（底径与高两个尺寸）。

b. 圆锥（底径与高两个尺寸）。

c. 圆球（直径一个尺寸）。

d. 圆台（上、下端面直径与高，或底径、高、锥度三个尺寸）。

e. 圆环（母圆直径与母圆旋转直径）。

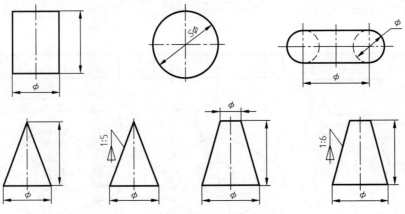

图 2-120 常见曲面基本体尺寸标注

(2) 带切口立体及相交立体的尺寸标注

带切口立体，除标注确定立体本身形状的尺寸外，只标注截平面的位置尺寸，不标注截平面的形状尺寸，如有特殊要求，也要标注在反映实形的视图上。

　　相交的立体，除标注确定本身形状的尺寸外，只标注两相交体的相互位置尺寸，交线上不标注尺寸，如图 2-121 所示。

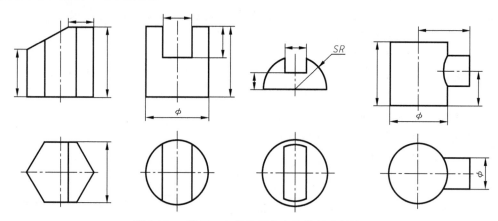

图 2-121　带切口立体及相交立体的尺寸标注

（3）板状类形体尺寸标注

　　当形体某一方位尺寸较小时，常称为板状类形体。标注板状类形体尺寸时，一般将尺寸集中标注在能反映形状特征的视图上，特别是板上各孔的定位尺寸，如图 2-122 所示。

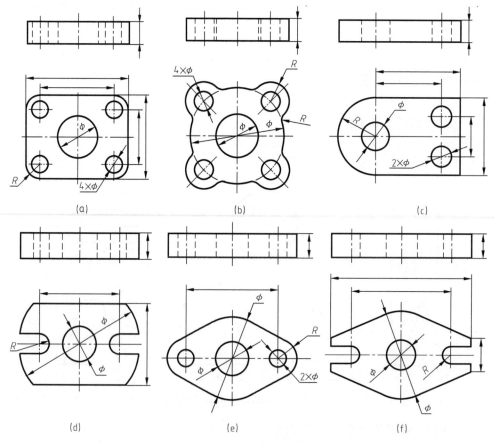

图 2-122　板状类形体尺寸标注

(4) 组合体视图的尺寸标注

1）组合体视图的尺寸分析（以图 2-123 为例）

组合体中的尺寸：

① 定形尺寸。确定组合体中各简单形体形状大小的尺寸。如图 2-123 中的 50、26、100、76、4×ϕ14 等。

② 定位尺寸。确定组合体中各简单形体相互位置的尺寸。如图 2-123 中的 70、48、13 等，其中尺寸 13 既为定形尺寸又为定位尺寸。

③ 总体尺寸。确定组合体总长、总宽和总高的尺寸。如图 2-123 中的 60、100、76，其中尺寸 100、76 既为定形尺寸又为总体尺寸。

④ 尺寸基准。标注定位尺寸的起始点。组合体长、宽、高三个方向都要有尺寸基准。一般选择组合体（或基本形体）的对称中心线、轴线或较大的平面作为尺寸基准，如图 2-123 所示。

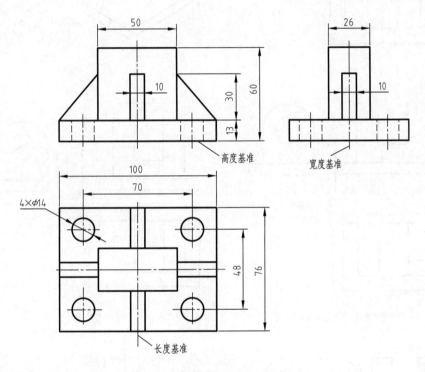

图 2-123　组合体视图的尺寸分析

2）组合体视图的尺寸标注方法与步骤

方法：形体分析法。

步骤：

a. 形体分析。

b. 确定尺寸基准。

c. 逐个标注各基本体（简单形体）的定位、定形尺寸。

d. 标注总体尺寸，并进行尺寸调整。

[**例 2-23**]　标注图 2-124（a）所示的组合体的尺寸。

标注步骤：

组合体的
尺寸注法

a. 形体分析，如图 2-124（b）所示。

b. 确定尺寸基准，如图 2-124（c）所示。

c. 逐个标注各基本体（简单形体）的尺寸，如图 2-124（c）～（e）所示。

d. 标注总体尺寸，并进行尺寸调整，如图 2-124（f）所示。

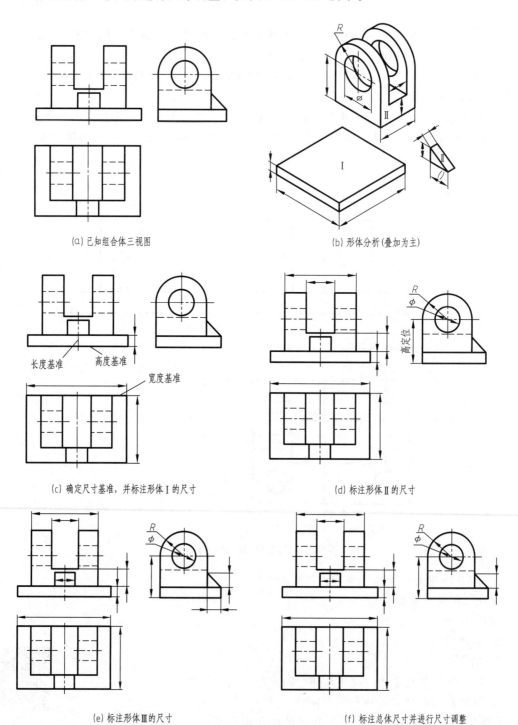

(a) 已知组合体三视图

(b) 形体分析(叠加为主)

(c) 确定尺寸基准，并标注形体 I 的尺寸

(d) 标注形体 II 的尺寸

(e) 标注形体 III 的尺寸

(f) 标注总体尺寸并进行尺寸调整

图 2-124　叠加式组合体的尺寸分析

[**例 2-24**] 标注图 2-125（a）所示组合体的尺寸。

标注步骤：

a. 形体分析，如图 2-125（b）所示。

b. 标注基本体尺寸（长、宽、高），如图 2-125（c）所示。

c. 确定尺寸基准，标注切去左上角四棱柱的尺寸，如图 2-125（c）所示。

d. 依次标注挖切其他形体后的尺寸，如图 2-125（d）～（f）所示。

e. 检查并进行尺寸调整，如图 2-125（f）所示。

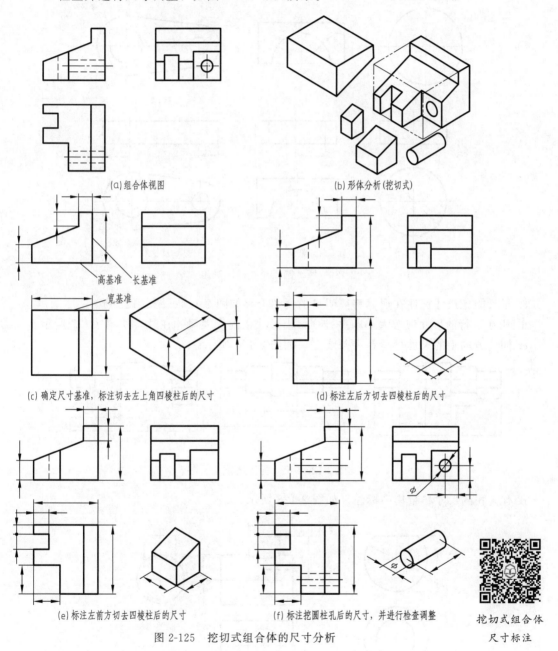

（a）组合体视图

（b）形体分析（挖切式）

（c）确定尺寸基准，标注切去左上角四棱柱后的尺寸

（d）标注左后方切去四棱柱后的尺寸

（e）标注左前方切去四棱柱后的尺寸

（f）标注挖圆柱孔后的尺寸，并进行检查调整

挖切式组合体
尺寸标注

图 2-125　挖切式组合体的尺寸分析

3）组合体视图尺寸标注的注意问题

标各基本体尺寸时，先标定位尺寸后标定形尺寸。

4）尺寸标注注意事项

a. 应尽量标注在视图外面，以免尺寸线、尺寸数字与视图的轮廓线相交。

b. 圆柱的直径尺寸，最好注在非圆的视图上，而圆弧的半径尺寸则应该注在圆弧上，如图 2-126 所示。

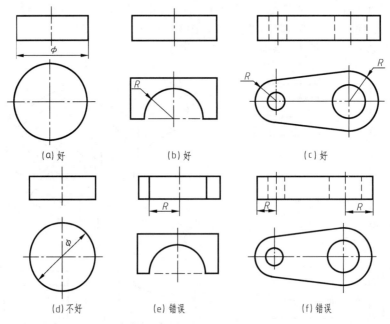

图 2-126　圆、圆弧尺寸标注对比

c. 尽可能把尺寸标注在形体特征明显的视图上，如图 2-124、图 2-125 所示。

d. 相互平行的尺寸应按大小顺序排列，小尺寸在内，大尺寸在外，如图 2-127 所示。

e. 同一方向上的尺寸尽量在一条线上，如图 2-127 所示。

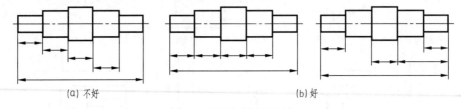

图 2-127　尺寸标注比较

f. 有关联的尺寸尽量集中标注，如图 2-128 所示。

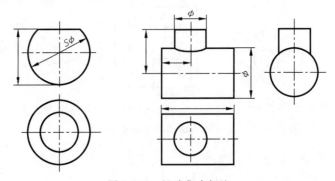

图 2-128　尺寸集中标注

2.6
第三角投影法简介

2.6.1 第三角画法的概念

如图 2-129 所示，相互垂直的两投影面，把空间分为四个分角，将形体放在第三分角中，则投影面处于观察者和形体之间，就好像隔着玻璃看物一样，保持人—投影面—物的关系，这就称为第三角画法。国际标准（ISO）规定，第一角画法与第三角画法具有同等效力。

2.6.2 第三角画法的特点

(1) 投影法

第三角画法也是采用正投影法作图，并假想投影面是透明的，观察者在透明板前观察形体得到视图，如图 2-130（a）所示。物体在 V、H、W 面上的投影分别称为前视图、顶视图、右视图。

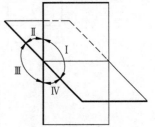

图 2-129　第三角概念

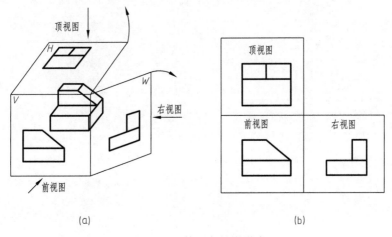

(a)

(b)

图 2-130　第三角投影形成

(2) 投影面展开

V 面保持不动，分别将 H 面、W 面绕相应的轴旋转至与 V 面共面，如图 2-130（a）所示，展开后的三视图配置如图 2-130（b）所示。

(3) 第三角画法的三视图之间关系

三视图之间同样存在着"长对正、高平齐、宽相等"的投影关系。值得注意的是，在方位关系上，顶视图、右视图中靠近前视图的为形体前部，远离前视图的为形体后部。

2.6.3 第一角、第三角画法对比

第一角、第三角画法上的异同如图 2-131 所示。

① 都是采用正投影法绘制，"三等"对应关系两者都有。

② 视图间位置关系和名称有所不同。

③ 视图所反映形体的方位关系不同。

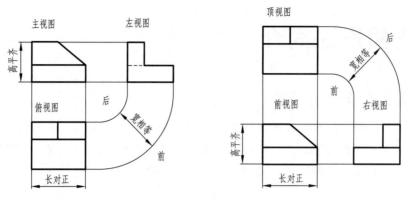

图 2-131 第一角、第三角画法对比

第 **3** 章

轴测图和展开图

3.1
轴测图

　　轴测投影图简称轴测图，其含义为沿轴测轴的方向测量线性长度。它是一种能同时反映立体的正面、侧面和水平面形状的单面投影图，具有形象、逼真、富有立体感等优点。但轴测图一般不能反映出立体各表面的实形，具有度量性差、作图复杂等缺点，因此，在工程上常把轴测图作为辅助图样。

3.1.1　轴测图概述

（1）轴测图的形成

　　如图 3-1 所示，用平行投影法将物体连同确定该物体的直角坐标系一起沿不平行于任一坐标平面的方向投射单一投影面 P（P 称为轴测投影面）上，所得到的图形称为轴测图。图 3-1（a）为正轴测图，图 3-1（b）为斜轴测图。

　　注：本章中空间点或轴记为 A_0、B_0、O_0X_0 等，点或轴的轴测投影记为 A、B、OX 等。

（2）轴测图的轴间角和轴向伸缩系数

　　1）轴间角

　　如图 3-1 所示，确定立体位置的空间直角坐标轴 O_0X_0、O_0Y_0、O_0Z_0 的投影 OX、OY、OZ 称为轴测轴，轴测轴之间的夹角 $\angle XOY$、$\angle YOZ$、$\angle XOZ$ 称为轴间角。

　　2）轴向伸缩系数

　　沿轴测轴方向的线段（轴测投影长度）与立体上沿坐标轴方向的对应线段长度（真实长度）之比，称为轴向伸缩系数。即

　　OX 轴的轴向伸缩系数 $OX/O_0X_0 = p$；

　　OY 轴的轴向伸缩系数 $OY/O_0Y_0 = q$；

　　OZ 轴的轴向伸缩系数 $OZ/O_0Z_0 = r$。

　　如果已知轴间角和轴向伸缩系数，就可以根据立体或立体的视图来绘制轴测图。在绘制

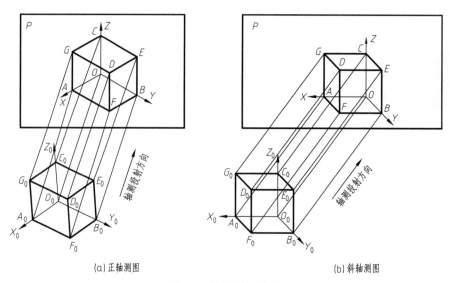

(a) 正轴测图   (b) 斜轴测图

图 3-1　轴测图的形成

轴测图时，只能沿轴测轴方向（其他方向的可转换为沿轴测轴方向度量问题），并按相应的轴向伸缩系数直接量取有关线段的尺寸，"轴测"二字即由此而来。

(3) 轴测图的投影特性

由于轴测图是用平行投影法得到的，因此必然具有以下平行投影的特性，如图 3-1 所示。

① 立体上互相平行的线段，在轴测图上仍互相平行，如 $A_0F_0 /\!/ G_0D_0$，则 $AF /\!/ GD$。

② 立体上平行于轴测投影面的直线和平面，在轴测图上反映实长和实形，如图 3-1（b）中的 $C_0G_0 /\!/ CG$。

③ 立体上平行于某坐标轴的线段，其投影长度等于该坐标轴的轴向伸缩系数与线段长度的乘积。即

$$DE = p \cdot D_0E_0 ; \quad DG = q \cdot D_0G_0 ; \quad DF = r \cdot D_0F_0 。$$

(4) 轴测图的分类

轴测图按投射方向和轴测投影面的位置不同可分为正轴测图（投射线垂直轴测投影面得到的轴测图），如图 3-1（a）所示；斜轴测图（投射线倾斜于轴测投影面得到的轴测图），如图 3-1（b）所示。

对这两类轴测图，根据轴向伸缩系数的不同，又可分为下列三种。

① 正（或斜）等轴测图：三个轴向伸缩系数相等，即 $p = q = r$。

② 正（或斜）二等轴测图：其中的两个轴向伸缩系数相等，通常采用 $p = q \neq r$。

③ 正（或斜）三轴测图：每个轴向伸缩系数都不等，即 $p \neq q \neq r$。

应用较多的轴测图有正等轴测图和斜二等轴测图。下面主要介绍它们的画法。

3.1.2　正等轴测图

(1) 正等轴测图的形成

将立体连同它的直角坐标系一起旋转，当三根坐标轴 O_0X_0、O_0Y_0、O_0Z_0 旋转到对轴测投影面的倾角都相等的位置时，用正投影法向轴测投影面投射所得到的图形即为正等轴测图，简称正等测。

（2）正等轴测图的轴间角和轴向伸缩系数

正等轴测图的三个轴间角相等，都是120°，如图3-2（a）所示，一般将OZ轴画成竖直方向。三根坐标轴的轴向伸缩系数相等，根据计算，$p=q=r=0.82$，即立体上的轴向尺寸为100时，轴测图上画成82，这样画图时计算很麻烦。为了方便画图，取$p=q=r=1$（称为简化伸缩系数），这样在画图时凡立体上平行于其坐标轴的线段，在轴测图上的长度不变，用实际尺寸画出。用简化伸缩系数画出的轴测图比用轴向伸缩系数0.82画出的图要大，但不影响立体的形状和立体感，因此画正等轴测图时，常采用简化伸缩系数的方法。

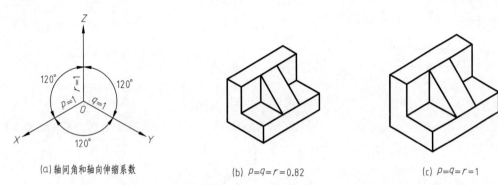

(a) 轴间角和轴向伸缩系数　　　　　(b) $p=q=r=0.82$　　　　　(c) $p=q=r=1$

图 3-2　正等轴测图的轴间角和轴向伸缩系数

（3）正等轴测图的基本画法——坐标法

坐标法即沿轴测轴度量定出物体上一些点的坐标，然后逐步连线画出图形。

作图方法是：根据立体的形状特点，选定合适的直角坐标系，然后画出轴测轴，根据轴测图的投影特性，按立体上各点的坐标关系画出其轴测投影，并连接各顶点形成立体的轴测图。

[例 3-1]　根据如图3-3所示六棱台的主、俯视图，画出它的正等轴测图。

分析：六棱台为平面体，可以先画出上下两个端面的轴测投影图，然后连接相应的点即可。

作图步骤：如图3-4所示。

（4）平行于坐标面的圆的正等轴测图画法

当立体具有回转面时，其表面常有圆形端面，因此为了快速绘制具有回转面立体的轴测图，必须掌握与投影面平行的圆的正等轴测图的特点和画法。

从正等轴测图的形成知道，由于正等轴测投影的三个坐标轴都与轴测投影面成相等的倾角，所以三个坐标面也都与轴测投影面成相等倾角。因此，立体上凡是平行于坐标面的圆的正等轴测投影都是椭圆。如图3-5所示，当以立方体上的三个不可见的平面为坐标面时，

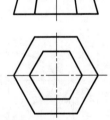

图 3-3　六棱台视图

在其余三个平面内的内切圆为正等轴测投影图。从图中可以看出它的投影特点如下。

椭圆长、短轴方向：

平行于水平面的椭圆，其长轴垂直于Z轴，短轴平行于Z轴。

平行于正面的椭圆，其长轴垂直于Y轴，短轴平行于Y轴。

平行于侧面的椭圆，其长轴垂直于X轴，短轴平行于X轴。

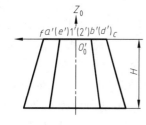

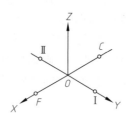

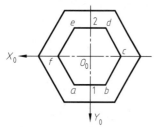

(a) 选取坐标原点和坐标轴

(b) 建立轴测轴，按坐标关系在轴测轴上画出点 F、C、I、II（$FC=fc$，$III=12$）

(c) 沿相应轴测轴方向量取正六边形的边长，并确定六边形的六个顶点 A、B、C、D、E、F，完成顶面六边形

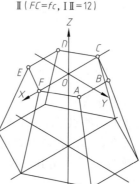

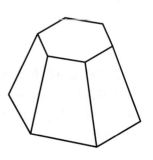

(d) 按棱台高度 H 向下平移轴测轴，画出下端面六边形

(e) 连接上下六边形各相应顶点

(f) 检查描深
（注意：轴测图中的不可见轮廓线不画）

图 3-4　坐标法绘制六棱台

椭圆长、短轴的长度：

椭圆的长轴是圆上平行于轴测投影面的那条直径的投影，它的长度就等于圆的直径 d，短轴因与轴测投影面倾斜，它的长度等于 $0.58d$。当采用简化系数作图时，椭圆的长轴和短轴的长度均放大了 1.22 倍，即长轴 $\approx 1.22d$，短轴 $\approx 0.7d$。

1）用菱形四心法画正等轴测椭圆

如图 3-6（a）所示为平行于水平投影面的水平圆，用菱形四心法画其正等轴测图的步骤如图 3-6（b）~（f）所示。

上述椭圆是由四段圆弧近似连成的，由于这四段圆弧的四个圆心是根据椭圆的外切菱形求得的，因而这种方法叫菱形四心法。

2）六点共圆法画正等轴测椭圆

图 3-5　平行于三个坐标面的
圆的正等轴测图

（a）平行于水平
投影面的水平圆

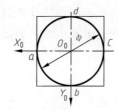

（b）选取坐标原点和坐标
轴，画出圆的外切正四边形

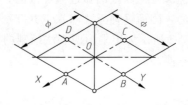

（c）建立轴测轴，按坐标关系在轴测
轴上画出点 A、B、C、D（得到圆
外切正四边形的轴测图——菱形）

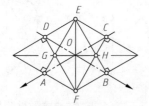

（d）连接 AE、CF 得交点 G、
H（E、F、G、H 四点为
所画椭圆的四个圆心）

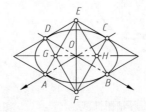

（e）分别以 E、F 两点为圆心，以 AE（CF）
为半径画大圆弧 AB 和 CD；再以 G、H 两点
为圆心，以 AG（BH）为半径画小圆弧 AD
和 BC（四个圆弧组成近似椭圆）

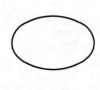

（f）擦去作图线，
检查描深

图 3-6　菱形四心法画正等轴测椭圆

此种方法仍以平行于水平投影面的水平圆为例，如图 3-7（a）所示，用六点共圆法画其正等轴测图的步骤如图 3-7（b）～（f）所示。

（a）平行于水平
投影面的水平圆

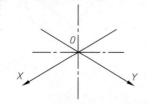

（b）建立轴测轴，画出
椭圆长短轴方向

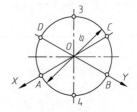

（c）以 O 为圆心，空间圆的直径 φ
为直径画圆（与 X、Y 轴及短轴线
交于 A、B、C、D、3、4 点）

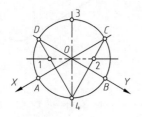

（d）连接 C4、D4，与椭
圆长轴交于 1、2 两点

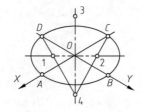

（e）分别以 3、4 为圆心，以 C4（D4）
为半径画大圆弧 AB 和 CD；再以 1、2
点为圆心，以 1D（2C）为半径画小圆
弧 AD 和 BC，四个圆弧组成近似椭圆

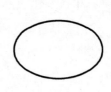

（f）擦去作图线，
检查描深

图 3-7　六点共圆法画正等轴测椭圆

上述椭圆是由四段圆弧近似连成的，由于这四段圆弧的四个圆心是利用空间直径上的六个点求得的，因而这种方法叫六点共圆法。使用此方法作图时必须明确椭圆的长短轴位置。

如图 3-8 所示为用菱形四心法绘制的正平圆轴测图，如图 3-9 所示为用六点共圆法绘制的侧平圆轴测图。

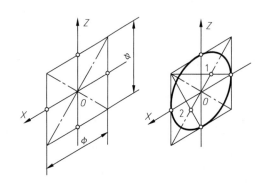 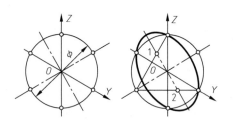

图 3-8　菱形四心法画正平圆正等轴测椭圆　　　　图 3-9　六点共圆法画侧平圆正等轴测椭圆

[例 3-2]　根据图 3-10（a）中圆柱的主、左视图，画出圆柱体的正等轴测图。

分析：画圆柱正等测图时，关键是画圆柱体前后端面的圆，前后端面圆的正等轴测图均为椭圆，因此仍用椭圆的正等轴测图的画法绘制（参见图 3-8）。

作图步骤：如图 3-10（b）～（f）所示。

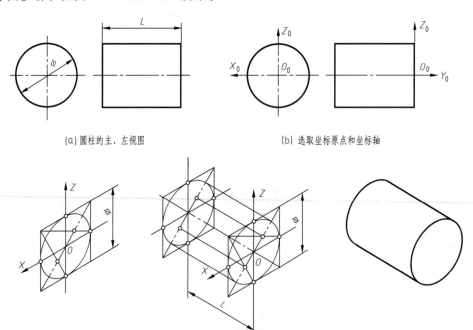

(a) 圆柱的主、左视图　　　　　　　　(b) 选取坐标原点和坐标轴

(c) 画出轴测轴 X、Z，及　　(d) 沿 Y 轴向后平移 L 得圆柱后端圆的　　(e) 擦去作图线及不可见轮廓线，
　圆柱前端圆的正等轴测图　　　正等轴测图，并作前后椭圆的公切线　　　　描深完成

图 3-10　圆柱正等轴测图的画法

(5) 平行于坐标面的圆角的正等轴测图画法

平行于坐标面的圆角，实质上是平行于坐标面的圆的一部分，因此，可以用菱形四心法

来画圆角，其所要画的椭圆弧就是上述菱形四心法中四段圆弧中的一段。其圆心的求法为过角顶点分别沿两邻边量取距离为 R 的点，得圆弧的两端点，再过这两点分别作点所在边的垂线，其交点即为所画圆弧的圆心。

[例 3-3] 根据图 3-11（a）所示的主、俯视图，画带圆角底板的正等轴测图。

分析：底板圆角是圆柱的 1/4，画底板圆角的正等轴测图仍然是画椭圆问题。

作图步骤：

① 首先画长方体的正等轴测图，并以 R 为半径，在底板上表面过两角顶点沿相应边量取 R 得两段圆弧的四个端点 Ⅰ、Ⅱ、Ⅲ、Ⅳ，如图 3-11（b）所示。

② 过此四点分别作点所在边的垂线，交点 O_1、O_2 分别为两段圆弧的圆心，如图 3-11（c）所示。

③ 分别以 O_1、O_2 为圆心，O_1Ⅰ、O_2Ⅲ 为半径完成底板上表面的圆角，如图 3-11（d）所示。

④ 底板下表面上的圆角可通过移心法来解决，即将圆心 O_1、O_2 沿 Z 轴下移底板厚度 h，再用与上表面圆弧相同的半径分别画圆弧，如图 3-11（e）所示。

⑤ 在右端锐角处画出上下两个小圆弧的外公切线，擦去作图线及多余的线，即完成底板正等轴测图，如图 3-11（f）所示。

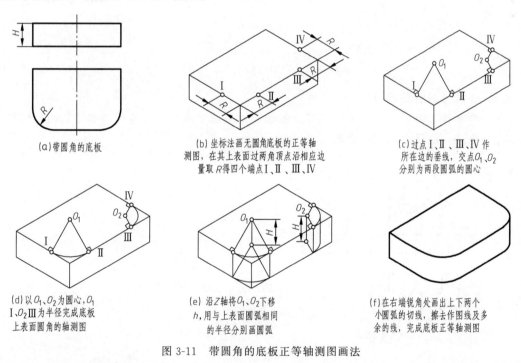

(a)带圆角的底板

(b)坐标法画无圆角底板的正等轴测图，在其上表面过两角顶点沿相应边量取 R 得四个端点 Ⅰ、Ⅱ、Ⅲ、Ⅳ

(c)过点 Ⅰ、Ⅱ、Ⅲ、Ⅳ 作所在边的垂线，交点 O_1、O_2 分别为两段圆弧的圆心

(d)以 O_1、O_2 为圆心，O_1 Ⅰ、O_2Ⅲ 为半径完成底板上表面圆角的轴测图

(e)沿 Z 轴将 O_1、O_2 下移 h，用与上表面圆弧相同的半径分别画圆弧

(f)在右端锐角处画出上下两个小圆弧的切线，擦去作图线及多余的线，完成底板正等轴测图

图 3-11 带圆角的底板正等轴测图画法

(6) 切割法绘制轴测图

对于挖切形成的立体，以坐标法为基础，先用坐标法画出未切割立体的轴测图，然后用截切的方法逐一画出各个切割部分，这种方法称为切割法。

[例 3-4] 根据如图 3-12 所示的切割体三视图，画出它的正等轴测图。

分析：该切割体是由基本体四棱柱挖切而成的。作图时

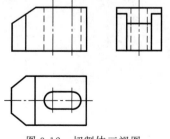

图 3-12 切割体三视图

先用坐标法画出四棱柱基本体，再逐一进行挖切割即可。

作图步骤：如图 3-13 所示。

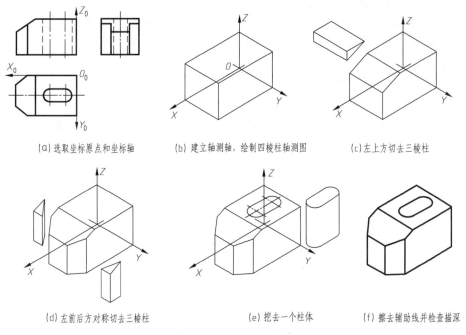

(a) 选取坐标原点和坐标轴　　(b) 建立轴测轴，绘制四棱柱轴测图　　(c) 左上方切去三棱柱

(d) 左前后方对称切去三棱柱　　(e) 挖去一个柱体　　(f) 擦去辅助线并检查描深

图 3-13　切割法画正等轴测图

(7) 叠加法绘制轴测图

对于叠加体，可用形体分析法将其分解成若干个基本体，然后按各基本体的相对位置关系画出轴测图，这种方法称为叠加法。

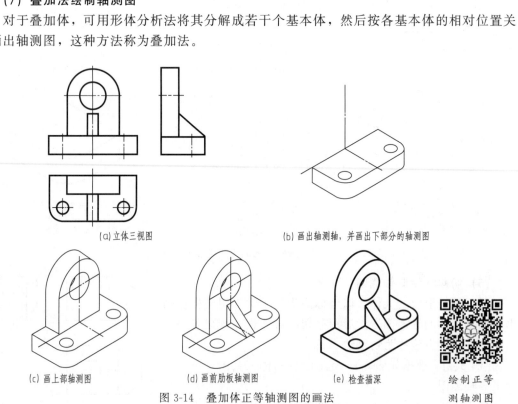

(a) 立体三视图　　(b) 画出轴测轴，并画出下部分的轴测图

(c) 画上部轴测图　　(d) 画前肋板轴测图　　(e) 检查描深　　绘制正等测轴测图

图 3-14　叠加体正等轴测图的画法

[例 3-5] 如图 3-14（a）所示为叠加体的三视图，画出它的正等轴测图。

分析：该叠加体由三个简单形体上下、前后叠加形成，下部是带圆角的底板，后上部上圆下方且挖了一个圆孔，前上部是三棱柱。按照它们的对应位置关系分别画出每一部分轴测图，即得叠加体的正等轴测图。

作图步骤：如图 3-14（b）～（e）所示。

3.1.3 斜二等轴测图

(1) 斜二等轴测图的形成、轴间角和轴向伸缩系数

当坐标面 XOZ 平行轴测投影面，并选择投射方向使轴测轴 Y 与水平方向夹角为 $45°$，轴向伸缩系数为 0.5，则得到通常所说的斜二等轴测图，简称斜二测。斜二等轴测图的轴间角如图 3-15 所示，$\angle XOZ = 90°$，$\angle XOY = 135°$，$\angle YOZ = 135°$。由于坐标面 XOZ 平行轴测投影面，该坐标面的轴测投影反映实形，因而轴向伸缩系数 $p = r = 1$，Y 轴的轴向伸缩系数 $q = 0.5$。

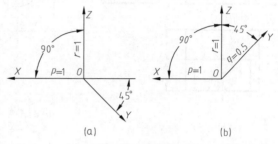

图 3-15　斜二等轴测图的轴间角和轴向伸缩系数

斜二等轴测图的投影特点是：立体上凡平行于坐标面 XOZ 的平面，在轴测图上都反映实形；凡平行于 Y 轴的线段，长度为立体的 1/2。因此，当立体在平行于 XOZ 平面的方向上有较多圆或圆弧曲线时，常采用此方法作图。

(2) 平行于坐标面的圆的斜二等轴测图画法

根据斜二等轴测图的投影特点，平行坐标面 XOZ 的圆和圆弧的轴测投影反映实形，画图简便，另两个坐标面上的圆和圆弧的轴测投影则为椭圆，它们的长轴与圆所在的坐标面上的一根轴测轴成 $7°10'（\approx 7°）$ 的夹角。它们的长轴约为 $1.06d$，短轴约为 $0.33d$，如图 3-16 所示。由于椭圆作图麻烦，因此，斜二等轴测图一般用于立体上有较多的圆或圆弧曲线与 XOZ 坐标面平行的情况。

(3) 斜二等轴测图的画法实例

[例 3-6] 已知如图 3-17 所示立体的三视图，画出立体的斜二等轴测图。

分析：一般画立体的斜二等轴测图时，常先将平行于 XOZ 坐标面的主视图画在其坐

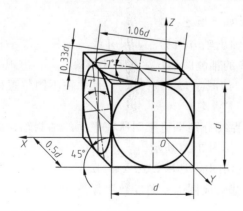

图 3-16　平行于三个坐标面的圆的斜二等轴测图

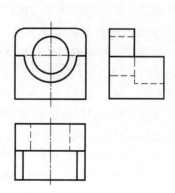

图 3-17　立体三视图

标面上，然后向前或向后移动立体宽的一半，从而画出立体的斜二等轴测图。该立体由前后两部分组成，故采用叠加法绘制，首先绘制带圆孔的后部分，然后绘制带半圆槽的前面部分。

作图步骤：如图 3-18 所示。

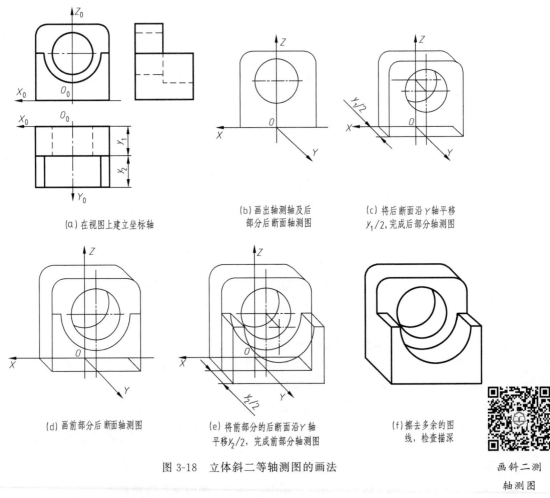

(a) 在视图上建立坐标轴

(b) 画出轴测轴及后部分后断面轴测图

(c) 将后断面沿 Y 轴平移 $y_1/2$，完成后部分轴测图

(d) 画前部分后断面轴测图

(e) 将前部分的后断面沿 Y 轴平移 $y_2/2$，完成前部分轴测图

(f) 擦去多余的图线，检查描深

图 3-18　立体斜二等轴测图的画法

画斜二测
轴测图

3.1.4　轴测图的尺寸标注

轴测图上常见的几种尺寸的标注注意事项如下所述。

① 长度尺寸的标注。长度尺寸一般需沿轴测轴方向标注，尺寸线与所标线段平行；尺寸界线应平行于有关轴测轴；尺寸数字按相应的轴测图形标注在尺寸线的上方，出现字头向下的趋势时，用引出线将数字写在水平位置。如图 3-19 所示为同一尺寸在不同位置标注时的示例。

② 标注圆的直径尺寸时，尺寸线和尺寸界线分别平行于圆所在平面的轴测轴；标注较小圆的直径尺寸时，尺寸线可通过圆心引出，如图 3-20 所示。

③ 标注圆的半径尺寸时，尺寸线可从圆心引出，如图 3-20 (a) 所示。

④ 标注角度尺寸时，尺寸线为相应的椭圆弧或圆弧；角度数字保持字头向上，一般写在尺寸线中断处，如图 3-20 (b) 所示。

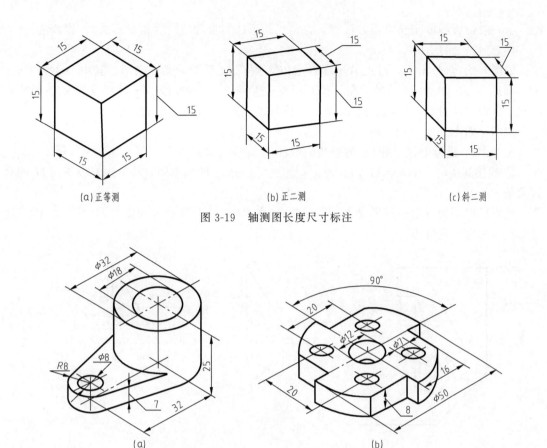

图 3-19　轴测图长度尺寸标注

(a)正等测　　　(b)正二测　　　(c)斜二测

图 3-20　轴测图圆的直径、半径、角度尺寸标注

(a)　　　(b)

3.2
展开图

　　立体表面可看作由若干小块平面组成,把表面沿适当位置裁开,按每小块平面的实际形状和大小,无褶皱地摊开在同一平面上,称为立体表面展开,展开后所得的图形称为展开图。对于用板料制作的零件,除需要用多面正投影图表示零件的形状外,还要用展开图表示零件制作前板料的形状。

　　平面立体的表面均为可展开的。曲面立体中的曲面分为可展曲面与不可展曲面两类,曲面体中的柱面、锥面和切线面为可展曲面,因为这些曲面上相邻素线平行或相交,可以构成小块平面。对于不可展曲面,如球面、圆环面、椭圆面、椭圆抛物面等,工程实际中一般把它们近似为相应的可展曲面,进行近似展开。

3.2.1　展开图绘制的基本知识

(1)　线段实长的求法

　　作展开图就是在平面上作出形体表面的真实图形。作图时首先要通过图解或计算的方法求出该形体各表面长、宽、高等主要线段的实长,然后根据形体的特征选用相应的方法作图。求一般位置线段实长常用方法有：直角三角形法、换面法（直角梯形法）、旋转法。

1）直角三角形法

如图 3-21（a）所示，过点 A 作 $AD \perp Bb$，则 $\triangle ABD$ 为直角三角形，其中 AB 为实长，$AD = ab$，α 为 AB 对 H 面的倾角，$BD = Bb - Db = \Delta Z$（直线段 AB 两端点的 Z 坐标差）。因此，已知 AB 投影，可以通过 ab 和 ΔZ 作辅助直角三角形求出 AB 及 α。

作图：如图 3-21（b）所示。

① 在水平投影上过 a 作 ab 的垂线 aa_0 并使 $aa_0 = \Delta Z$。

② 连接 $a_0 b$，则 $a_0 b = AB$，ab 与 $a_0 b$ 的夹角 $\angle aba_0$ 即为空间直线 AB 对投影面 H 的真实倾角 α。

也可以把辅助直角三角形画在 V 面上，如图 3-21（c）所示［与图 3-21（b）一样还是以 ΔZ、ab 为两直角边］。

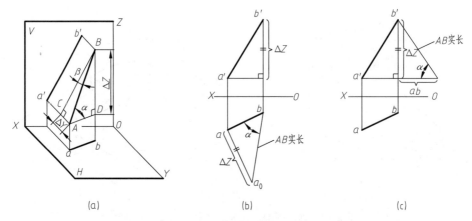

(a)　　　　　　　　　(b)　　　　　　　　　(c)

图 3-21　直角三角形法求一般位置直线段的实长及与投影面的夹角

如图 3-21（a）所示，可以 $BC(BC = a'b')$ 为一直角边，线段 AB 两端点的 Y 坐标差 ΔY 为另一直角边作直角三角形，从而得出 AB 的实长及其与 V 面的倾角 β。同理，还可以用 AB 侧面投影 $a''b''$ 为一直角边，线段 AB 两端点的 X 坐标差 ΔX 为另一直角边作直角三角形，从而得出 AB 的实长及其与 W 面的倾角 γ。

由上所述可知，与直线段 AB 的实长、三个投影 ab、$a'b'$、$a''b''$ 及倾角 α、β、γ 有关的三个直角三角形如图 3-22 所示。

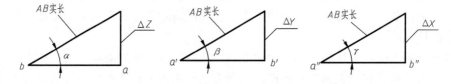

图 3-22　直角三角形法的三个直角三角形

直角三角形法是以线段的某一投影的长度为一直角边，以线段的两端点到这个投影面的距离之差为另一直角边，这样所组成的直角三角形的斜边，就是这条线段的实长，如图 3-22 所示。

2）换面法（直角梯形法）

如图 3-23（a）所示，对于一般位置的线段，为了求得其实长，增加一个与空间线段平行的投影面，则直线在该投影面（V_1）上的投影为实长；其中线段两端的新投影到新投影轴的距离等于被替换的投影到原投影轴的距离。投影作图如图 3-23（b）所示。由于新投影面上 $EFa_1{}'b_1{}'$ 为直角梯形，所以又称为直角梯形法求线段实长。直角梯形的上下两底为线段两端点到 H 面的距离，一个腰为线段在 H 面上的投影，而另一个腰即为线段实长。

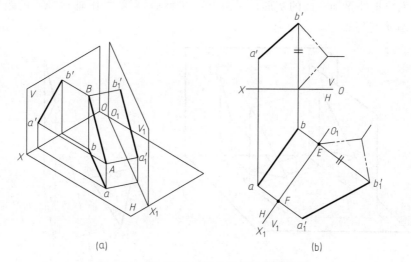

图 3-23　换面法求一般位置直线段的实长

3）旋转法

旋转法求线段实长的原理如图 3-24 所示，Ss 为垂直于 H 面的直线，将 A 点绕 Ss 旋转到 A_1 点的位置，则 V 面投影 $a_1{}'s{}'$ 长度等于 SA_1 的长度。

旋转法求线段实长如图 3-25（a）所示，保持投影面不动，将线段绕垂直某一投影面的直线（图中为 Aa）旋转成为与投影面相平行的直线（图中为 AC_1），则线段在与其平行的投影面上的投影就反映它的实长，如图中 $a{}'c_1{}'$ 即为线段 AC 实长。作图时，既可以绕垂直于 H 面的轴线旋转，如图 3-25（b）所示，也可以绕垂直于 V 面的轴线旋转，如图 3-25（c）所示，还可以绕垂直于 W 面的轴线旋转。

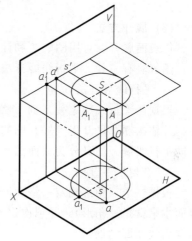

图 3-24　旋转法原理

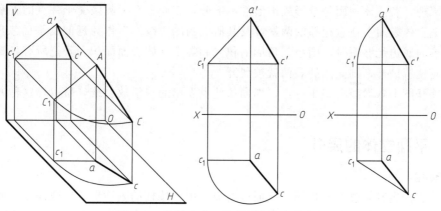

图 3-25　旋转法求一般位置直线段的实长

（2）平面实形的求法

求平面的实形常用换面法，如图 3-26 所示，通过一次换面得到投影面垂直面的实形。投影作图与换面法求线段实长相似，增加一个与平面的积聚性投影平行的投影面 V_1，将平面向该投影面投射即得到平面的实形，平面上各点如 a_1' 到新投影轴 O_1X_1 的距离，等于被替的投影 a' 到原坐标轴 OX 的距离。

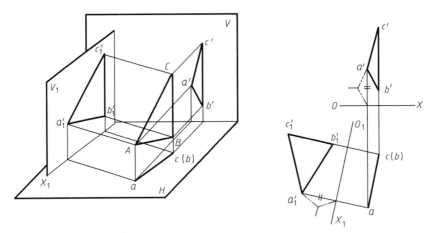

图 3-26　换面法求投影面垂直面的实形

（3）展开方法

作表面展开，可用图解法和计算法，通常用图解法较多。

图解法有三种：平行线展开法、三角形展开法、放射线展开法。

1）平行线展开法

根据两平行线确定一平面，将立体表面以两相邻平行线为基础构成的平面图形为一平面，并依次逐个展开得到展开图的方法，称为平行线法，它用于柱面的展开。根据作图方法不同平行线展开法又分为截面法和侧滚法。

2）三角形展开法

根据一个三角形确定一平面原理，将立体表面分成若干个三角形（有的立体，如三棱锥表面本来就是三角形），并依次逐个展开得到展开图的方法，称为三角形法。它通常用于锥面和切线曲面的展开。

3）放射线展开法

展开原理：若立体表面是锥形或锥形的一部分，表面上有无数条交于一点的直素线，那么，则可把立体表面上任意相邻的两素线及其所夹的底边线，看作为近似的平面三角形，当各小三角形的底边足够短时，则小三角形面积之和等于立体表面面积。若把所有小三角形按原来的相对位置铺开，则立体的表面就被展开。

由于展开图上各素线汇交于一点，如同从此点发出的一组放射线，所以称这种方法为放射线展开法。

3.2.2　平面立体的展开

（1）棱柱

棱柱的表面由其侧表面和顶面、底面所组成。由于棱柱的表面形状比较简单，而且侧棱都相互平行，若将棱柱放在一个平面上进行翻转，这样每滚翻一次，就可画出一个侧表面的实形，棱柱滚翻一周，便能连续画出其各侧面实形，根据这个原理作图即可得出棱柱侧表面的展开图，这种方法通常称为侧滚法。如图 3-27 所示是利用侧滚法作出的空心三棱柱的表面展开图。由于棱柱底面为水平面，所以其水平投影为实形。

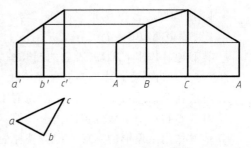

图 3-27 棱柱的展开

[例 3-7] 试作如图 3-28（a）所示斜三棱柱的表面展开图。

分析：由于该三棱柱的棱与底面不垂直，故可采用正截面法、侧滚法、三角形法展开。

方法 1：正截面法，作图步骤如下所述。

① 作正截面 P，并用换面法求出平面 P 截切三棱柱后的断面实形 $\triangle 1_1 2_1 3_1$，如图 3-28（b）所示。

② 将 $\triangle 1_1 2_1 3_1$ 各边展开成一直线，得 1、2、3、1 各点，如图 3-28（c）所示。

③ 过各点作直线垂直于线段 11，并在各垂线上作出各棱线的端点，棱长自 V 面投影量取，如 $1A = 1'a'$。

④ 连接各点得展开图，如图 3-28（c）所示。

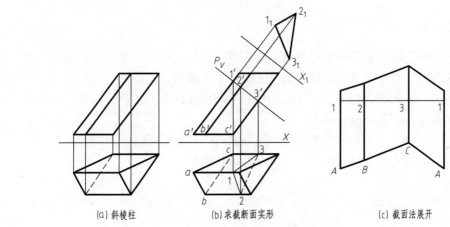

（a）斜棱柱　　　　（b）求截断面实形　　　　（c）截面法展开

图 3-28 斜棱柱及表面展开

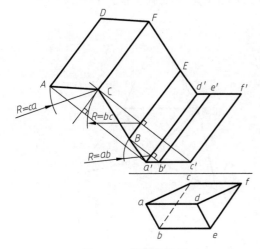

图 3-29 侧滚法展开

方法 2：侧滚法。由于棱柱各棱线平行于正面，故可用侧滚法展开，作图步骤如图 3-29 所示。

① 过 $b'e'$ 作直线 $b'B$、$e'E$，使其均垂直于 $a'd'$（相当于 $b'e'$ 绕 $a'd'$ 旋转）。

② 以 a' 为圆心、ab 为半径画弧，与 $b'B$ 交于 B。

③ 连 a'、B 得 $a'B$，过 B 作 $BE/\!/a'd'$；过 d' 作 $d'E/\!/a'B$，即得 $ABED$ 表面的展开图 $a'BEd'$。

④ 过 c'、f' 作直线 $c'C$、$f'F$，使其均垂直于 BE。

⑤ 以 B 为圆心，bc 为半径画弧，与 $c'C$ 交于 C。

⑥ 连 B、C 得 BC；过 C 作 CF∥BE；过 E 作 EF∥BC；即得 $BCFE$ 表面的展开图。

⑦ 类似地，作出 $CADF$ 表面的展开图。

方法 3：三角形法，作图步骤如图 3-30 所示。

① 将棱柱侧面的每个四边形分割为两个三角形，如图 3-30（a）所示。

② 对各三角形中一般位置的边求实长，如图 3-30（b）所示。

③ 依次作出三角形的实形，即得棱柱面的展开图，如图 3-30（c）所示。

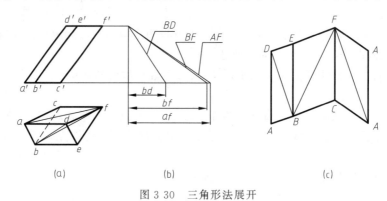

图 3-30 三角形法展开

（2）棱锥

棱锥的表面由其底面和侧表面所组成。在棱锥的三面正投影图中，当底面平行于某投影面时，其投影反映实形，而棱锥的侧表面由于与投影面倾斜，其投影不反映实形。因此，要画棱锥的展开图必须先求出各侧棱的实长，然后再利用几何作图法作出各侧表面的实形，并与锥底的边缘相连接，即得展开图形。

［例 3-8］ 三棱锥 $SABC$ 的二面投影如图 3-31（a）所示，作其展开图。

分析：三棱锥的棱面均为三角形，可用三角形法展开。

作图：

① 根据投影图用直角三角形法求出棱锥的各侧棱（SA、SB、SC）的实长，如图 3-31（b）所示。

② 作△ABC 全等于△abc，并以 AB、BC、CA 三条边为基础，根据各侧棱的实长分

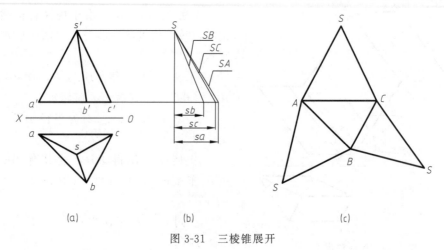

图 3-31 三棱锥展开

别作出棱锥侧表面的各个实形△SAB、△SBC、△SCA，即得三棱锥的展开图，如图 3-31
（c）所示。

（3）棱台

由于各种棱台的侧表面都是由若干个平面四边形所组成的，且它们在投影图中一般不反映实形。因此，画棱台侧表面的展开图必须首先求出这些侧表面四边形的实形。其做法是把每个四边形的投影按对角线分成两个三角形，并先求出这些三角形的三条边的实长，然后作出三角形的实形，最后便可作出棱台的侧表面四边形的实形，并由此得出整个棱台。如图 3-32所示是四棱台表面展开图的作图方法。

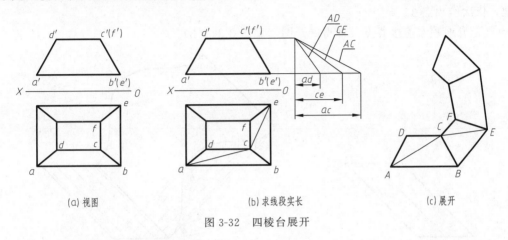

| (a) 视图 | (b) 求线段实长 | (c) 展开 |

图 3-32　四棱台展开

3.2.3　可展曲面的展开

（1）圆柱面

1）正圆柱面展开

当圆柱轴线垂直于投影面时，其底面的投影为实形，此时将底圆周展开成直线（长度为πD），将底圆周与直线做相同的等分，即可作出展开图，如图 3-33 所示。

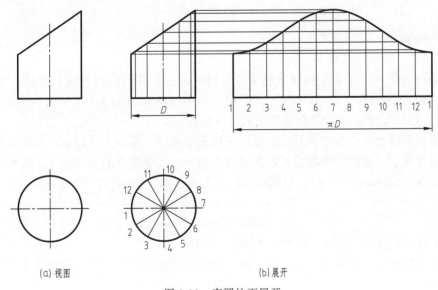

| (a) 视图 | (b) 展开 |

图 3-33　直圆柱面展开

2）斜圆柱面展开

当斜圆柱面底面与投影面平行时，投影为实形，由于圆柱素线互相平行，故可以用侧滚法展开。

[**例 3-9**]　试作图 3-34（a）所示斜圆柱面的展开图。

作图步骤：

① 将底圆等分，并过各分点的 V 面投影作素线的 V 面投影。

② 在 V 面上，过各分点作素线投影的垂线。

③ 以 $1'$ 为圆心、$R=12$（1、2 点之间的距离）为半径画弧，与过 $2'$ 的垂线交于 2；类似地，依次作出点 3、4、……。

④ 光滑地顺次连接各点，即得展开图，见图 3-34（b）。

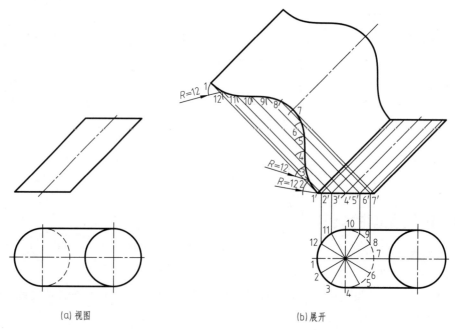

(a) 视图　　　　　　　　(b) 展开

图 3-34　斜圆柱面展开

（2）圆锥面

1）正圆锥、圆台面的展开

正圆锥的表面为一系列呈放射状的素线，因此，它展开后的图形为一扇形。如图 3-35 所示，其半径 R 即为素线长度，弧长等于 πd，d 为圆锥底圆的直径，α 为扇形的中心角，$\alpha=(d/2R)\times360°$。展开图的作图可按上式计算后进行。

圆台的展开图为一扇形，展开时需要计算展开图的圆心角和大（或小）圆环的半径。设圆台顶圆直径为 d，底圆直径为 D；展开后圆心角为 x，小圆环的半径为 r，则大圆环的半径为 $r+h$（h 为圆台素线长度）。根据弧长公式 $L=(x/180)\pi r$，得

$$\pi d=(x/180)\pi r$$

$$\pi D=\pi(x/180)(r+h)$$

通过上述公式求得 x 和 r，即可画出圆台展开图。

如果圆台的锥顶离锥底较远或在图幅外，则可采用近似的方法作出其展开图，其方法如图 3-36 所示。

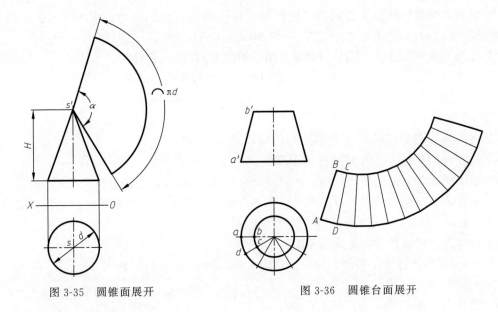

图 3-35 圆锥面展开

图 3-36 圆锥台面展开

① 将圆台上下圆周等分（如 12 等分）。

② 分别以两圆上相邻两等分点间的弦长 *bc*、*ab* 为梯形的上、下两底边，取投影图中 *a'*
b' 为梯形的高，作出梯形小样板。

③ 利用梯形小样板拼成扇形平面，即为圆锥台的表面近似展开图。

2）斜圆锥面的展开

斜圆锥面的底圆为水平面，可采用内接棱锥面代替椭圆锥面，作近似展开，作图步骤
如下。

① 将底圆 12 等分，并过各点作素线，如图 3-37（a）中所示的 $S2$（$s2$，$s'2'$）。

② 用旋转法求各素线实长，如 $S2$。

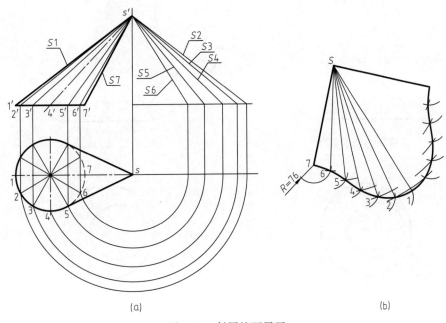

(a)

(b)

图 3-37　斜圆锥面展开

③ 以相邻两素线的实长为两边，底圆周上等分的弦长为第三边，依次作出各三角形，如△S76、△S65、…，得点7、6、5、…，如图3-37（b）所示。

④ 光滑顺次连接各点，即可得到展开图，如图3-37（b）所示。

[例3-10] 如图3-38（a）所示，一直圆锥面被平面所截，试作其展开图。

方法1：以内接正棱锥面代替直圆锥面，作近似展开，如图3-38（b）所示。

作图步骤：

① 将圆锥底圆12等分，并过各点作素线投影。

② 以素线的实长L为半径，作扇形圆弧。

③ 取底圆上等分的弦长，在扇形的圆弧上依次截取12段，并作出各素线。

④ 求各素线被截去的那一段的实长，如SA的实长$s'a_1$，并将它移植到相应的素线上（如$S3$上的A_1点），以此类推得到一系列的点。

⑤ 依次光滑连接各点，完成展开图。

方法2：采用计算与图解结合的方法精确求解，如图3-38（b）所示。

作图步骤：

① 计算扇形角α，$\alpha = (D/2L) \times 360°$。

② 以素线的实长L为半径画弧，并根据扇形角α作扇形，得整圆锥面的展开图。

③ 将扇形12等分，作出12条素线，然后用与方法1相同的方法，求出截交线上的各点在素线上的位置，完成展开图。

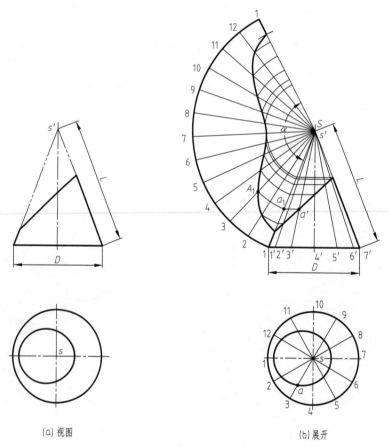

（a）视图　　　　　　　　（b）展开

图3-38　截切圆锥面展开

3.2.4　不可展曲面的近似展开

不可展曲面的近似展开图，常用三角形法、柱面法、锥面法绘制。

用这三种方法作不可展曲面的近似展开图时，是将不可展曲面划分成若干小块，并用与其逼近的三角形、可展的柱面或锥面（通常是圆柱面、圆锥面）代替，作出各块的实形，并依次拼合画出展开图。

(1)　圆球面的展开

已知球的直径 D，作其展开图。

方法 1：柱面法

① 过球心作一系列铅垂面，均匀截球面为若干等份，如图 3-39 (a)、(b) 所示为 12 等份。

② 作出一等分球面的外切圆柱面，如 $nasb$，近似代替每部分球面。

③ 作外切圆柱面的展开图：在 V 面投影上，将转向线 $n'o's'$ 分成若干等份（图中为 6 等份）。在展开图上将 $n'o's'$ 展成直线 NOS，并将其六等分得点 O、Ⅰ、Ⅱ、…；从所得等分点引水平线，在水平线上取 $AB=ab$、$CD=cd$、$EF=ef$（近似作图，可取相应切线长代替），连接点 A、C、E、N、…，即得十二分之一球面的近似展开图，其余部分的作图方法相同。

展开图如图 3-39 (c) 所示。

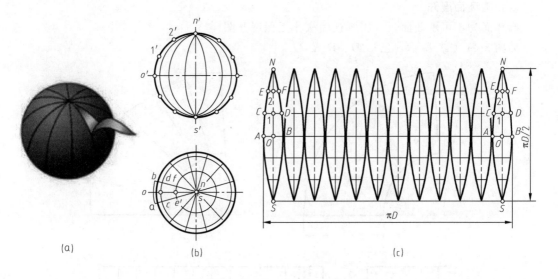

图 3-39　柱面法展开球面

方法 2：锥面法

作图步骤：

① 用水平面将球进行等分，等分个数视球的大小确定，如图 3-40 (a)、(b) 所示为 7 等分。

② 中间编号为 1 的部分近似地当作圆柱面展开。

③ 其余以它们的内接正圆锥面作近似展开，其中编号为 2、3、5、6 四部分当作截头正锥面来展开，编号为 4、7 部分当作正圆锥面展开，各个锥面的顶点分别为 s_1'、s_2'、s_3' 等点。

展开图如图 3-40 (c) 所示。

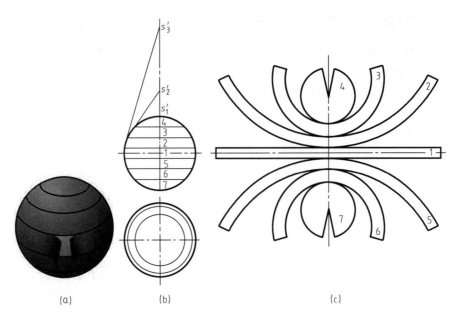

(a)　　　　　(b)　　　　　(c)

图 3-40　锥面法展开球面

(2) 圆环面展开

圆环面为不可展曲面，可用圆柱面法作近似展开图。

如图 3-41（a）所示，已知 D、R 及 θ。

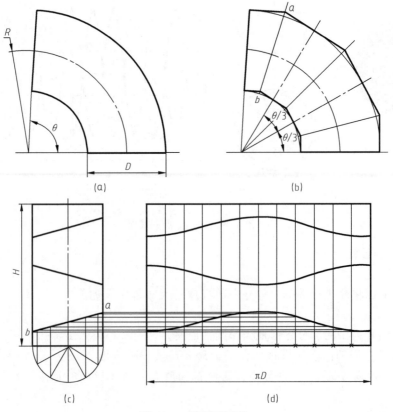

(a)　　　　　(b)

(c)　　　　　(d)

图 3-41　圆环面展开

作展开图步骤如下：

① 将圆心角 θ 进行等分，如图 3-41（b）所示为 3 等分，得等分点 0、1、2、3。

② 过四条辐射线与内、外圆弧及中心圆弧相交，过交点作圆弧的切线，得四节截圆柱，如图 3-41（b）所示。

③ 连接截圆柱对应轮廓线的交点（如点 a、b），得相邻两截圆柱的相贯线的投影（如 ab），完成投影图，如图 3-41（c）所示。

④ 将截圆柱每隔一节旋转 180°，得一整圆柱，如图 3-41（c）所示。

⑤ 计算半节高 h 和整圆柱高 H，公式为

$$h = R\tan\frac{\theta}{2n}H = 2n \times h$$

式中，n 为圆心角的等分数。

⑥ 作整圆柱的展开图（矩形），尺寸为 $H \times \pi D$，如图 3-41（d）所示。圆柱展开图作法参考图 3-33。

3.2.5 展开图实例

在商品包装过程中，常用白板纸制作的纸盒进行包装，白板纸的厚度为 0.5～2mm 不等，白板纸通过折叠、黏合制作成纸盒，在画展开图时应考虑纸的厚度。下面通过两个例子，介绍纸盒的展开和折叠过程。

(1) 六棱柱包装盒的三视图及展开图

六棱柱包装盒的形状和大小如图 3-42（a）所示，白板纸厚度为 0.5mm，其转折折叠处有圆角，圆角的大小为板的厚度；折叠后的成品如图 3-42（b）所示；打开盒盖的形式如图 3-42（c）所示。

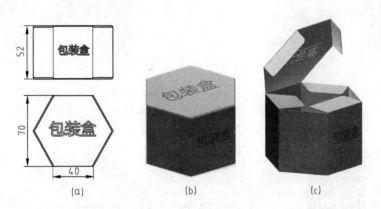

图 3-42　六棱柱包装盒

六棱柱包装盒有六个棱面，棱面的高度为 50mm，宽度为 40mm，六个棱面展开长度为 240mm，首尾有 12mm 的重合，用来黏合，展开的总长度为 252mm；六棱柱上下各有一个盖子，展开图如图 3-43 所示，折叠线可见画细实线，不可见画虚线；其折叠过程如图 3-44（a）～（h）所示。

(2) 香烟包装盒的三视图和展开图

香烟包装盒的形状和大小如图 3-45 所示；白板纸的厚度为 0.5mm，其展开图如图 3-46 所示，其折叠过程如图 3-47 所示。

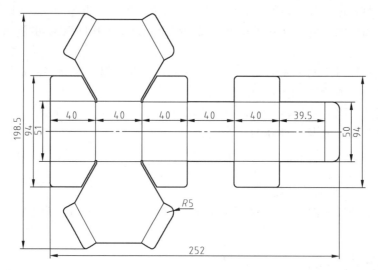

图 3-43　六棱柱包装盒展开图

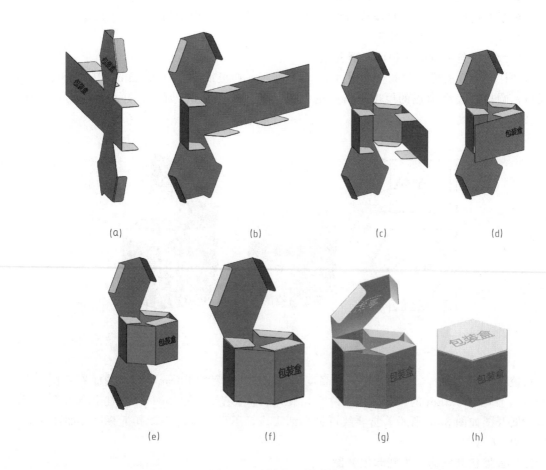

(a)　　　　　　(b)　　　　　　(c)　　　　　　(d)

(e)　　　　　　(f)　　　　　　(g)　　　　　　(h)

图 3-44　六棱柱包装盒折叠过程

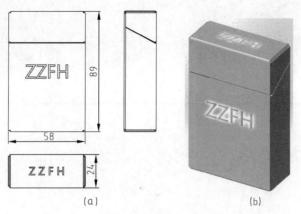

图 3-45 香烟包装盒

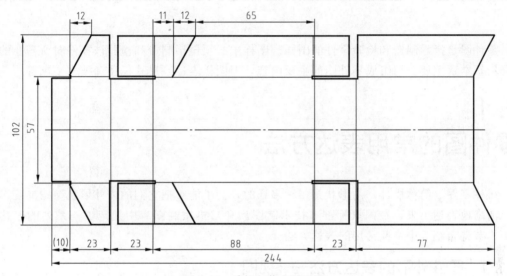

图 3-46 香烟包装盒展开图

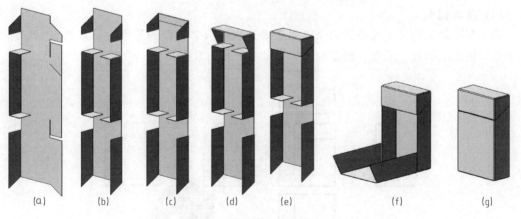

图 3-47 香烟包装盒折叠过程

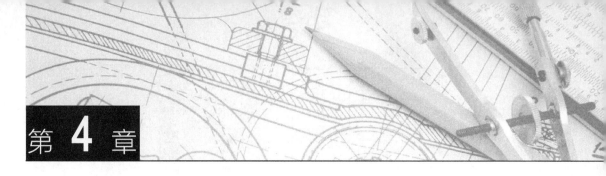

第 4 章

零件图

零件图是指导制造和检验零件的图样。图样中必须包括制造和检验该零件时所需要的全部资料，本章主要介绍组成零件图的主要内容，即图样表达、尺寸标注和技术要求等。

4.1
零件图的常用表达方法

机械零件（简称机件）的形状是多种多样的，为了能够把它们的内外形状结构准确、完整、清晰地表达出来，在国家标准《技术制图》和《机械制图》中规定了一系列的表达方法，本节将介绍其中一些常用的表达方法。

4.1.1 零件外形的表达方法——视图

视图包括：基本视图、向视图、局部视图和斜视图。

(1) 基本视图

国家标准规定的基本视图有六个，用来表达机件六个方位的外形特征，如图 4-1 所示。关于基本视图的形成、配置、投影规律等参见本书第 2 章中的 2.3.1 节。

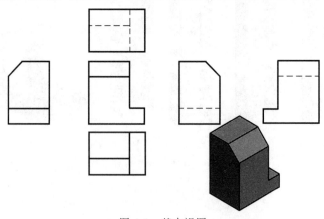

图 4-1　基本视图

在实际应用时，并不是非要全部画出六个基本视图，而是根据机件的结构特点和复杂程度选用必要的基本视图。如图 4-2 所示的机件采用了四个基本视图来表达它的形状，且按照国标，左视图中表示机件右面的不可见轮廓以及右视图中表示机件左面的不可见轮廓均不画虚线，而主视图中的虚线则不能省，它表达孔的深度，同时由于孔的深度由主视图表达，故俯视图中省略了表达孔深度的虚线。

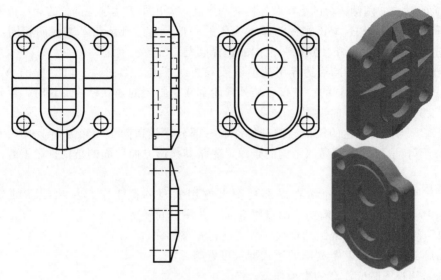

图 4-2　基本视图应用举例

画图注意：应将表示机件信息量最多的那个视图作为主视图，通常是机件的工作位置或加工位置或安装位置。当需要其他视图时应在明确表示机件的前提下使视图的数量为最少，尽量避免使用虚线表达机件的轮廓及棱线，避免不必要的细节重复。

（2）向视图

向视图是可以自由配置的基本视图。在同一张图纸内 6 个基本视图如果不能按图 4-1 配置时，则应在视图上方标出视图名称"×"（×用大写拉丁字母表示），并在相应视图的附近用箭头指明投射方向，并标注相同的字母，如图 4-3 所示。向视图的投射方向尽量标注在主视图上。

因为向视图是可以自由配置的基本视图，因此，如图 4-4 所示，如果在俯视图标注投射方向 D，则 D 向视图应按左视图画出并进行标注，如图 4-4 所示 D 向视图。

注意：向视图为没有按照标准位置配置、平移至图面任何位置的基本视图之一。

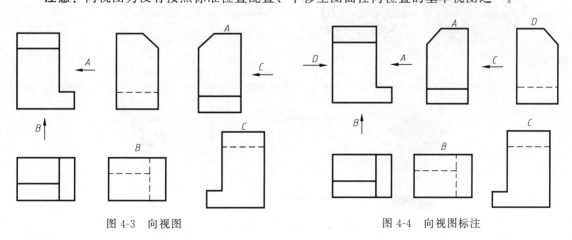

图 4-3　向视图　　　　　　　　　　　　　　图 4-4　向视图标注

(3) 局部视图

将机件的某一部分向基本投影面投射所得的视图称为局部视图。

局部视图用于机件在某投射方向有部分结构形状需要表达，但又没有必要画出整个基本视图时，可单独将该部分向基本投影面投射，画出基本视图的一部分，从而使机件的表达更为简练、作图更加简单。如图 4-5 (a)、(b) 所示，主、俯两个视图已将机件的主要结构形状表达出来，为表达左右两侧凸台的形状及左侧肋的厚度，画出了表达这些部分的局部视图。

① 局部视图的画法。局部视图为基本视图的一部分，故画法与基本视图相同，不同之处是，表达存在"景面"和"景深"范围的选择问题。

a. 景面：局部视图的断裂边界用波浪线或双折线绘制，如图 4-5 (b) 中的 A 向视图。如果表示的局部结构是完整的，其投影的外形轮廓线呈封闭的独立结构形状时，可省略波浪线，如图 4-5 (b) 中的 B 向视图。

b. 景深：当需要表达的局部结构是机件的一部分，且在同一投影方向上有其他结构投影干扰时；可仅取要表达的局部结构的景深，忽略其投影方向后面的结构投影重叠部分，如图 4-6 所示。

② 局部视图的标注。通常在局部视图上方用大写的拉丁字母标出视图的名称，如"×"，在相应的视图附近用箭头指明投射方向，并注上同样字母"×"。

a. 如局部视图按照向视图的形式配置应进行完整标注。

b. 如局部视图按照基本视图的形式配置可省略标注。

③ 画局部视图时应注意的事项如下。

a. 局部视图应尽量配置在箭头所指投射方向，并与原有视图保持投影关系，有时为合理布置视图，也可放在其他适当位置。

b. 画波浪线时，不能超过轮廓线，也不能画在中空处，如图 4-5 (c)、图 4-6 所示。

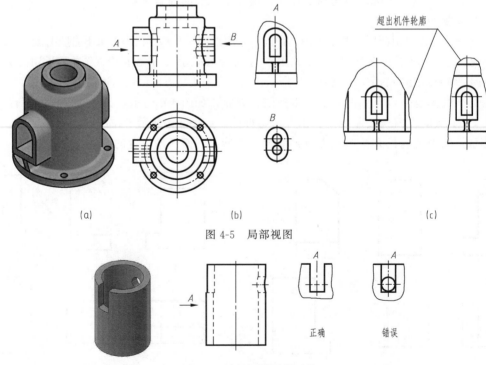

(a)　　　　　　　　(b)　　　　　　　　(c)

图 4-5　局部视图

图 4-6　局部视图景深画法

(4) 斜视图

当机件上某一部分的结构与基本投影面成倾斜位置时，无法在基本投影面上反映它的实形和标注真实尺寸，这时，可增加一个与倾斜部分平行且垂直于某一基本投影面的辅助投影面，然后将倾斜结构向此投影面投射，就得到反映倾斜结构实形的视图，如图 4-7（a）、（b）所示。这种将机件向不平行于任何基本投影面的平面投射所得的视图称为斜视图。

画斜视图应注意以下几点：

① 斜视图只画机件倾斜部分的实形，其余部分不必画出，而用波浪线断开，见图 4-7 中的 A 视图，这样的斜视图常称为局部斜视图。当所表示的倾斜结构是完整的且外形轮廓又呈封闭状时，波浪线可省略不画。画图时要注意斜视图与其他视图间的尺寸关系。

② 画斜视图时，必须在视图上方用大写的拉丁字母标出视图的名称，如"×"，在相应的视图附近用箭头指明投射方向并注上同样的字母，如图 4-7（b）所示。注意箭头必须与倾斜部分垂直，字母要水平书写。

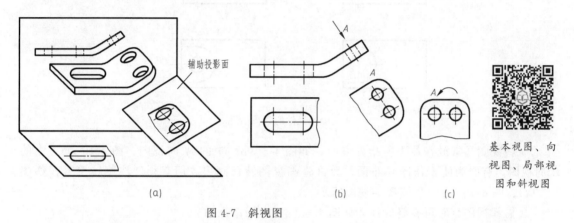

(a)   (b)   (c)

基本视图、向视图、局部视图和斜视图

图 4-7　斜视图

③ 斜视图一般按投影关系配置，必要时也可配置在其他适当的位置，在不致引起误解时，允许将图形旋转，但需在视图上方进行标注，如图 4-7（c）所示。字母靠近箭头端，符号方向为视图的旋转方向，旋转符号画法如图 4-8 所示。

$h = R =$ 符号与字体高度

符号笔画宽度 $= h/10$ 或 $h/14$

图 4-8　旋转符号

[例 4-1]　选用合适的视图表达图 4-9 所示机械零件的形状。

分析：该机件主要由三部分叠加而成，因左上方为倾斜结构，所以选择图示箭头方向为主视图投射方向，用来充分表达各部分之间的相互位置。其他视图选择：由于底部有凹坑和孔，所以选择仰视图来表达，对于倾斜结构，可采用斜视图表达。

画图：如图 4-10（a）所示。画图时注意斜视图与主视图上的尺寸对应关系。图 4-10（b）所示为另一种画法。

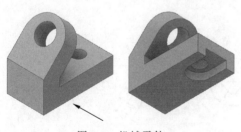

图 4-9　机械零件

4.1.2　视图的识读注意事项

(1) 区分基本视图和向视图

基本视图不加任何标注，向视图必须标注，请对比图 4-1 与图 4-3 的区别。

（2）区分局部视图和斜视图

根据局部视图和斜视图都标注的特点，在看图时应先寻找带字母的箭头，分析所需表达的部位及投射方向，然后找出标有相同字母的视图。

① 箭头的投射方向在图中如果是水平或垂直方向的，画出的是局部视图。箭头的投射方向在图中如果是倾斜的，画出的就是斜视图。

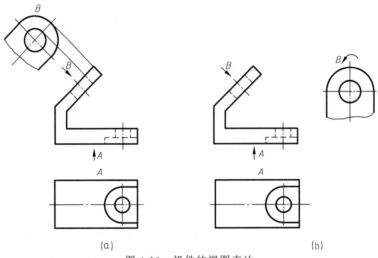

（a）　　　　　　　　　　　　　　　　　　　（b）

图 4-10　机件的视图表达

② 斜视图通常放在箭头所指的方向，如图 4-5（b）中的 A 向视图、图 4-10（a）中的 B 向视图。有时为便于作图和布图，允许将斜视图转正画出，但必须加注旋转符号，如图 4-7（c）、图 4-10（b）中的 B 向视图所示。

③ 局部视图有时可省略标注，如图 4-7（b）中局部视图。

［例 4-2］　识读图 4-11 所示的机件视图。

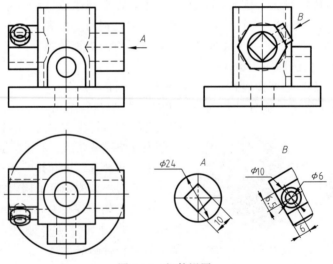

图 4-11　机件视图

a. 概括了解，分清视图类型。这个机件用五个视图表达，除了主、俯、左三个基本视图外，又增加了 A、B 向视图，其中 A 向是局部视图，B 向是斜视图。

b. 根据第 2 章识读组合体视图的方法与步骤，构思想象机件结构形状。根据所给机件视图的外形轮廓特征，确定该机件是以叠加为主而形成的。

第一步外部轮廓分形体。这是一个叠加类组合体，主体形状是一个四棱柱叠加在圆柱形的底板上，如图 4-12（a）所示；左侧有一个水平放置的六棱柱与四棱柱相连接，前端有一个拱形板坐在圆柱形的底板上，如图 4-12（b）所示；右侧有一个水平放置的圆柱与四棱柱相连，其中心线与左侧六棱柱的中心线在同一条水平线上，在六棱柱的前侧面上，有一个小圆柱，如图 4-12（c）所示。

第二步内部轮廓找特征。从俯视图可以看出，在四棱柱的中心有两个圆，从主视图虚线可知是两个阶梯孔，大孔自上而下通到四棱柱的底面，小孔开在圆柱形的底板上，是通孔；在左侧六棱柱上有一个圆孔与四棱柱的圆孔相通；从 A 向视图可知，右侧的圆柱内开一个方孔，也与四棱柱的圆孔相通；在六棱柱前侧面的圆柱中间开有一个圆孔，与六棱柱中的圆孔相通。

第三步线面分析攻难点——看细节。主视图中的虚线，左边是两圆柱的相贯线，右边是方孔与圆孔的交线，交线是椭圆的一部分，如图 4-12（d）所示。

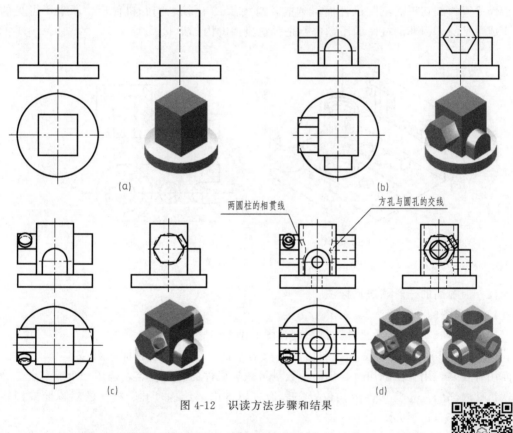

图 4-12　识读方法步骤和结果

4.1.3　零件内形的表达方法——剖视图

剖视图用来表达零件的内部结构。剖视图按剖切方法不同分为单一剖切面（与基本投影面平行或垂直）剖切的剖视图、用几个平行的剖切平面剖切的剖视图、用几个相交的剖切平面剖切的剖视图等；按剖切范围分为全剖视图、半剖视图、局部剖视图。

（1）剖视图的概念

当只用视图表达机件的结构时，机件上不可见的内部结构形状是用虚线表示的，如

图 4-13 所示。如果机件内部结构较复杂，就会在某个方向投影的图样上出现大量虚线，内外结构特征重叠，虚实线交错，这样不仅图形不清晰，而且标尺寸也不方便，看图也困难。为了清晰表达机件的内外结构形状，必须采用国家标准规定的剖视图表达。

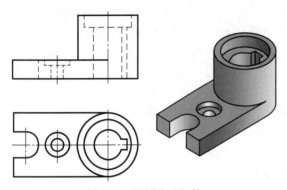

图 4-13　视图表达机件

剖视图的形成：假想用剖切面剖开机件，将处在观察者和剖切面之间的部分移去，而将其余部分向投影面投射所得的图形称为剖视图，简称剖视，如图 4-14（a）所示。剖切面一般为平面，也可以采用曲面。图 4-14（b）中的主视图，是用一个与正面平行的剖切平面剖开机件而得到的，与图 4-13 比较，剖开机件后，原来不可见的部分变成可见的，因此剖视图的用途主要是表达机件的内部形状。

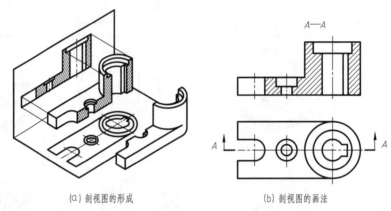

(ɑ) 剖视图的形成　　　　　　　　(b) 剖视图的画法

图 4-14　剖视图的形成及画法

（2）剖视图的一般画法及标注

1) 剖视图的一般画法

以如图 4-15（a）所示机件为例，剖视图的画图步骤如下。

a. 确定剖切面及剖切位置。剖切面一般为平面（与基本投影面平行或垂直）或柱面，平面用得较多，用平面剖切时，平面的数量可依据机件的形状特点，选用一个或多个。为了表达机件内部的完整实形，剖切位置一般通过机件内部结构（孔、槽）的对称面或回转轴线，如图 4-15（b）所示。

b. 画图。用粗实线画出机件被剖切后的断面轮廓线和剖切面后面的可见轮廓线，具体步骤如图 4-15（c）、（d）所示。

c. 画剖面符号。为了分清机件的实体和空心部分，在剖视图中，剖切面与机件的接触部分称为剖面区域，即剖切面剖到的实体部分，应画上剖面符号，如图 4-15（c）～（f）所示。国标 GB/T17453—2005 和 GB/T 4457.5—2013 中规定了各种材料的剖面符号，如表 4-1 所示。

金属材料的剖面符号常称为剖面线，如图 4-16 所示。剖面线用细实线绘制，与主要轮廓线或剖面区域的对称线成 45°，且同一机件的各个剖面区域，其剖面线应保持方向、间隔一致。必要时，剖面线也可画成与主要轮廓线成适当角度（见图 4-17）。若不需要表示材料

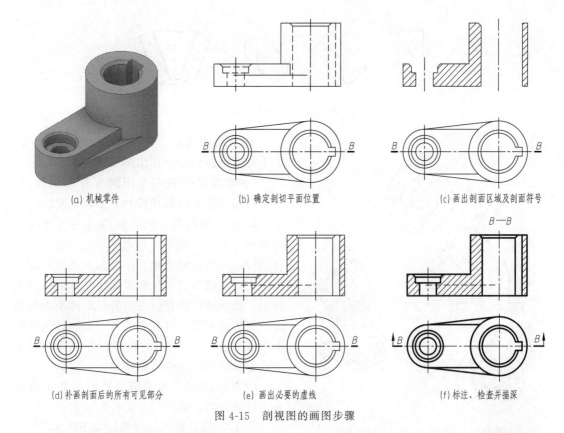

(a) 机械零件   (b) 确定剖切平面位置   (c) 画出剖面区域及剖面符号

(d) 补画剖面后的所有可见部分   (e) 画出必要的虚线   (f) 标注、检查并描深

图 4-15 剖视图的画图步骤

类别，剖面符号也可以按习惯用剖面线表示。

2) 剖视图的配置及标注

剖视图一般按投射方向配置，但也可以配置在图纸的其他位置。标注的目的是帮助看图的人判断剖切位置和剖切后的投射方向，便于找出各视图间的对应关系，以便尽快看懂视图。

① 标注内容如下所述［如图 4-15 （f）、图 4-17 所示］。

剖视图形成、
画法及标注

表 4-1　剖面符号

材料名称	剖面符号	材料名称		剖面符号	材料名称	剖面符号
金属材料(已有规定符号者除外)		玻璃及观察用的其他透明材料			混凝土	
线圈绕组元件		木材	纵剖面		钢筋混凝土	
转子、电枢、变压器和电抗器等的叠钢片			横剖面		砖	
非金属材料(已有规定符号者除外)		胶合板(不分层数)			格网(筛网、过滤网)	
型砂、填砂、粉末冶金、陶瓷刀片以及硬质合金刀片等		基础周围的混凝土			液体	

图 4-16　与主要轮廓线或剖面区域的对称线成 45°

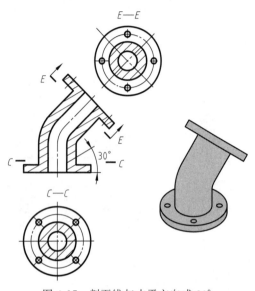

图 4-17　剖面线与水平方向成 30°

a. 剖视图名称。在剖视图上方用大写拉丁字母或阿拉伯数字标出剖视图的名称"×—×"。如果在同一张图上同时有几个剖视图，则其名称应按字母顺序排列，不得重复。

b. 剖切面位置。剖切面位置用剖切线和剖切符号表示。剖切线是表示剖切面位置的细点画线，一般省略不画。在与剖视图相对应的视图上，用剖切符号（粗短画线）标出剖切面的起、迄和转折位置，剖切符号尽可能不与图形的轮廓线相交，并在它的起、迄和转折处标上相应的字母"×"，但当转折处位置有限又不致引起误解时允许省略字母。

c. 投射方向。在剖切符号两端处用箭头表示投射方向，箭头与剖切符号垂直。

② 标注可省略或简化情况如下所述。

a. 当剖视图按投影关系配置，中间无其他图形隔开时，可省略箭头，如图 4-17 中 C—C 剖视图。

b. 当单一剖切平面通过机件的对称面，且剖视图按投影关系配置，中间又无其他图形隔开时，可省略标注，如图 4-17 中的主视图。

图 4-15（f）中的剖切符号、剖视图名称和箭头均可以省略。

3）画剖视图时注意的问题

a. 剖视图是一种假想将零件剖开的表达方法，目的是把零件内部结构形状表达得更清楚，所以在其他视图仍按完整机件画出，如图 4-18 所示。

b. 对已表达清楚的内部结构，在剖视图及其他视图中应省略该结构对应的虚线，但没有表达清楚的结构，虚线则不能少，如图 4-15（e）、（f）所示。

c. 剖切平面后的可见轮廓线应全部画出，不能遗漏，如图 4-18 所示。

d. 剖视图的配置与基本视图相同，必要时可放在其他位置，但需标注清楚。

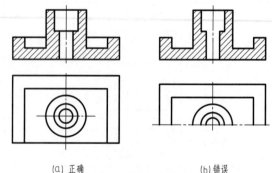

(a) 正确　　　　　(b) 错误

图 4-18　剖视图是一种假想画法

（3）剖切面的种类

根据机件的结构特点可选择以下剖切面剖开机件：单一剖切面、几个平行的剖切平面和几个相交的剖切面（交线垂直于某一投影面）。

① 单一剖切面。用一个剖切面剖切机件称为单一剖。如图 4-15 和图 4-17 所示的剖视图均为由单一剖切平面剖得，两图中的剖切平面均平行于某一基本投影面。

当机件上有倾斜部分的内部结构形状需要表达时，用一个平行于倾斜结构的剖切平面剖开机件，向与剖切平面平行的辅助投影面投影，这种剖切方法称为斜剖，如图 4-19 中 B—B 剖视图。用这种剖切方法得到的剖视图是斜置的，标注的字母必须水平书写，为看图方便，斜剖视图一般按投影关系配置，也可平移到其他位置，在不致引起误解的情况下允许将斜剖视图旋转，如图 4-19（c）所示，此时必须标注旋转符号。旋转符号的画法见图 4-8，剖视图名称写在箭头一侧。

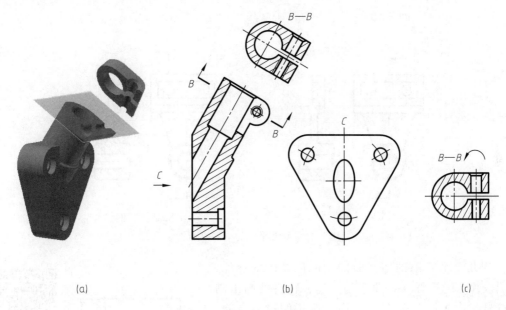

（a）　　　　　　　　　　　　　　　（b）　　　　　　　　　　　　　　　（c）

图 4-19　斜剖视图形成及画法

在单一剖切面中，单一剖切面也可以用柱面，但所画的剖视图需展开绘制，其画法和标注如图 4-20 所示。

② 几个平行的剖切平面。当机件内部结构的对称中心线或轴线互相平行而又不在同一平面时，可采用几个平行的剖切平面剖切机件的方法。对于如图 4-21（a）所示的机件，为了表达机件上处于不同位置的孔和槽，采用两个互相平行的剖切平面进行剖切，然后画出 A—A 剖视图，如图 4-21（b）所示。

用几个平行的剖切平面剖切机件，画图时应注意：

a. 按单一剖切平面剖开机件画图，不画剖切平面转折处交线的投影，如图 4-21（c）所示。剖切平面转折处也不能与轮廓线重合，如图 4-21（d）所示。

b. 剖视图内不应出现不完整要素，如图 4-21（e）所示。仅当两个要素在图形上具有公共对称中心线或轴线时，可以各画一半，此时应以对称中心线或轴线为界，如图 4-22 所示。

单一剖切
（全剖、斜剖）

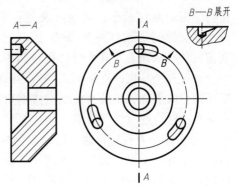

图 4-20　柱面剖切机件

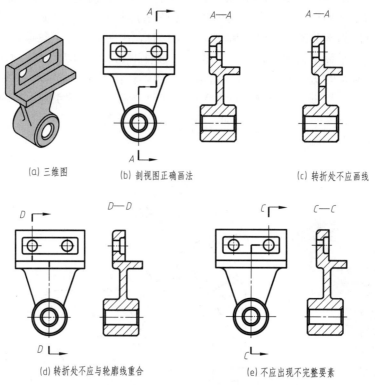

(a) 三维图 (b) 剖视图正确画法 (c) 转折处不应画线

(d) 转折处不应与轮廓线重合 (e) 不应出现不完整要素

图 4-21　两个平行的剖切平面剖切

　　用几个平行的剖切平面剖切的剖视图的标注：必须按规定进行标注，即在起、迄、转折处画出剖切符号，并注上字母"×"，用箭头指明投射方向，在相应剖视图上方标注相同字母"×—×"，如图 4-21（b）所示。当转折处位置有限时允许省略字母。

　　应用：机件上孔或槽的轴线或中心线处在两个或两个以上相互平行的平面内。

　　③ 几个相交的剖切面（交线垂直于某一基本投影面）。当机件内部结构的对称中心线或轴线位于相交的平面上或柱面上，且交点又是回转轴时，可用几个相交的剖切面（交线垂直于某一基本投影面）剖切机件，从而表达其内部结构，如图 4-23 所示。

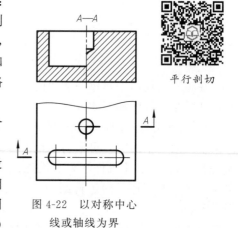

平行剖切

图 4-22　以对称中心线或轴线为界

　　采用几个相交的剖切面剖切机件画剖视图时，先假想按剖切位置剖开机件，然后将与投影面倾斜的剖面区域及有关结构绕剖切面的交线旋转到与选定的投影面平行后再进行投射。

　　画图时应注意以下几点：

　　a. 在剖切面后的其他结构一般仍按原来位置投影，如图 4-24 中油孔的投影，在 $A—A$ 剖视图中有一十字肋板，由于剖切平面纵向剖切肋板（剖切平面平行于肋板的特征面），国标规定在剖面区域内不画剖面符号，而用粗实线把肋板与其邻接部分分开，因此俯视图中有 2 块肋板剖面没有画剖面符号。

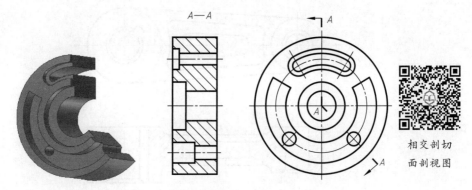

图 4-23　用两个相交的剖切平面剖切

b. 当剖切后产生不完整要素时，应将此部分按不剖绘制，如图 4-25 所示。

当采用几个相交的剖切面剖切机件画剖视图时，必须按规定进行标注，即在起、迄、转折处画出剖切符号，并注上字母"×"，用箭头指明投射方向，在相应剖视图上方标注相同字母"×—×"，如图 4-25 所示字母"A"及"A—A"。当转折处位置有限时允许省略字母，如图 4-24 所示。

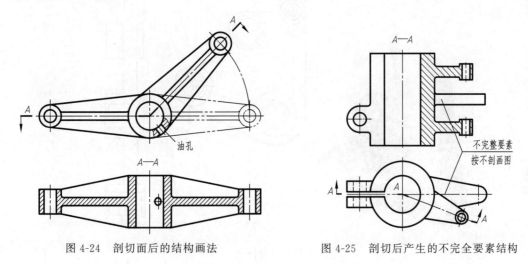

图 4-24　剖切面后的结构画法　　　　　图 4-25　剖切后产生的不完全要素结构

采用几个相交的剖切面剖切机件的剖切方法用于盘盖类零件或有明显回转中心的零件，用来表达其上分布的孔、槽等结构形状。

用几个相交的剖切面（交线垂直于某一基本投影面）剖切机件时，这几个相交的剖切面可以是平面，也可以是柱面，如图 4-26 所示。

用几个相交的剖切面剖切机件的剖视图还可以采用展开画法，此时应标注"×—×展开"，如图 4-27 所示。

剖视图中有两组或两组以上相交的剖切面，在剖切符号交汇处用大写字母"O"标注，如图 4-28 所示。

（4）剖视图的种类

根据剖切面剖开机件的程度，剖视图分为全剖视图、半剖视图、局部剖视图。

① 全剖视图。用剖切面完全地剖开机件所得的剖视图称为全剖视图，简称全剖。图 4-14、图 4-15、图 4-17、图 4-19～图 4-28 中所给出的剖视图都是全剖视图。

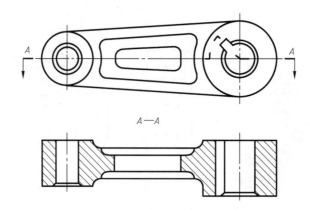

图 4-26　相交剖面中可以有柱面

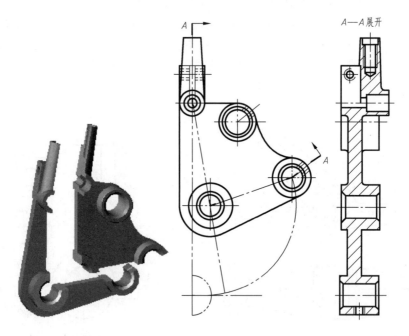

图 4-27　展开画法

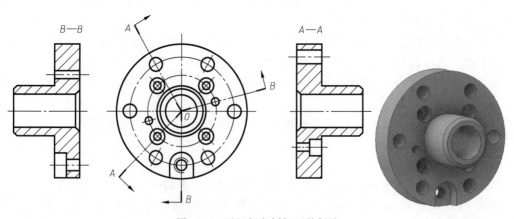

图 4-28　两组相交剖切面的标注

全剖视图应按规定进行标注。当符合省略或简化标注时其标注可以省略或简化。

全剖视图一般用于表达在投射方向上不对称机件的内部结构形状，或机件虽然对称，但外部形状简单不需要保留机件外部结构形状，内部形状复杂的情况。

② 半剖视图。当机件具有对称平面时，向垂直于对称面的投影面上投射所得的视图，可以对称中心线为界，一半画剖视用来表达机件内部结构，另一半画成视图用来表达外形，这种合起来的图形称为半剖视图，简称半剖。如图 4-29 所示，机件左右对称，因此主视图采用了剖切右半部分的方法；机件前后对称，俯视图采用了剖切前半部分表达（注意剖切平面位置）的方式。这样的表达方法既可以表达机件的内部结构形状，又可以兼顾表达机件的外部结构形状。

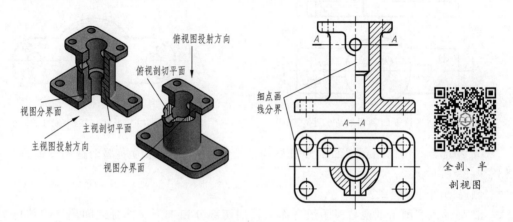

图 4-29　半剖视图

画半剖时应注意：

a. 半剖视图中剖与不剖两部分用细点画线分界。

b. 由于未剖部分的内形已由剖开部分表达清楚，因此表达未剖开部分内形的虚线省略不画。但没有表达清楚的则不能省，如图 4-29 所示主视图中的虚线。

c. 如果机件的轮廓线与分界线重合，则不能用半剖，只能采用局部剖视，如图 4-30 所示。

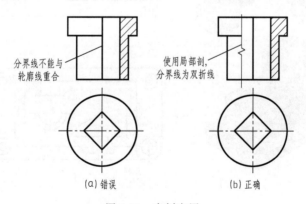

图 4-30　半剖应用

标注：半剖视图的标注方法和省略原则与全剖完全相同，如图 4-29 所示，主视图省略标注，*A*—*A* 剖省略投射方向箭头。

应用：当对称机件内外形都需要表达，或机件的形状接近于对称，且不对称部分已有图形表达清楚时，可以画成半剖视图，如图 4-31 所示。图 4-31 中机件结构形状接近于对称，其不对称部分的形状特征已由俯视图表达清楚，故用两个互相平行的平面剖切机件得到半剖视图。

图 4-32 为用两个相交的平面剖切机件得到的半剖视图。

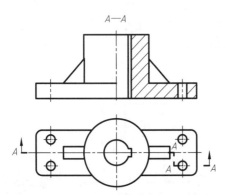

图 4-31　两平行平面剖切形成的半剖视图

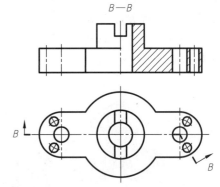

图 4-32　两相交平面剖切形成的半剖视图

③ 局部剖视图。用剖切面剖开机件局部所得的剖视图称为局部剖视图，简称局部剖，如图 4-33 所示。

画局部剖时应注意：

a. 局部剖视图由剖视与视图组合而成，剖切部分和未剖切部分之间用波浪线分界，也可以用双折线（如图 4-30 所示）。剖切范围的大小，以能够完整反映形体内部形状为准。

b. 波浪线不应和其他图线重合或在其延长线上，如图 4-34 所示。波浪线不得超出轮廓线，不得穿空而过，如图 4-35 所示。

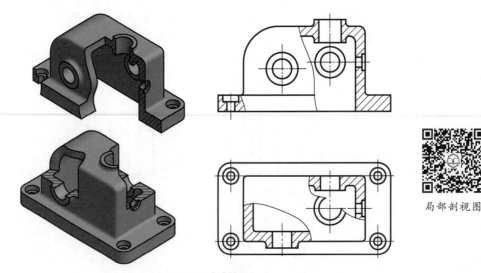

局部剖视图

图 4-33　局部剖视图

c. 当被剖结构为回转体时，允许将该结构的中心线作为局部剖视与视图的分界线，如图 4-36 所示。

标注：局部剖视图一般按规定标注，但当用一个平面剖切且剖切位置明显时，局部剖视

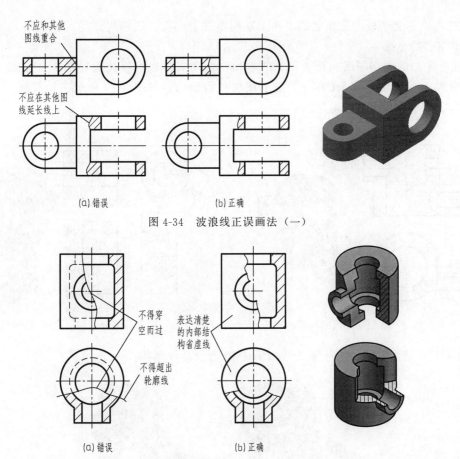

（a）错误　　　　　　　　（b）正确

图 4-34　波浪线正误画法（一）

不应和其他
图线重合

不应在其他图
线延长线上

不得穿
空而过

表达清楚
的内部结
构省虚线

不得超出
轮廓线

（a）错误　　　　　　　　（b）正确

图 4-35　波浪线正误画法（二）

图的标注可省略。

　　局部剖不受形体是否对称的限制，剖在什么位置和剖切范围可根据需要确定。既能表达形体内形又能表达形体外形，是一种比较灵活的表达方法，常用于以下几种情况。

　　a. 机件只有局部内部结构形状需要表达，而不必采用或不宜采用全剖的情况，如图 4-33、图 4-34（b）、图 4-35（b）所示。

　　b. 不对称机件的内外形均需要表达，如图 4-33 所示。

　　c. 对称机件的轮廓线与中心线重合，不宜采用全剖或半剖视图表达的情况，如图 4-37 所示。

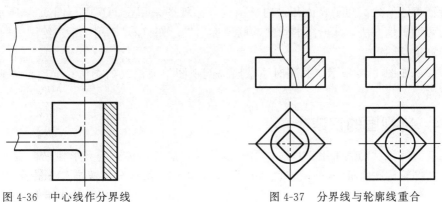

图 4-36　中心线作分界线　　　　　　图 4-37　分界线与轮廓线重合

d. 表达机件上底板、凸缘上的小孔及轴类零件上的孔、凹槽等结构，如图 4-33 所示的主视图中左边的小孔。

用几个平行的剖切平面和几个相交的剖切面剖切机件也可以画成局部剖，如图 4-38 所示，局部剖 $A—A$ 为采用两个相交平面剖切机件得到的；如图 4-39 所示，局部剖 $B—B$ 为采用两个平行平面剖切机件得到的的。

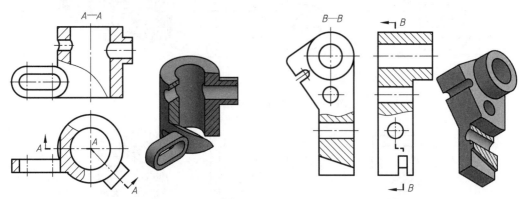

图 4-38　两相交平面剖切形成的局部剖视图　　　　图 4-39　两平行平面剖切形成的局部剖视图

［例 4-3］　选用合适的剖视图表达如图 4-40 所示机件形状。

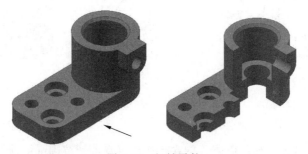

图 4-40　机械零件

分析：该机件主要由底板、立柱、凸台三部分叠加而成，从零件平稳放置、表达主要形状、位置特征出发，选择图示箭头方向为主视图投射方向。因主视图方向机件外部形状简单，内部结构较复杂，且分别位于两个平行的平面上，故主视图采用两个平行的剖切平面进行剖切，为了同时表达凸台的形状特征，主视图采用局部剖。其他视图选择：俯视图反映底板和立柱的现状特征，而凸台的形状特征在主视图已表达，故用主、俯两个视图即可把零件形状特征表达清楚；为了表达凸台内部结构，俯视图采用全剖视图。图 4-41 所示为该机械零件的两种表达方法，从绘图的快捷、简便性出发，图（a）适用于手工绘图，图（b）更适用于计算机绘图。

画图：如图 4-41 所示，画图时注意局部剖视图中波浪线的画法；同时注意俯视图上全剖的标注。

4.1.4　剖视图的识读

剖视图的识读仍然采用三步法，第一步外部轮廓分形体——分形体、抓特征，看外形；第二步内部轮廓找特征——找位置、识标注，看内部，线面分析攻难点——看细节；第三步综合内、外形状想总体。

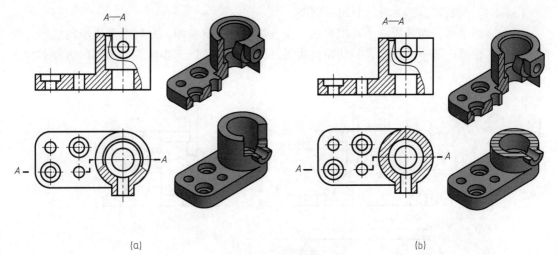

(a)

(b)

图 4-41　剖视图的应用

识读剖视图时应注意以下几点：

(1) 剖视图的形成

剖视图是一种假想将零件剖开的表达方法，目的是把零件的内部结构形状表达得更清楚，所以在其他视图中零件仍按完整的形状画出。

(2) 看懂剖视图的分类和剖切方法类型

首先看剖视图的分类是全剖、半剖还是局部剖，找到剖切部位，再由剖切线上标注的字母找到对应的视图；若剖视图中没有作任何标注，那就说明该剖视图是通过零件的对称面进行剖切的，由此确定剖视图的剖切方法和种类。主要应抓住剖切位置这个特点，利用剖面符号（剖面线）来辨虚实。

① 单一剖切面的全剖：对于外形简单、内部结构复杂的不对称机件，剖切位置一般通过内部结构的对称面或内部回转面的轴线；而外形简单的对称机件，剖切位置是通过零件的对称面。

② 斜剖：表达零件上倾斜结构的内形，剖切位置与任何基本投影面都不平行，根据标注即可确定。

③ 平行的剖切平面剖切：剖切面由几个平行的剖切平面组成，根据标注即可确定。

④ 相交的剖切平面剖切：剖切面由几个相交的剖切平面（柱面）组成，根据标注即可确定。

⑤ 半剖：因为半剖的标注与全剖相同，所以要将剖切位置和剖视图联系起来，从而确定。由于半剖视图是一个一半表达内形，另一半表示外形的组合图形，因此表达外形的部分没有虚线，表示内形的那部分缺少部分外形轮廓线。

⑥ 局部剖：局部剖画在视图里，用波浪线（或双折线）与视图分界，且画有剖面符号，由此即可确定。

(3) 根据剖面符号（剖面线）来识读

根据剖面符号（剖面线）可区分零件哪部分是实心的，哪部分是空心的，凡画有剖面符号的地方表示是剖切到的地方，为零件的实心部分；反之则说明没有剖到，为空心部分，它表示零件上孔槽或零件后面部分的形状，至于这些孔和槽的形状，完全可以利用投影（线条）的方法来看出。

第4章　零件图　**153**

[**例 4-4**] 识读图 4-42 所示的阀盖视图。

首先概括了解，阀盖用三个视图表达，主视图采用全剖视图，左视图采用半剖视图，俯视图为基本视图，是一个叠加类型的箱体类零件。可采用读图三步法看懂视图的内外形状。

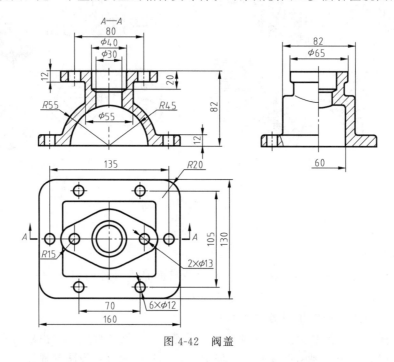

图 4-42 阀盖

a. 分形体、找特征，看外部轮廓。这是一个叠加体，主体形状是：底部有一个长方形的板，板的上面有一个半圆柱，最上面有一个菱形板，在菱形板和半圆柱之间有一个圆柱与其相连，如图 4-43（a）~（d）所示。

b. 找位置、识标注，看内部。主视图采用全剖视图，剖切位置是阀体的前后对称平面 $A—A$，如图 4-44（a）所示；从剖视图可知在半圆柱的内部有一个 $R45$ 的半圆孔，宽 60mm，并以中心两侧对称（左视图）；在菱形板的中心开有一垂直的阶梯孔与 $R45$ 半圆孔相通，两侧各有一个 $\phi15$ 的孔，如图 4-43（e）、（f）所示；阀体前后对称，左视图采用半剖视图，剖切位置是主视图的中心线，表达半圆孔的壁厚，可省略不标注，如图 4-44（b）所示；在底板上有 6 个 $\phi14$ 的孔，如图 4-43（f）所示。

c. 综合内、外形状想总体。从内、外形状可以想象出阀体的形状。

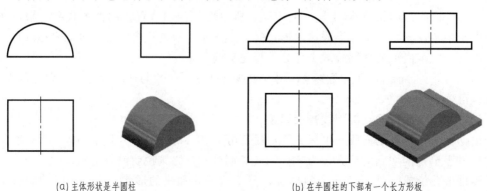

(a) 主体形状是半圆柱   (b) 在半圆柱的下部有一个长方形板

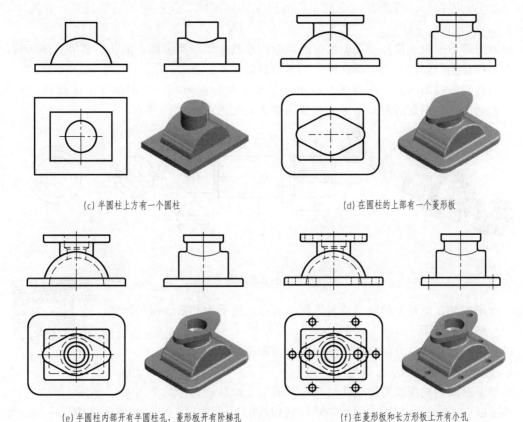

(c) 半圆柱上方有一个圆柱

(d) 在圆柱的上部有一个菱形板

(e) 半圆柱内部开有半圆柱孔，菱形板开有阶梯孔

(f) 在菱形板和长方形板上开有小孔

图 4-43　识读阀体内、外形状

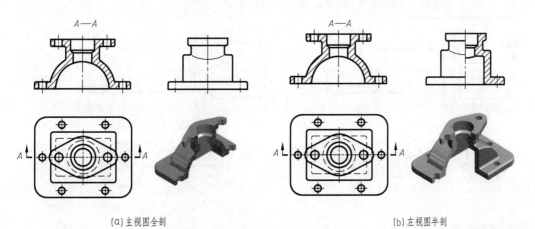

(a) 主视图全剖

(b) 左视图半剖

图 4-44　阀体识读方法和结果

剖视图模型

4.1.5　零件断面的表达方法——断面图

(1) 断面图的概念

　　有些零件上的孔、槽等结构，当采用视图和剖视图都表达不清楚时，可采用断面图。如图 4-45（a）所示的轴，其上面的槽和孔没有必要利用视图和剖视图表达，这时可以假想在槽和孔的部位，各用一个剖切平面将轴剖切开，然后只画出剖切平面切到的

形状并加上剖面符号，就能表示出槽和孔的详细结构形状，这种图叫做断面图，如图4-45（b）所示。

断面图常用于表达机件上某个部位的横断面形状，如轴类零件上的孔、槽等局部结构形状，以及机件上的肋板、轮辐及杆件、型材的断面形状。

断面图与剖视图不同，断面图只画机件剖切处的断面形状；而剖视除了画出断面形状外，还要画出剖切平面后面其余可见部分的投影，如图4-45（c）所示。

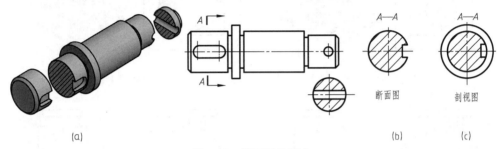

图4-45　断面图的概念

断面图按其在图样上的放置位置不同分为移出断面图和重合断面图。

（2）移出断面图

画在视图轮廓线之外的断面图称为移出断面图。

1）移出断面图的画法及配置

移出断面图的轮廓线用粗实线绘制，断面图上画剖面符号，如图4-46所示。

移出断面图应尽量配置在剖切符号或剖切线的延长线上，如图4-46（a）所示；也可以按投影关系配置，必要时可将移出断面图放置在其他适当的位置，如图4-46（b）所示。断面图形对称时也可画在视图的中断处，如图4-47所示。

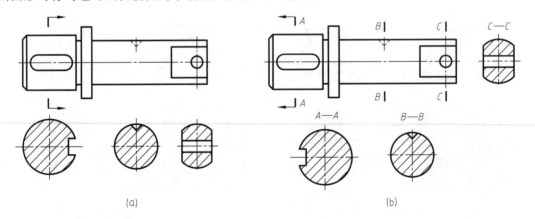

图4-46　移出断面图画法及配置

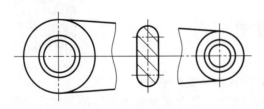

图4-47　对称断面图配置

画移出断面图时注意事项：

a. 当剖切平面通过由回转面形成的孔或凹坑的轴线时，这些结构应按剖视绘制，如图4-46（b）中 $B—B$、$C—C$ 断面图所示。当剖切平面通过非圆孔导致出现完全分离的两个断面时，这些结构应按剖视图绘制，如图4-48所示断面图。

b. 剖切面一般应垂直于被剖切部分的主要轮廓线。由两个或多个相交的剖切面剖切得到的移出断面，中间一般应断开，如图 4-49 所示。

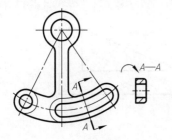
图 4-48　断面图分离的画法

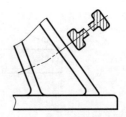
图 4-49　两个相交的剖切面剖切断面图画法

2）断面图的标注

移出断面图用剖切符号表示剖切位置和投射方向（用箭头表示），并注上字母，剖切符号之间的剖切线（细点画线）可省略；在断面图上方用同样的字母标出相应的名称"×—×"，如图 4-45（b）中的 *A—A* 断面，必要时允许将断面图旋转，但要标注旋转符号，如图 4-48 所示。

标注省略情况：

a. 配置在剖切符号延长线上的不对称断面图，可省略字母，如图 4-46（a）中左边断面图。

b. 配置在剖切符号延长线上的对称移出断面图以及配置在视图中断处的对称移出断面图，均不必标注，如图 4-46（a）中右边两个断面图、图 4-47 所示的断面图均省略标注。

c. 不配置在剖切符号延长线上的对称断面图，以及按投影关系配置的移出断面图，可省略箭头，如图 4-46（b）所示的 *B—B*、*C—C* 断面图。

（3）重合断面图

画在视图轮廓线之内的断面图称为重合断面图，如图 4-50 所示。

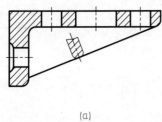
(a)

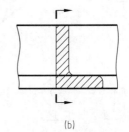
(b)

图 4-50　重合断面

1）重合断面图的画法

重合断面图的轮廓线用细实线绘制，当视图中的轮廓线与重合断面图的图形重叠时，视图中的轮廓线仍连续画出，不可间断，如图 4-50 所示。

2）重合断面图的标注

对称的重合断面图省略标注，如图 4-50（a）所示。

不对称重合断面图，应标注剖切符号和投射方向，如图 4-50（b）所示。

重合断面图适用于机件断面形状简单、不影响视图清晰的情况。

断面图在具体应用时，可根据图纸布局和表达的方便程度，选择合适的断面图，如图4-51所示的机件中的肋板，既可以采用移出断面图，也可以采用重合断面图，但是图线及画法不同。

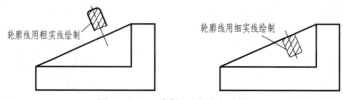

图 4-51　两种断面图画法异同

4.1.6　断面图的识读

断面图的识读仍然采用三步法，第一步外部轮廓分形体——分形体、抓特征，看外形；第二步内部轮廓找特征——找位置、识标注，看内部，线面分析攻难点——看细节；第三步综合内、外形状想总体。

识读时，按照剖切位置及字母找对应的断面图，同时还要注意以下两点。

① 当剖切平面通过非圆孔导致出现完全分离的两个断面图时，这些结构按剖视绘制。

② 当剖切平面通过由回转面形成的孔或凹坑的轴线时，这些结构也按剖视图绘制。

[例 4-5]　识读如图4-52所示的摆杆视图。

首先概括了解，摆杆是一个叉架类零件，用一个主视图和左视图，外加一个斜视图和三个移出断面图表达。主视图主要表达摆杆的外形，同时采用两处局部剖视；左视图采用全剖视；D向斜视图给出了该端面的形状；三个断面图给出连接两圆柱的肋板形状。

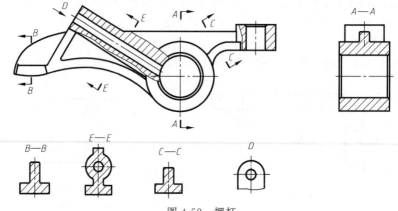

图 4-52　摆杆

a. 分形体、找特征，看外部轮廓。这是一个叠加体，主体形状是一个圆柱，轴线如图4-53（a）所示；中间有一个丁字形的肋板，形状如图4-53（b）主视图所示；右边有一个铅垂放置的圆柱与肋板相连，如图4-53（c）所示；在肋板的对称面上有一个倾斜放置的圆柱，其端面形状如D向所示，如图4-53（d）所示；在左边有一个弧形的板，如图4-53（e）所示。

在水平和垂直放置的圆柱中各开有一个通孔，倾斜放置的圆柱中开有一个小孔与水平圆柱中的孔相通，如图4-53（f）所示。

b. 找位置、识标注，看内部。主视图主要表达摆杆的外形和各部形体的位置，采用局部剖视图反映垂直孔是通的；左视图采用全剖视图，剖切位置是主视图中圆柱的中心线，如

图 4-54 (a) 所示。其余用一个向视图和三个断面图表达。

  c.综合内、外形状想总体。从内、外形状可以想象出摆杆的形状,如图 4-54 所示。

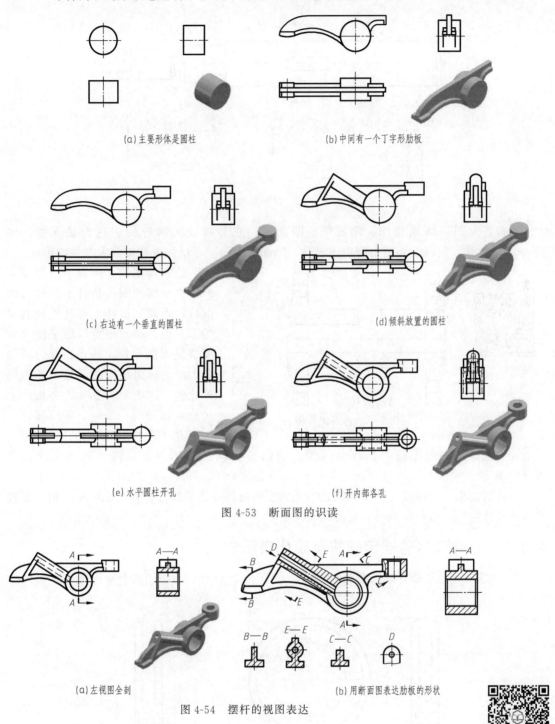

(a)主要形体是圆柱   (b)中间有一个丁字形肋板

(c)右边有一个垂直的圆柱   (d)倾斜放置的圆柱

(e)水平圆柱开孔   (f)开内部各孔

图 4-53 断面图的识读

(a)左视图全剖   (b)用断面图表达肋板的形状

图 4-54 摆杆的视图表达

摆杆断面
图模型

4.1.7 零件的局部表达方法——局部放大图

  将机件的部分结构用大于原图形所采用的比例画出的图形称为局部放大图,

如图 4-55 所示的Ⅰ、Ⅱ两处。当机件上的细小结构在视图中表达不清楚，或不便于标注尺寸和技术要求时，可采用局部放大图。

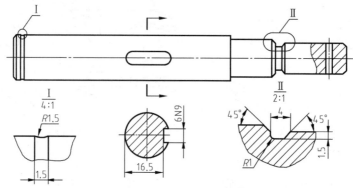

图 4-55　局部放大图

局部放大图可画成视图、剖视图、断面图，它与被放大部分的表达方法无关，如图 4-55 中的Ⅱ，局部放大图用剖视图表达。局部放大图应尽量配置在被放大部位的附近。

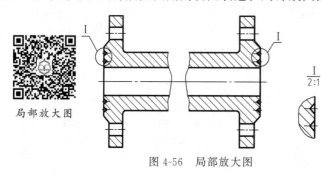

图 4-56　局部放大图

绘制局部放大图时，应用细实线圆或长椭圆圈出机件上被放大的部位。当同一机件上有几处被放大的部分时，必须用罗马数字依次标明被放大的部位，并在相应的局部放大图上标出相应罗马数字和采用的比例，如图 4-55 所示。当机件上被放大部分仅一处时，在局部放大图上方只需注明所采用的比例即可。

同一机件上不同部位的局部放大图，当图形相同或对称时，只需要画出一个，如图 4-56 所示。

应特别指出：局部放大图的比例是指该图形中机件要素的线性尺寸与实际机件相应要素的线性尺寸之比，而与原图形采用的比例无关。

4.1.8　零件表达的规定画法及简化表示法

① 应尽量避免不必要的视图和剖视图，如图 4-57（a）所示，用两个视图来表达机件的

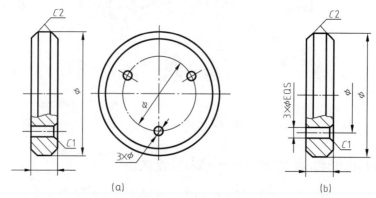

图 4-57　利用尺寸标注减少视图数量

形状结构，但结合尺寸标注则可以用如图 4-57（b）所示的一个视图来表达。

②当机件具有若干相同结构（如齿、槽等），并按一定规律分布时，只需画出几个完整的结构，其余用细实线连接，注明该结构的总数，如图 4-58 所示。

③如果存在若干个直径相同且成规律分布的孔（圆孔、螺孔、沉孔等），可以仅画出一个或几个，其余用细点画线表示其中心位置，在零件图中应注明孔的总数，如图 4-59 所示。

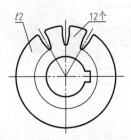

图 4-58　均布槽的简化画法

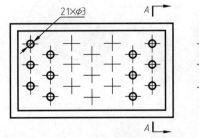

图 4-59　均布孔的简化画法

④在不致引起误解时，过渡线、相贯线允许简化，如可用圆弧或直线代替非圆曲线，如图 4-60 所示。

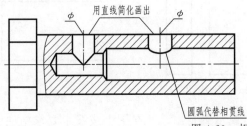

图 4-60　相贯线的简化

⑤在需要表示位于剖切平面前的结构时，这些结构按假想投影的轮廓线（细双点画线）绘制，如图 4-61 所示。

⑥零件的移出断面图，在不会引起误解的情况下，允许省略剖面符号，如图 4-62 所示。

⑦与投影面倾斜角度≤30°的圆或圆弧，手工绘图时其投影可用圆或圆弧代替，如图 4-63 所示。

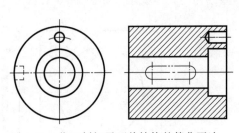

图 4-61　位于剖切平面前结构的简化画法

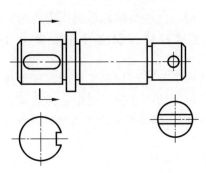

图 4-62　移出断面省略剖面线

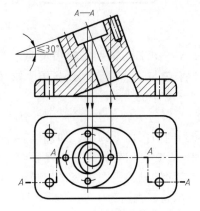

图 4-63　≤30°倾斜圆的简化画法

⑧ 机件上较小的结构，如在一个图形中已表示清楚，其他图形可简化或省略，如图 4-64 所示。

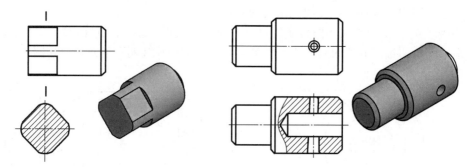

图 4-64　较小结构的简化

⑨ 在不致引起误解时，零件图中的小圆角、锐边的小倒圆或 45°小倒角允许省略不画，但必须注明尺寸或在技术要求中加以说明，如图 4-65 所示。

图 4-65　小圆角、小倒角、45°小倒角的简化表示

⑩ 网状物或机件上的滚花部分，可用细实线示意画出，并在图上或技术要求中注明这些结构的具体要求，如图 4-66 所示。

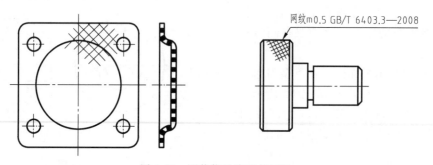

图 4-66　网状物及滚花的画法

⑪ 对于机件上的肋、轮辐及薄壁等，如按纵向剖切，这些结构都不画剖面符号，而用粗实线将它与其邻接部分分开；如按横向剖切，则这些结构仍应画出剖面符号，如图 4-67～图 4-69 所示。

⑫ 当零件回转体上均匀分布的肋、轮辐、孔等结构不处于剖切平面上时，可将这些结构旋转到剖切平面上画出，如图 4-70 所示。符合此条件的肋和轮辐，无论它的数量为奇数还是偶数，在与回转轴平行的投影面上的投影，这些结构一律按对称形式画出，其分布情况由垂直于回转轴的视图表明，如图 4-70 所示。

⑬ 当局部视图为了节省绘图时间和图幅时，可将对称机件的视图只画一半或四分之一，此时应在对称中心线的两端画出两条与其垂直的平行细实线，如图 4-71 所示。

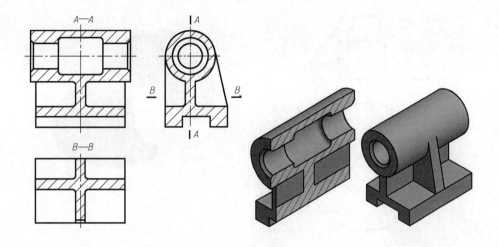

图 4-67　肋的画法

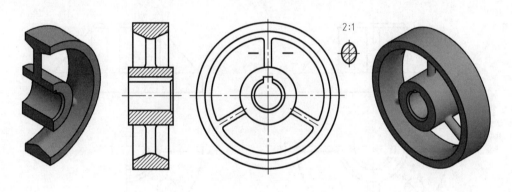

图 4-68　轮辐的画法

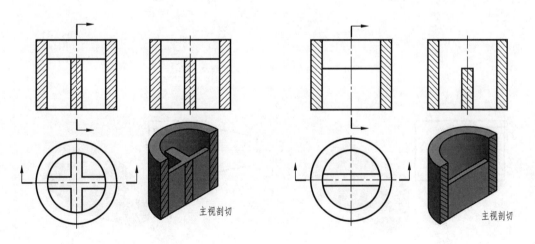

图 4-69　薄壁零件画法

⑭ 当不能充分表达回转体零件表面上的平面时，可用平面符号"×"表示，如图 4-72所示。

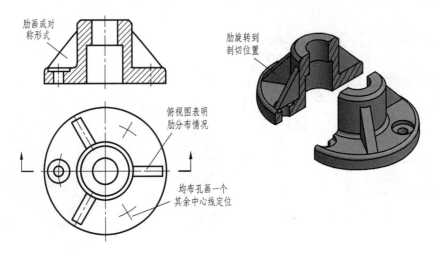

图 4-70　肋、均匀分布的孔简化

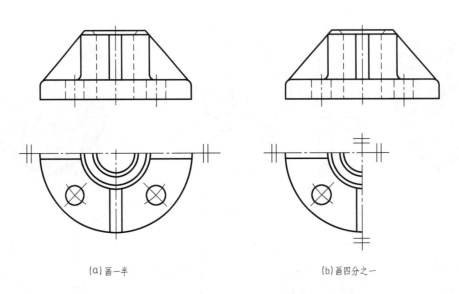

(a)画一半　　　　　　　　　(b)画四分之一

图 4-71　对称机件局部视图画法

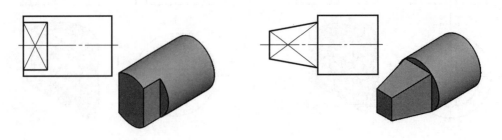

图 4-72　平面符号

⑮ 圆柱形法兰和类似零件，对于其端面上均匀分布的孔，如只需表示数量和分布情况，可按如图 4-73 所示方式画出。

⑯ 在剖视图的剖面区域内可再作一次局部剖，采用这种表达方法时，两个剖面区域的剖面线应同方向、同间隔，但要互相错开，并用引出线标注其名称，如图 4-74 所示。

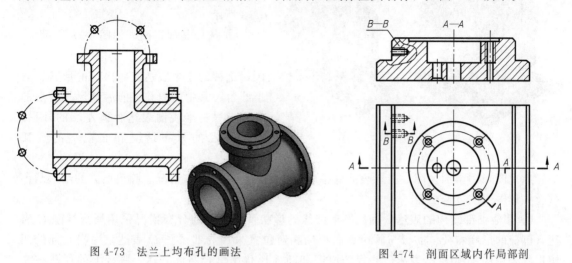

图 4-73　法兰上均布孔的画法

图 4-74　剖面区域内作局部剖

⑰ 对于斜度不大的结构，如在一个图形中已经表示清楚，其他图形可以只按小端画出，如图 4-75 所示。

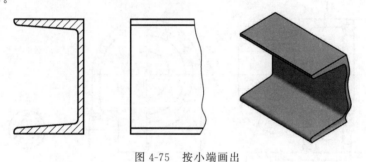

图 4-75　按小端画出

⑱ 较长的机件沿长度方向的形状一致或按一定规律变化时，例如轴、杆、型材、连杆等，可以断开后缩短表示，但要标注实际尺寸，如图 4-76 所示。

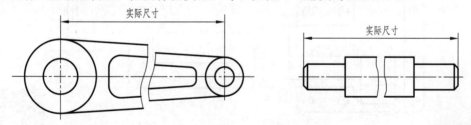

图 4-76　较长机件断开后的简化画法

4.1.9　零件的常用表达方法应用实例

［例 4-6］　选用适当的表达方案表达如图 4-77 所示的箱体。

① 形体分析。箱体前后对称，主要由底板、腔体、圆筒和肋板四个部分构成，其上分布有不同直径的螺纹孔。

② 选择主视图。箱体按工作位置放置，以图 4-77 中箭头所指方向作为主视图的投射方

其他表示方法

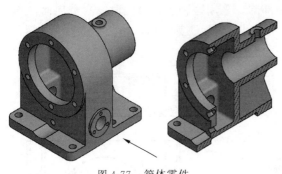

图 4-77 箱体零件

向。采用全剖视图表达箱体内部结构以及四个主要组成部分之间的相对位置，如图 4-78 所示。

③ 选择其他视图，如图 4-78 所示。

箱体前后对称，左视图采用半剖视图，剖视的一半表达腔体内部的形状、方形凸台及其中的通孔、前后圆形凸台上的螺孔；另一半视图表达腔体左端的外形、端面小孔的分布情况和底板上的圆弧凹槽。

俯视图采用半剖视图，主要表达底板的形状及其小孔的分布情况、圆筒上方的圆形凸台以及腔体内部的方形凸台。

④ 其他细部结构的表达。前后圆形凸缘的形状及其螺孔的分布情况采用局部视图 C 表达，圆筒的形状特征、肋板与圆筒、底板的相对位置采用局部视图 D 表达，底板底部的凹槽形状采用局部视图 E 表达，肋板的厚度和断面形状用重合断面表达，底板上的通孔在左视图中用局部剖表达。

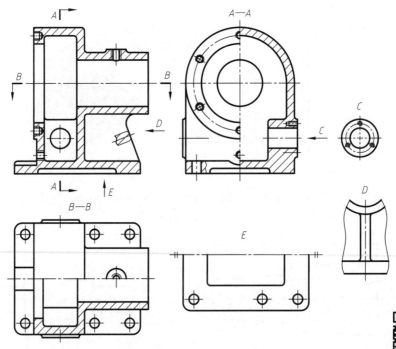

图 4-78　箱体零件表达方法

[**例 4-7**]　识读如图 4-79 所示的箱体零件视图。

零件视图的识读仍然采用三步法，第一步外部轮廓分形体——分形体、抓特征，看外形；第二步内部轮廓找特征——找位置、识标注，看内部，线面分析攻难点——看细节；第三步综合内、外形状想总体。

首先概括了解，箱体是一个叠加类型的零件，用三个视图表达，主视图采用局部剖视图，俯视图采用局部剖视图，加上 $A—A$ 全剖的右视图。

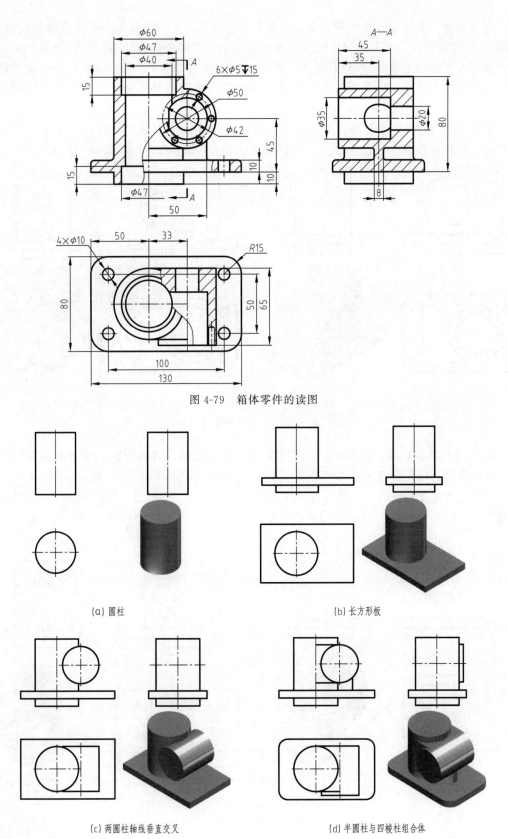

图 4-79　箱体零件的读图

(a) 圆柱

(b) 长方形板

(c) 两圆柱轴线垂直交叉

(d) 半圆柱与四棱柱组合体

图 4-80　箱体类零件的外形（一）

a. 分形体、找特征，看外部轮廓。这是一个叠加体，主体形状是一个垂直放置的圆柱，如图 4-80（a）所示。下部距圆柱底面 10mm 有一个长方形的底板，如图 4-80（b）所示。与圆柱轴线垂直放置的有一个水平圆柱，两圆柱轴线垂直交叉，如图 4-80（c）所示。从图 4-79 主、俯视图中的切线来看，水平放置的应该是个半圆柱与四棱柱的组合体，如图 4-80（d）所示。

在零件的前端有一个直径为 50mm 的圆柱凸台，厚 5mm，如图 4-81（a）所示。在水平的圆柱端面开有 6 个均布的小孔；在长方形板上开有 4 个小孔，如图 4-81（b）所示。

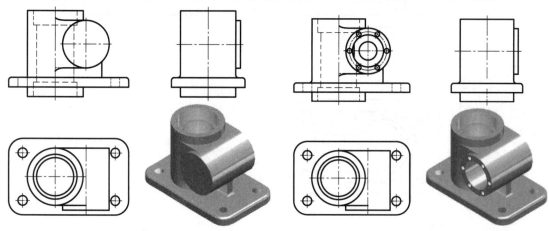

(a) 圆柱凸台   (b) 倒圆角、开内部各孔

图 4-81　箱体类零件的外形（二）

b. 找位置、识标注，看内部。主视图采用局部剖视图，剖切位置是箱体的前后对称平面，由此可以看出在垂直圆柱中开有 φ47 和 φ40 的孔，如图 4-82（a）所示；A—A 剖视图的剖切位置是水平圆柱的中心线，其投射方向如箭头所示，由此可以看出在水平的圆柱中开有阶梯孔（φ35 和 φ20），同时表达圆孔的壁厚和肋板的厚度，如图 4-82（b）所示；俯视图

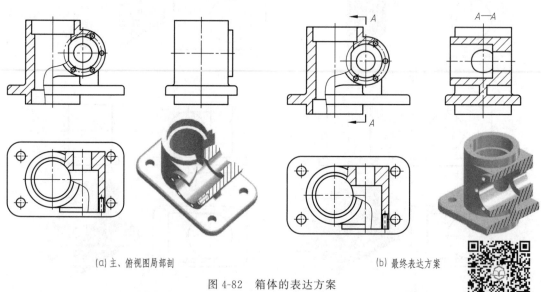

(a) 主、俯视图局部剖   (b) 最终表达方案

图 4-82　箱体的表达方案

综合读图模型

采用局部剖视图，剖切位置是水平圆柱的中心线，从主、俯剖视图可知，垂直圆孔与水平阶梯孔的大孔是相通的，如图 4-82 所示。

c. 综合内、外形状想总体。从内、外形状可以想象出箱体的整体形状，如图 4-81（b）、图 4-82 所示。

4.2
零件图的尺寸标注

零件图尺寸标注的要求：除了满足组合体尺寸标注要求的正确、完整、清晰外，还要满足合理性原则，同时根据其表达方法、零件的功能、加工工艺等，还有特有的标注方法和步骤。

4.2.1　基于不同表达方法的尺寸标注特点

(1) 对称结构简化画法的尺寸标注特点

国标规定对称机件的视图可以只画一半或四分之一，但是在进行尺寸标注时，应根据结构特点标注完整的尺寸，此时注意尺寸线和尺寸界线的画法，如图 4-83 所示为采用简化画法的左视图及 C 向视图的尺寸注法，尺寸线应略超过对称中心线，仅在尺寸线的一端画出箭头。

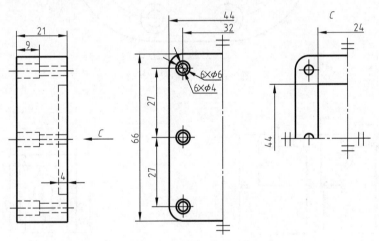

图 4-83　对称视图采用简化画法后的尺寸注法

(2) 剖视图尺寸标注特点

剖视图的尺寸标注与视图尺寸标注的主要不同点如下。

① 机件由于采用了剖视画法，其内外结构形状都用可见方式（粗实线）表达清楚了，故剖视图中的尺寸一般都要注在粗实线上，且内外形尺寸适当集中，并尽量分别标在视图两侧，如图 4-84 所示。

② 在半剖视图中，对称的内外结构只画出一半，但应标注这些结构的完整尺寸，标注时尺寸线应略超过对称中心线，仅在尺寸线的一端画出箭头，如图 4-85 主视图中的尺寸 $\phi25$、$\phi22$、$120°$，俯视图中的尺寸 38、$\phi42$ 等。

③ 在局部剖视图中，也存在表达内外形结构的轮廓线不完整的情况，故标注尺寸时，尺寸线应略超过断裂处的边界，仅在尺寸线的一端画出箭头，如图 4-86 主视图中的尺寸 $\phi15$、$\phi20$。

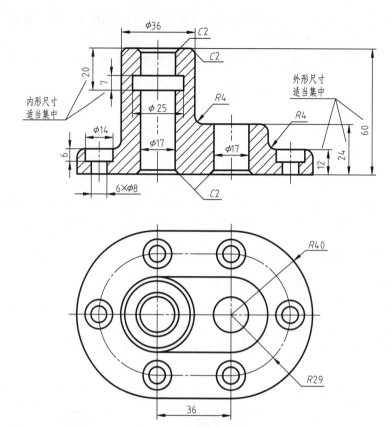

图 4-84　全剖中尺寸标注

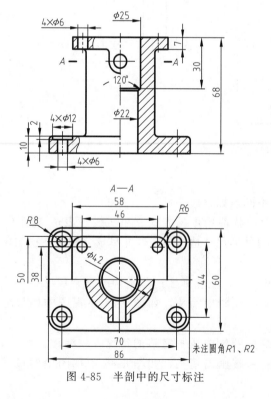

A—A

未注圆角R1、R2

图 4-85　半剖中的尺寸标注

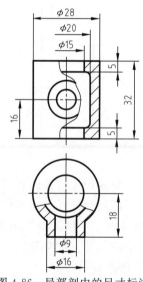

图 4-86　局部剖中的尺寸标注

不同表达方法尺寸标注特点

4.2.2 标注零件尺寸时尺寸基准的选择

(1) 零件尺寸基准的概念

零件尺寸基准是指在零件上选定一组几何元素作为确定其他几何元素相互位置关系的依据，即尺寸度量的起点。按基准本身的几何形状可分为：平面基准、直线基准和点基准。

根据基准的作用不同，将基准分为设计基准和工艺基准。设计基准是指用来确定零件在机器或部件中准确位置的基准，通常选其中之一作为主要尺寸基准，零件的重要尺寸应从设计基准出发标注。工艺基准是在零件加工或测量时选定的基准，一般为确定零件在机床上加工时的装夹位置、测量零件尺寸时所利用的点、线、面，常作为辅助尺寸基准。如图 4-87 所示，图中工艺基准是为了测量螺纹孔的深度。

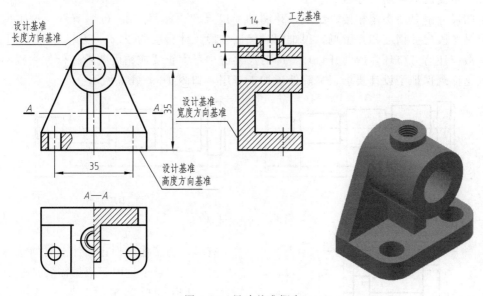

图 4-87 尺寸基准概念

常作为基准的要素有：零件重要底面、端面、对称平面、装配结合面、主要孔或轴的轴线等。基准为每个方向尺寸的起点，因此在长、宽、高三方向都要至少有一个主要尺寸基准。另外，根据设计加工要求，一般还有一些辅助基准，如图 4-87 所示。

(2) 基准的选择

选择基准就是在标注几何元素相互位置尺寸时，选择是从设计基准出发，还是从工艺基准出发。尽量使设计基准与工艺基准重合，这样，既能保证设计要求又能保证工艺要求。如两者不能统一时，应以保证设计要求为主。

从设计基准出发标注尺寸，其优点就是在标注尺寸上反映了设计要求，能保证所设计的零件在机器中的工作性能；从工艺基准出发标注尺寸，其优点是把尺寸的标注和零件的加工制造联系起来。

4.2.3 合理标注尺寸的一些原则

(1) 主要尺寸必须直接注出

主要尺寸是指影响部件或机器规格、性能、精度及互换性的尺寸，如机件中与轴配合的孔的中心高度以及孔之间的中心距等，如图 4-88 所示。

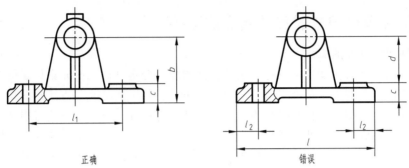

正确   错误

图 4-88　主要尺寸直接注出

(2) 不要注成封闭尺寸链

封闭尺寸链是由头尾相接，绕成一整圈的一组尺寸，如图 4-89（a）所示。封闭尺寸链的缺点是各段尺寸精度相互影响，很难同时保证各段尺寸精度的要求，因此，零件图上的尺寸，一般应注有开口环，所谓开口环，即对尺寸链中不太重要或精度要求较低的一段不标注尺寸，这样既保证了设计要求，又降低了加工费用，如图 4-89（b）所示。

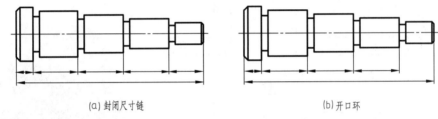

(a) 封闭尺寸链   (b) 开口环

图 4-89　尺寸链

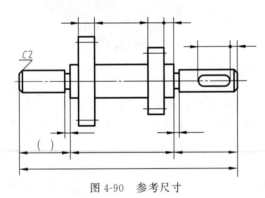

图 4-90　参考尺寸

有时，为了作为设计和加工时的参考，也注成封闭尺寸链。这时，根据需要把某一个环的尺寸用括号括起来，作为参考尺寸，如图 4-90 所示。

(3) 要符合加工顺序和便于测量

按加工顺序标注尺寸，符合加工过程，便于加工和检测。如图 4-91（a）所示为零件尺寸的正确标注，如图 4-91（b）所示为加工顺序，而图 4-91（c）中标注的尺寸不但不便于

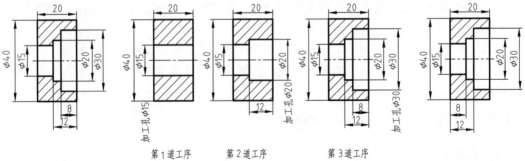

(a) 合理标注尺寸   (b) 按加工工序标注尺寸   (c) 不合理

图 4-91　按加工工艺标注尺寸

测量，而且也不符合加工顺序。

（4）同一工种所需尺寸要尽量集中标注

一个零件，一般不是用一种加工方法，而是经过几种加工方法才能制成。在标注尺寸时，最好把相同加工方法的有关尺寸集中标注，如图 4-90 轴上键槽的尺寸标注。

（5）同一个方向只能有一个非加工面与加工面联系的尺寸

应尽量将毛坯尺寸与加工尺寸分开标注，方便读图，如图 4-92 所示。图 4-92（a）所示的高度方向尺寸虽然齐全，但不合理，而图 4-92（b）中只有一个加工面与非加工面尺寸，合理。

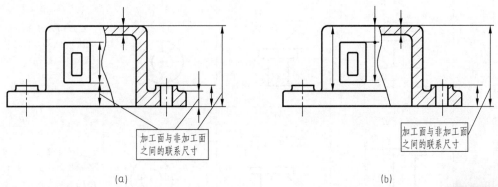

(a)   (b)

图 4-92　加工与非加工面尺寸

合理标注尺寸

4.2.4　各类孔的尺寸标注

各类孔的尺寸可以按一般标注法标注，也可以简化标注，如表 4-2 所示。

表 4-2　零件上常见孔的注法

零件结构类型		一般标注	简化标注		说明
光孔	一般孔	4×φ5 10	4×φ5 ▽10	4×φ5 ▽10	▽为深度符号 4×φ5 表示 4 个直径为 5mm 光孔，深 10mm
	锥孔	锥销孔 φ5 配作	锥销孔 φ5 配作	锥销孔 φ5 配作	φ5 是与锥销孔相配的圆锥销小端直径 锥销孔通常是在两零件装在一起时加工的

零件结构类型		一般标注	简化标注		说明
沉孔	锥形沉孔	90° φ13 4×7	4×φ7 ∨φ13×90°	4×φ7 ∨φ13×90°	∨为埋头孔符号 4×φ7 表示 4 个直径为 7mm 光孔,90°锥形沉孔的直径为 13mm
	柱形沉孔	φ13 φ7	φ7 ⊔φ13▼3	φ7 ⊔φ13▼3	⊔为沉孔及锪平符号 柱形沉孔,小直径为 7mm,大直径为 13mm,深度为 3mm
	锪平沉孔	φ13 锪平 φ7	φ7 ⊔φ13	φ7 ⊔φ13	锪平孔 φ13 的深度不必标出,一般锪平到不出现毛面为止
螺孔	通孔	2×M8	2×M8	2×M8	2×M8 表示公称直径为 8mm 的螺纹孔有两个
	不通孔	2×M8 10 14	2×M8▼10 孔▼14	2×M8▼10 孔▼14	表示两个 M8 的螺纹孔,螺纹长度为 10mm,钻孔深度为 14mm

4.2.5 长圆形孔的尺寸注法

在生产中常见到如图 4-93 所示的长圆孔及长圆弧形孔,这两种类型孔的尺寸注法根据加工和使用场合不同而不同,常有以下几种注法。

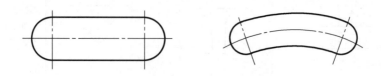

图 4-93　长圆孔及长圆弧形孔

① 如果是单件小批量生产，如轴上键槽（参见图 4-165）的标注，或者被连接的零件需调整的位置并不需要准确地知道调整多少，再或者长圆形孔是一次成形（如冲压成形），常采用图 4-94（a）中的注法，这样方便加工和检验。

② 如果是大批量生产，或者需要准确地知道调整范围的地方，常采用图 4-94（b）中的注法，也可以采用图 4-94（c）中的注法，使其更好地符合设计要求。

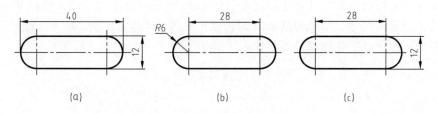

图 4-94　长圆孔尺寸注法

③ 当长圆形孔的宽度有较严格的精度要求，而两端圆弧半径的实际尺寸又必须随着宽度尺寸变化而变化时，应按标准 GB/T 4458.4—2003 的规定，在半径尺寸线上只注出符号"R"，而不标注尺寸的数值，如图 4-95 所示。这样既避免了重复尺寸，又达到设计、工艺要求。

④ 长圆弧形孔的尺寸标注一般有两种，当需要准确地知道该零件相对于别的零件转动的角度范围是多少，即满足设计要求时，采用图 4-96（a）中的注法。

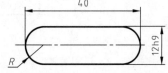

图 4-95　长圆孔尺寸另一种注法

当不需要准确地知道调整范围是多少，只要有一定的调整量就行时，宜采用图 4-96（b）所示的注法，便于加工和检验。

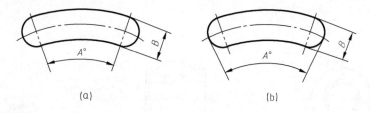

图 4-96　长圆弧形孔尺寸注法

4.2.6　机件尺寸的标注方法和步骤

方法：形体分析法。

步骤：

① 形体分析。

② 确定尺寸基准。

③ 三步法标注尺寸。

④ 检查、调整。

所谓三步法标注尺寸是指在机械图样中从尺寸基准出发，按尺寸的功能和用途快速、正确标注，重要尺寸必须直接注出，使其符合设计和加工工艺要求。

第一步：第一行为总体尺寸。

第二步：第二行为特征的定形尺寸或定位尺寸。

第三步：第三行工艺结构尺寸。

如图 4-97 所示为标注轴的尺寸。首先确定标注基准，以 $\phi28$ 轴肩右端面为轴向主要尺寸基准，轴的右端面为轴向辅助尺寸基准，以轴的中心线为径向基准。

第一步标注零件的外形尺寸，如总长尺寸 80，最大直径 $\phi28$，即最外一行标注总体尺寸；第二步标注特征的定形尺寸或定位尺寸，如 M20 及长度尺寸 25、$\phi28$ 的长度尺寸 5 等；第三步标注工艺结构尺寸，如退刀槽 $\phi16$ 的长度尺寸 5，倒角 C1 等，即第三行标注小的结构尺寸如圆角、圆孔、砂轮越程槽等，如图 4-97 所示。

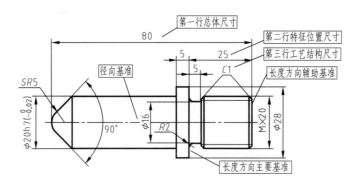

图 4-97　三步法标注尺寸

下面以图 4-98（a）所示机件三视图的尺寸标注为例，说明机件尺寸标注的方法和步骤。

① 形体分析。机件由五部分组成，即底板、立板、肋板、水平圆柱和垂直的小圆柱，如图 4-98（b）所示。

② 确定尺寸基准。高度基准为底面，长度基准为左右的对称面，宽度基准为水平圆柱的后端面，如图 4-98（c）所示。

③ 三步法标注尺寸。

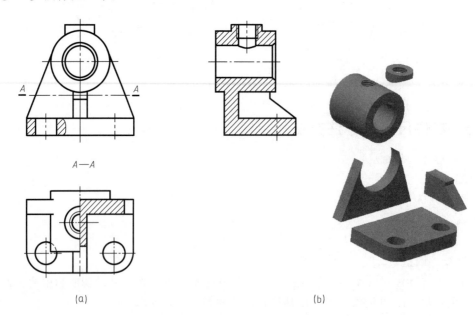

(a)　　　　　　　　　　　　　　　　(b)

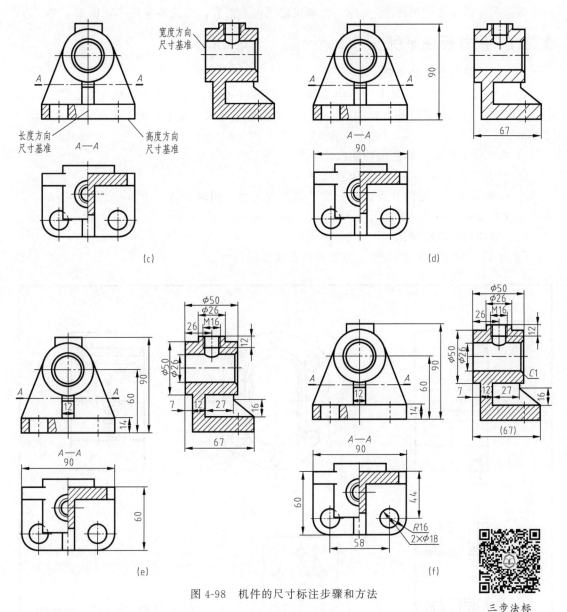

图 4-98　机件的尺寸标注步骤和方法

三步法标注尺寸

　　第一步标注零件的外形尺寸，如总长尺寸 90、总宽尺寸 67、总高尺寸 90，即最外一行标注总体尺寸，见图 4-98（d）；第二步标注组成机件的各简单形体的定形或定位尺寸，如图 4-98（e）中底板的定位定形尺寸 7、90、60、14，轴承孔的定形尺寸 φ50、φ26、50，支撑板的定位定形尺寸 7、12 等，即在第二行标注确定形体位置和形状的定位定形尺寸；第三步标注小的结构尺寸，如图 4-98（f）中底板上的圆孔定位 58、44 和定形尺寸 2×φ18 及 R16，轴承孔上的倒角 C1，即第三行标注小的结构尺寸或工艺结构尺寸。

　　注意：三步法标尺寸的第二步，应该先标定位尺寸后标注定形尺寸。组成机件的各简单形体在标尺寸时，可以标注特征的定形和定位尺寸，接着第三步标注小的结构尺寸或工艺结构尺寸。

　　④ 检查、调整。由于底板宽度尺寸 60 加上支撑板的定位尺寸 7，等于总宽度尺寸为

67，根据尺寸的重要性可将 67 去掉，如要保留则加上括号，作为参考尺寸，见图 4-98（f）。

4.2.7 尺寸标注举例

（1）标注零件尺寸的步骤

① 选择尺寸基准：了解零件的作用及与相邻零件关系，分析视图，确定长、宽、高方向尺寸基准，一般把设计基准作为长、宽、高方向的主要尺寸基准，把工艺基准作为辅助尺寸基准。

② 考虑设计要求，标注出功能尺寸。

③ 考虑工艺要求，标注出非功能尺寸。

④ 用形体分析、结构分析法补全尺寸和检查尺寸，同时计算三个方向的尺寸链是否正确，尺寸数值是否符合标准。

（2）零件尺寸标注举例

[例 4-8] 标注如图 4-99 所示齿轮液压泵泵体的尺寸。

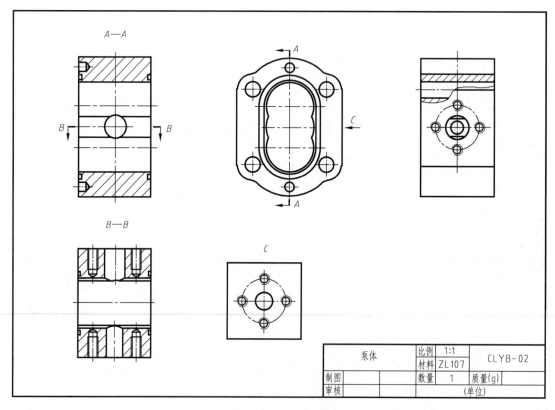

图 4-99　齿轮液压泵泵体

解：按标注零件尺寸的方法步骤标注。

① 选择尺寸基准。泵体为箱体类零件，不但要容纳齿轮支架、轴套以及主、从动齿轮轴，还要有高低压油的进出通道及连接前后泵盖的螺钉孔，如图 4-100 所示。

主视图的左端面与前泵盖结合作为泵体的长度方向尺寸基准；左视图中泵体除进出油孔直径不同之外，其余结构左右对称，故选择过两个轴线的平面作为宽度方向尺寸基准；选择主动齿轮轴线作为高度方向尺寸基准，如图 4-101 所示。

图 4-100　泵体结构

② 标注出各部分的功能尺寸。从设计基准出发标注功能尺寸，如图 4-101 所示。

③ 按尺寸标注三步法标注出非功能尺寸。考虑加工制造要求，选择适当工艺基准，注全其他尺寸，如图 4-102 所示。

④ 检查主要尺寸和设计基准是否恰当，有无遗漏，尺寸数值及其偏差能否满足设计要求，与有关零件的零件图上的相关尺寸是否协调。根据零件的结构形状，检查定形尺寸和定位尺寸是否齐全，检查是否符合国标。最后标注相应的技术要求（参见下节内容），如图 4-103 所示。

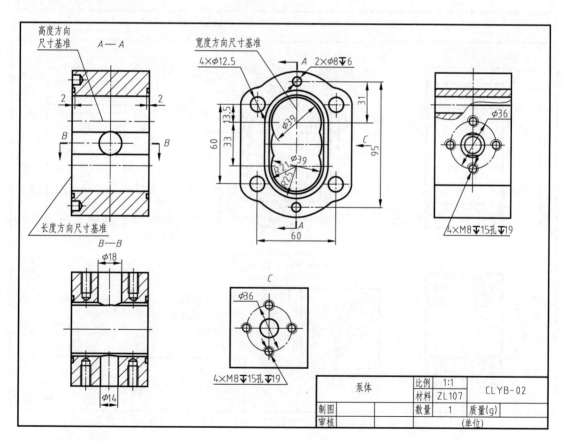

图 4-101　分析泵体，确定尺寸基准并标注功能尺寸

（思考：图中的一些尺寸是不是功能尺寸，如密封槽尺寸 2，R21、R25）

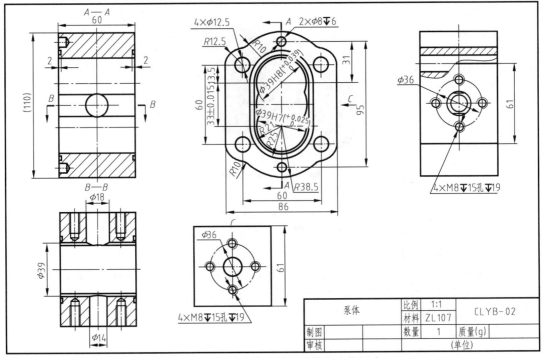

图 4-102　标注齿轮液压泵泵体非功能尺寸

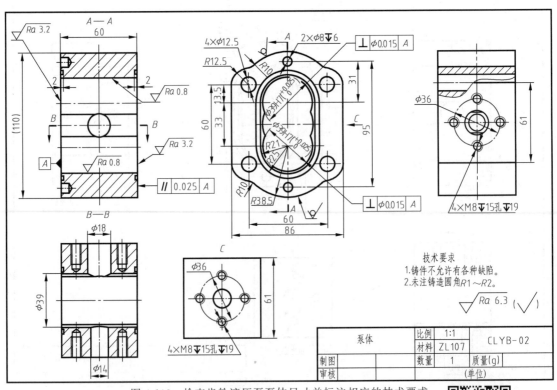

图 4-103　检查齿轮液压泵泵体尺寸并标注相应的技术要求

泵体的画图及标注尺寸

4.3
零件图中的技术要求

零件图除了有图形和尺寸外，还必须有制造该零件时应该达到的一些技术要求，以满足质量要求。零件图上的技术要求包括：表面结构要求、极限与配合、几何公差、零件材料、材料的热处理和表面处理、零件的加工、检验要求等。

4.3.1　表面结构要求（GB/T 131—2006）

表面结构是表面粗糙度、表面波纹度、表面缺陷、表面纹理和表面几何形状的总称。表面结构在图样上的表示法在 GB/T 131—2006 中均有具体规定，下面主要介绍常用的表面粗糙度表示法。

（1）基本概念及术语

1）表面粗糙度

零件加工表面上具有较小间距和峰谷所组成的微观几何特性，如图 4-104 所示。

2）表面波纹度

在机械加工过程中，由于机床、工件和刀具系统的振动，在工件表面所形成的间距比粗糙度大得多的表面不平度称为波纹度。

表面粗糙度、表面波纹度以及表面几何形状总是同时生成并存在于同一表面的。

3）评定表面结构常用的轮廓参数

零件表面结构的状况，可由三大类参数加以评定：轮廓参数、图形参数、支承率曲线参数。

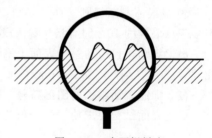

图 4-104　表面粗糙度

轮廓参数是我国机械图样中目前最常用的评定参数。它包括评定原始轮廓参数（P 参数）、评定粗糙度轮廓参数（R 参数）、评定波纹度轮廓参数（W 参数）。现仅介绍评定粗糙度轮廓中的两个高度参数 Ra 和 Rz。

a. 轮廓算术平均偏差 Ra：是指在一个取样长度内纵坐标值 $Z(x)$ 绝对值的算术平均值，参见图 4-105，可用公式近似表示为：

$$Ra = \frac{1}{l} \int_0^l |Z(x)| \, dx$$

b. 轮廓的最大高度 Rz：是指在同一取样长度内，最大轮廓峰高和最大轮廓谷深之和的高度，参见图 4-105。

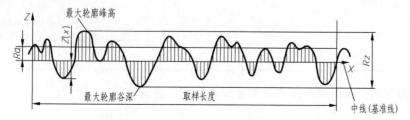

图 4-105　轮廓算术平均偏差 Ra 和轮廓的最大高度 Rz

4）有关检验规范的基本术语

① 取样长度和评定长度。在 x 轴（即基准线）上选取一段适当长度进行测量，这段长度称为取样长度。在 x 轴方向上用于评定轮廓、包含着一个或几个取样长度的测量段称为评定长度。

评定长度默认为 5 个取样长度，否则应注明个数。

如 Rz 0.4、Ra 3 0.8、Rz 1 3.2 分别表示评定长度为 5 个（默认）、3 个、1 个取样长度。

② 轮廓滤波器和传输带。将轮廓分成长波和短波成分的仪器称为轮廓滤波器。按滤波器的不同截止波长值，由小到大顺次分为 λ_s、λ_c 和 λ_f 三种滤波器。

原始轮廓（P 轮廓）：应用 λ_s 滤波器修正后的轮廓。

粗糙度轮廓（R 轮廓）：在 P 轮廓上再应用 λ_c 滤波器修正后形成的轮廓。

波纹度轮廓（W 轮廓）：对 P 轮廓连续应用 λ_f 和 λ_c 滤波器后形成的轮廓。

这三类轮廓各有不同的波长范围，它们又同时叠加在同一表面轮廓上，因此，在测量评定三类轮廓上的参数时，必须先将表面轮廓在特定仪器上进行滤波，以便分离获得所需波长范围的轮廓。

由两个不同截止波长的滤波器分离获得的轮廓波长范围则称为传输带（默认不注）。

③ 极限值判断规则。16% 规则：当被检表面测得的全部参数值中，超过极限值的个数不多于总个数的 16% 时合格（默认规则，如 Ra 0.8）。

最大规则：被检的整个表面上测得的参数值一个也不应超过给定的极限值（参数代号后注写"max"字样，如 Ra max 0.8）。

(2) 标注表面结构的图形符号

标注表面结构要求使用的图形符号、名称及含义如表 4-3 所示。

表 4-3 表面结构符号

符号名称	符 号	含 义
基本符号		表示表面可用任何方法获得。当不加注粗糙度参数值或有关说明时，仅适用于简化代号标注
扩展图形符号		在基本图形符号加一小圆，表示表面是用不去除材料方法获得。如铸、锻、冲压变形等，或者是用于保持原供应状况的表面
		在基本图形符号加一短划，表示表面是用去除材料的方法获得。如车、铣、磨等机械加工
完整图形符号	允许任何工艺 不去除材料 去除材料	在上述三个符号的长边上均可加一横线，以便注写对表面结构特征的补充信息

(3) 表面结构图形符号的画法及表面结构要求的注写位置

① 表面结构图形符号的画法。表面结构图形符号的画法如图 4-106（a）所示，图形符号尺寸如表 4-4 所示。

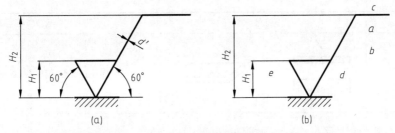

图 4-106　图形符号的画法及表面结构要求的注写位置

表 4-4　图形符号和附加标注的尺寸

数字和字母高度 h（见国标）	2.5	3.5	5	7	10	14	20
符号线宽 d' 字母线宽	0.25	0.35	0.5	0.7	1	1.4	2
高度 H_1	3.5	5	7	10	14	20	28
高度 H_2	7.5	10.5	15	21	30	42	60
H_2 取决于标注内容							

当在图样某个视图上构成封闭轮廓的各表面有相同的表面结构要求时，应在完整图形符号上加一圆圈，标注在图样中工件的封闭轮廓线上，如图 4-107 所示。即图形中封闭轮廓代表的六个面有共同的表面结构要求。

② 表面结构要求的注写位置。表面结构要求的注写位置如图 4-106（b）所示。为了明确表面结构要求，除了标注表面结构参数和数值外，必要时应标注补充要求，包括传输带、取样长度、加工工艺、表面纹理、加工余量等。

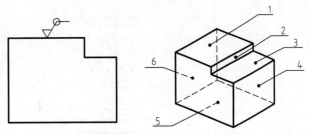

图 4-107　对周边各面有相同的表面结构要求的注法

在图 4-106（b）中，位置 a 注写表面结构的单一要求，包括表面结构参数代号、极限值和传输带或取样长度，为了避免误解，参数代号和数值之间应留空格，传输带或取样长度后应有一斜线"/"，之后是表面结构参数代号，最后是数值。位置 a 注写第一表面结构要求，位置 b 注写第二表面结构要求；位置 c 注写加工方法、表面处理、涂层等工艺要求，如车、磨、镀等；位置 d 为加工纹理方向符号，如表 4-5 所示；位置 e 注写加工余量（mm）。

表 4-5　表面纹理的标注

符号名称	符号	含义
=		纹理平行于标注代号的视图投影面

符号名称	符号	含义
⊥	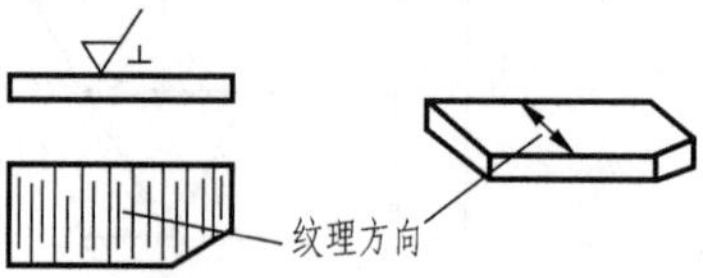 纹理方向	纹理垂直于标注代号的视图投影面
×	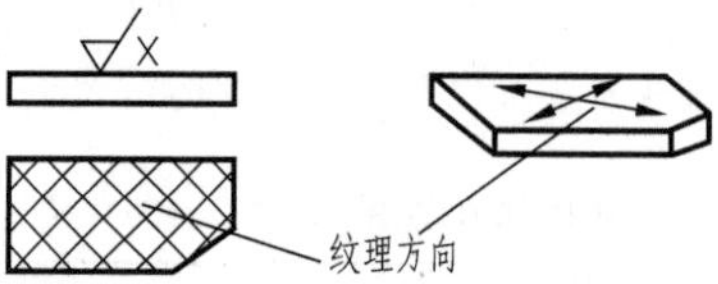 纹理方向	纹理呈相交方向
M	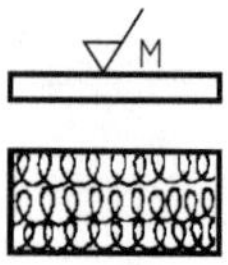	纹理呈多方向
C	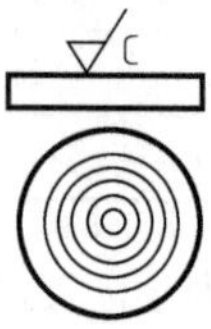	纹理呈近似同心圆
R	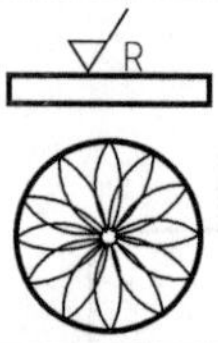	纹理呈近似放射状
P	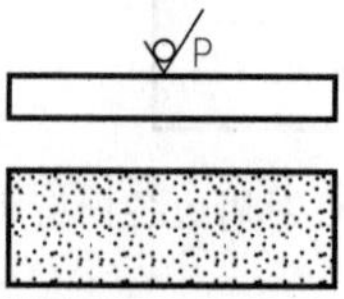	纹理无方向或凸起细粒状

如果表面结构代号中只有参数代号 Ra 或 Rz 和数值，则说明零件上该表面结构要求只有表面粗糙度。

（4）表面结构代号

在表面结构符号中注写上具体的参数代号和数值等要求后即构成表面结构代号，表面结构代号的实例及含义如表 4-6 所示，其中：

① 单向极限要求，且均为单向上限值，则均可不加注"U"，若为单向下限值，则应加注"L"。

② 传输带中的前后数值分别为短波和长波滤波器的截止波长（$\lambda_s - \lambda_c$），以示波长范围，此时取样长度等于 λ_c。默认传输带不注，取样长度由 GB/T 10610 和 GB/T 6062 中查取。

（5）表面结构要求在图样上的标注

① 表面结构要求对每一表面一般只注一次，并尽可能注在相应的尺寸及其公差的同一视图上。除非另有说明，所标注的表面结构要求是对完工零件表面的要求。

② 表面结构的注写和读取方向与尺寸的注写和读取方向一致。表面结构要求可标注在

表 4-6　表面结构代号的实例及含义

代号示例	含　义
$\sqrt{}$ Ra 0.8	表示不允许去除材料，单向上限值，默认传输带，R 轮廓，算术平均偏差 0.8 μm，评定长度为 5 个取样长度（默认），16％规则（默认）
$\sqrt{}$ Rz max 0.2	表示去除材料，单向上限值，默认传输带，R 轮廓，粗糙度最大高度的最大值为 0.2 μm，评定长度为 5 个取样长度（默认），最大规则
$\sqrt{}$ 0.008-0.8/Ra 3.2	表示去除材科，单向上限值，传输带 0.008～0.8mm，R 轮廓，算术平均偏差 3.2μm，评定长度为 5 个取样长度（默认），16％规则（默认）
$\sqrt{}$ -0.8/Ra 33.2	表示去除材料，单向上限值，传输带：根据 GB/T 6062，取样长度 0.8mm，λ_s 默认 0.0025mm，R 轮廓，算术平均偏差 3.2μm，评定长度包含 3 个取样长度，16％规则（默认）
$\sqrt{}$ U Ra max 3.2 L Ra 0.8	表示去除材料，双向极限值，两极限值均使用默认传输带，R 轮廓，上限值为，算术平均偏差 3.2 μm，评定长度为 5 个取样长度（默认），最大规则；下限值为，算术平均偏差 0.8 μm，评定长度为 5 个取样长度（默认），16％规则（默认）

轮廓线上，其符号应从材料外指向并接触表面，如图 4-108（a）所示。表面结构代号只能水平朝上或垂直朝左，不应倒着标注，也不应指向左侧标注，如图 4-108（b）所示。必要时应采用带箭头或黑点的指引线引出标注，如图 4-109 所示。

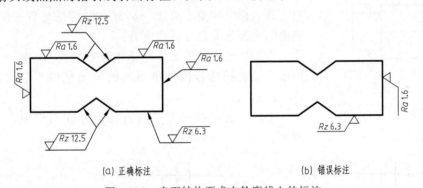

（a）正确标注　　　　　　　　　　　　（b）错误标注

图 4-108　表面结构要求在轮廓线上的标注

③ 在不致引起误解时，表面结构要求可以标注在给定的尺寸线上，如图 4-110 所示。

④ 表面结构要求可标注在几何公差框格的上方，如图 4-111 所示。

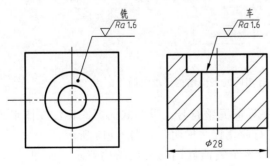

图 4-109　用带箭头或黑点的指引线引出标注

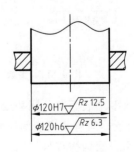

图 4-110　表面结构要求标注在尺寸线上

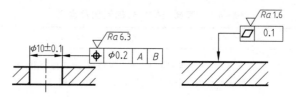

图 4-111 表面结构要求标注在形位公差框格的上方

⑤ 圆柱和棱柱表面的表面结构要求只标注一次，如图 4-112 所示。如果每个棱柱表面有不同的表面要求，则应分别单独标注，如图 4-113 所示。

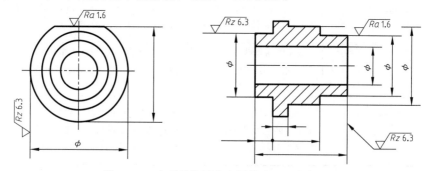

图 4-112 表面结构要求在圆柱表面上的标注

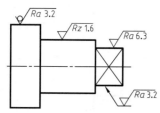

图 4-113 圆柱或棱柱表面有不同的表面结构要求注法

（6）表面结构要求在图样中的简化注法

① 工件的多数（包括全部）表面有相同的表面结构要求时，其表面结构要求可统一标注在图样的标题栏附近。此时表面结构要求的符号后面应有：

在圆括号内给出无任何标注的基本符号，如图 4-114（a）所示，或在圆括号内给出不同的表面结构要求，如图 4-114（b）所示。

不同的表面结构要求应直接标注在图形中，如图 4-114 所示。

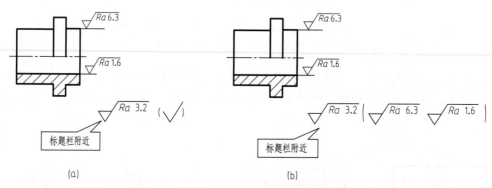

(a)   (b)

图 4-114 多数（包括全部）表面有相同的表面结构要求时简化标注

② 当多个表面有共同的要求时，可用带字母的完整符号，以等式的形式标注在图形或标题栏附近，对有相同表面结构要求的表面进行简化标注说明，如图 4-115 所示。

③ 用表面结构符号，以等式的形式给出对多个表面共同的表面结构要求，如图 4-116 所示。

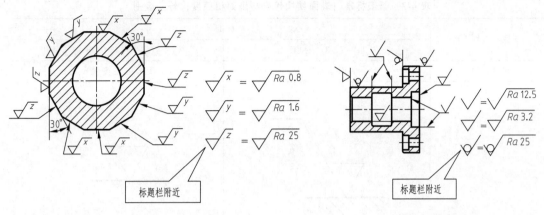

图 4-115　多个表面有共同要求的注法图　　　　图 4-116　多个共同表面结构要求简化注法

④ 由两种或多种工艺获得的同一表面，当需要明确每种工艺方法的表面结构要求时，可按如图 4-117（a）所示进行标注。图 4-117（b）所示为三个连续的加工工序的表面结构、尺寸和表面处理的标注。

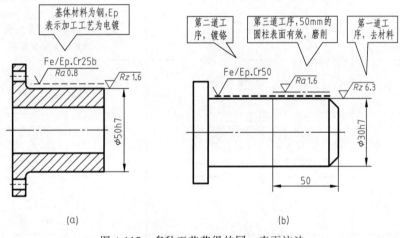

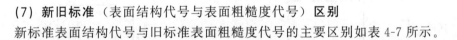

图 4-117　多种工艺获得的同一表面注法

(7) 新旧标准（表面结构代号与表面粗糙度代号）区别
新标准表面结构代号与旧标准表面粗糙度代号的主要区别如表 4-7 所示。

表面结构
及其标注

4.3.2　极限与配合（GB/T 1800.1—2020，GB/T 1800.2—2020）

(1) 零件的互换性
在装配机器时，将同样零件中的任一零件，不经挑选或修配，装到机器上，机器就能正常运转；在修配时，把任一同样规格的零件配换上去，仍能保持机器的原有性能。将"在相同零件中，不经挑选或修配就能装配（或换上）并能保持原有性能的性质"，称为互换性。互换性有利于大批量生产，对提高产品质量和生产效率有重要作用，同时便于维修和调换。

建立极限与配合制度，是实现互换性生产的必要条件。因此，装配图和零件图上常注有极限与配合方面的技术要求。

表 4-7　新旧标准（表面结构代号与表面粗糙度代号）区别

区　　别		标准号	
		GB/T 131—2006	GB/T 131—1999
代号名称		表面结构代号	表面粗糙度代号
表面要求数值位置		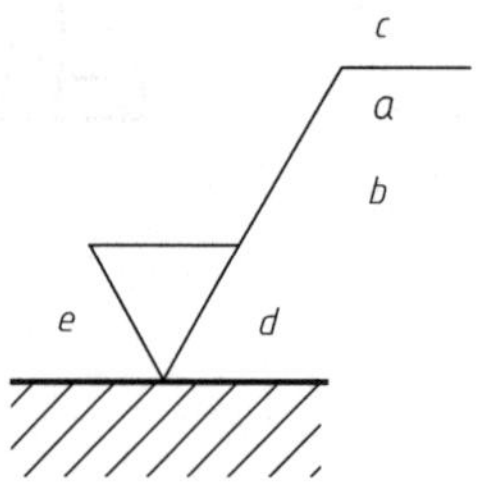c a b e d a—注写表面结构的单一要求； a 和 b—a 注写第一表面结构要求，b 注写第二表面结构要求； c—注写加工方法、表面处理、涂层等工艺要求，如车、磨、镀等； d—为加工纹理方向符号，如表 4-6 所示； e—注写加工余量，mm	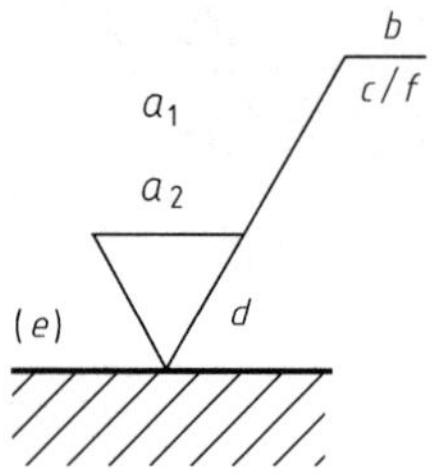b c/f a_1 a_2 (e) d a_1、a_2—粗糙度高度参数代号及其数值，单位为 μm； b—加工要求、镀覆、涂覆、表面处理或其他说明等； c—取样长度，单位为 mm，或波纹度，单位为 μm； d—加工纹理方向符号； e—加工余量，单位为 mm； f—粗糙度间距参数值（单位为 mm）或轮廓支撑长度率
表面要求注写方式	区别 1	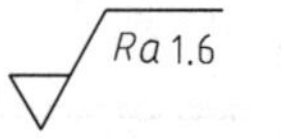Ra 1.6	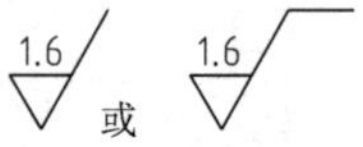1.6 或 1.6
	区别 2	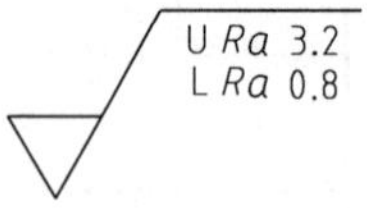U Ra 3.2 L Ra 0.8	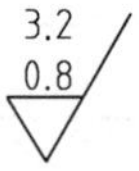3.2 0.8
	区别 3	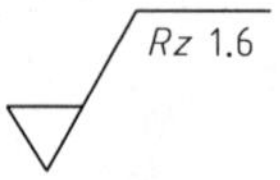Rz 1.6	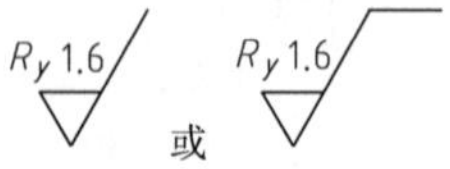Ry 1.6 或 Ry 1.6
	区别 4	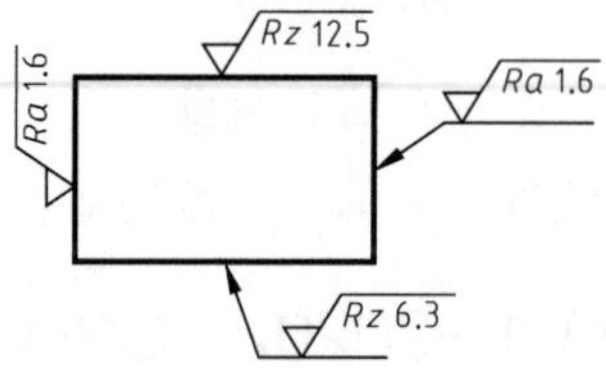Rz 12.5 Ra 1.6 Ra 1.6 Rz 6.3	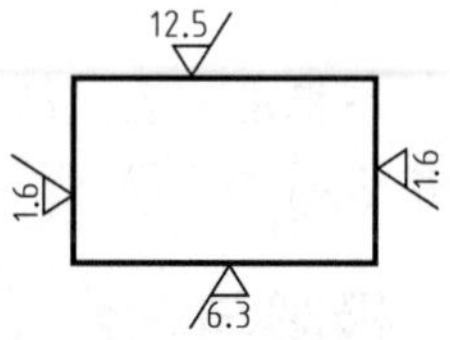12.5 1.6 1.6 6.3

(2) 有关极限与公差的术语及定义

在实际生产中，由于机床精度、刀具磨损、测量误差等方面原因，零件制造和加工后要求尺寸绝对准确是不可能的。为了使零件或部件具有互换性，必须对尺寸规定一个允许的变动量，这个变动量称为尺寸公差，简称公差。

有关极限与公差的术语及其相互关系，如图 4-118 所示。

① 轴。工件的外尺寸要素，包括非圆柱形的外尺寸要素。

② 孔。工件的内尺寸要素，包括非圆柱形的内尺寸要素。

③ 公称尺寸。由图样规范定义的理想形状要素的尺寸。

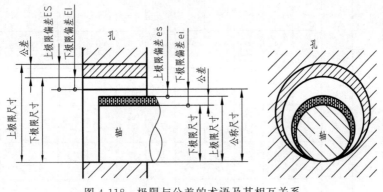

图 4-118　极限与公差的术语及其相互关系

④ 极限尺寸。尺寸要素的尺寸所允许的极限值。尺寸要素允许的最大尺寸称为上极限尺寸，尺寸要素允许的最小尺寸称为下极限尺寸。

⑤ 偏差。实际尺寸减去其公称尺寸所得的代数差。

⑥ 极限偏差。分为上极限偏差和下极限偏差，可以是正值、负值或零。

上极限偏差＝上极限尺寸－公称尺寸。

下极限偏差＝下极限尺寸－公称尺寸。

国标规定：轴的上、下极限偏差代号用小写字母 es、ei 表示，孔的上、下极限偏差代号用大写字母 ES、EI 表示，如图 4-119 所示。

⑦ 尺寸公差。上极限尺寸与下极限尺寸之差。也可以是上极限偏差与下极限偏差之差。

因为上极限尺寸总是大于下极限尺寸，所以，尺寸公差一定为正值。

⑧ 公差极限。确定允许值上界限和/或下界限的特定值。

⑨ 公差带和公差带图。公差带是上极限尺寸和下极限尺寸间的变动值。由代表上极限偏差和下极限偏差或上极限尺寸和下极限尺寸的两条直线所限定。为了便于分析，一般将尺寸公差与公称尺寸的

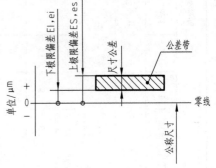

图 4-119　公差带图

关系按放大比例画成简图，称为公差带图，如图 4-119 所示。零线是表示公称尺寸的一条直线，正偏差位于零线之上，负偏差位于零线下。

注：新版国家标准 GB/T 1800.1—2020 对孔、轴、公称尺寸等概念进行了重新定义。

(3) 标准公差和基本偏差

① 标准公差。用以确定公差带大小的任意公差。标准公差的数值由公称尺寸和公差等级来确定，其中公差等级确定尺寸的精确程度。标准公差等级代号用符号 IT 和数字组成，如 IT7，IT 为"国际公差"的英文缩写，数字为公差等级。国家标准将公差等级分为 20 级：IT01 IT0…IT18，从 IT01 至 IT18 等级依次降低。对于一定的公称尺寸，公差等级越高，标准公差值越小，尺寸的精确程度越高。公称尺寸至 500mm 的 IT01 至 IT18 的标准公差等级数值如表 4-8 所示。

② 基本偏差。基本偏差是定义了与公称尺寸最近的极限尺寸的那个极限偏差，用以确定公差带相对于零线位置的那个极限偏差，如图 4-120、图 4-121 所示，国标规定孔、轴分

表 4-8　基本尺寸至 500mm 的标准公差数值

公称尺寸/mm		标准公差等级																			
大于	至	IT01	IT0	IT1	IT2	IT3	IT4	IT5	IT6	IT7	IT8	IT9	IT10	IT11	IT12	IT13	IT14	IT15	IT16	IT17	IT18
		标准公差数值																			
		μm													mm						
—	3	0.3	0.5	0.8	1.2	2	3	4	6	10	14	25	40	60	0.1	0.14	0.25	0.4	0.6	1	1.4
3	6	0.4	0.6	1	1.5	2.5	4	5	8	12	18	30	48	75	0.12	0.18	0.3	0.48	0.75	1.2	1.8
6	10	0.4	0.6	1	1.5	2.5	4	6	9	15	22	36	58	90	0.15	0.22	0.36	0.58	0.9	1.5	2.2
10	18	0.5	0.8	1.2	2	3	5	8	11	18	27	43	70	110	0.18	0.27	0.43	0.7	1.1	1.8	2.7
18	30	0.6	1	1.5	2.5	4	6	9	13	21	33	52	84	130	0.21	0.33	0.52	0.84	1.3	2.1	3.3
30	50	0.6	1	1.5	2.5	4	7	11	16	25	39	62	100	160	0.25	0.39	0.62	1	1.6	2.5	3.9
50	80	0.8	1.2	2	3	5	8	13	19	30	46	74	120	190	0.3	0.46	0.74	1.2	1.9	3	4.6
80	120	1	1.5	2.5	4	6	10	15	22	35	54	87	140	220	0.35	0.54	0.87	1.4	2.2	3.5	5.4
120	180	1.2	2	3.5	5	8	12	18	25	40	63	100	160	250	0.4	0.63	1	1.6	2.5	4	6.3
180	250	2	3	4.5	7	10	14	20	29	46	72	115	185	290	0.46	0.72	1.15	1.85	2.9	4.6	7.2
250	315	2.5	4	6	8	12	16	23	32	52	81	130	210	320	0.52	0.81	1.3	2.1	3.2	5.2	8.1
315	400	3	5	7	9	13	18	25	36	57	89	140	230	360	0.57	0.89	1.4	2.3	3.6	5.7	8.9
400	500	4	6	8	10	15	20	27	40	63	97	155	250	400	0.63	0.97	1.55	2.5	4	6.3	9.7

别有 28 个基本偏差。

a. 基本偏差代号对于孔用大写字母 A，…，ZC 表示，轴用小写字母 a，…，zc 表示。

b. 孔的基本偏差从 A 到 H 为下偏差，从 J 到 ZC 为上偏差。JS 的上下偏差分别为＋IT/2 和－IT/2，基本偏差系列示意图如图 4-120 所示。孔的另一偏差（上偏差或下偏差）ES＝EI＋IT 或 EI＝ES－IT。孔的优先、常用配合基本偏差值如附录中表 A-1 所示。

c. 轴的基本偏差从 a 到 h 为上偏差，从 j 到 zc 为下偏差。js 的上下偏差分别为＋IT/2 和－IT/2，基本偏差系列示意图如图 4-121 所示。轴的另一偏差（上偏差或下偏差）ei＝es－IT 或 es＝ei＋IT。轴的优先、常用配合基本偏差值如附录中表 A-2 所示。

标准公差和基本偏差的关系如图 4-122 所示。

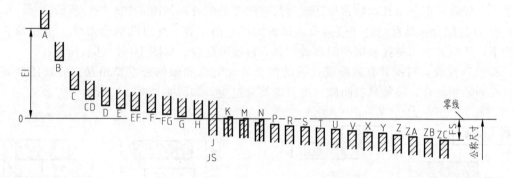

图 4-120　孔的基本偏差系列

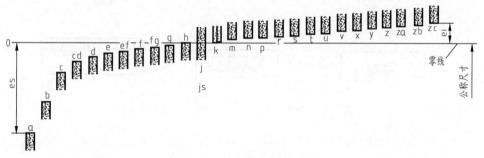

图 4-121　轴的基本偏差系列

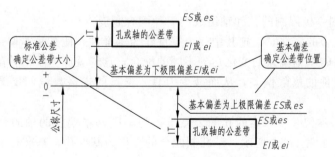

图 4-122　标准公差和基本偏差的关系

（4）孔、轴公差带的表示方式及标注带公差的尺寸表示方法

公差带用基本偏差的字母和公差等级数字表示，并且要用同一号字书写，如 H7、h6

等。标注公差的尺寸用公称尺寸后跟所要求的公差带或对应的偏差表示，如 $\phi30H7$、$\phi30h6$ 或 $\phi30^{+0.021}_{0}$、$\phi30^{0}_{-0.021}$ 等。

(5) 配合与基准制

在机器装配中，将公称尺寸相同的、相互结合的轴和孔公差带之间的关系，称为配合。

① 过盈或间隙的概念。孔和轴配合时，由于实际尺寸不同，将产生"过盈"或"间隙"。孔的尺寸减去轴的尺寸所得代数差值为正时是间隙，为负时是过盈。

② 配合种类。根据相互结合的一批孔和轴之间出现的过盈和间隙不同，国家标准将配合分为以下三种。

a. 间隙配合：具有间隙（包括最小间隙为零）的配合，此时孔的公差带完全在轴的公差带上，任取其中一对孔和轴相配都成为具有间隙的配合，如图 4-123（a）所示。

b. 过盈配合：具有过盈（包括最小过盈为零）的配合，此时孔的公差带完全在轴的公差带下，任取其中一对孔和轴相配都成为具有过盈的配合，如图 4-123（b）所示。

c. 过渡配合：可能具有间隙或过盈的配合，此时孔和轴的公差带相互交叠，任取其中一对孔和轴相配合，可能具有间隙，也可能具有过盈，如图 4-123（c）所示。

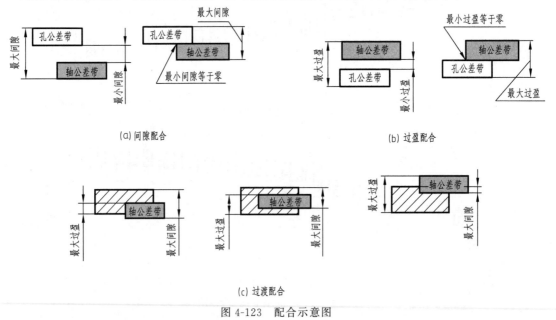

图 4-123　配合示意图

③ 配合制。同一极限制的孔和轴组成的一种配合制度。

在制造互相配合的零件时，把其中一个零件作为基准件，使其基本偏差不变，而通过改变另一个非基准件的基本偏差的变化达到不同的配合，这样就产生了两种配合制。采用配合制是为了统一基准件的极限偏差，从而减少刀具、量具的规格数量，获得最大的技术经济效益。

a. 基孔制：基本偏差为一定的孔的公差带，与不同基本偏差的轴的公差带形组成各种配合的一种制度，如图 4-124 所示。基孔制配合的孔称为基准孔，基准孔的基本偏差代号为 H，即采用基孔制时孔的下极限尺寸与公称尺寸相等、孔的下极限偏差为零。

b. 基轴制：基本偏差为一定的轴的公差带，与不同基本偏差的孔的公差带形组成各种配合的一种制度，如图 4-125 所示。基轴制配合的轴称为基准轴，基准轴的基本偏差代号为 h，即采用基轴制时轴的上极限尺寸与公称尺寸相等、轴的上极限偏差为零。

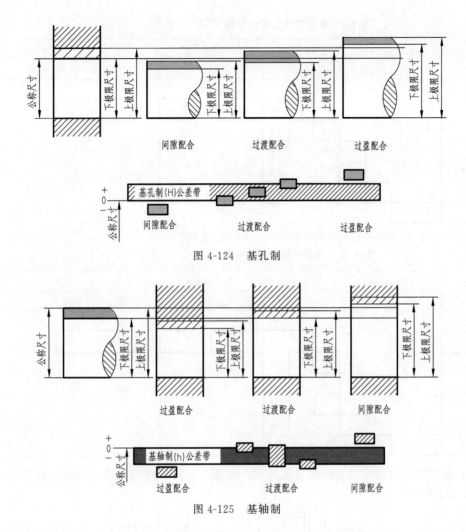

图 4-124 基孔制

图 4-125 基轴制

④ 配合的表示。配合代号用相同的公称直径后跟孔和轴公差带来表示，写成分数形式，分子为孔公差带代号，分母为轴公差带代号。

例如：$\phi 30 \dfrac{\text{H6}}{\text{f5}}$

也可写成：$\phi 30\text{H6/f5}$。

其中 $\phi 30$ 为公称尺寸，H6 为孔的公差带代号，f5 为轴的公差带代号。

⑤ 常用和优先配合。标准公差有 20 个等级，基本偏差有 28 种，可组成大量配合。过多地配合，既不能发挥标准的作用，也不利于生产。为此，国家标准规定了基本尺寸至 500mm 的优先、常用和一般用途的孔、轴公差带，和与之相应的优先、常用配合。基孔制优先、常用配合如表 4-9 所示。基轴制优先、常用配合如表 4-10 所示。

(6) 公差与配合的选用原则

① 选用优先公差带和优先配合。

② 选用基孔制。

③ 选用孔比轴低一级的公差等级。

(7) 公差和配合的标注

1) 在装配图中的标注方法

表 4-9　基孔制优先常用配合 （GB/T 1800.1—2020）

基准孔	轴公差带代号													
	间隙配合					过渡配合				过盈配合				
H6				g5	h5	js5	k5	m5		n5	p5			
H7			f6	g6	h6	js6	k6	m6	n6	p6	r6	s6	t6	u6 x6
H8		e7	f7		h7	js7	k7	m7				s7		u7
		d8	e8	f8	h8									
H9		d8	e8	f8	h8									
H10	b9	c9	d9	e9				h9						
H11	b11	c11	d10					h10						

注：基于经济因素，如有可能，配合应优先选择框中所示的公差带代号。

表 4-10　**基轴制优先常用配合** （GB/T 1800.1—2020）

基准轴	孔公差带代号													
	间隙配合					过渡配合				过盈配合				
h5				G6	H6	JS6	K6	M6		N6	P6			
h6			F7	G7	H7	JS7	K7	M7	N7	P7	R7	S7	T7	U7 X7
h7		E8	F8		H8									
h8	D9	E9	F9		H9									
h9		E8	F8		H8									
	D9	E9	F9		H9									
	B11	C10	D10					H10						

在装配图中标注线性尺寸的配合代号时，必须在公称尺寸的右边，用分数形式注出，如图 4-126 所示。

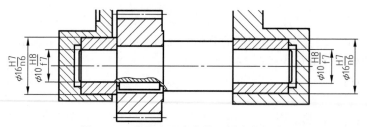

图 4-126　公差和配合在装配图中的标注

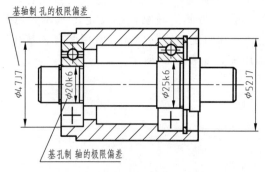

基轴制孔的极限偏差

$\phi 47J7$　$\phi 20k6$　$\phi 25k6$　$\phi 52J7$

基孔制　轴的极限偏差

图 4-127　与标准件配合时的标注

标注标准件、外购件与零件（轴或孔）的配合代号时，可以仅标注相配零件的公差带代号，如图 4-127 所示为与轴承配合的孔和轴的配合代号标注方式。

2）在零件图中的标注方法

在零件图中的标注公差有三种形式。

① 标注公差带的代号，不需标注偏差数值，如图 4-128（a）所示。此种注法用于大批量生产。偏差数值可以从孔与轴的极限偏差表中查出。

② 标注偏差数值，如图 4-128（b）所示。此种注法用于单件、小批量生产。

③ 标注公差带的代号和偏差数值，如图 4-128（c）所示。此种注法用于产量不定的生产。

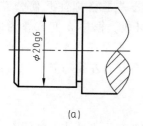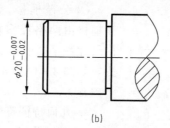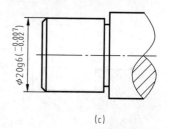

(a)　　　　　　　　　　　(b)　　　　　　　　　　　(c)

图 4-128　尺寸公差在零件图中的标注

4.3.3　几何公差（GB/T 1182—2018）

极限与公差
及其标注

（1）几何公差的概念

零件在加工时，不仅尺寸会产生误差，它的表面几何形状也会产生误差。例如，在加工轴时，可能会出现一头粗一头细的现象；也可能会出现轴线弯曲的现象，另外，零件在加工后，各组成部分的相对位置也会产生误差。例如加工同轴线的几段圆柱面时，可能出现各段轴线不在一条直线上的现象；两个要求互相平行的平面加工后也可能不平行，这些都属于几何误差。这种几何误差所允许的最大变动量，就叫做几何公差，包括形状公差、方向公差、位置公差和跳动公差。

（2）几何公差的几何特征和符号

几何公差的几何特征和符号如表 4-11 所示。

表 4-11　几何公差的几何特征与符号

公差类型	几何特征	符号	有无基准	公差类型	几何特征	符号	有无基准
形状公差（单一实际要素的形状所允许的变动全量）	直线度	—	无	位置公差（关联实际要素对基准在位置上允许的变动全量）	位置度	⊕	有或无
	平面度	▱	无		同心度（用于中心线）	◎	有
	圆度	○	无		同轴度（用于轴线）	◎	有
	圆柱度	⌭	无				
	线轮廓度	⌒	无		对称度	=	有
	面线轮廓度	⌓	无		线轮廓度	⌒	有
方向公差（关联实际要素对基准在方向上所允许的变动全量）	平行度	∥	有		面线轮廓度	⌓	有
	垂直度	⊥	有	跳动公差（关联实际要素绕基准回转一周或连续回转时所允许的最大跳动量）	圆跳动	↗	有
	倾斜度	∠	有				
	线轮廓度	⌒	有		全跳动	⌰	有
	面线轮廓度	⌓	有				

(3) 几何公差的标注

几何公差在图样上的标注内容主要有公差框格、指引线、基准等，如图 4-129 所示。

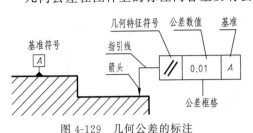

图 4-129　几何公差的标注

① 公差框格。用公差框格标注几何公差，该框格由两格或多格组成。框格高度推荐为图内尺寸数字高度的 2 倍，框格应水平或垂直地放置，如图 4-130 所示。各格自左至右顺序填写如下内容：

a. 几何特征符号。

b. 以线性尺寸单位表示的量值：如果公差带为圆形或圆柱形，公差值前面应加注符号"ϕ"，如果公差带为球形，公差值前面应加注符号"$S\phi$"。

c. 基准：用一个字母表示单个基准或用几个字母表示基准体系或公共基准。有些几何公差没有基准。

   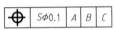 

图 4-130　公差框格

当某项公差应用于几个相同要素时，应在公差框格的上方被测要素的尺寸之前注明要素的个数，并在两者之间加上符号"×"，如图 4-131（a）所示。

如果需要限制被测要素在公差带内的形状，应在公差框格的下方注明，如图 4-131（b）所示，其含义参见 GB/T 1182—2018。

(a)　　　　　　　　(b)　　　　　　　　(c)

图 4-131　不同情况下几何公差的标注

如果需要就某个要素给出几种几何特征的公差，可将一个公差框格放在另一个的下面，如图 4-131（c）所示。

② 指引线与被测要素。用指引连线连接被测要素和公差框格，指引线引自框格的任意一侧，终端带一箭头。

当公差（被测要素）涉及轮廓线或轮廓面时，箭头垂直指向该要素的轮廓线或其延长线，且必须与相应尺寸线明显错开，如图 4-132（a）、（b）所示。箭头也可指向引出线的水平线，引出线引自被测面，引出线端部画一黑点，如图 4-132（c）所示。

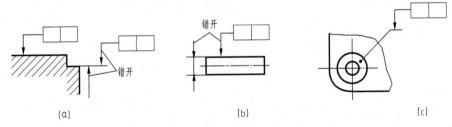

(a)　　　　　　　　(b)　　　　　　　　(c)

图 4-132　被测要素涉及轮廓线或轮廓面

当公差（被测要素）涉及中心线、中心面或中心点时，箭头应位于相应尺寸线的延长线上（与尺寸线对齐），如图 4-133 所示。

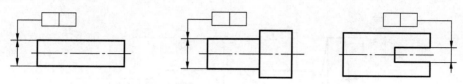

图 4-133　被测要素涉及中心线、中心面或中心点

(4) 几何公差的基准表示

① 基准符号。与被测要素相关的基准用一个大写字母表示，字母标注在基准方格内，与一个涂黑的或空白的三角形相连以表示基准，基准符号及画法如图 4-134 所示。

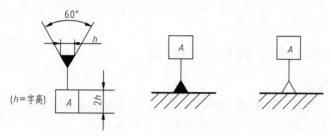

图 4-134　几何公差的基准

② 基准放置。当基准要素是轮廓线或轮廓面时，基准三角形放置在要素的轮廓线或其延长线上（与尺寸线明显错开）；基准三角形也可放置在该轮廓面引出线的水平线上，引出线端部画一黑点，如图 4-135 所示。

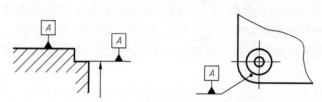

图 4-135　基准要素是轮廓线或轮廓面

当基准要素是轴线、中心平面或中心点时，基准三角形应放置在该尺寸线的延长线上，如图 4-136 所示。如果没有足够的位置标注基准要素尺寸的两个尺寸箭头，则其中一个箭头可用基准三角形代替，如图 4-136（b）、（c）所示。

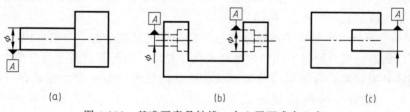

图 4-136　基准要素是轴线、中心平面或中心点

(5) 几何公差的标注示例

如图 4-137 所示，其中 $\boxed{\nearrow\ |\ 0.03\ |\ A}$ 表示 $SR75$ 球面相对于 $\phi16$ 轴线的圆跳动公差为 0.03，$\boxed{b\ |\ 0.005}$ 表示杆身 $\phi16$ 的圆柱度公差是 0.005，$\boxed{\bigcirc\ |\ \phi0.1\ |\ A}$ 表示 $M8\times1$ 的螺纹孔轴线相对于 $\phi16$ 轴线的同轴度公差是 $\phi0.1$。

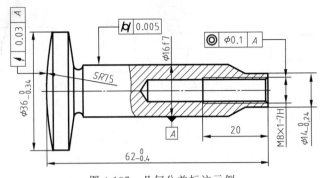

图 4-137　几何公差标注示例

几何公差
及其标注

4.3.4　零件常用材料、涂镀与热处理

(1) 零件常用材料

在设计机器时，零件材料的选择是否合理，不仅影响机器制造的成本，而且直接影响机器的工作性能和使用寿命。因此，不但要正确、合理地选择、使用材料，满足零件的使用要求，还要考虑工艺要求及经济性要求。不同的材料采用不同的成形方法，设计的形状也不相同。

制造机械零件所用的材料很多，有各种钢、铸铁、有色金属、高分子材料和非金属材料。

下面介绍一些机械零件常用的材料。

① 铸铁。铸铁是碳的质量分数大于 2.11% 的铁碳合金。它是脆性材料，不能进行轧制和锻压，但具有良好的液态流动性，可铸出形状复杂的铸件。另外其减振性、可加工性、耐磨性均良好且价格低廉，因此应用非常广泛。常用的灰口铸铁、球墨铸铁、可锻铸铁名称及牌号含义如下。

• 灰口铸铁牌号表示为：HT 加数字，如 HT250，其中"HT"为"灰铁"的汉语拼音的首位字母，后面的数字表示最低抗拉强度（MPa）。

• 球墨铸铁牌号表示：QT 加数字，如 QT800-2，其中"QT"表示球墨铸铁，其后第一组数字表示最低抗拉强度（MPa），第二组数字表示伸长率（%）。

• 可锻铸铁牌号表示：KTH 加数字或 KTB 加数字，如 KTH330-08，KTB380-12，其中"KT"表示可锻铸铁，"H"表示黑心，"B"表示白心，第一组数字表示最低抗拉强度（MPa），第二组数字表示伸长率（%）。

② 碳钢与合金钢。钢是碳的质量分数小于 2.11% 的铁碳合金。一般来说，钢的强度高、塑性好，可以锻造，而且通过不同的热处理和化学处理可改善和提高钢的力学性能以满足使用要求。钢的种类繁多，有不同的分类方法：按碳的质量分数可分为低碳钢（碳的质量分数 ≤0.25%）、中碳钢（碳的质量分数 >0.25%~0.60%）、高碳钢（碳的质量分数 >0.60%）；按化学成分可分为碳素钢、合金钢；按加工质量可分为普通钢、优质钢；按用途可分为结构钢、工具钢、特殊性能钢和专业用钢等。常用的普通碳素结构钢、优质碳素结构钢、合金结构钢、铸造碳钢的名称及牌号含义如下。

• 碳素结构钢牌号表示：Q 加数字，如 Q235，其中"Q"为碳素结构钢屈服强度"屈"字的汉语拼音首位字母，后面数字表示屈服强度数值。如 Q235 表示碳素结构钢屈服强度为 235MPa。

- 优质碳素结构钢牌号表示：两位数字，它表示碳的质量分数的万分数。如 45 钢即表示碳的质量分数为 0.45%。碳的质量分数 ≤0.25% 的碳钢属低碳钢（渗碳钢）；碳的质量分数为在 0.25%～0.6% 之间的碳钢属中碳钢（调质钢）；碳的质量分数为 ≥0.6% 的碳钢属高碳钢。在牌号后加符号"F"表示沸腾钢，如 08F。锰的质量分数较高的钢，须加注化学元素符号"Mn"，如 40Mn。

- 合金结构钢主要是在碳钢中加有合金元素，牌号表示：数字加相应的化学元素符号，如 40Cr、30CrMnTi，其中前面的数字含义与优质碳素结构钢相同，后面的字母代表相应的化学元素符号，合金元素质量分数小于 1.5% 时，不标明含量；当合金元素质量分数为 1.5%～2.5% 时标 2；合金元素质量分数为 2.5%～3.5% 时标 3；以此类推。

- 铸造碳钢牌号表示：ZG 加数字，如 ZG230-450，表示工程用铸钢，屈服强度为 230MPa，抗拉强度 450MPa。也可用化学成分表示铸钢的牌号，由"ZG"和其后的表示化学成分的符号组成（GB/T 5613—2014），如 ZG20SiMn、ZG40Cr 等。

③ 有色金属合金。通常将钢、铁称为黑色金属材料，而将其他金属材料统称为有色金属材料。有色金属常用的有铜、铝、锌、锡、铅等，一般使用的是有色金属合金。常用的有铜合金和铝合金等，其牌号及含义可参阅相应的国标。有色金属价格昂贵，因此，仅用于要求减摩、耐磨、抗腐蚀等特殊情况。

常用的铜及合金有工业纯铜、黄铜和青铜及铸造铜合金，铝及合金有工业纯铝、变形铝合金、铸造铝合金等。

④ 高分子材料。高分子材料具有强度高、质量轻、耐腐蚀、耐磨、减振、易成型、成本低等优点而大量使用。常用的高分子材料有塑料和橡胶。

工业常用的塑料有聚氯乙烯（PVC）、聚丙烯（PP）、聚碳酸酯（PC）、尼龙（PA）、ABS、聚四氟乙烯（PTFE）等，其牌号及含义可参阅相应的国标。

橡胶是具有高弹性的高分子材料，有天然橡胶和合成橡胶。橡胶不仅可制作轮胎、密封件、减振片、防振件等，还常用于制作输送带、电缆以及电线的外绝缘材料。橡胶可制成各种型材，也可用模具成型，常用的板材有耐油橡胶板、耐酸碱橡胶板、耐热橡胶板等。

⑤ 非金属材料。常用的非金属材料有陶瓷、玻璃和木材，随着技术的进步，陶瓷、玻璃的二次加工性能也在提高，陶瓷具有高硬度、耐磨、耐腐蚀、耐高温的特点，在工业中广泛应用，现在水路终端使用的水龙头，大量采用陶瓷阀芯。

（2）钢的热处理与涂镀简介

钢的热处理对金属材料的力学性能（如强度、塑性、弹性、硬度等）有极大的改善；涂镀对提高零件的耐磨性、耐热性、耐疲劳、耐腐蚀和美观有显著影响。

钢的热处理是指钢在固态下加热到一定温度，保温一定时间，再在介质中以一定的速度冷却的工艺过程。钢经过热处理后，可以改变其内部组织，改善其力学性能及工艺性能，提高零件的强度、硬度和使用寿命。

化学热处理是将工件置于一定的化学介质中加热和保温，使介质中的活性原子渗入工件表层，以改变工件表层的化学成分和组织，从而提高零件表面的硬度、耐磨性、耐腐蚀性等，而芯部仍保持原来的力学性能，以满足零件的特殊要求。化学热处理的种类很多，依照渗入元素的不同，有渗碳、渗氮、碳氮共渗等，以适用于不同的场合，其中以渗碳应用最广。

钢的涂镀是指用一定的方法在钢件表面涂镀一层相应的材料，如镀锌、镀铜、镀铬、镀镍、镀银等；也可在金属表面涂覆涂料，起到防腐和美观的作用。

根据零件的不同要求,可以采用不同的涂镀与热处理。

表面处理在图样上的标注方法举例如下。

1)金属镀涂在图样上的标注

图 4-138(a)表示基体材料为钢材,电镀铜 10μm 以上,光亮镍 15μm 以上,微裂纹(用字母"mc"表示)铬 0.3μm 以上。

图 4-138(b)表示基体材料为钢材,电镀锌 7μm 以上,后处理为彩虹铬酸盐处理 2 级 C 型(用字母"c2C"表示)。

图 4-138(c)表示基体材料为钢材,先是电镀铜 20μm 以上,又是化学镀镍 10μm 以上,最后是镀无裂纹(用字母"cf"表示)铬 0.3μm 以上。

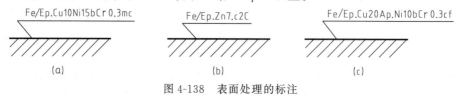

图 4-138　表面处理的标注

部分材料表示符号和镀覆处理方法表示符号如表 4-12 所示。

表 4-12　部分材料表示符号和镀覆处理方法表示符号

零件材料	材料表示符号	镀覆处理方法	表示符号
钢、铁	Fe	电镀	Ep
铜及铜合金	Cu	化学镀	Ap
铝及铝合金	Al	化学处理	Ct
塑料	PL	电化学处理	Et

2)化学处理在图样上的标注

图 4-139(a)表示基体材料为铜材,化学处理,钝化(用字母"P"表示)。

图 4-139(b)表示基体材料为铝材,电化学处理,电解着色(用字母"Ec"表示)。

图 4-139(c)表示基体材料为铝材,电化学处理,阳极氧化(对阳极氧化方法无特定要求时,用字母"A"表示),着黑色(着色用字母"CI"表示,"BK"表示黑色)。

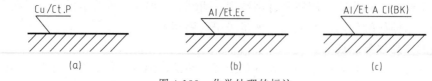

图 4-139　化学处理的标注

3)热处理在图样上的标注

图 4-140 中局部热处理使用符号,热处理结果常用布氏硬度(HBS 或 HBW)、洛氏硬度(HRC)或维氏硬度(HV)表示,指标值可用范围表示法,如图 4-140(a)所示。也可用偏差表示法,如图 4-140(b)所示。当对有效硬化层深度有明确要求时,也应标注出,如图 4-140(c)中的 DS=+0.8,表 4-13 给出各种表面热处理的有效硬化层深度所使用的代号。

在图 4-140 中使用粗点画线表示需进行表面处理的机件表面,一般如图 4-140 所示,将有硬度要求的部位用粗点画线框起来;当轴对称零件或在不致引起误解的情况下,可用一条粗点画线画在热处理部位的外侧表示,如图 4-140(a)所示,也可使用两条粗点画线画出,如图 4-140(c)所示。机件上硬化与不硬化均可的过渡部位可以虚线框出,如图 4-140(c)中机件的左端部。

表 4-13 有效硬化层深度代号

表面热处理	有效硬化层深度代号
表面淬火	DS
渗碳和碳氮共渗淬火回火	DC
渗氮	DN

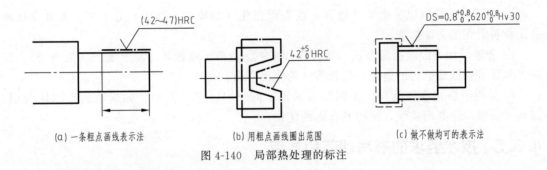

(a) 一条粗点画线表示法　　(b) 用粗点画线圈出范围　　(c) 做不做均可的表示法

图 4-140 局部热处理的标注

(3) 零件材料的选用原则

选择材料时，主要考虑使用要求、工艺要求和经济要求。

1) 使用要求

满足使用要求是选择材料的最基本原则，使用要求一般是指：零件的受载情况和工作环境，零件的尺寸与重量的限制，零件的重要程度，等等。受载情况是指载荷大小和应力种类；工作环境是指工作温度、周围介质及摩擦性质；重要程度是指零件失效对人身、机械和环境的影响程度。

按使用要求选择材料的一般原则是：

a. 若零件使用要求取决于强度，且尺寸和重量又受到限制，应选用强度较高的材料；承受静应力的零件，宜选用屈服极限较高的材料；在变应力下工作的零件，应选用疲劳强度较高的材料；受冲击载荷的零件，应选用韧性好的材料。

b. 若零件使用要求取决于刚度，且尺寸和重量又受到限制，应选用弹性模量较大的材料。

c. 若零件使用要求取决于接触强度，应选用可进行表面强化处理的材料。

d. 易磨损的零件（如蜗轮），应选用耐磨性较好的材料。

e. 在滑动摩擦下工作的零件（如滑动轴承），应选用减摩性好的材料。

f. 在高温下工作的零件，应选用耐热材料。

g. 在腐蚀性介质中工作的零件，应选用耐腐蚀材料等。

2) 工艺要求

选择材料时应考虑零件的复杂程度、材料的加工方法、生产批量等。

a. 毛坯选择时应注意：大批量生产的大型零件应用铸造毛坯；小量生产的大型零件应用焊接毛坯；中、小型零件应用锻造毛坯，形状复杂应用铸造毛坯。

b. 需要机械加工的零件，材料应具有良好的切削性能（易断屑、加工表面光滑、刀具磨损小等）。

c. 需要热处理的零件，所选材料应有良好的热处理性能，还要考虑材料的易加工性。

3) 经济要求

在机械零件的成本中，材料费用约占 30％ 以上，有的甚至达到 50％，可见选用廉价材料有重大的意义。为了使零件最经济地制造出来，不仅要考虑原材料的价格，还要考虑零件的制造费用。

a. 在达到使用要求的前提下，应尽可能选用价格低廉的材料。

b. 采用高强度铸铁（如球墨铸铁来代替钢材），用工程塑料和粉末冶金材料代替有色金属材料。

c. 采用热处理（包括化学热处理）或表面强化（如喷丸、滚压）等工艺，充分发挥和利用材料潜在的力学性能。

d. 合理采用表面镀层等方法（如镀锌、镀铬、镀铜、喷涂减摩层、发黑、发蓝等），以减少和延缓腐蚀或磨损的速度，延长零件的使用寿命。

e. 采用组合式零件结构，不同部位采用不同材料，各尽其用，如蜗轮的齿圈用青铜，以利于减摩；轮芯用铸铁，发挥其价廉的优点。

4.3.5　技术要求的书写规范和要点

① 产品及零、部件，当不能用视图充分表达内外在质量时，应在"技术要求"标题下用文字说明，其位置尽量置于标题栏的上方或左方。

② 技术要求的条文应编写顺序号，仅一条时，不写顺序号。

③ 技术要求的内容应符合有关标准要求，简明扼要，通顺易懂，一般包括下列内容：

a. 对材料、毛坯、热处理的要求（如电磁参数、化学成分、湿度、硬度、金相要求等）。

b. 视图中难以表达的尺寸公差、几何公差、表面粗糙度等。

c. 对有关结构要素的统一要求（如圆角、倒角、尺寸等）。

d. 对零、部件表面质量的要求（如涂层、镀层、喷丸等）。

e. 对间隙、过盈及个别结构要素的特殊要求。

f. 对校准、调整及密封的要求。

g. 对产品及零、部件的性能和质量的要求（如噪声、耐振性、自动、制动及安全等）。

h. 试验条件和方法。

i. 其他说明。

④ 技术要求中引用各类标准、规范、专用技术条件以及试验方法与验收规则等文件时，应注明引用文件的编号和名称。在不致引起辨认困难时，允许只标注编号。

⑤ 技术要求中列举明细栏内零、部件时，允许只写序号或图样代号。

4.4
零件上常见的工艺结构

4.4.1　铸造零件工艺结构

(1) 起模斜度

铸造零件的毛坯时，为了便于从砂型中取出模型，一般沿模型起模方向做成一定的斜度，叫做起模斜度。木模常为 $1°\sim3°$，金属模用手工造型时为 $1°\sim2°$，用机械造型时为 $0.5°\sim1°$。起模斜度可以在零件图上画出，如图 4-141（a）所示，也可以不在零件图上画出，如图 4-141（b）所示。不在图上标注起模斜度时，应在技术要求中用文字说明。

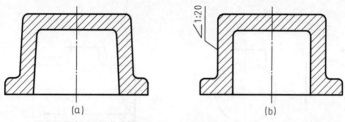

图 4-141　起模斜度

（2）铸造圆角

在铸件毛坯各表面的相交处，都有铸造圆角，如图 4-141、图 4-142（a）所示。这样既能方便起模，又能防止浇铸铁水时将砂型转角处冲坏而使铸件夹砂，还可避免铸件在冷却时产生裂纹或缩孔，如图 4-142（b）所示。铸造圆角在图样上一般不予标注，常集中注写在技术要求中。圆角半径一般取壁厚的 $0.2\sim0.4$ 倍，在同一铸造件上圆角半径的种类应尽可能减少。

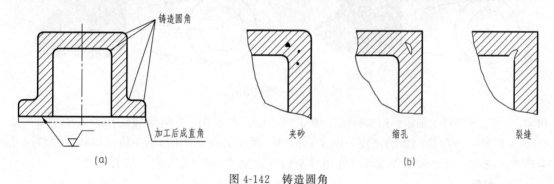

图 4-142　铸造圆角

（3）铸件壁厚

在浇铸零件时，为了避免因各部分冷却速度不同而产生缩孔或裂缝，铸件壁厚应保持大致相等或逐渐过渡，如图 4-143 所示。

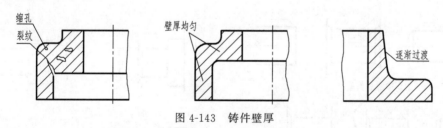

图 4-143　铸件壁厚

（4）过渡线

铸件上圆角、起模斜度的存在，使得铸件上的形体表面交线不十分明显，这种线称为过渡线，过渡线的画法和相贯线的画法一样，按没有圆角的情况求出相贯线的投影，画到理论上的交点为止。过渡线应该用细实线绘制，且不宜与轮廓线相连，如图 4-144 所示。

4.4.2　倒角和圆角

（1）倒角

为便于操作和装配，常在零件端部或孔口处加工出倒角。常见的倒角为 $45°$，也有 $30°$

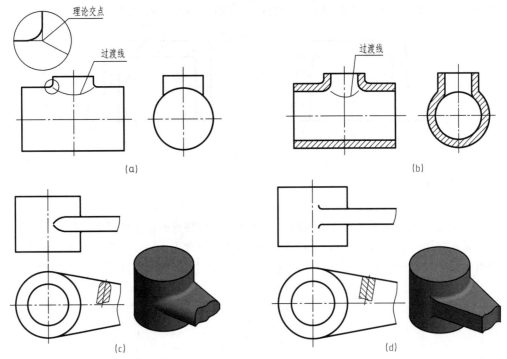

图 4-144 过渡线的画法

和 60°，其尺寸标注如图 4-145 所示。图 4-145（a）所示为 45°倒角的注法，其中"*C*"是 45°倒角符号，"2"是倒角的宽度；图 4-145（b）所示为非 45°倒角的注法。图样中倒角尺寸全部相同或某一尺寸占多数时，可在图样空白处注明"全部 *C*2"或"其余 *C*2"。

（2）圆角

为了避免阶梯轴轴肩根部或阶梯孔的孔肩处因产生应力集中而断裂，因此，阶梯轴轴肩根部或阶梯孔的孔肩处应以圆角过渡，其画法和标注如图 4-146 所示。倒角和圆角的结构及尺寸可参见附录中表 B-1。

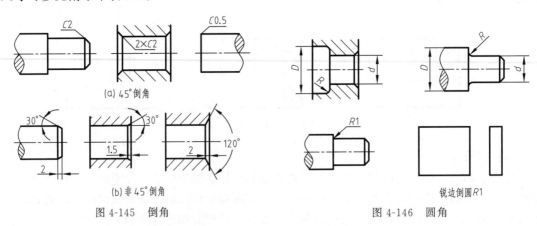

图 4-145　倒角　　　　　　　　　　　　　　　图 4-146　圆角

4.4.3　退刀槽和砂轮越程槽

对车、刨、磨等加工面，为了使轴上零件能安装到轴肩部位，常在待加工面的末端留出退刀槽或砂轮越程槽，如图 4-147 所示。砂轮越程槽的结构及尺寸可参见附录表 B-2。

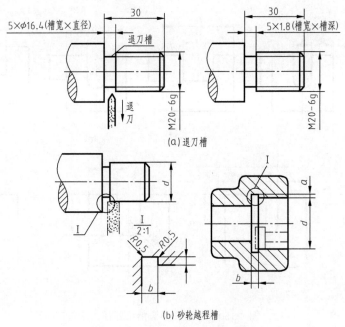

(a) 退刀槽

(b) 砂轮越程槽

图 4-147 退刀槽和砂轮越程槽

4.4.4 V形槽和T形槽

(1) V形槽

V形槽一般应注出其槽宽、角度以及与加工测量有关的尺寸。如图 4-148 所示，图中 D、H 为检验所需的尺寸，h、b 为加工所需的尺寸。

(2) T形槽

T形槽应注出与所用螺栓有关的尺寸，如图 4-149 所示。

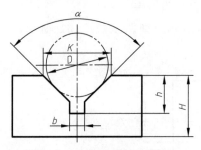

图 4-148 V形槽尺寸注法

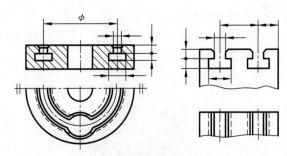

图 4-149 T形槽尺寸注法

4.4.5 方槽和半圆槽

方槽和半圆槽尺寸注法如图 4-150 所示，标注时一般遵循如下原则。

① 一般是注出槽宽、槽深，并以一个侧面为基准注出定位尺寸，如图 4-150 (a)、(b) 所示。

② 当槽的位置要求对称时，应以对称中心平面为基准注出对称尺寸，如图 4-150 (c)、(d) 所示。对称度要求高时，应注出对称度公差，如图 4-150 (e) 所示。

③ 在大批量生产中，宽度尺寸由刀具保证而无须检验时，可在尺寸线下方注明"（工具尺寸）"字样，并确定其对称中心线的位置，如图 4-150 (f)、(g) 所示。由刀具行程控制

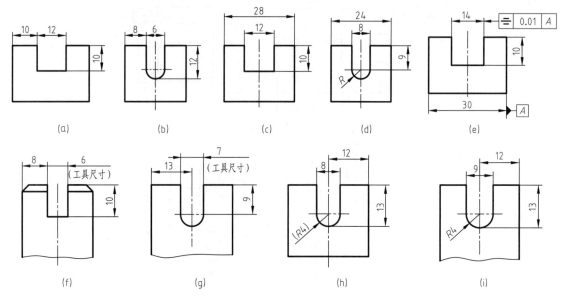

图 4-150　方槽和半圆槽尺寸注法

槽深时，半圆槽深度尺寸的注法如图 4-150（g）所示。

④ 半圆槽半径尺寸的注法。若半径不等于槽宽之半，应注出半径尺寸，如图 4-150（i）所示；若半径等于槽宽之半，根据具体要求可不注半径尺寸，如图 4-150（b）所示，也可将其作为参考尺寸注出，如图 4-150（h）所示，或只注符号 R 而不注尺寸数值，如图 4-150（d）所示。

4.4.6　中心孔

为了方便轴类零件的装卡、加工，通常在轴的两端加工出中心孔，如图 4-151（a）所示。国家标准中的中心孔有 A 型、B 型、C 型、R 型，可参见附录表 B-3。

在零件图中，标准中心孔用图形符号加标记的方法来表示，如图 4-151（b）所示，表示方法如附录表 B-4 所示。

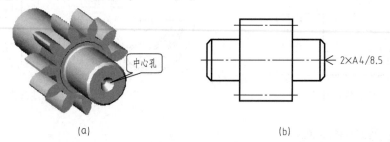

图 4-151　中心孔

4.4.7　凸台和沉孔

零件上各种形式和用途的孔，常用钻头加工而成，钻孔端面应与钻头垂直，为此，对于斜孔、曲面上的孔应制成与钻头垂直的凸台或凹坑，如图 4-152（a）所示。钻削不通孔时，孔的底部有 120°锥角，孔的深度不包括锥角。钻阶梯孔时，其过渡处也存在 120°锥角的圆台，大孔的深度也不包括此锥角圆台，如图 4-152（b）所示。

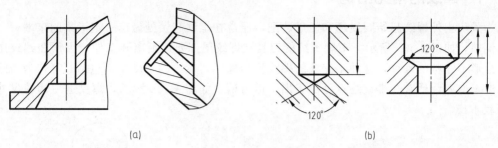

(a)   (b)

图 4-152　凸台和沉孔

4.5
零件上螺纹结构的表达

　　螺纹指的是在零件表面形状为圆柱或圆锥的母体表面上，制出螺旋线形的、具有特定截面的连续凸起部分。螺纹按其母体形状分为圆柱螺纹和圆锥螺纹；按其在母体所处位置分为外螺纹、内螺纹；按其截面形状（牙型）分为三角形螺纹、矩形螺纹、梯形螺纹、锯齿形螺纹及其他特殊形状螺纹，常见的螺纹如图 4-153 所示。其中三角形螺纹主要用于连接，矩形、梯形和锯齿形螺纹主要用于传动。螺纹凸起的顶部称为牙顶，凹陷的沟槽底部称为牙底。

(a) 三角形螺纹　　　　　(b) 梯形螺纹　　　　　(c) 锯齿形螺纹　　　　　(d) 矩形螺纹

图 4-153　常见螺纹

　　如图 4-154（a）所示的是在车床上加工螺纹的方法，另外还可以用如图 4-154（b）所示的丝锥攻制内螺纹和板牙套制外螺纹。

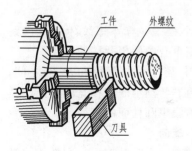 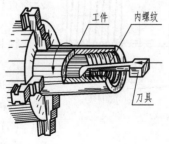 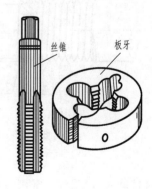

(a) 车床加工螺纹　　　　　　　　　　　　　　　　(b) 丝锥攻制螺纹

图 4-154　螺纹加工

4.5.1 螺纹的常见结构

为了防止外螺纹起始圈损坏和便于装配，通常在螺纹起始处做出一定形式的末端——倒角或倒圆，如图 4-155 所示。车削螺纹的刀具在螺纹尾部要逐渐离开工件，因而在螺纹尾部形成牙形不完整的螺纹，这种不完整的螺纹称为螺尾。螺纹的长度中不包括螺尾，为清除螺尾和便于退刀，通常在螺纹终点处加工出了退刀槽，如图 4-155 所示，螺纹退刀槽的尺寸可参阅表 4-15。

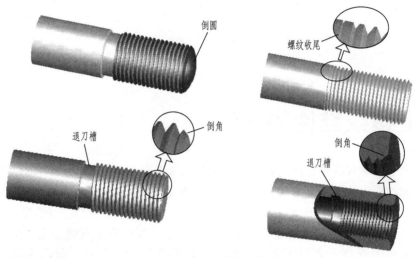

图 4-155　螺纹结构

4.5.2 螺纹要素

(1) 牙型

其是指通过螺纹轴线的螺纹牙齿断面形状，如三角形、梯形、锯齿形、矩形等，参见图 4-153。

(2) 直径

螺纹的直径分为大径、中径和小径，如图 4-156 所示。

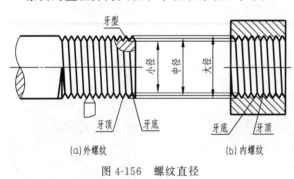

图 4-156　螺纹直径

- 大径——与外螺纹牙顶或内螺纹牙底相重合的假想圆柱的直径，也称公称直径。
- 小径——与外螺纹牙底或内螺纹牙顶相重合的假想圆柱的直径。
- 中径——在大径与小径之间，其母线通过牙型上的沟槽宽度与凸起宽度相等的假想圆柱面的直径。

(3) 旋向

分左旋（逆时针旋入）和右旋（顺时针旋入），工程上常用右旋，如图 4-157 所示。

(4) 线数

在同一圆柱面上切削螺纹的条数。切削一条的称为单线螺纹；切削两条或两条以上的称为双线螺纹或多线螺纹。

(5) 螺距和导程

螺距指相邻两牙在中径线上对应两点间的轴向距离；导程指同一条螺旋线上相邻两牙在中径线上对应两点间的轴向距离。单线螺纹的螺距和导程相同，而多线螺纹的螺距等于导程除以线数。

牙型、大径和螺距通常称为螺纹三要素，凡螺纹三要素符合标准的称为标准螺纹。若螺纹仅牙型符合标准，大径和螺距不符合标准，称为特殊螺纹。若牙型也不符合标准者，称为非标准螺纹（如方牙螺纹）。

互相旋合的一对内、外螺纹，它们的牙型、大径、旋向、线数和螺距等要素必须一致。

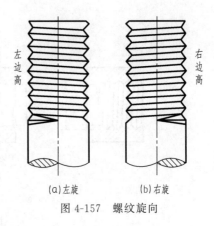

(a)左旋　　(b)右旋

图 4-157　螺纹旋向

4.5.3　螺纹的规定画法（GB/T 4459.1—1995）

(1) 外螺纹

螺纹的牙顶（大径）及螺纹的终止线用粗实线表示，牙底（小径）用细实线表示，在垂直于螺纹轴线的投影面的视图中，表示牙底的细实线圆只画约 3/4，此时螺纹的倒角规定省略不画，如图 4-158 所示。

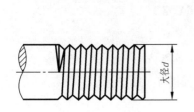

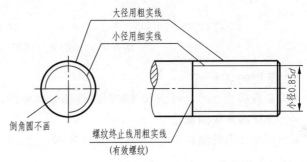

大径用粗实线

小径用细实线

倒角圆不画　　螺纹终止线用粗实线

（有效螺纹）

(a)外螺纹不剖时的规定画法

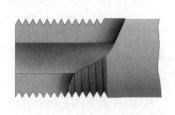

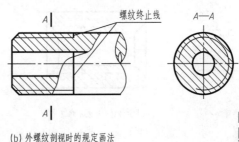

螺纹终止线

(b)外螺纹剖视时的规定画法

图 4-158　外螺纹画法

(2) 内螺纹

剖开表示时，牙底（大径）为细实线，牙顶（小径）及螺纹终止线为粗实线。不剖开表示时，牙底、牙顶和螺纹终止线皆为细虚线。在垂直于螺纹轴线的视图中，牙底仍然画成约为 3/4 的细实线圆，螺纹的倒角省略不画，如图 4-159 所示。

绘制不穿通的螺孔时，一般应将钻孔的深度和螺纹部分的深度分别画出，如图 4-160

内外螺纹的
画法及其标注

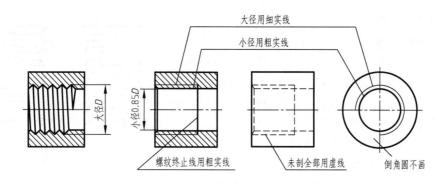

(a) 剖开画法   (b) 不剖画法

图 4-159　内螺纹画法

（a）所示。当需要表示螺纹收尾时，螺纹尾部的牙底用与轴线成 30°的细实线表示，如图 4-160（b）所示。

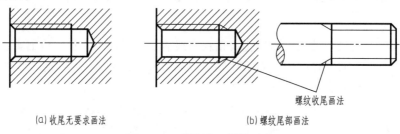

(a) 收尾无要求画法   (b) 螺纹尾部画法

图 4-160　螺纹孔、螺尾画法

（3）牙型的表示

当需要表示牙型时，可采取剖视图或局部放大画法，如图 4-161 所示。

（4）非标准螺纹的画法

画非标准牙型的螺纹时，应画出螺纹牙型，并标注出所需的尺寸及有关要求，如图 4-161（c）所示。

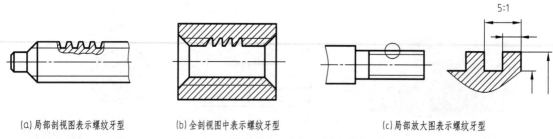

(a)局部剖视图表示螺纹牙型　　　(b)全剖视图中表示螺纹牙型　　　(c)局部放大图表示螺纹牙型

图 4-161　螺纹牙型及非标准螺纹的画法

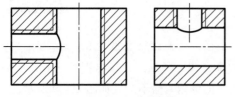

图 4-162　螺纹孔交线的画法

（5）螺纹孔相交画法

螺纹孔与螺纹孔相交或螺纹孔与圆柱孔相交时，应只画螺纹小径对应圆柱面上的交线，如图 4-162 所示。

（6）内外螺纹旋合后的画法

为了表达内外螺纹旋合关系一般采用剖视

图，如图 4-163 所示为旋合在一起的内、外螺纹的画法，其旋合部分应按外螺纹的画法画图，且带有内外螺纹的相邻两个零件剖面线方向应该相反。

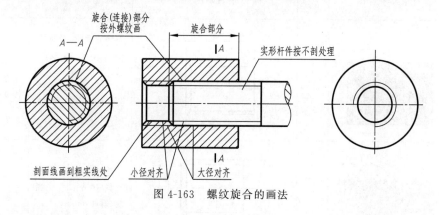

图 4-163　螺纹旋合的画法

4.5.4　螺纹的种类及标注

(1) 螺纹的种类

螺纹按用途分连接螺纹和传动螺纹两大类。

连接螺纹起连接和紧固作用。常用的标准螺纹有：粗牙普通螺纹，细牙普通螺纹，非螺纹密封的管螺纹，螺纹密封的管螺纹。它们的牙型均为三角形，如表 4-14 所示。

表 4-14　常见螺纹的种类、标注及应用

螺纹种类		外形及牙型图	特征代号		标注示例	标注说明	应用
连接螺纹	普通螺纹	60°	M	粗牙	M10-6g	粗牙普通螺纹,公称直径 10mm,右旋,中径、大径公差带均为 6g,中等旋合长度	粗牙螺纹用于机件的连接。细牙螺纹用于薄壁零件或细小的精密零件上。普通螺纹是最常用的连接螺纹
				细牙	M20×1.5-7H-L	细牙普通螺纹,公称直径 20mm,螺距 1.5mm,右旋,中径、大径公差带均为 7H,长旋合长度	
	管螺纹	55°	G	非螺纹密封的管螺纹	G$\frac{1}{2}$A	非螺纹密封的外管螺纹,尺寸代号 1/2 英寸,公差等级 A 级,右旋。引出标注	用于管接头、旋塞、阀门及其附件
		55°	R_c R_p R_1 R_2	螺纹密封的管螺纹	R1$\frac{1}{2}$	螺纹密封的外管螺纹,尺寸代号 $1\frac{1}{2}$ 英寸,右旋,引出标注。R_p 圆柱内螺纹、R_c 圆锥内螺纹,R_1、R_2 圆锥外螺纹,R_1 与 R_p 配合,R_2 与 R_c 配合	用于管子、管接头、旋塞、阀门和其他螺纹连接件的附件

螺纹种类		外形及牙型图	特征代号	标注示例	标注说明	应用
传动螺纹	梯形螺纹		Tr	Tr40×14P7LH-7H	梯形螺纹,公称直径40mm,双线螺纹、导程14mm、螺距7mm,左旋,中径公差带为7H,中等旋合长度	用于各种机床的丝杠,做传动用
	锯齿形螺纹		B	B40×7	锯齿形螺纹,公称直径40mm,单线螺纹、螺距7mm,右旋	只能传递单方向的动力

传动螺纹是用来传递动力或运动的,常用的有梯形螺纹和锯齿形螺纹。梯形螺纹牙型为等腰梯形,它是最常用的传动螺纹。锯齿形螺纹是一种受单向力的传动螺纹,牙型为锯齿形,如表 4-14 所示。

(2) 螺纹的标注

由于不同的螺纹画法相同,因此在图样中为了表示螺纹的要素及技术要求等,必须对螺纹进行标注。

1) 普通螺纹的标注 (GB/T 197—2018)

① 标注内容为:

<u>特征代号尺寸代号</u>-公差带代号-有必要说明的信息

其中,特征代号见表 4-14。

尺寸代号:单线螺纹为,公称直径×螺距,对于粗牙螺纹螺距可以省略,如 M8、M8×1。

多线螺纹为,公称直径×Ph 导程 P 螺距,如 M16Ph3P1.5。

公称直径国标有明确规定。

公差带代号(包含中径、顶径公差带代号):由表示公差等级的数字和表示公差带位置的字母所组成,如 6H、6g(内螺纹用大写字母,外螺纹用小写字母)。如果中径与顶径公差带代号相同,则只注一个代号,如 7h;如果螺纹的中径公差带与顶径公差带代号不同,则分别标注,如 5g6g。

当螺纹为中等公差精度,内螺纹公称直径小于或等于 1.4mm 时,省略 5H,大于或等于 1.6mm 时,省略 6H;外螺纹公称直径小于或等于 1.4mm 时,省略 6h,大于或等于 1.6mm 时,省略 6g,即不标公差带代号。

有必要说明的信息:旋合长度和旋向,中间用"-"分开。其中螺纹旋合长度规定为短(S)、中(N)、长(L)三种,中旋合长度不标注。旋向分为右旋、左旋,右旋不标注,左旋用 LH 表示。

普通螺纹在图上的标注方法是将规定标记注写在尺寸线或尺寸线的延长线上,尺寸界线从螺纹大径引出,如表 4-14 所示。

表示内、外螺纹配合时,内螺纹公差带代号在前,外螺纹公差带代号在后,中间用斜线

"/"分开，如：

M6-6H/6g，M20×2-6H/5g6g。

② 普通螺纹标注新旧国标区别：

a. 新标准允许省略最常用的公差带。

b. 新标准不允许标注旋合长度具体数值。

c. 新标准左旋的代号"LH"在标注内容最后，旧标准左旋的代号"LH"则在尺寸代号之后。

d. 新标准规定了多线螺纹的标注方法，旧标准没有。

标注区别举例如下：

单线左旋长旋合：

新标准　M10×1-5g6g-L-LH　M10×1-LH

旧标准　M10×1LH-5g6g-L　M10×1LH-6H

多线左旋：

新标准　M16Ph3P1.5-5h6h-S-LH

旧标准　无

2）非螺纹密封管螺纹的标注（GB/T 7307—2001）

标注内容为：

外螺纹　<u>特征代号尺寸代号公差等级代号-旋向代号</u>

内螺纹　<u>特征代号尺寸代号旋向代号</u>

其中，特征代号见表 4-14。尺寸代号数值国标有明确规定。

如左旋的管螺纹标注，外螺纹为 G1/2A-LH；内螺纹为 G1/2LH。

在图上的标注方法是用一条细实线，一端指向螺纹大径，另一端引一横向细实线，将螺纹标记写在横线上侧，如表 4-14 所示。

表示螺纹副时，仅需标注外螺纹的标记代号。

3）梯形螺纹的标注

标注内容为：

<u>特征代号尺寸代号-中径公差带代号-旋合长度代号</u>

其中，特征代号见表 4-14。

尺寸代号：单线螺纹　公称直径×导程 P 螺距。

多线螺纹　公称直径×导程 P 螺距。

中径公差带代号、旋合长度代号、旋向注法与普通螺纹相同。

公称直径国标有明确规定，可参阅标准。

标注示例：Tr40×7-7H，Tr36×12P6-7e。

梯形螺纹在图上的标注方法同普通螺纹，如表 4-14 所示。

表示内、外螺纹配合时，内螺纹公差带代号在前，外螺纹公差带代号在后，中间用斜线"/"分开，如：

Tr40×7-7H/7e，Tr40×14P7-7H/7e。

4）锯齿形螺纹的标注

标注内容为：

<u>特征代号尺寸代号-中径公差带代号-旋合长度代号</u>

其中，特征代号见表 4-14。

尺寸代号：单线螺纹　公称直径×导程（P 螺距）旋向（右旋可省略，左旋标注 LH）。

多线螺纹　公称直径×导程（P 螺距）旋向（右旋可省略，左旋标注 LH）。

中径公差带代号、旋合长度代号注法与普通螺纹相同。

公称直径国标有明确规定，可参阅标准。

标注示例：B40×7-7H，B40×14（P7）LH-7e。

锯齿形螺纹在图上的标注方法也同普通螺纹，如表 4-14 所示。

表示内、外螺纹配合时，内螺纹公差带代号在前，外螺纹公差带代号在后，中间用斜线"/"分开，如：

B40×7-7H/7e，B40×14（P7）- 7H/7e。

5）非标准螺纹的标注

非标准螺纹采用在图样标注螺纹牙型的详细尺寸，如图 4-161（c）所示。

螺纹的种类、
标记及标注

4.5.5　螺纹工艺结构参数

螺纹的工艺结构是保证螺纹在使用、储存及运输工程中不受损伤、工作可靠的结构。常见工艺结构有倒角、退刀槽等，尺寸如表 4-15 所示。

表 4-15　普通螺纹退刀槽、倒角尺寸　　　　　　　　　　　　单位：mm

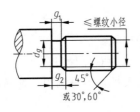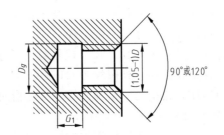

| 螺距 | 外螺纹 | | | 内螺纹 | | 螺距 | 外螺纹 | | | 内螺纹 |
	g_{2max},g_{1min}		d_g	G_1	D_g		g_{2max},g_{1min}		d_g	G_1	D_g
0.5	1.5	0.8	$d-0.8$	2		1.75	5.25	3	$d-2.6$	7	
0.7	2.1	1.1	$d-1.1$	2.8	$D+0.3$	2	6	3.4	$d-3$	8	
0.8	2.4	1.3	$d-1.3$	3.2		2.5	7.5	4.4	$d-3.6$	10	$D+0.5$
1	3	1.6	$d-1.6$	4		3	9	5.2	$d-4.4$	12	
1.25	3.75	2	$d-2$	5	$D+0.5$	3.5	10.5	6.2	$d-5$	14	
1.5	4.5	2.5	$d-2.3$	6		4	12	7	$d-5.7$	16	

4.6
常见典型零件的结构、画法、尺寸标注及技术要求

常见的典型零件除了有轴套类零件、轮盘类零件、叉架类零件和箱体类零件外，还有钣金、冲压类零件，塑料及其镶嵌金属的零件和型材折弯类零件等，下面分别介绍各类零件的结构、表达方法、尺寸标注及技术要求。

4.6.1 轴套类零件

轴套类零件包括各种轴、套筒和衬套等。轴套类零件的主体为回转体结构，通常由圆柱面、圆锥面等构成。在轴套类零件上，常装配的零件有轮、套、轴承、键等。在机器中，轴类零件一般起支承、传递运动和动力的作用，套类零件一般起支承、轴向定位、连接或传动作用。

4.6.1.1 轴的结构特点

轴上常见的功能结构有键槽、螺纹、销孔、凹坑等，常见的工艺结构有倒角、圆角、砂轮越程槽、退刀槽、中心孔等，如图 4-164 所示。

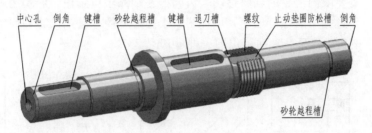

图 4-164 轴上的常见结构

下面以图 4-165 所示轴的零件图为例，对轴的结构、作用进行分析（有关齿轮、键、轴承等画法可参考第 5 章相关内容）。

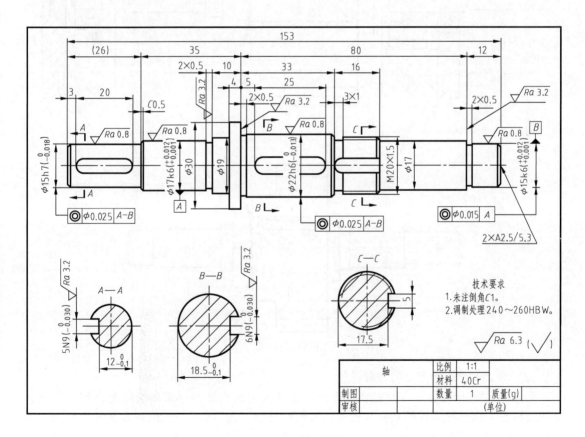

图 4-165 轴零件图

(1) 轴的形状、装配结构的由来

轴在部件中的使用和安装如图 4-166 所示。轴的两端装有轴承，轴承安装在机箱（架）上，轴的中部安装有传动的齿轮。装配时，通过轴上的轴肩来确定轴承的位置，限制轴承的轴向移动。为了便于拆卸轴承，轴肩的直径应小于轴承内圈的外径。轴承的外圈安装在箱体（机架）上，两端的轴承盖将轴承外圈固定，限制轴承反方向的轴向移动，工作时，轴只能绕轴线转动。

齿轮安装在轴的中部，为了使轴和齿轮一起转动，在轴和齿轮之间用一个键连接，轴和齿轮都需要加工一个键槽，中间安装上平键来传递转矩，这样齿轮和轴就能同步转动。轴在转动的过程中，需要限制齿轮的轴向移动，齿轮的左端靠轴肩定位，右端用圆螺母锁紧，为了防止在齿轮工作过程中圆螺母松动，增加了一个防松垫圈，轴上齿轮轴向定位的方法多种多样，图 4-167 中表达的只是轴向定位的一种形式。

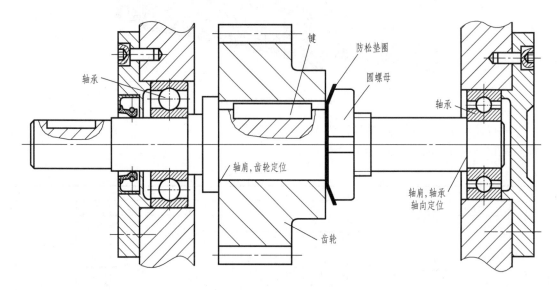

图 4-166　轴的装配

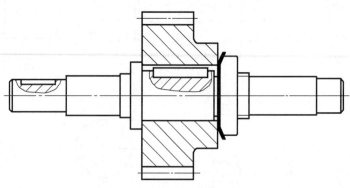

图 4-167　齿轮安装和轴向定位

(2) 轴上工艺结构产生的过程

① 砂轮越程槽。为了方便安装和拆卸，轴和齿轮的孔之间应采用间隙配合或过渡配合来保证同心。在国标推荐的基孔制优先、常用配合中，选用 ϕ22H7/h6。加工这段轴时，要保证 ϕ22h6 的尺寸精度和表面质量，最好、最经济的加工方法是磨削加工。

由于磨削砂轮的圆柱面和端面之间不能保证 90° 的尖角，在磨削过程中，$\phi 30$ 的轴段和 $\phi 22h6$（$^{\ 0}_{-0.013}$）轴段的交接处（根部），会形成一个磨不到的小圆角。安装齿轮时，齿轮的左端面与 $\phi 30$ 的轴段的右端面就不能完全接触，解决办法是在 $\phi 30$ 的轴段和 $\phi 22h6$（$^{\ 0}_{-0.013}$）轴段的结合处加工一个比 $\phi 22$ 小 1mm、宽 2mm 的环形槽，这样在磨削过程中，就解决了 $\phi 22h6$ 轴段的转角处磨不到的难题，这个环形槽称作砂轮越程槽，如图 4-168 所示。同理，在轴的两端装有轴承，安装时，为了保证轴在轴承内圈中不转动，轴和轴承内圈采用过渡配合 $\phi 17k6$ 和 $\phi 15k6$，加工时，为了保证这个尺寸精度，也需要磨削，所以也要一个砂轮越程槽，如图 4-168 所示，解决根部不能安装到位的方法很多，这里介绍的只是其中一种。

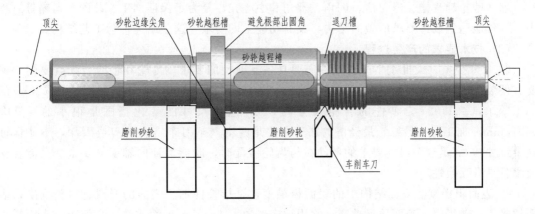

图 4-168 轴的加工过程

② 退刀槽。为了齿轮在轴上安装固定，在齿轮的右端安装一个圆螺母，轴上也需要加工 M20×1.5 的螺纹，在车削螺纹的最后 3 圈中，车刀逐渐退出加工，最后 2～3 圈的螺纹是不完整的（参见图 4-155），所以圆螺母不能拧到齿轮的右端面；为了解决这个问题，在螺纹的末尾需要先加工一个比螺纹小径小 0.1mm、宽 3～4.5mm（螺距的 2～3 倍）的退刀槽，如图 4-168 所示。

为了使圆螺母工作时不松动，需要增加一个防松垫圈，在轴上开一个长槽，垫圈内孔有一个凸台，卡在槽中，螺母上紧后，外圈折在圆螺母的槽中，圆螺母、垫圈和轴就不会出现相对转动，这个垫圈称为止动垫圈，起到防松作用，这个槽称为防松槽。圆螺母、止动垫圈和键的形状如图 4-169 所示。

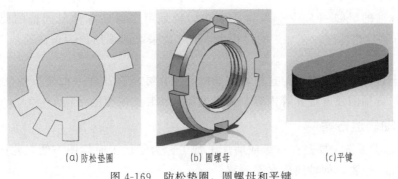

(a)防松垫圈   (b)圆螺母   (c)平键

图 4-169 防松垫圈、圆螺母和平键

③ 倒角。在装配过程中，在螺纹的前端加工一个 45° 斜角，便于圆螺母拧入，也能保证螺纹端部不致损坏，这个斜角称为倒角。轴与孔装配时，轴和孔的端部也需要加工倒角，保

证轴能轻松地装入孔中；除了以上原因外，倒角还能保证轴端在搬运的过程中不损坏、不伤手。

④ 中心孔。轴的加工在车床上进行，可用车床的三爪卡盘夹持。加工时，往往采取一夹一顶的方式，这一顶需要有一个中心孔，好让顶尖顶入孔中。在有多个不同直径的轴段要求同轴时，会用到两端用顶尖顶住的加工方法，在磨削过程中，一次装夹，依次磨削几个不同直径的轴段，其好处是各轴段相互同轴，所以需要在轴的两端加工中心孔。

⑤ 圆角。在两个不同直径轴段结合面的转角处没有特殊要求时，可以加工一个小圆角，从而提高轴的强度和使用寿命。

这些砂轮越程槽、退刀槽、倒角、圆角和中心孔，是为了保证加工、装配、运输等过程中，零件能达到设计要求所做的结构，没有功能上的要求，这些结构称为工艺结构。

(3) 技术要求的产生过程

① 尺寸公差。大批量生产的零件需要具备互换性的要求，齿轮和轴的装配既要同心又要方便装配，它们之间往往采用间隙配合（$\phi22H7/h6$）或者过渡配合，要保证轴 $\phi22h6$ 的加工要求，$\phi21.987\leqslant$ 零件的合格尺寸 $\leqslant\phi22$，这个尺寸的变化范围是很小的，只有 $0.013mm$。加工时，最好、最经济的加工方法是磨削（车刀车出来的刀痕太深，不能保证这个尺寸），满足这个尺寸要求的零件在与齿轮装配时，既能保证同轴度的要求，又能轻松装配且具有互换性。

② 表面粗糙度。表面结构中的表面粗糙度，是指零件加工表面的光滑、平整程度，表面越光滑、越平整，表面质量越高。常用评定参数 Ra 来控制表面质量，数值越小表面越光滑，表面粗糙度的大小往往与尺寸公差等级相关。

车床加工过程中，一般车刀加工的表面粗糙度能够达到 $Ra1.6$，即使这个粗糙度，也很难满足 $0.013mm$ 的尺寸公差要求。在图 4-165 中，有 4 个轴段采用了 $Ra0.8$ 的要求，采用磨削加工很容易达到这个要求（磨削能达到 $Ra1.6\sim0.2\mu m$），同时也能保证 $0.013mm$ 的尺寸公差要求，采用磨削加工虽说多了一道工序，增加了加工成本，但能成批量的保证零件的加工质量，所以还是值得的。在图样中，尺寸公差 5~7 级，相对应的表面粗糙度为 $Ra0.2\sim0.8\mu m$。

③ 几何公差。齿轮在工作中，不能产生跳动，两端有轴承支承，中间安装齿轮，齿轮的回转中心要与两端的轴承的回转中心在同一轴线上；在加工的工程中，轴的两端用顶尖支承轴，在磨削的过程中，一次磨削两端 $\phi15k6$、$\phi15h7$、$\phi17k6$ 和 $\phi22h6$ 各轴段，确保上述轴段同轴。标注的 "◎ $\phi0.025$ A–B" 这个要求，就是用来保证各轴段同轴的要求，如图 4-165 所示，有了这个标注，在加工的过程中，要考虑采取两端用顶尖顶住的加工方法，磨削各轴段。

通过以上设计和加工要求，这根轴才能满足使用要求，这样一根简单轴就变得复杂了，在这里，不包含轴的强度计算等内容，只考虑加工和装配需要的结构。

4.6.1.2 轴表达方案

① 由于轴类零件主要是在车床或磨床上加工，为了加工时读图方便，此类零件的主视图应选择其加工位置，即轴线应水平放置。

② 轴类零件主视图一般选择视图表达。当轴类零件上有键槽、凹坑、凹槽时，主视图可根据情况选择局部剖视图表达。若套类零件是中空件，主视图一般选择全剖视图或者局部剖视图表达。对于某一轴段较长的轴类零件，常采用断开后缩短的画法。

③ 轴类零件一般不画俯视图和投影为圆的左视图。

④ 当零件上局部结构需要进一步表达时，如键槽、凹坑、孔等结构，可以绘制局部视图、断面图和局部放大图来表达尚未表达清楚的结构，如图 4-170 所示。

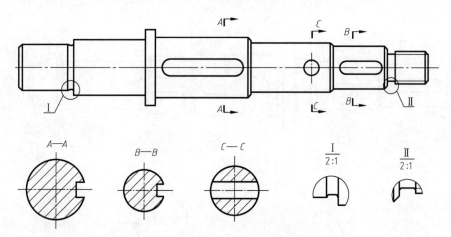

图 4-170　轴的表达方案

4.6.1.3　尺寸标注

(1) 尺寸标注分析

轴套类零件一般是同轴回转体，通常只要径向和轴向（长度方向）两个主要基准，如图 4-171 所示。为了转动平稳，各轴段均要在同一轴线上，$\phi17k6$ 轴线既是设计基准，也是工艺基准，为保证设计基准与工艺基准重合，图 4-171 中所有的径向尺寸标注都是以这个轴线为基准标注的，如 $\phi15k6$、$\phi22h6$ 和 $\phi15h7$。

为了使轴上零件精确定位，通常会选择轴肩或者重要端面作为轴向基准。在图 4-171 中，选用 $\phi30$ 的右端面作为长度方向的主要基准，即设计基准，右边尺寸 80、33 确定右侧各轴段的长度，尺寸 35、10 确定左侧各轴段的长度，尺寸 5 确定中部键槽的位置。为了确定左侧键槽的位置，以轴的左端面为辅助基准，标出尺寸 3，以轴的右端面为辅助基准标注 12，所以左、右端面也是工艺基准。

(2) 尺寸公差的注写

零件图中，对于重要、有特殊要求的尺寸，要标注尺寸公差，如图 4-171 所示（灰色方框所圈处）。

通常有配合要求或者有相对运动轴段的直径，安装键处键槽的宽度，有轴向安装要求轴段的长度等，均应按照配合关系（间隙、过渡、过盈配合）或者装配需求，通过查阅相关国家标准或者根据类比法加注公差。例如：安装轴承处的轴径，建议采用较紧的基孔制过渡配合，轴的公差带代号为 k6；有相对运动关系或者安装要求间隙配合处，轴径的尺寸公差带代号建议 f6，g7 等。尺寸公差标注形式可参阅图 4-128，对于键和键槽的配合，需要较紧的配合，键槽宽度尺寸公差带代号可选择 N9。

4.6.1.4　技术要求

① 有配合要求或者有相对运动的轴段，其表面结构和几何公差要比其他轴段要求严格。如图 4-171 所示；轴上 $\phi17k6$ 和 $\phi15k6$ 轴段需要安装轴承，中间 $\phi22h6$ 和左段 $\phi15h7$ 带键槽轴段要安装传动零件，为保证加工尺寸精度，这四个轴段的表面粗糙度值均为 $Ra0.8$（灰

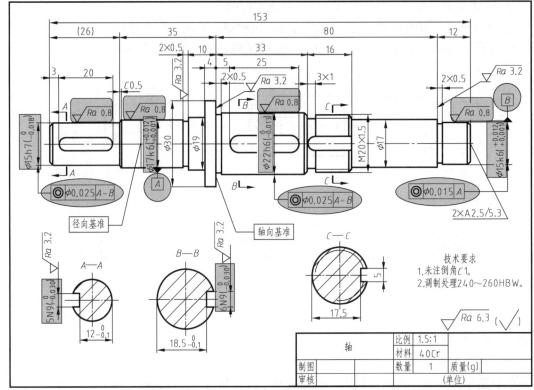

图 4-171　轴的尺寸分析

色长方圆角所圈处），需要磨削才能达到要求。

　　工作中为了保证轴转动时不发生轴向偏摆（跳动），同时为了保证中间 $\phi 22h6$ 带键槽轴段上的传动零件工作的平稳性，所以设置几何公差中的同轴度要求。以左右装轴承 $\phi 17k6$ 和 $\phi 15k6$ 轴段的公共轴线作为联合基准，中间 $\phi 22h7$ 带键槽轴段的轴线与基准同轴（灰色椭圆形所圈处），在加工时必须一次装夹磨出不能调头。

轴的功用、
结构及
其表达

　　② 为了提高轴类零件的综合力学性能，往往需要对轴类零件进行调质处理，对于轴上和其他零件有相对运动的表面，为增强其耐磨性，常需要对其进行表面淬火、渗碳、渗氮等热处理工艺。热处理工艺内容和质量要求应在技术要求中注写清楚，例如图 4-171 中的"调质处理 $240 \sim 260HBW$"。

　　套类零件与轴类零件类似，只是中间部分是空心的，常有螺纹、油孔、油槽、销孔、退刀槽、倒角等结构，如图 4-172 所示。套类零件主要起支承、轴向定位或保护转动零件的作用。

　　其表达方案常采用一个主视图（轴线水平放置），选择有槽或有孔的方向作为主视图投

图 4-172　套类零件的结构特点

射方向，对于轴套的键槽和垂直轴线的孔采用断面图表达，对于轴肩的圆角、退刀槽（砂轮越程槽）等工艺结构可采用局部放大图表达。

　　如图 4-173 所示为一个轴套类零件，主视图采用全剖视图表达内外结构及圆孔、方孔的大小和位置；A—A 断面图表达轴线垂直和轴向水平的 $\phi40$ 圆孔与中间的 $\phi60$ 孔是通的，轴套的左端前后各有一个方槽，槽宽 16，深 85；B—B 断面图表达这个位置垂直、水平各有一个边长为 36 的方孔与中间 $\phi78$ 孔是贯通的；D—D 图表达在轴套的外表面有一个 60° 的三角形槽；局部放大图主要表达环形槽的宽度 4 和直径 $\phi93$。关于尺寸标注及技术要求与实心轴类似，读者可以自己分析。

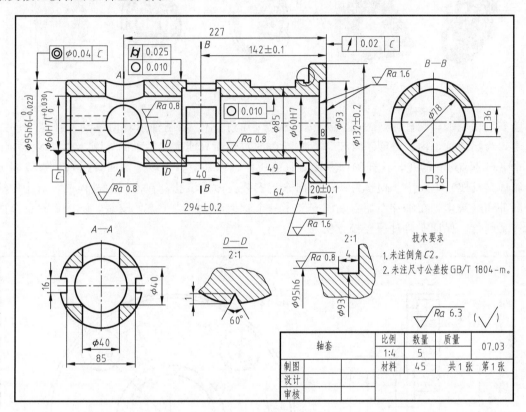

图 4-173　轴套零件图

4.6.2　轮盘类零件

　　轮盘类零件有各种齿轮、链轮、带轮、手轮、滑轮、法兰盘、轴承盖、端盖、压盖、花盘等，其中轮类零件多用于传递运动和动力；盘类零件主要起连接、轴向定位、支承、防尘和密封等作用，各种轮盘类零件，如图 4-174 所示。

4.6.2.1　轮盘类零件结构特点

　　轮盘类零件的主体结构一般为同轴回转体或其他形体的扁平盘状体，且厚度方向的尺寸比其他两个方向尺寸小；为了与其他零件连接，这类零件还常带有沿圆周均匀分布的螺纹孔、光孔、沉孔、肋板、轮辐，以及键槽、销孔、凸台、凹坑、环槽等结构，如图 4-174 所示。

　　下面以图 4-175 左端盖为例，对轮盘类零件的作用、结构进行分析，在图 4-166 中，左

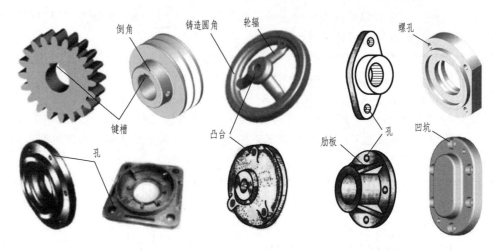

图 4-174　轮盘类零件

端盖安装在左端，圆柱 $\phi40h8$ 装在箱体（机架）的孔中，限制轴承轴向移动。在装配的过程中，为保证轴承内、外圈正常工作，左端盖的右端面只能顶住轴承的外圈，在右端面加工一个 $\phi35$ 深 3mm 的孔，这样确保左端盖只能压住轴承外圈。左端盖用四条内六角螺钉固定在箱体（机架）上，为了使螺钉头不露出来，安装孔做成沉孔。在使用的过程中，防止沿轴向漏油和进灰尘，在轴和左端盖之间安装了一个骨架油封。为了方便安装，$\phi40h8$ 的右端面设计了倒角，保证安装过程轻松方便。

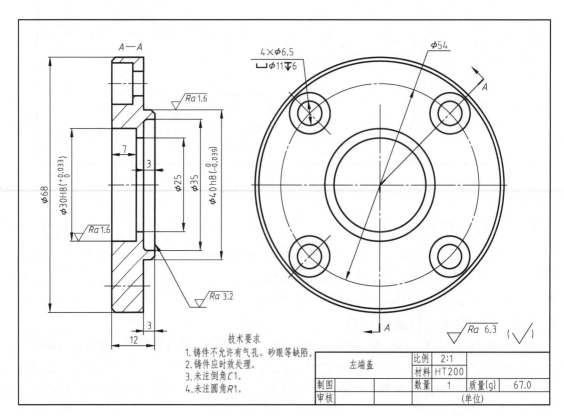

图 4-175　左端盖

4.6.2.2 轮盘类零件表达方案

① 轮盘类零件主要是在车床上加工，轴线横放，所以应按形状特征或加工位置选择主视图。对有些不以车床加工为主的零件可按形状特征或工作位置确定主视图，如图 4-175 所示。

② 轮盘类零件一般需要两个或两个以上视图，主视图全剖表达其上的孔或槽深度；左视表达外形和均布的孔、槽等位置结构，视图具有对称平面时，可画一半，如图 4-176 所示。对于有键槽的孔结构，可以只画出孔和键槽部分，如图 4-177 所示。为了更全面表示内部结构，也可以采用几个相交的剖切面作全剖视图，如图 4-175 所示。

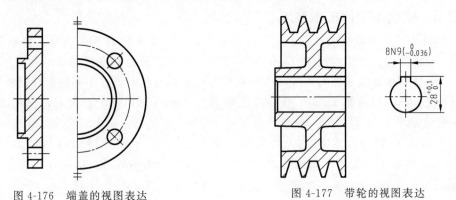

图 4-176　端盖的视图表达　　　　　　图 4-177　带轮的视图表达

如图 4-178 所示，零件主视图具有对称平面时，可作半剖视图，左视图表达外形和孔的位置。

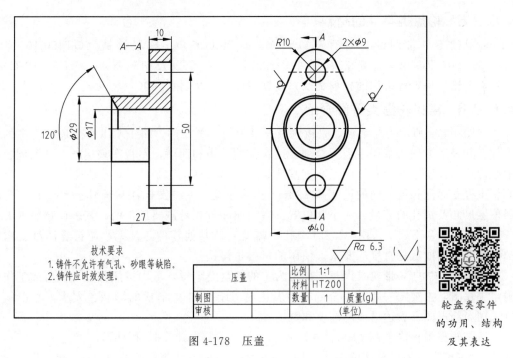

图 4-178　压盖

③ 轮盘类零件的其他结构形状，如肋板、轮辐等可用移出断面或重合断面表示，可参见图 4-67、图 4-68。

4.6.2.3 轮盘类零件尺寸标注

① 轮盘类零件的宽度方向和高度方向（径向基准）的主要基准是回转轴线，长度方向（轴向基准）的主要基准是安装时的接触面（精加工的大端面）。

② 定形尺寸和定位尺寸都比较明显，尤其是在圆周上分布的小孔的定位直径是这类零件的典型定位尺寸。如图 4-175 所示，4 组沉孔的圆周直径 $\phi54$ 标注在左视图上，没有特殊要求角度定位尺寸可不标注。

③ 在剖视图中内、外（或两侧）结构形状要分开标注，方便看图，如图 4-175 中的主视图所示。

4.6.2.4 轮盘类零件技术要求

① 零件中有配合要求的孔应有尺寸公差要求，常用基孔制 H 偏差代号，公差等级 6～9 级不等。键槽宽度公差带常用 JS9，轮毂深度尺寸标注正公差，安装轴承的孔常用 J7、JS7 等。运动零件相接触的表面对回转轴线应有平行度或垂直度要求，不同的圆柱面相对基准轴线有同轴度、圆跳动的要求。图 4-175 中右端面的 $\phi40h8$ 有尺寸公差要求，保证加工精度，倒角方便安装。

② 接触表面和有配合的内、外表面需要加工，没有相对移动的接触表面粗糙度 $Ra6.3～3.2\mu m$；有同心要求的配合面表面粗糙度参数值为 $Ra3.2～0.8\mu m$，其余加工面粗糙度为 $Ra6.3$，铸造零件的不加工面为 $\sqrt{}$。

③ 另外还要用文字说明一些技术要求，如铸件不允许有各种铸造缺陷、应时效处理，未注铸造圆角的大小、拔模斜度以及 45 钢、40Cr、20Cr 等材料需要调质处理或表面淬火等。

4.6.2.5 轮盘类零件的材料

轮盘类零件常用的材料有灰口铸铁（HT150-350）、球墨铸铁（QT450-10）、铸钢（ZG200-400、ZG40Cr）、Q235、20 钢、30 钢、铝合金以及塑料（ABS、PC、PVC）等。齿轮、链轮、蜗轮等常用的材料为灰口铸铁、Q235、45 钢、40Cr、20Cr、铜合金等。

4.6.2.6 常见轮盘类零件介绍

如图 4-179 所示为左泵盖，是齿轮液压泵中的一个零件，属于不以车床加工为主的盘类零件。其表达方法为采用主视图全剖表达各孔的大小和深度，左视图表达外形和圆周各孔的中心位置。长度基准为右端面，高度基准是上部 $\phi22H7$ 的轴线，宽度基准是前后的对称平面。主视图标注长度方向的尺寸和 $\phi22H7$ 孔的深度，左视图标注端面外形尺寸和沉孔的圆周位置尺寸及销孔的数量、大小和位置。右端面和各孔是需要加工的，其表面粗糙度 $Ra6.3$ ～$1.6\mu m$，其余不加工。两个 $\phi22H7$ 孔中需要安装其他零件，其大小应符合图纸要求，其轴线相对右端面有垂直度的要求。使用的材料是铸铁。

图 4-180 中的 V 带轮是以车削加工为主的轮盘类零件，可以按照其加工位置或工作位置确定主视图，主视图一般采用全剖视图表达内部结构和 V 形槽的形状、大小，左视图（也可采用局部视图）表达键槽的高度和宽度。

V 带轮需要标注节圆 $\phi100$、外圆 $\phi105.6$ 和底槽圆 $\phi82.6$，标注节圆槽宽 11，V 形槽角度 $34°$，多槽带轮还要标注两槽中心距 15 等尺寸。轮毂键槽标注高度 38.3 和宽度尺寸 10，高度公差一般为正，宽度公差一般选 JS9。

技术要求：V 形槽的两边是工作面，表面粗糙度标注在 V 形槽两边，键槽宽度方向是

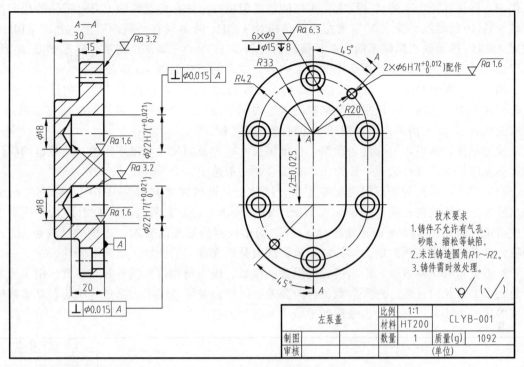

图 4-179　左泵盖

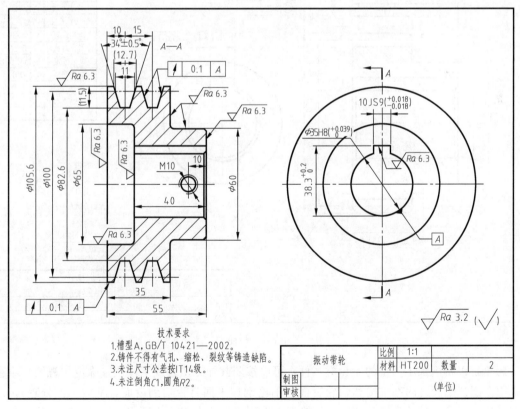

图 4-180　振动带轮

工作面，标注在 10JS9 的尺寸线上，本图的这些粗糙度标注在标题栏的上方；带轮的径向基准是 φ35H8 的轴线，要求 V 形槽左右两端相对 φ35H8 的轴线有圆跳动要求，外圆 φ105.6 相对 φ35H8 的轴线有圆跳动的要求；带轮的材料是 HT200，即灰口铸铁。V 形槽是 A 型，其详细尺寸可参阅机械设计手册中的有关内容。带轮的画法如图 4-180 所示。

图 4-181 所示的齿轮，是以车削加工为主的轮盘类零件，可以按照其加工位置或工作位置确定主视图。主视图一般采用全剖视图表达内部结构和齿轮齿面（齿轮的画法可参阅第 5 章有关内容），左视图采用局部视图表达键槽的高度和宽度。

尺寸标注：齿轮需要标注齿顶圆、分度圆尺寸，齿根圆尺寸可以不标注。轮毂键槽标注高度和宽度尺寸，高度公差一般为正，宽度公差一般选 JS9。

技术要求：齿面的表面粗糙度标注在分度线上，键槽宽度方向是工作面，标注在 8JS9 的尺寸线上；齿轮的径向基准是 φ22H7 的轴线，要求齿轮左右两端相对 φ22H7 的轴线有垂直度要求，齿顶圆 φ56h9 的轴线相对 φ22H7 的轴线有同轴度的要求；齿轮的材料是 40Cr，调质处理是为了提高材料的力学性能，齿面淬火是提高齿面的硬度，增强耐磨性。

在右上角有个参数表，给出齿轮的模数、齿数、压力角和齿顶高系数等参数，用于计算齿轮大小，公法线长度、跨测齿数、齿向公差、齿形公差等是加工、测量使用的，具体数值精度等级、大小等，可参阅机械设计手册中的有关内容。

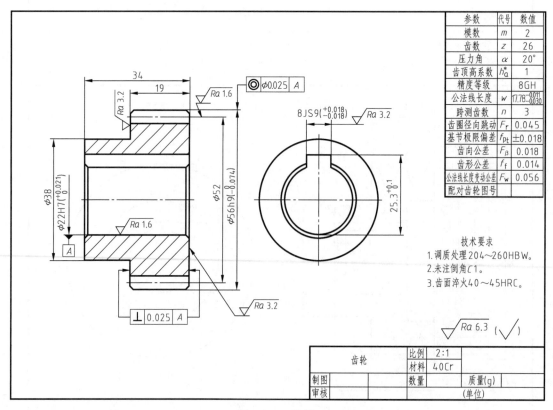

参数	代号	数值
模数	m	2
齿数	z	26
压力角	α	20°
齿顶高系数	h_a^*	1
精度等级		8GH
公法线长度	w	$17.78_{-0.030}^{-0.011}$
跨测齿数	n	3
齿圈径向跳动	F_r	0.045
基节极限偏差	f_{Pt}	±0.018
齿向公差	F_β	0.018
齿形公差	f_f	0.014
公法线长度变动公差	F_w	0.056
配对齿轮图号		

技术要求
1.调质处理204～260HBW。
2.未注倒角C1。
3.齿面淬火40～45HRC。

图 4-181　齿轮

棘轮是以车削加工为主的轮盘类零件，可以按照其加工位置或工作位置确定主视图。主视图采用全剖视图表达内部结构和棘轮齿面（不论剖切平面是否切到齿面，都按不剖处理），左视图表达外形及键槽的高度和宽度，棘轮齿面采用局部放大图标注尺寸，如图 4-182 所示。

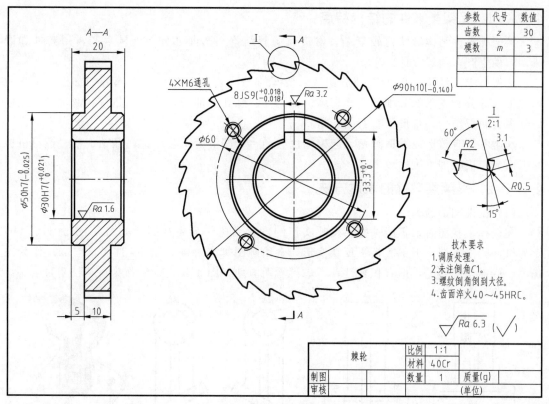

参数	代号	数值
齿数	z	30
模数	m	3

技术要求
1.调质处理。
2.未注倒角C1。
3.螺纹倒角倒到大径。
4.齿面淬火40~45HRC。

棘轮	比例	1:1
	材料	40Cr
制图	数量	1	质量(g)
审核		(单位)

图 4-182 棘轮

棘轮的左端面是轴向基准，ϕ30H7 的轴线是径向基准，需要标注齿顶圆、齿形尺寸。棘轮的材料是 40Cr，调质处理可提高材料的综合力学性能，齿面淬火可提高齿面的硬度，增强耐磨性。

在右上角有个参数表，给出棘轮的模数、齿数等参数，用于计算棘轮大小，具体数值大小、精度等级等，可参阅零件设计手册中的有关内容。

4.6.3 叉架类零件

叉架类零件主要有拨叉、连杆和各种支架等。拨叉主要用在各种机器的操纵机构上，起操纵、调速作用，连杆起连接、传动作用；支架主要起支承和连接等作用，如图 4-183 所示。

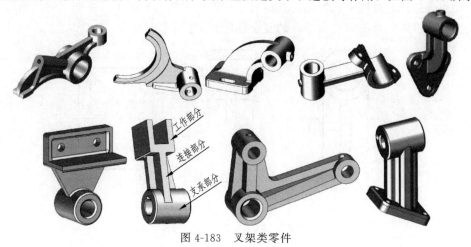

图 4-183 叉架类零件

4.6.3.1　叉架类零件的结构特点

叉架类零件结构形状比较复杂，常带有倾斜结构和弯曲部分，批量生产常用铸件和锻件，单件生产多用焊接件。

叉架类零件结构一般由三部分组成：支承部分、连接部分、工作部分，如图 4-183 所示。工作部分和支承部分细部结构较多，如圆孔、螺孔、油槽、油孔、凸台和凹坑等；连接部分多为肋板结构，且形状有弯曲、扭斜。

这类零件有铸造或锻造圆角、起模斜度、凸台、凹坑等工艺结构，经钻、铣、镗等机械加工而成，机械加工工序较多。

4.6.3.2　叉架类零件的表达方法

(1) 主视图的选择

在选择主视图时，不能选择不反映实形的形状结构作为主视图，如图 4-184（a）、（b）作为机件的主视图，下部底板不反映实形，会给画图带来麻烦。图 4-184（c）、（d）作为主视图，底板是倾斜的，但有积聚性，考虑到看图方便，图 4-184（d）作为主视图更加合适。

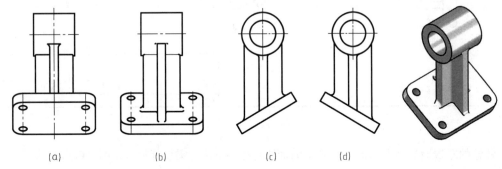

图 4-184　叉架类零件主视图的选择

(2) 其他视图的选择

主视图选定后，可以选择其他视图，在绘图的过程对于不显示实形的结构需尽量避开，对于倾斜结构，常常采用斜视图、斜剖视、局部视图和断面图来表达零件的局部形状结构。

支架的表达方法如图 4-185 所示，为了画图方便，左视图将不显示底板实形的部分断开不画，画成局部视图，而用一个 A 向斜视图（旋转）表达底板的形状，连接的十字肋板用移出断面图表达。通过四个视图能清楚地表达支架的形状，解决了不反映实形结构的画图难题，画图使用视图数量的多少与零件的复杂程度有关。

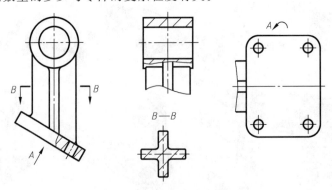

图 4-185　支架表达实例

（3）根据零件具体结构增加视图

对于倾斜部分可增加斜视图、局部视图表达，对于倾斜的内部结构形状，可以采用斜剖视图（全剖或半剖视图）或用断面图表达，如图 4-186 所示。当零件的孔、槽不在同一个平面内时，也可采用几个平行或者相交的剖切面进行剖切后用剖视图来表达，如图 4-187、图 4-188 所示。

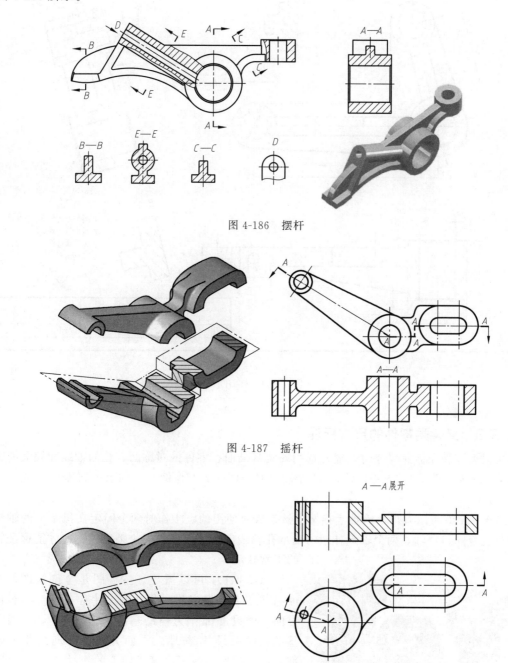

图 4-186　摆杆

图 4-187　摇杆

图 4-188　导槽臂

在图 4-189 杠杆的表达方式中，采用了主视图、俯视图、A—A 斜剖视图和断面图表达。主视图主要表达各孔的位置和连接方式，局部剖表示小孔与水平孔是贯通的；俯视图采用局部剖视表达各孔是通孔；*A—A* 斜剖视图表达上下两孔是通孔；*B—B*、*C—C* 断面图表达连接肋板的断面形状。

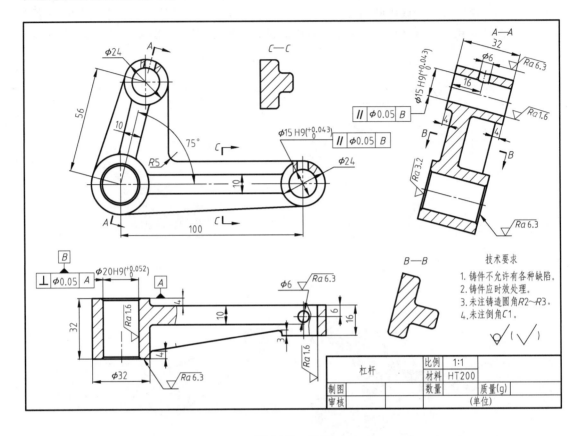

图 4-189　杠杆

4.6.3.3　叉架类零件的尺寸标注

　　叉架类零件在标注尺寸时，通常选用安装基准面、零件的对称面、孔的轴线和较大的平面作为长、宽、高方向的主要基准。以图 4-190、图 4-191 为例，对轴承挂架零件图进行尺寸分析。

　　从图 4-190 可以看出，该轴承挂架应该是成对使用的。工作时两个固定在机架上的轴承挂架悬挂着同一根轴，两个轴承挂架的轴承孔轴线应精确地处在同一条直线上，才能保证轴的正常转动。

　　由图 4-191 可以看出，主视图是全剖视图，基准 A 是长度方向基准，标注的尺寸有 32、13，长度方向又增设 Ⅱ 面作为辅助基准，标注 5、48，两个基准的联系尺寸是 13。Ⅰ 面为高度方向的主要基准，以此基准标注了高度方向上的尺寸 60 ± 0.026、18。轴承挂架前后对称，左视图的对称中心面 Ⅲ 为宽度方向尺寸基准，两个孔的孔间距 60，总长 90 即以此基准进行标注。

图 4-190　轴承挂架装配示意图

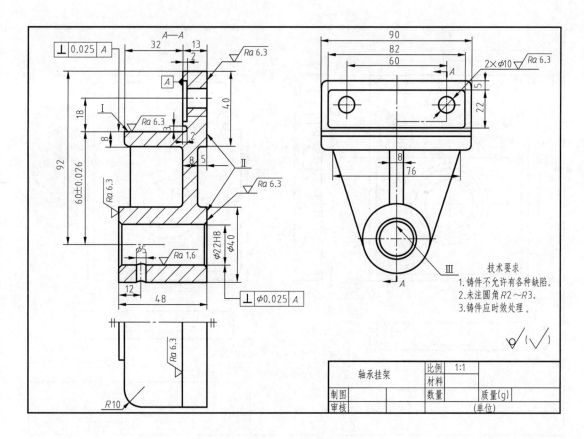

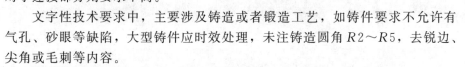

图 4-191　轴承挂架

4.6.3.4　叉架类零件的技术要求

由于叉架类零件的形状及结构特点，一般对于其工作部分的表面粗糙度会有较严格的要求，另外对于安装定位部分的几何公差也会有相应的限定，对于连接部分则要求不高。

文字性技术要求中，主要涉及铸造或者锻造工艺，如铸件要求不允许有气孔、砂眼等缺陷，大型铸件应时效处理，未注铸造圆角 $R2 \sim R5$，去锐边、尖角或毛刺等内容。

图 4-192 所示为某部件中上机架的零件图，读者可自行分析。

叉架类零件的功用、结构及其表达

4.6.4　箱体类零件

箱体类零件是机器或部件的主体部分，起着支承、包容、保护运动零件及其他零件以及容纳油、气等介质的作用，在设备总重中占有一定比例。箱体类零件是机器或者部件的外壳或者座体，如各类泵体、阀体、机座等，如图 4-193 所示。

4.6.4.1　箱体类零件的结构特点

箱体类零件形状结构复杂，有中空的壳或箱，连接固定用的凸缘，支承用的轴孔、肋板，固定用的底板，等等。批量生产多为铸件，有铸造圆角、起模斜度、销孔、倒角等加工工艺结构，经过必要的机加工而成，如图 4-194 所示。单件生产也有焊接而成的。

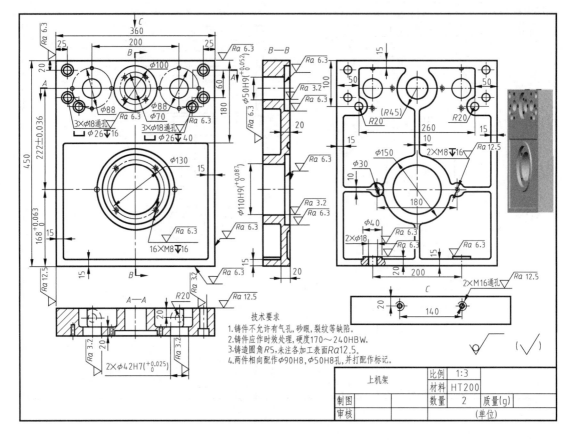

图 4-192　上机架

图 4-193　箱体类零件

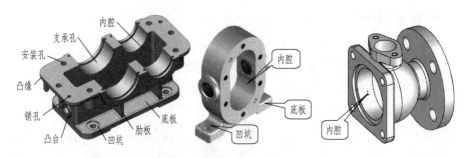

图 4-194　箱体类零件结构特点

由于箱体类零件大多是铸造件，铸造结构是否合理，对铸件质量、成本及生产率有很大影响。常见箱体类零件的铸造工艺结构可参阅本章 4.4.1 节。

为减少箱体类零件表面加工面积，保证装配时的接触良好，往往设置凸台或凹坑结构，如图 4-195 所示。

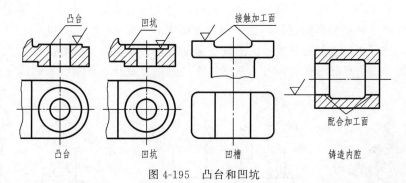

图 4-195　凸台和凹坑

注意：如果箱体类零件的凹坑结构是为了放置垫圈，往往采用锪平刀锪平加工出很浅的沉孔。这样的锪平孔不需要标注沉孔的深度，工人在操作时锪平为止。

在箱体类零件的结构设计过程中，为解决某部分结构因悬臂或跨度过大，造成承载能力下降的问题，在两结合体的公共垂直面上增加一块加强板，称为"肋板"，俗称加强筋，以增加结合面的强度和刚性。肋板多为三角形薄板结构，如图 4-196 所示，有时为梯形或矩形，或根据结合面的形状而定。

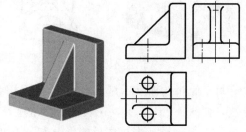

图 4-196　肋板

4.6.4.2　箱体类零件的表达方法

① 主视图的选择。箱体类零件经过较多加工工序制造而成，各工序的加工位置不尽相同，因而主视图常以工作位置或最能反映零件形位特征的方向作为主视图的投影方向，图 4-197 所示的球阀阀体，选择球阀的工作位置作为主视图。

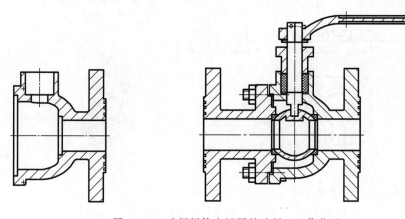

图 4-197　球阀阀体主视图的选择（工作位置）

② 箱体类零件一般都较复杂，常需要三个以上的视图。内部形状结构采用剖视图表示。

如果内、外部结构形状复杂，且具有对称面时，可采用半剖视；如果外部结构形状复杂，内部结构形状简单，可采用局部剖视或用虚线表示；如果外部、内部结构形状都较复杂，且投影不重叠，也可采用局部剖视；重叠时，外部形状结构和内部形状结构应分别表达；局部的内、外部形状结构可采用局部视图、局部剖视或断面来表示。

图 4-198 所示是弯头的三维模型，在表达时，弯头的上面是倾斜的，主视图的选择非常重要，不能选择不显示实形的投影作主视图，如图 4-199 所示；应选择倾斜面有积聚性的投影作主视图，如图 4-200 主视图所示。主视图选定后，上部端面及菱形法兰在俯视图中不反映实形，如图 4-200 俯视图所示，为了画图方便，应尽力避开不显示实形的部分。

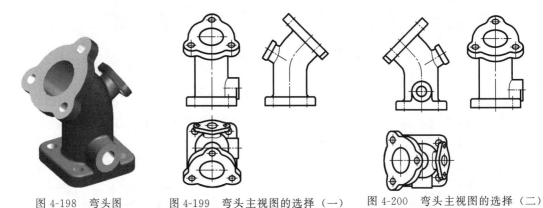

图 4-198　弯头图　　　　图 4-199　弯头主视图的选择（一）　　　图 4-200　弯头主视图的选择（二）

对于倾斜的面（不显示实形），应采用斜视图、斜剖视或者局部视图表示，弯头的表达方法，如图 4-201 所示，在表达中尽量避开了左视图和俯视图不反映实形的部分。俯视图采用 $A—A$ 剖视图，表达底板的形状和 4 孔的位置和大小，避开弯头上面的倾斜部分；左视图采用局部视图，将不反映实形的上部断开不画，用剖视图表达垂直、水平两孔是通的；用两个斜视图分别表达倾斜部分的实形。

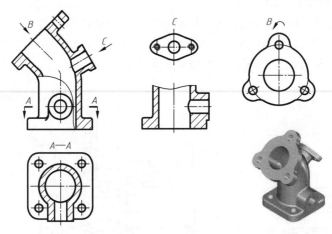

图 4-201　弯头的表达

弯头的零件图如图 4-202 所示。

③ 由于箱体类零件上常有凸台、凹坑、肋板、中空的内腔以及贯穿孔等结构，投影关系复杂，常会出现截交线和相贯线。如果是铸件，还要注意过渡线的表达和画法，可参阅图 4-144。

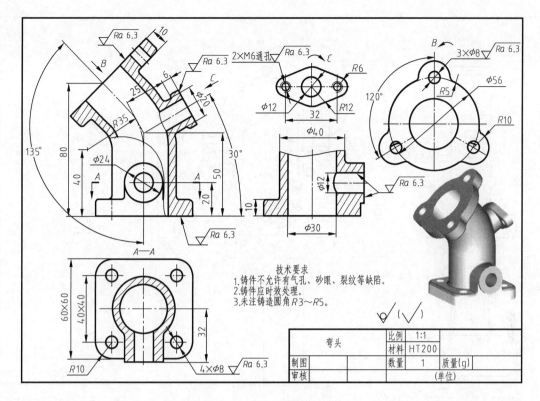

图 4-202　弯头

如图 4-203 所示为泵体的零件图，采用齿轮液压泵的工作位置为泵体的主视图，用一对相交平面剖切表达泵体的内部结构；左视图主要表达泵体的端面形状和进出油口的大小和位置，连接螺孔的大小和圆周位置。用一个 B 向视图表达底板的形状和 4×ϕ9 孔的位置，用一个 C 向视图表达油孔的位置、沉孔的大小和位置；对于左右端面的密封槽，采用局部放大图的形式表达，并标注尺寸和粗糙度。

箱体类零件的功用、结构及其表达

4.6.4.3　箱体类零件的尺寸标注

① 尺寸基准：箱体类零件形状各异，基准也各不相同。长度及宽度方向一般以机件的对称中心面、重要的安装或配合面、重要孔的轴线、中心线等作为基准；高度方向通常以安装底面作为基准，如图 4-203 所示。

② 定形尺寸：采用形体分析法标注，重要的尺寸必须直接标出。

③ 定位尺寸：箱体类零件中定位尺寸较多，涉及装配之后的性能或者规格的尺寸、各孔的中心距一定要直接标注。例如在图 4-203 中，左视图右侧尺寸 90，是装配后主动齿轮的中心高度，属于安装尺寸，42±0.015 是两孔的定位尺寸，所以需要直接标出。

④ 尺寸公差：根据箱体类零件各部位的制造及装配要求合理设置，尺寸公差等级一般选择 IT6～IT10，基本偏差则根据该箱体类零件各部位承担的功能、与其他零件的装配关系等实际工作情况而定。例如在图 4-203 左视图中间的尺寸 $\phi48H9\left(^{+0.062}_{0}\right)$ 的公差，就是为了在泵体与齿轮装配后，保证齿轮轮齿顶部与泵体的内壁在工作中既不会因间隙过大产生泄漏，又不会因装配过紧导致阻滞甚至卡顿现象而设定的。

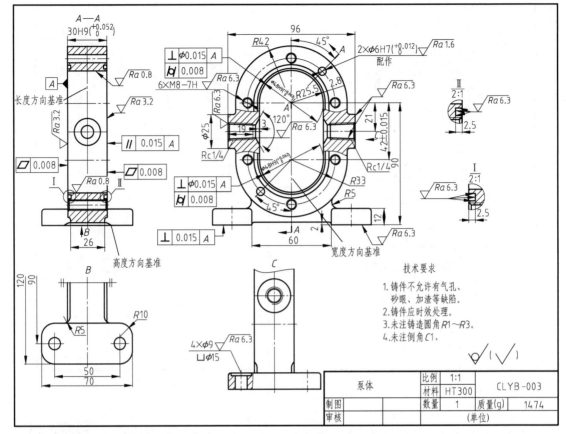

图 4-203　泵体

4.6.4.4　箱体类零件的技术要求

① 表面粗糙度：箱体类零件的安装底面以及装配接触平面，表面粗糙度一般选择 $Ra6.3\sim3.2$mm；有配合关系或者有相对运动的表面，重要的内、外圆柱表面或平面，表面粗糙度一般选择 $Ra3.2\sim0.8$mm；其余非机加工表面保持原来状态。

② 几何公差：箱体类零件中，经常会因为有制造及装配要求而需要设定几何公差。常见的形状公差有平面度、圆度和圆柱度，如主视图的平面度和左视图的圆柱度；位置公差包括定向公差的平行度、垂直度，定位公差的同轴度、位置度，以及跳动公差等。

③ 文字技术要求：铸造箱体零件有热处理要求，例如退火或正火、时效处理等；还有针对制造工艺注写的质量要求，例如铸件不允许有各种缺陷、未注圆角大小等；还有对于外观的要求，例如不去除材料的外表面、涂防锈漆等。

4.6.4.5　箱体类零件的材料

由于箱体类零件大多数由铸造而成，所以常用材料多为铸铁，如 HT150～HT350；对于受力不大、要求有韧性的机座及变速箱外壳也有用铸钢的，如 ZG200-400 或 ZG230-450；对于受力大的轧钢机机架、轴承座，可用 ZG270-500 或合金铸钢 ZG40Cr 等。对于汽车发动机壳体也可用非铁金属合金，如铸造铝合金等（ZL102～ZL401）。对于阀门的阀体可用铸造铜合金 ZCuZn16Si4 等。

图 4-204 展示的是不对称零件的表达方法，对于不对称的箱体零件，内外形状都需要表

达，主视图采用局部剖视图，主要表达垂直圆柱内孔的大小和位置，同时保留水平圆柱的端面外形和各孔的分布位置；俯视图主要表达底板的形状，垂直、水平两圆柱的位置，采用局部剖视图表达水平圆柱的内孔大小和深度；A—A 剖视图表达竖直、水平两圆柱的内孔是连通的，以及肋板的宽度。

尺寸标注的长度基准是竖直圆柱孔 $\phi47JS7$ 的轴线，高度基准是长方板的底面，宽度基准是过竖直圆孔 $\phi47J7$ 轴线的正平面，有尺寸公差 $\phi47J7$、$\phi35H9$、$\phi60h8$、$\phi20H7$，其表面粗糙度为 $Ra1.6$，各端面、螺孔、光孔为 $Ra6.3$，箱体使用的材料是铸铁 HT200，不加工的表面保持原有状态，其他内容，读者可自行分析。

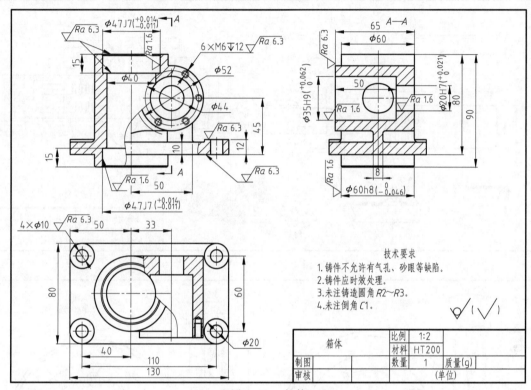

图 4-204　箱体

4.6.5　钣金类与冲压类零件

钣金零件是一种由板材在常温下冲压或折边而成的零件，冲压件在折弯处有圆角过渡。在表达这类零件时，板材中的孔，一般只画出孔表示实形方向的投影，由于板材较薄，另一投影只画出中心线，剖切时，板材壁厚较薄，剖面涂黑。根据需要可画出展开图，并在图的上方标注"展开图"。图 4-205（a）是一个常用的夹子，其中的两个半夹子是由板材冲压而成的，夹子由四个零件组成，如图 4-205（b）所示。

半夹子的零件图如图 4-206 所示，在表达零件时，需要给出夹子成品后的形状和大小，还要给出展开后的形状和大小，展开图中的细实线是折弯线。

如图 4-207 所示的带轮是由两个相同的半带轮通过板料冲压成形后，背靠背铆接而成的，是一个组合的零件。装配时，背靠背将其中一件旋转 60° 即可组装在一起，然后进行铆接，左边的图是组装好的带轮，是一个装配图；右边的是半个带轮的零件图，将两个图放在一起便于加工和装配。

图 4-205　夹子

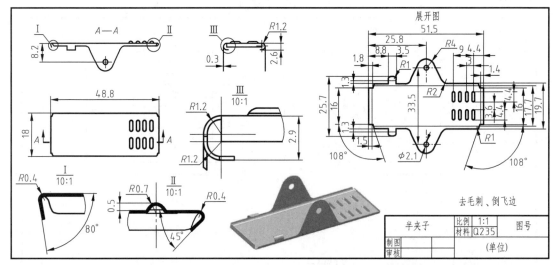

图 4-206　半夹子

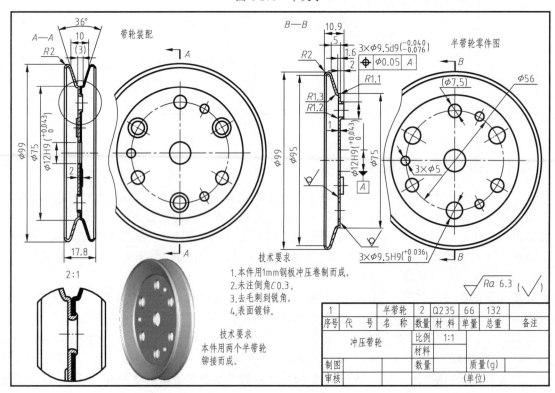

图 4-207　冲压带轮

如图 4-208 所示的壳体零件，也是一个板料冲压零件，冲压件脱模过程中，应有一定的斜度，转角处应该有圆角，左视图的细实线圆是过渡线。

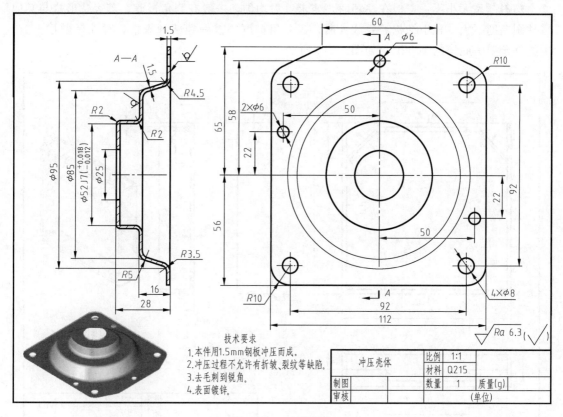

技术要求
1.本件用1.5mm钢板冲压而成。
2.冲压过程不允许有折皱、裂纹等缺陷。
3.去毛刺到锐角。
4.表面镀锌。

冲压壳体		比例	1:1		
		材料	Q215		
制图		数量	1	质量(g)	
审核		(单位)			

图 4-208 冲压壳体

4.6.6 塑料零件及镶嵌类零件

(1) 塑料零件

塑料制品在日常生活中使用广泛，适合大批量生产。图 4-209 所示是一个折叠杯子架，可以固定在座位或某一物体的侧边，不用时折叠起来，使用时打开。适合安装在空间比较有

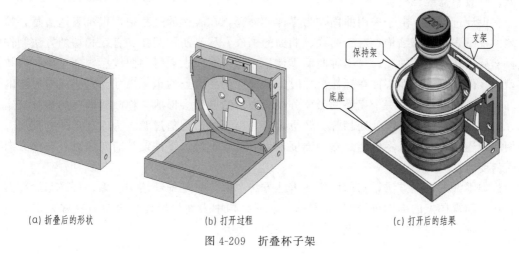

(a) 折叠后的形状　　　　(b) 打开过程　　　　(c) 打开后的结果

图 4-209 折叠杯子架

限的地方，如报告厅座椅侧边或汽车上。图 4-209（a）是折叠状态，图 4-209（c）是打开后的状态，它们是注塑成型的，由支架、底座和保持架三个零件组成。

　　塑料制品大小不一，但在注塑时，要求壁后均匀，一般有圆角过渡。其表达形式与其他零件图差别不大，较小结构需要放大图，表面粗糙度要求一到两种规格，写在标题栏上方。折叠杯子架中底座的零件图，如图 4-210 所示。

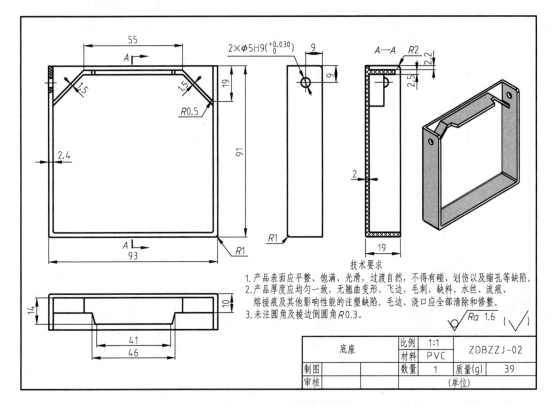

图 4-210　底座零件图

　　图 4-211 为壳体零件图，现在注塑成型的零件往往采用曲面造型，外观呈流线型，色彩艳丽，使用的材料为塑料（PVC、PP、ABS 等），在家电领域广泛使用。这类零件采用注塑成型，一般不需要二次加工。

　　在设计过程中，由于采用曲面作为零件的外壳，在表达的过程中，很难表达清楚，需要较多的视图表达细部结构；对于曲线、曲面的构成，尽量使用圆弧和直线相切的方法制作曲线，然后回转成型后抽壳；另一种曲面零件是用样条曲线求点得到曲线后，通过旋转或拉伸成型的零件，这类曲面零件在标注尺寸时，需要标注关键点的坐标尺寸。这些注塑成型的零件都是中空的壳体，由一个完整的形体分成两半，结合处会形成"你凸我凹"的相互交错形式，抽壳后的零件，壁厚处处相等，转折处有大小不等的圆角过渡。为保证零件的强度，多使用肋板连接，既保证零件有足够的强度，也可减轻重量。零件设计需要注意开合模方向及起模斜度。

　　这类零件的表达方法，与前面所述表达方法类似，只是细部结构较多，可采用局部放大图表达，剖视图上的剖面符号用 45°网格，表面结构中表面粗糙度如果没有特殊要求，一般统一为一种，标注在标题栏的上方，如图 4-211 所示。

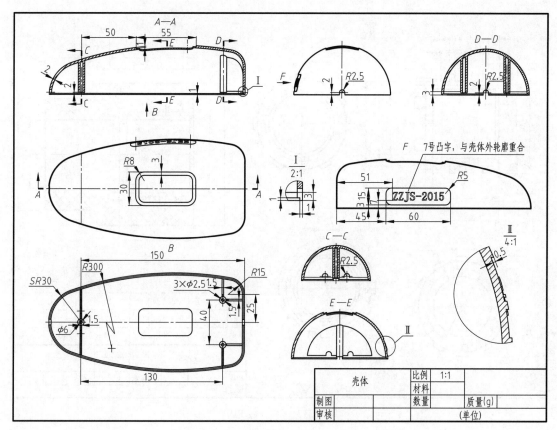

图 4-211　壳体

(2) 镶嵌类零件

镶嵌件是将金属零件与塑料一起注塑成型得到镶嵌零件。现在家用水管大多都采用塑料（PPR）水管。这类水管不会生锈，便于安装和维修，在家庭厨卫中广泛应用，水管使用的终端是各种水龙头，与水龙头连接的接头就是采用镶嵌金属零件注塑成型的，这类零件既省去了装配过程，又使零件触感良好。目前，镶嵌件已较广泛地在各工程领域和日常生活中使用。

在表达这类零件时，如果镶入的金属件不是标准件，那么镶嵌件应画两张图样：一张图是预制金属件的零件图，图中需注全制造该金属件所需的全部尺寸；另一张图是预制金属件与塑料镶嵌成型后的整体图，图中注出塑料部分的全部尺寸及金属件在注塑时的定位尺寸。

如图 4-212 所示是塑料水管连接接头，内部镶嵌带锥管螺纹黄铜套，左边件 1 是镶嵌的带螺纹的金属零件，用四个视图表达镶嵌件的内外形结构，右上角的图是注塑后的零件，实际是一个装配图，由两个零件组成。在镶嵌件零件的视图中必须对每个零件标注序号，并在标题栏上方编写明细栏，序号的标注和明细栏的编写方法可参照第 6 章的有关内容。

4.6.7　型材折弯类零件

在设计中经常会用到等径（或等截面）折成不同形状的空心杆件，如图 4-213 所示为自行车车把零件图，它的中心线是由若干条空间直线和圆弧连接而成的空间曲线。对于这种零件，在表达过程中，一定要给出这些直线空间坐标点的数值，即如图 4-213 所示的轴测图中

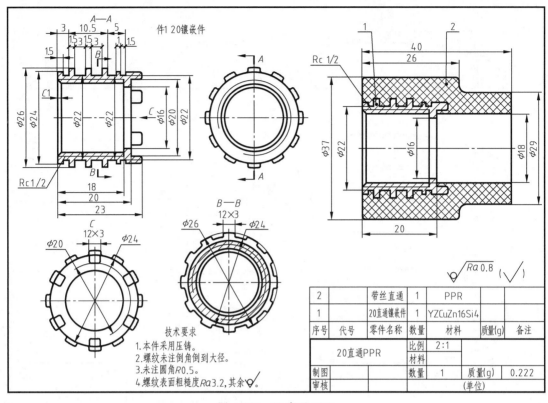

图 4-212　20 直通 PPR

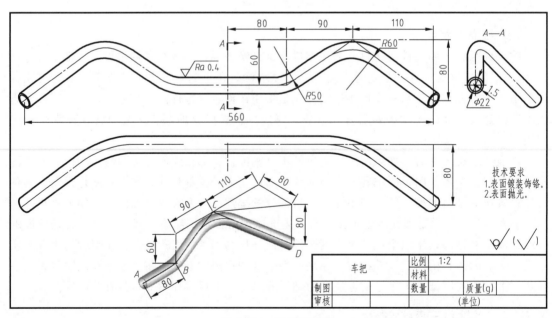

图 4-213　车把零件图

的 A、B、C、D 点。

　　其作图方法是：以 A 点为起始点，沿 X 坐标水平移动 80 找到 B 点；垂直向上，沿 Z 轴移动 60，再沿 X 轴水平移动 90，找到 C 点；沿 X 坐标水平移动 110，水平向外再沿 Y

坐标移动 80，最后垂直向下，沿 Z 轴移动 80，找到 D 点；直线 AB 和直线 BC 用 $R50$ 的圆弧连接，直线 BC 和直线 CD 用 $R60$ 的圆弧连接，就得到一半车把的中心线，对称过去就是一个完整的车把中心线，$\phi22\times1.5$ 沿中心线移动就得到车把的形状。

4.6.8　零件图绘制注意事项 (JB/T 5054.2—2000)

① 每个专用零件一般应单独绘制零件图样，特殊情况允许不绘制，例如：

a. 型材垂直切断和板材经裁切后不再机加工的零件。

b. 形状和最后尺寸均需根据安装位置确定的零件。

② 零件图一般应根据装配时所需要的几何形状、尺寸和表面粗糙度绘制。零件在装配过程中加工的尺寸，应标注在装配图上，如必须在零件图上标注时，应在有关尺寸近旁注明"配作"等字样或在技术要求中说明。装配尺寸链的补偿量，一般应标注在有关零件图上。

③ 两个成镜像对称的零件，一般应分别绘制图样。也可按 GB/T 16675.1 标准规定，采用简化画法。

④ 必须整体加工成对或成组使用、形状相同且尺寸相等的分切零件，允许视为一个零件绘制在一张图样上，标注一个图样代号，视图上分切处的连线，用粗实线连接。当有关尺寸不相等时，同样可绘制在一张图样上，但应编不同的图样代号，用引出线标明不同的代号，并按标准规定用表格列出代号、数量等参数的对应关系。

⑤ 单独使用而采用整体加工比较合理的零件，在视图中一般可采用双点画线表示零件以外的其他部分。

⑥ 零件有正反面（如皮革、织物）或加工方向（如硅钢片、电刷等）要求时，应在视图上注明或在技术要求中说明。

⑦ 在图样上，一般应以零件结构基准面作为标注尺寸的基准，同时考虑检验此尺寸的可能性。

⑧ 图样上尺寸的未注公差和几何公差的未注公差等，应按 GB/T 1184、GB/T 1804 等有关标准的规定标注；一般不单独注出公差，而是在图样上、技术文件或标准中予以说明。

⑨ 对零件的局部有特殊要求（如不准倒钝、热处理）及标记时，应在图样上所指部位近旁标注说明。

4.7
焊接件图样

焊接是工业上广泛使用的一种不可拆的连接方式，它是将需要连接的金属零件在连接处用电弧或火焰局部加热至熔化或用熔化的金属材料填充，或用加压等方法使其熔合连接在一起，焊接后形成的接缝称为焊缝。

焊接图是供焊接加工时所用的图样。它除了把焊接件的结构表达清楚以外，还必须把焊接的有关内容表示清楚，如焊接接头形式、焊缝形式、焊缝尺寸、焊接方法等。

用焊接的方法连接的接头称为焊接接头。焊接接头包括焊缝、热熔合区和热影响区，在焊接中，常用的焊接接头形式主要有：对接接头、搭接接头、T 型接头和角接接头等。焊缝的主要形式有：对接焊缝，如图 4-214 （a）所示，点焊缝，如图 4-214 （b）所示，以及角焊缝等，如图 4-214（c）、（d）所示。

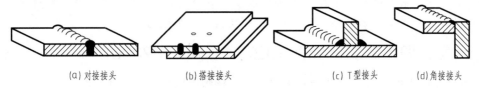

（a）对接接头　　　　（b）搭接接头　　　　（c）T型接头　　　　（d）角接接头

图 4-214　常见的焊接接头和焊缝形式

4.7.1　常见焊缝画法、焊缝符号表示法及其标注

国家标准 GB/T 324—2008《焊缝符号表示法》和 GB/T 12212—2012《技术制图　焊缝符号的尺寸、比例及简化表示法》等对在图纸上表示焊缝做了具体规定。

（1）焊缝画法

在图样中简易地绘制焊缝时，可用视图、剖视图和断面图表示，也可用轴测图示意表示，通常还应同时标注焊缝符号。

在视图中，可见焊缝通常用一组与轮廓线垂直的细实线段（允许徒手画）或圆弧线段表示，不可见焊缝用细虚线段表示，如图 4-215（a）所示。焊缝也可采用粗实线（线宽为 $2b \sim 3b$）表示，如图 4-215（b）所示。在同一图样中，只允许采用一种画法。

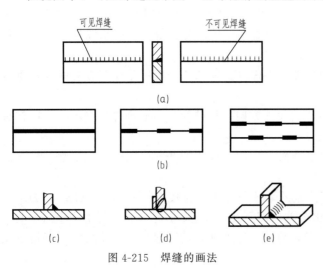

图 4-215　焊缝的画法

在垂直于焊缝的剖视图或断面图中，焊缝的金属熔焊区通常应涂黑表示，若同时需要表示坡口等的形状，可用粗实线绘制熔焊区的轮廓，用细实线画出焊接前的坡口形状，如图 4-215（c）、（d）所示。

用轴测图示意地表示焊缝的画法如图 4-215（e）所示。

当焊缝分布较简单时，可不画焊缝，而用一般可见轮廓线（粗实线）表示可见焊缝，用细虚线表示不可见焊缝，焊缝画法示例如表 4-16 所示。

表 4-16　焊缝画法示例

焊接方式	焊缝画法
对接焊	可见　　　　不可见

焊接方式	焊缝画法
角焊	断续焊缝 连续焊缝 可见 不可见
搭接焊	不可见 可见

(2) 焊缝符号

在图样中，焊缝一般用焊缝符号进行标注。焊缝符号由基本符号和指引线组成，必要时还可加上辅助符号、补充符号和焊接尺寸符号或尺寸等。

1）指引线

指引线的画法如图 4-216 所示，基准线的细虚线可以画在基准线的细实线的上侧或下侧。基准线的上面和下面用来标注有关的符号和尺寸，当焊缝在箭头所指的一侧时，基本符号标在上面，否则应标在下面。当标注对称焊缝或双面焊缝时可以不画虚线基准线。必要时，在细实线基准线的末端加一尾部，用来说明相同焊缝的数目、焊接方法等。

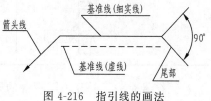

图 4-216　指引线的画法

2）基本符号

基本符号为表示焊缝横截面形状的符号，它近似于焊缝的横断面的形状，基本符号用粗实线绘制。常用焊缝的基本符号和标注示例如表 4-17 所示。标注双面焊焊缝或接头时，基本符号可以组合使用。

表 4-17　常见焊缝的基本符号和标注示例

焊缝名称	焊缝形式	基本符号	标注示例
I 形焊缝		‖	
V 形焊缝		V	
角焊缝		◺	

焊缝名称	焊缝形式	基本符号	标注示例
点焊缝		○	
双面 V 形焊缝		X	

3）辅助符号和补充符号

辅助符号是表示焊缝表面形状特征的符号，辅助符号用粗实线绘制，随基本符号标注在相应的位置上。常用的辅助符号见表 4-18。

表 4-18　常见的辅助符号

名称	形式	符号	说明	标注示例
平面符号		——	表示焊缝表面平齐	
凸起符号		⌒	表示焊缝表面凸起	
凹陷符号		⌣	表示焊缝表面凹陷	

补充符号是为了补充说明焊缝的某些特征而采用的符号，用粗实线绘制，如果需要可随基本符号标注在相应的位置上。常用的补充符号见表 4-19。

表 4-19　常见的补充符号

名称	符号	焊缝形式	标注示例	说明
带垫板符号	▭			表示 V 形焊缝的背面底部有垫板
三面焊缝符号	⊏			工件三面施焊，为角焊缝
周围焊缝符号	○			表示在现场沿工件周围施焊，为角焊缝
现场施工符号	⚑			
尾部符号	<			111 表示用手工电弧焊，4 条表示有 4 条相同的角焊缝，焊缝高为 5mm，长为 100mm

4）焊接方法的数字代号

焊接方法很多，最常用的是电弧焊，另外还有电渣焊、气焊、压焊和钎焊等。标注时，焊接方法用规定的数字代号表示，写在焊缝代号的尾部，若所有焊缝的焊接方法相同，可统一在技术要求中说明。常用的焊接方法的数字代号见表4-20。

表4-20 常用的焊接方法的数字代号

焊接方法	数字代号	焊接方法	数字代号
手工电弧焊	111	激光焊	751
丝极埋弧焊	121	氧-燃气焊	31
点焊	21	烙铁钎焊	952
等离子弧焊	15	冷压焊	48

(3) 常见焊缝的标注示例

常见焊缝的标注如表4-21所示。

表4-21 常见焊缝标注方法

接头形式	焊缝形式	标注示例	说明
对接接头	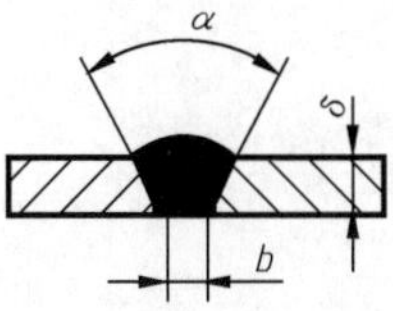	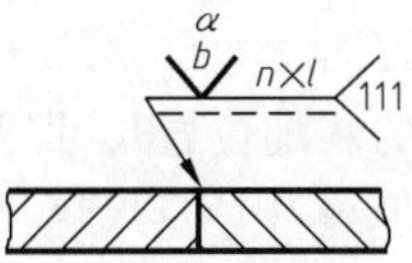	111表示手工电弧焊，V形焊接，坡口角度为α，根部间隙为b，有n段焊缝，焊缝长度为l
T形接头	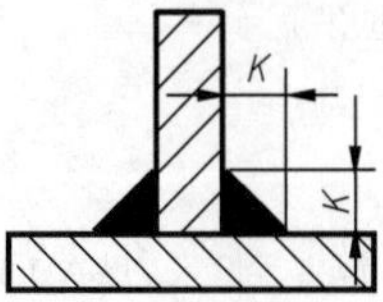	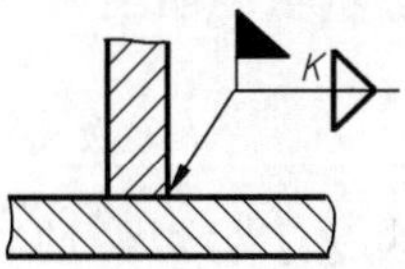	▶ 表示在现场装配时进行焊接 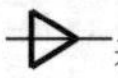 ▷表示对称角焊缝，焊缝高度为K
T形接头	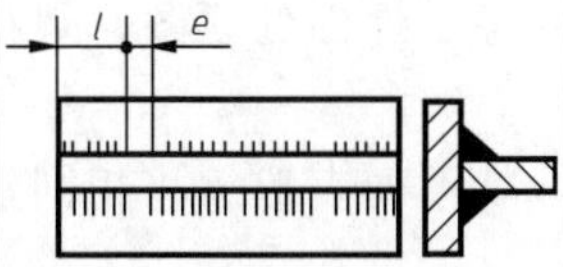	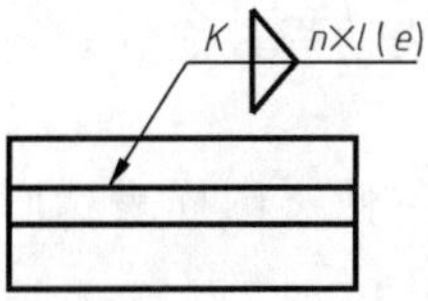	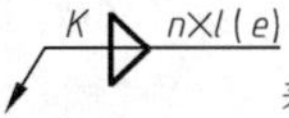 表示有n段断续对称链状角焊缝，l表示焊缝的长度，e表示断续焊缝的间距
角接接头	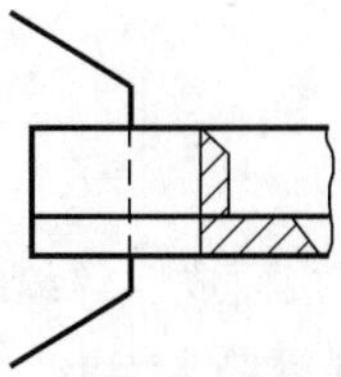	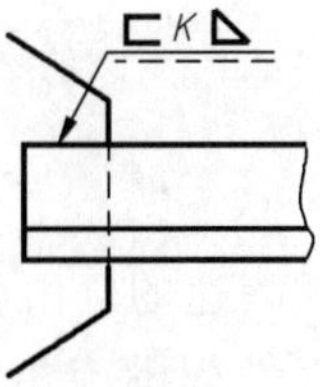	⊏ 表示三面焊接 ◁ 表示单面角焊接
角接接头	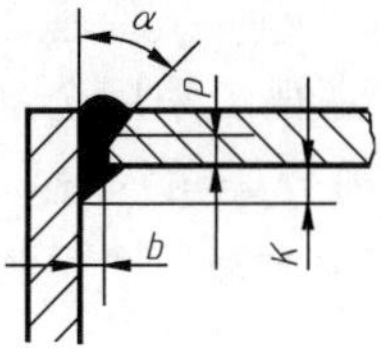	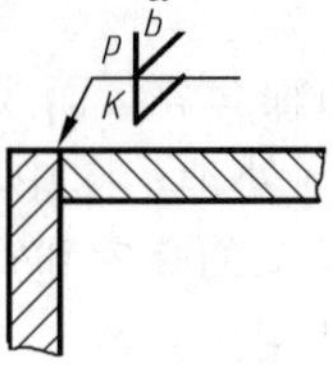	 表示双面焊缝，上面为单边V形焊缝，下面为角焊缝

接头形式	焊缝形式	标注示例	说明
搭接接头	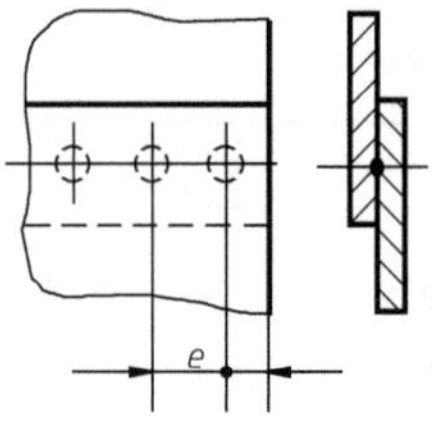	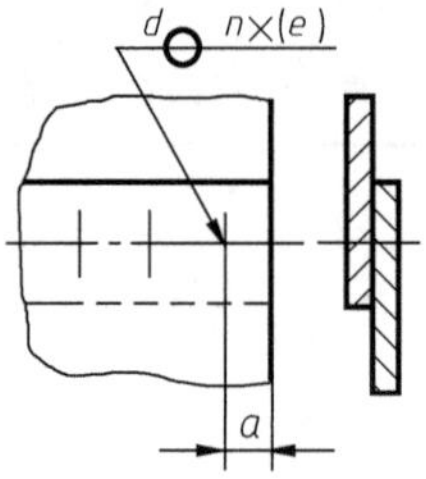 $d \bigcirc n\times(e)$	$\bigcirc$ 表示点焊; d 表示熔核直径; e 表示焊点的间距; a 表示焊点至板边的间距

4.7.2　焊接图样画法及示例

焊接件图样应能清晰地表达出各焊件的相互位置，焊接要求以及焊缝尺寸等。

(1) 焊接图的内容

① 表达焊接件结构形状的一组视图。

② 焊接件的规格尺寸，焊接件的装配位置尺寸以及焊后加工尺寸。

③ 各焊件连接处的接头形式、焊缝符号及焊缝尺寸。

④ 构件装配、焊接以及焊后处理、加工的技术要求。

⑤ 说明焊件型号、规格、材料、重量的明细表及焊件相应的编号。

⑥ 标题栏。

(2) 焊接图的表达形式和特点

① 整件形式。用一张图样不仅表达了各焊件的装配、焊接要求，还表达每一焊件的形状和大小。

② 分体形式。除了在焊接图中表达焊件之外，还附有每一焊件的详图，焊接图重点表达装配关系。

③ 列表形式。当焊件结构复杂不便于图样表达时，可以用列表形式将相同规格的各种焊件的同一种焊缝形式及尺寸集中表示。

焊接图与零件图的不同之处在于各相邻焊件的剖面线的方向不同，且在焊接图中需对各焊件进行编号，并需要填写零件明细栏。

(3) 焊接图示例

图 4-217 所示是支架的焊件图。

从图中可以看出，它是以整体形式表达的，由各种钢板焊接而成。焊缝均为角焊接，主视图上方件 1 和 2 之间采用在现场沿工件周围施角焊焊接，焊缝高 5mm；件 3 和 4 之间在现场施角焊焊接；A 视图上标注的左右 2 条焊缝相同，均为三面角焊缝。从技术要求中可知，全部采用手工电弧焊。

图 4-218 中的带座链轮是由链轮和轴套焊接而成的零件，主视图采用全剖视图，表达轴套和链轮的连接方式，链轮齿面按不剖处理，图中黑色三角部分是角焊缝，标注有焊接符号，左视图采用局部视图，主要表达键槽的高度和宽度。在右上角有一个链轮参数表，给出链轮的节距、齿数、滚子直径和测量使用的参数。

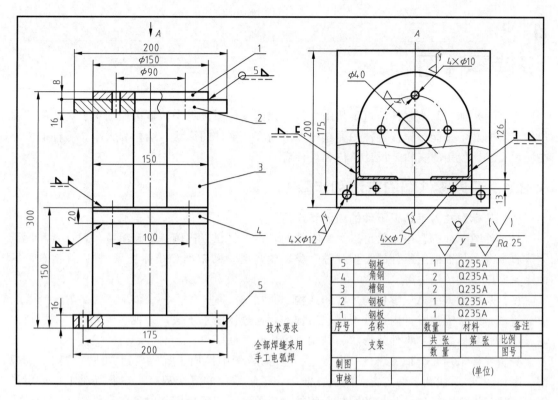

5	钢板	1	Q235A	
4	角钢	2	Q235A	
3	槽钢	2	Q235A	
2	钢板	1	Q235A	
1	钢板	1	Q235A	
序号	名称	数量	材料	备注

技术要求
全部焊缝采用
手工电弧焊

图 4-217　支架

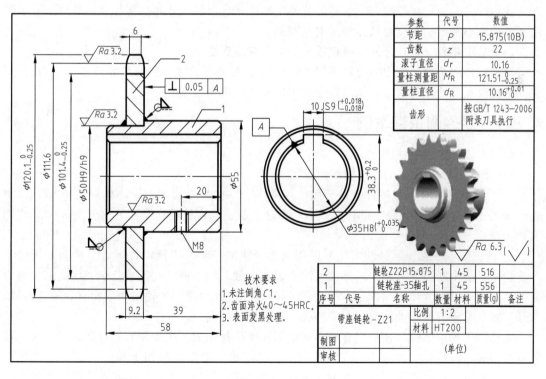

参数	代号	数值
节距	P	15.875(10B)
齿数	z	22
滚子直径	d_r	10.16
量柱测量距	M_R	$121.51_{-0.25}^{\ 0}$
量柱直径	d_R	$10.16_{\ 0}^{+0.01}$
齿形		按GB/T 1243—2006 附录刀具执行

技术要求
1. 未注倒角C1。
2. 齿面淬火40~45HRC。
3. 表面发黑处理。

2	链轮Z22P15.875		1	45	516	
1	链轮座-35轴孔		1	45	556	
序号	代号	名称	数量	材料	质量(g)	备注
带座链轮-Z21			比例	1:2		
			材料	HT200		

图 4-218　链轮

4.8
识读零件图

零件图是加工制造零件的重要技术文件，识读零件图是每个从事机械加工、制造的工程技术人员的必备技能。识读零件图要获得以下内容：零件的形状、结构和大小，零件的内外在质量要求，使用的材料，设计单位和设计者。

4.8.1　识读零件图的方法和步骤

(1) 从标题栏入手认识零件的内涵和作用

从零件图上的标题栏入手可以了解零件的名称、材料、比例、设计单位、设计者和设计完成日期等，从而确定零件的类型（轴套类、轮盘类、叉架类和箱体类）、材质等信息，据此来判断出零件的用途等。

(2) 从视图入手见识零件的形状和结构

视图是用来表达零件内、外形状和结构的，通过读图三步法，即视图看外形、剖视窥内部、综合思总体，确定零件的形状、结构、组成和关联。

分析零件采用几个视图表达（主、俯、左等），图中采用了哪些表达方法（视图、剖视图、断面图等），找到剖切位置、投射方向等，了解零件的复杂程度。在此基础上，运用形体分析法和线面分析法，分析各图投影间的对应关系，想象出零件的形状和结构。

(3) 从尺寸入手辨识零件的大小和规格

找出各方向的尺寸基准，了解各部分的定形尺寸、定位尺寸和总体尺寸，从而进一步确定零件的大小和形状，以及尺寸精度的高和低。

(4) 从图中符（代）号入手检识零件的内外在质量要求

根据零件的类型、使用的材料了解零件的成型方法，了解零件的尺寸公差、几何公差、表面结构以及热处理要求等，从而判断出零件加工的难易程度。

4.8.2　零件图识读举例

(1) 识读轴套类零件图

识读图 4-219 所示主动齿轮轴零件图。

① 从标题栏入手认识零件。从标题栏可知这个零件是主动齿轮轴，材料是 40Cr，是中碳合金钢；件数 1，说明每个部件上只有一件这样的主动齿轮轴；图样的比例是 1:1，说明实物与图形一样大。

② 从视图入手见识零件的形状。采用前面所述的三步法识读零件图，零件图采用了一个主视图、一个断面图和两个局部放大图来表达该轴。轴上的结构比较复杂，中间部分有齿轮，模数=3，齿数=14。右端有一处螺纹结构，有一处键槽，齿轮的两端面有砂轮越程槽，螺纹的末端有退刀槽，轴的两端有中心孔，轴上有 3 处倒角。

主动齿轮轴由多段同轴、但直径不同的圆柱体叠加而成。主视图水平放置，齿面采用局部剖视图表达齿高。右边有一个安装普通平键的键槽，根据主视图上标注的 A—A 剖切位置，在图的下方就可以找到相应名称的 A—A 断面图。除此之外，有两处局部放大图，一处是砂轮越程槽，因为是对称结构，两处公用一个放大图；另一处是退刀槽，表达槽中的细小结构。由此可以想象出该零件的结构。

③ 从尺寸入手辨识零件的大小和规格。三步法标注尺寸的方法同样适用于看图中所注尺寸，轴的最大直径是 $\phi48$，长度尺寸 150，是个不太大的轴。轴的径向基准的是左端 $\phi16f7$ 和右端 $\phi16f7$ 的公共轴线；轴向的尺寸基准是左端面，在加工和检验时，要以其作为测量尺寸的起点，才能保证零件的质量要求。零件上未注倒角，用文字注写在技术要求中。

④ 从图中符号入手辨识零件的加工质量。

a. 看表面结构要求。由表面结构标注可知，该轴只对表面粗糙度有要求，通过表面结构的代号，就可以知道这个零件要经过哪些加工方法才能够完成。有配合要求的表面，其表面糙度数值较小，如主动齿轮轴 $\phi16f7$、$\phi48f9$、$\phi15.5$ 和 $\phi14h7$ 的表面粗糙度为 $Ra0.8$；$\phi48$ 两端面和齿面的表面粗糙度为 $Ra1.6$，键槽宽度两表面为 $Ra3.2$，其余表面均为 $Ra6.3$。

b. 看尺寸公差。$\phi16f7$ 和 $\phi14h7$ 尺寸公差都是 7 级，$\phi48f9$、30f9 和 5N9 尺寸公差是 9 级，这些尺寸都是重要尺寸，加工时需要特别注意，不要超差。

c. 看几何公差。齿轮轴 $\phi48f9$ 的轴线相对两端 $\phi16f7$ 的公共轴线有同轴度要求，允许误差在 $\phi0.015$ 的范围内。由此可以理解轴端打中心孔 $2×A2.5/5.3$ 的工艺作用。

d. 看其他技术要求。主要指用文字形式给出的技术要求，图中用文字说明零件要经过调质处理得到布氏硬度为 $240\sim280HBW$，齿面淬火的洛氏硬度为 $48\sim52HRC$。

通过以上步骤，一个轴的零件图识读就完成了，知道了轴的用途，使用的材料，成形方法等信息，为加工生产做好准备。主动齿轮轴三维模型图见图 4-220。

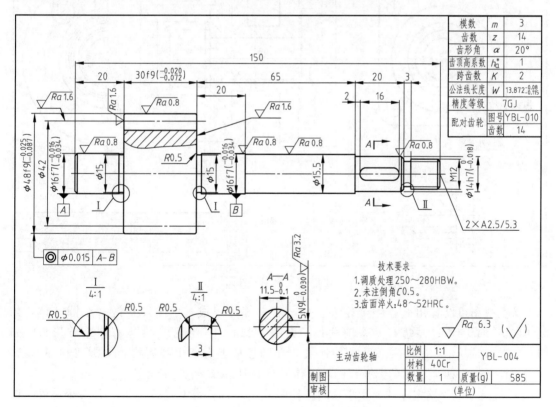

图 4-219　主动齿轮轴零件图

图 4-220　主动齿轮轴三维模型

(2) 识读轮盘类零件图

识读图 4-221 所示的阀盖零件图。

① 从标题栏入手认识零件。从标题栏可以知道这个零件是阀盖（某种阀的端盖），材料是灰口铸铁（HT200），1 件，图样的比例是 1∶1，说明实物的大小与图形一样大。

② 从视图入手识读零件的形状。用三步法识读零件图，球阀阀盖采用三个视图加一个局部放大图来表达。主视图采用全剖视图，主要表达阀盖的内部结构和各部分的相对位置。左视图表达左端圆形连接法兰的外形和均布的各孔位置，由于图形对称，采用简化画法，可画一半；右视图表达右端方形连接法兰的形状和各孔的位置，局部放大图主要表达端面环形槽的大小和结构。

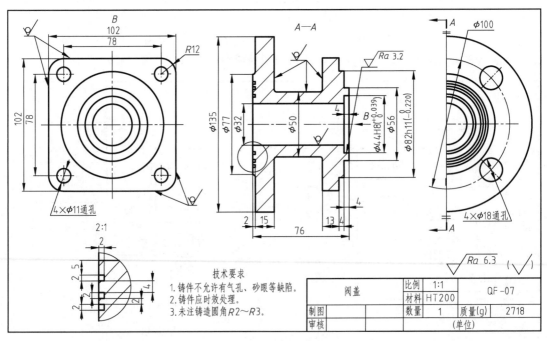

图 4-221　阀盖零件图

从主视图可以看出阀盖主要由左、中、右三部分组成，中间形状是一个圆柱体，如图 4-222（a）所示；左边有一个圆柱板，如图 4-222（b）所示；右边有一个方形板，如图 4-222（c）所示。中间有一个 $\phi32$ 圆孔，在圆柱板上有四个圆周均布的圆孔和环形槽，在方形板上也有四个 $\phi11$ 的圆孔，阀盖整体形状如图 4-222（d）所示。

③ 从尺寸入手确定零件大大小。阀盖长度尺寸为 76，最大直径 $\phi135$，是一个铸件。以 $\phi44H8$ 的轴线为径向（高度和宽度）尺寸基准，以 $\phi82h11$ 的右端面为轴向基准，在加工和检验时，要以其作为测量尺寸的起点，才能保证零件的质量要求。右端有一个 $\phi44H8$ 的孔，

图 4-222　球阀阀盖

有尺寸公差要求，其余为自由尺寸。零件上的未注铸造圆角用文字写在技术要求中。

④ 从图中符号入手确定零件的加工质量。阀盖左、右两个端面都需要切削加工，其表面粗糙度为 $Ra6.3$，铸造时应留有加工余量，其余表面不需要去除材料加工。右端有一个 $\phi44H8$ 的孔，有配合要求，其表面粗糙度为 $Ra3.2$。对阀盖的铸造要求用文字说明写在技术要求中。

轮盘类零件的读图

（3）识读叉架类零件图

识读图 4-223 所示的脚踏座零件图。

① 从标题栏入手认识零件。从标题栏中可知零件名称是脚踏座，比例 1∶1，说明实物的大小与图形一样，材料为铸铁（HT200），说明为铸件。

② 从视图入手识读零件的形状。脚踏座用四个视图表达，主视图是根据工作位置选定的，表达零件的外形；俯视图表达安装板、肋板和圆柱体的宽度，以及它们的相对位置；B 向视图表达安装板左端面的形状；$A—A$ 移出断面表达丁字形肋板的形状。

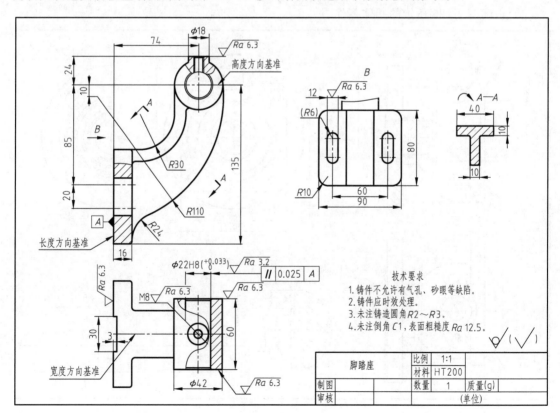

图 4-223　脚踏座零件图

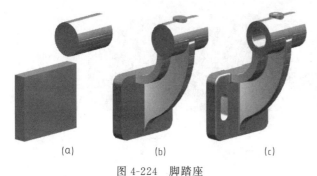

脚踏座的工作部分是圆柱体，连接部分是左端的长方形底板，圆柱的轴线与底板左端面的距离为74mm，且相互平行，如图4-224（a）所示；底板与圆柱之间用丁字形肋板相连，在圆柱的上部有一凸台，如图4-224（b）所示；在圆柱和凸台上开有孔，在底板上有两个长圆孔，脚踏座形状如图4-224（c）所示。

图 4-224　脚踏座

③ 从尺寸入手确定零件大小。脚踏座是一个铸件。零件长度方向的尺寸基准是底板左端面；高度方向的尺寸基准是圆柱的轴线；从这两个基准出发，分别标注出74、85，确定上部轴承的轴线位置。宽度方向的尺寸基准是前后方向的对称面，由此标注出的尺寸是30、40、60，在 B 向局部视图中注出两长圆孔的定位尺寸60以及底板的宽度尺寸90。

④ 从图中符号入手确定零件的加工质量。脚踏板的重要部位是上部的圆柱，其两个端面、内孔和上部的凸台顶面都需要切削加工，底板的左端面和长圆孔需要加工，这些部位铸造时应留加工余量，其余为不去除材料的方法得到的表面。工作部位 $\phi 20H8$（$^{+0.035}_{0}$）有尺寸公差要求，其表面粗糙度为 $Ra 3.2$，其余加工面为 $Ra 6.3$。$\phi 20H8$（$^{+0.035}_{0}$）轴线与底板左端面还有平行度的要求。未注铸造圆角 $R3$ 写在技术要求中。

（4）识读箱体类零件图

1）识读图 4-225 所示的阀体零件图

叉架类零件的读图

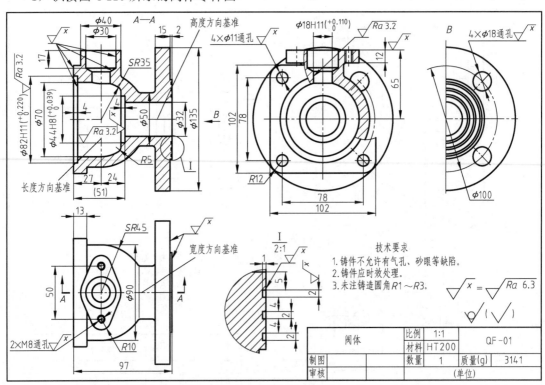

图 4-225　阀体零件图

① 从标题栏入手认识零件。由标题栏中可知零件是阀体，是用来容纳和支承其他零件的箱体类零件。材料为灰口铸铁（HT200），比例为1∶1，说明实物的大小与图形一样。

② 从视图入手识读零件的形状结构。阀体采用三个基本视图（主、俯、左）、一个 B 向视图和一个局部放大图来表达。主视图按工作位置放置，采用全剖视图，表达阀体空腔和主要形状结构；左视图主要表达阀体的外形；局部剖视图表达阀体的壁厚，螺孔是通孔；俯视图表达外形和各形体的位置及上端面的形状；B 向视图表达右端面的形状和四个孔的圆周位置，因为对称只画一半；放大图表达右端面的环形槽的大小和位置。

阀体的主体形状是半个球体和圆柱相切，如图 4-226（a）所示；由 B 向视图可知阀体

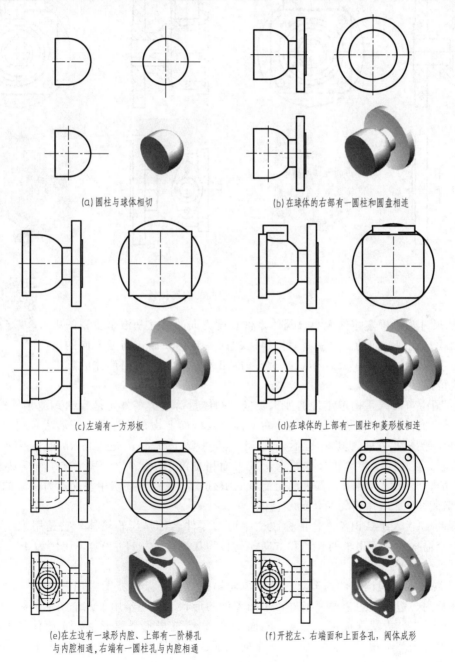

(a)圆柱与球体相切   (b)在球体的右部有一圆柱和圆盘相连

(c)左端有一方形板   (d)在球体的上部有一圆柱和菱形板相连

(e)在左边有一球形内腔、上部有一阶梯孔与内腔相通,右端有一圆柱孔与内腔相通   (f)开挖左、右端面和上面各孔,阀体成形

图 4-226 球阀阀体

右端为一圆盘，如图 4-226（b）所示；由左视图和主视图可以看出阀体左端面为一方形板，如图 4-226（c）所示；根据俯视图和左视图可以看出在球体中心的上方有一圆柱，圆柱的上部有一菱形板，如图 4-226（d）所示；阀体的空腔形状可以根据主视图所标尺寸及侧视图的局部剖看出，如图 4-226（e）所示；切除左右端面各孔，综合所有图形想出阀体形状，阀体形状如图 4-226（f）所示。

阀体主视图和左视图的剖切位置和方法如图 4-227 所示。

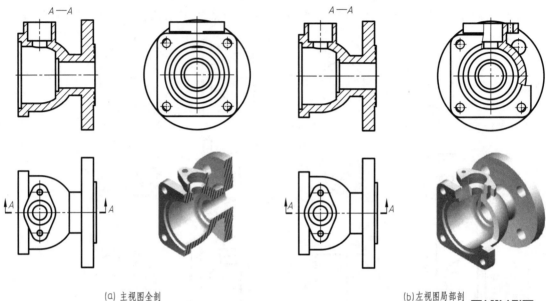

(a) 主视图全剖   (b) 左视图局部剖

图 4-227　主、左视图的剖切位置

③ 从尺寸入手确定零件大小。阀体零件长度方向的尺寸基准是主视图中的竖直轴线；宽度方向的尺寸基准是俯视图的前后对称平面；高度方向的尺寸基准是主视图中的水平轴线。从这三个基准出发，分别标注出形体的定形尺寸和定位尺寸。

④ 从图中符号入手确定零件的加工质量。阀体是铸造类零件，是容纳其他零件的零件，要分清阀体的加工面和非加工面。左、右端面以及端面上均布的各孔，菱形法兰端面及其阶梯孔、螺纹孔是加工面，其余是不加工面。其重要工作部位是 $\phi 44H8$ 处安装密封圈，$\phi 18H11$ 处安装阀杆，有尺寸公差要求，其表面粗糙度为 $Ra\,3.2$。其余加工面为零件与零件的结合面，没有配合要求，其表面粗糙度为 $Ra\,6.3$。在技术要求中注明对铸造件的要求。

2）识读图 4-228 中齿轮箱体的零件图

① 从标题栏入手认识零件。由标题栏中可知零件名称是齿轮箱体，它是用来安装齿轮的，且改变输入轴和输出轴的转速和方向。材料为灰口铸铁（HT200），比例为 1∶1，说明实物的大小与图形一样。

② 从视图入手识读零件的形状。由于齿轮箱体比较复杂，看图采用三＋三步法先粗后细、由外及内，边看边想，循序渐进，想出零件的形状。第一步用了几个图形，第二步每个图形采用什么表达方法（视图、剖视、断面图等），第三步每个图形主要表达什么内容。齿轮箱体采用三个基本视图（主俯左）、一个向视图、一个局部视图和一个剖视图，共计 6 个图形来表达。

球阀阀体零件的读图

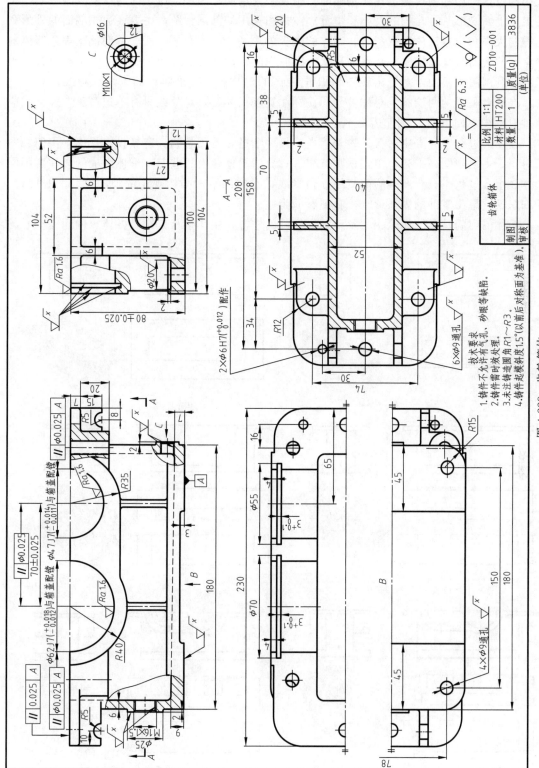

技术要求
1. 铸件不允许有气孔、砂眼等缺陷。
2. 铸件需时效处理。
3. 未注铸造圆角 R1~R3。
4. 铸件起模斜度1.5°（以前后对称面为基准）。

图 4-228 齿轮箱体

制图		齿轮箱体			
审核					ZD10-001
比例	1:1				
材料	HT200				3836
数量	1	质量(g)			(单位)

主视图，选择齿轮减速器的工作位置作主视图，主要表达齿轮箱体的外形、两半圆孔的大小和位置，局部剖视表达各孔是通的。俯视图采用简化画法，由于前后对称只画一半，主要表达上面的形状，孔槽的大小和位置；左视图采用局部剖视图，主要表达左端面的外形和孔槽的大小和位置；B 向视图表达箱体的底板外形和 $4 \times \phi 9$ 位置；$A—A$ 剖视图表达箱体的壁厚、肋板的宽度和位置、凸台的形状；C 向视图表达凸台的外形和螺孔的大小和位置。为了有效利用图纸幅面，对于俯视图和 B 向视图的对称图形，沿对称面（细点画线）只画一半，在细点画线的两端画上对称符号，在标注宽度尺寸时，尺寸线只有单边箭头，尺寸线应超过对称线，如 B 向视图左边的 78。

　　读图的过程中应先主后次，先外后内，循序渐进，看图想物；遵循投影规律，主俯视图长对正，主左视图高平齐，俯左视图宽相等；分清箱体是由哪些基本形体组成的，注意不同形体在组合过程中，会产生的截交线、相贯线，不同的结构国标规定的画法等。大胆假设，仔细求证，想出零件的内外形状，直到看懂为止。

　　箱体的内腔是容纳齿轮、轴及轴承等零件的地方，主体形状是个长方体，中间是空心的

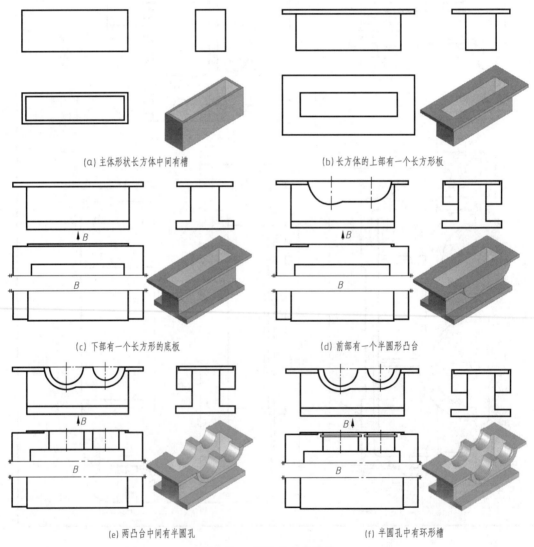

(a) 主体形状长方体中间有槽　　　　　　(b) 长方体的上部有一个长方形板

(c) 下部有一个长方形的底板　　　　　　(d) 前部有一个半圆形凸台

(e) 两凸台中间有半圆孔　　　　　　　　(f) 半圆孔中有环形槽

图 4-229　箱体的主体结构

槽，如图 4-229（a）所示；在长方体的上面有一个长方形的连接板，如图 4-229（b）所示；在长方体的下部有一个长方形的底板，形状如图 4-229（c）所示；在箱体的前、后部有两个不同直径的半圆凸台，如图 4-229（d）所示；两凸台中各有一个半圆孔，如图 4-229（e）所示；孔中各有一个环形槽，如图 4-229（f）所示；这些是箱体的主体结构。

下面来看箱体的细部结构。在上板的两端下部有运输起吊用的吊耳，上面板四角有圆角，有连接螺栓用的 $6 \times \phi 9$ 的通孔，有定位的销孔，上面板的下部有连接螺栓用的凸台，如图 4-230（a）所示；在两个半圆凸台下边有加强的肋板，如图 4-230（b）所示；左端面有观察油面高度的观察孔，右端面有凸起的放油孔，如图 4-230（c）所示；在底板上的四角有圆角，有四个安装用的光孔，底面开了一个通槽，减少加工面，如图 4-230（d）所示。

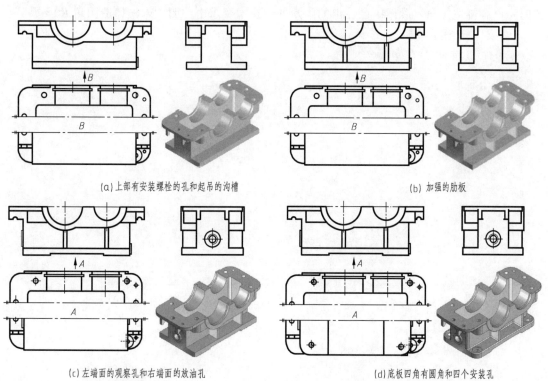

(a) 上部有安装螺栓的孔和起吊的沟槽　　　　　　　　　　　(b) 加强的肋板

(c) 左端面的观察孔和右端面的放油孔　　　　　　　　(d) 底板四角有圆角和四个安装孔

图 4-230　箱体的细部结构

齿轮箱体的形状结构如图 4-231 所示。

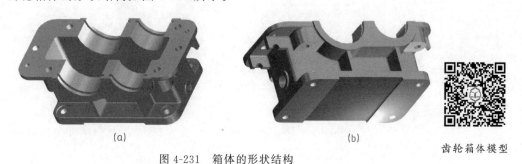

(a)　　　　　　　　　　　　　　　　(b)　　　　　　　　齿轮箱体模型

图 4-231　箱体的形状结构

③ 从尺寸入手确定零件大小。齿轮箱体的长度方向的尺寸基准是主视图中的 $\phi 47J7$ 的轴线；宽度方向的尺寸基准是俯视图的前后对称平面；高度方向的尺寸基准是齿轮箱体的底

面。从这三个基准出发，分别标注出各形体的定形尺寸和定位尺寸，如图 4-228 所示。

④ 从图中符号入手确定零件的加工质量。箱体是一个容纳其他零件的零件，其重要工作部位是两孔 $\phi47J7$、$\phi62J7$，这两个孔是用来安装轴承的，其表面粗糙度为 $Ra1.6$；箱体上表面需要安装箱盖，不能漏油，其表面粗糙度为 $Ra1.6$；下底面、环形槽、各种螺孔、光孔是机械加工面，其表面粗糙度为 $Ra\ 6.3$，铸造时，应留有加工余量；其余为不去除材料的方法得到的表面。

两孔 $\phi47J7$、$\phi62J7$ 的轴线有平行度的要求，两轴线互为基准，允许公差为 0.025mm；两孔轴线对底面有平行度的要求，允许公差为 0.025mm。

箱体是铸造类零件，外形较复杂，除以上工作面外，其余均不需要去除材料加工。在铸造时，应有铸造圆角，除图中已注出的圆角外，技术要求中注明"未注铸造圆角 $R1\sim R3$"。

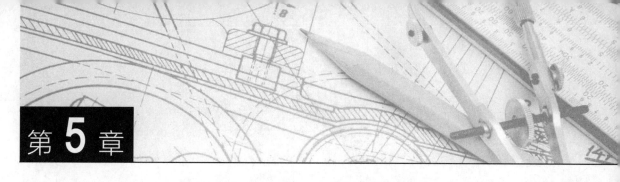

第**5**章

常用标准件及齿轮、弹簧

零件是构成机器的基本单元。对于使用广泛且用量大，需要成批或大量生产的零件，为了提高劳动生产率、降低成本、确保产品质量，国家对其结构、尺寸、画法、标记、成品质量等各个方面都制定了标准，由专业厂进行生产，这样的零件称为标准件，如图 5-1 中的螺钉。标准件不需要绘制零件图，需要时根据代号或标记直接购买即可；但在装配图中需要根据标准件规定的画法、代号或标记进行绘图或标注。还有一些机械零件，如齿轮和弹簧等，国家标准对其画法和部分参数、结构作了规定，需要时需绘制零件图进行生产，在装配图中需要根据国标规定的画法进行绘图，如图 5-1 中的弹簧。除了上述两类零件之外，其结构、尺寸、材料等需要根据工作情况进行设计和加工的零件常称为专用零件或一般零件，图 5-1 中除螺钉和弹簧之外的所有零件都为一般零件。本章主要介绍一些常用的标准件，以及齿轮和弹簧。

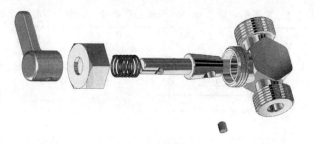

零件分类

图 5-1　旋塞阀

5.1
螺纹紧固件的连接及画法

5.1.1　常用的螺纹紧固件

(1) 螺纹紧固件的种类

螺纹紧固件指的是通过螺纹旋合起到连接、紧固作用的零件，常用的螺纹紧固件有螺栓、双头螺柱、螺钉、螺母和垫圈等，均为标准件，如图 5-2 所示。

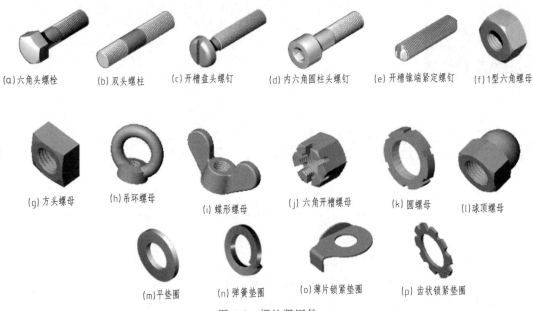

(a)六角头螺栓　(b)双头螺柱　(c)开槽盘头螺钉　(d)内六角圆柱头螺钉　(e)开槽锥端紧定螺钉　(f)1型六角螺母

(g)方头螺母　(h)吊环螺母　(i)蝶形螺母　(j)六角开槽螺母　(k)圆螺母　(l)球顶螺母

(m)平垫圈　(n)弹簧垫圈　(o)薄片锁紧垫圈　(p)齿状锁紧垫圈

图 5-2　螺纹紧固件

(2) 螺纹紧固件的规定标记

螺纹紧固件一般由标准件厂生产，设计时无需出零件图，只要在装配图的明细栏内填写规定的标记即可。国家标准 GB/T 1237—2000 规定，紧固件有完整标记和简化标记两种，标记内容包括：标准件的名称、标准编号、规格和力学性能等。常用螺纹紧固件的简图、说明及其标记如表 5-1 所示。

表 5-1　常用螺纹紧固件的简图和主要参数、说明及其标记示例

名称及国家标准编号	简图和主要参数	说明及其简化标记
六角头螺栓—A 级和 B 级 GB/T 5782—2016		螺纹规格 d＝M12、公称长度 l＝80mm、性能等级为 8.8 级、表面氧化、产品等级为 A 级的六角头螺栓标记为： 完整标记：螺栓 GB/T 5782—2016 M12×80-8.8-A-O 简化标记：螺栓 GB/T 5782　M12×80
双头螺柱 GB/T 898—1988		螺纹规格 d＝M12、公称长度 l＝60mm、性能等级为常用的 4.8 级、不经表面处理、b_m＝1.25d、两端均为粗牙普通螺纹的 B 型双头螺柱： 完整标记：螺柱 GB/T 898—1988 M12×60-B-4.8 简化标记：螺柱 GB/T 898　M12×60 当螺柱为 A 型时，应将螺柱规格大小写成"AM12×60"
开槽圆柱头螺钉 GB/T 65—2016		螺纹规格 d＝M10、公称长度 l＝60mm、性能等级为常用的 4.8 级、不经表面处理、产品等级为 A 级的开槽圆柱头螺钉： 完整标记：螺钉 GB/T 65—2016 M10×60-4.8-A 简化标记：螺钉 GB/T 65 M10×60

名称及国家标准编号	简图和主要参数	说明及其简化标记
开槽沉头螺钉 GB/T 68—2016		螺纹规格 d＝M5、公称长度 l＝20mm、性能等级为 4.8 级、不经表面处理的开槽沉头螺钉的标记为： 完整标记：螺钉 GB/T 68—2016 M5×20-4.8 简化螺钉：GB/T 68 M5×20
十字槽沉头螺钉 GB/T 819.1—2016		螺纹规格 d＝M5、公称长度 l＝20mm、性能等级为 4.8 级、不经表面处理的 H 型十字槽沉头螺钉的标记为： 完整标记：螺钉 GB/T 819.1—2016 M5×20 简化螺钉：GB/T 819.1 M5×20
开槽锥端紧定螺钉 GB/T 71—2018		螺纹规格 d＝M5、公称长度 l＝12mm、性能等级为 14H 级、表面氧化的开槽锥端紧定螺钉的标记为： 完整标记：螺钉 GB/T 71—2016 M5×12 简化标记：螺钉 GB/T 71 M5×12
1 型六角螺母—A 级和 B 级 GB/T 6170—2015		螺纹规格 D＝M16、性能等级为常用的 8 级、不经表面处理、产品等级为 A 级的 1 型六角螺母： 完整标记：螺母 GB/T 6170—2015 M16-8-A-O 简化标记：螺母 GB/T 6170 M16
平垫圈—A 级 GB/T 97.1—2002		标准系列、规格为 10mm、性能等级为常用的 200HV 级、表面氧化、产品等级为 A 级的平垫圈： 完整标记：垫圈 GB/T 97.1—2002 10-200HV-A-O 简化标记：垫圈 GB/T 97.1 10 （从标准中可查得，该垫圈内径 d_1 为 10.5mm）
弹簧垫圈 GB/T 93—1987		规格为 16mm、材料为 65Mn、表面氧化的标准型弹簧垫圈： 完整标记：垫圈 GB/T 93—1987 16-O 简化标记：垫圈 GB/T 93 16 （从标准中可查得，该垫圈的 d_1 最小为 16.2mm）

5.1.2 常用螺纹紧固件的连接及画法

　　虽然螺纹紧固件的结构形状和尺寸都已标准化，可从国家标准中查出，使用时根据螺纹紧固件的规定标记去购买，不需要加工制造和绘制它们的零件图。但在设计机器或部件时经常用到螺纹紧固件，需要绘制螺纹紧固件的连接装配图。常用的连接形式有螺栓连接、螺柱连接、螺钉连接。

螺纹紧固
件标记

　　为了画图简便，常采用比例画法和简化画法。即除了公称长度需要根据结构初算后，按标准中的长度系列选定外，其他各部分尺寸都取与螺纹公称直径成一定比例的数值画出。

（1）常用螺纹紧固件的比例画法和简化画法

　　六角螺母和六角头螺栓头部外表面上的双曲线，根据公称直径的比例画法如图 5-3 所示。其他螺纹紧固件的比例画法如图 5-4 所示。

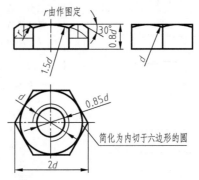

图 5-3　六角螺母比例画法

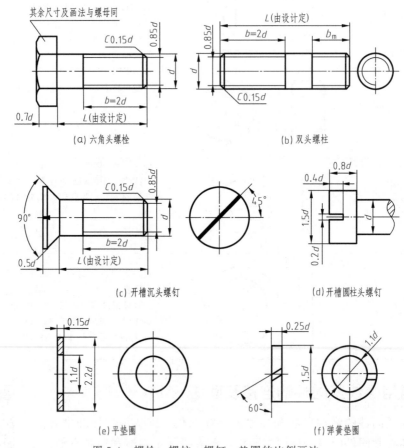

(a) 六角头螺栓　　　　　　(b) 双头螺柱

(c) 开槽沉头螺钉　　　　　　(d) 开槽圆柱头螺钉

(e) 平垫圈　　　　　　(f) 弹簧垫圈

图 5-4　螺栓、螺柱、螺钉、垫圈的比例画法

　　实际工程中为作图简便，螺纹紧固件在装配图中一般都采用简化画法，即倒角省略、螺母及螺栓头部的双曲线省略，如图 5-5 所示。

(2) 螺纹紧固件连接图的规定画法

　　如图 5-6 所示，绘制螺纹紧固件连接的装配图时应遵守下列国家标准：

　　① 两零件的接触面和配合面只画一条线。对于非接触面、非配合表面，即使其间隙很小，也必须画两条线。

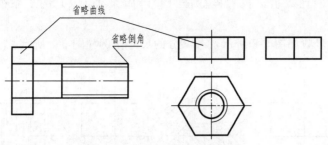

图 5-5　螺纹紧固件简化画法

② 在装配图中，若剖切平面通过螺纹紧固件轴线时，则这些零件均按不剖绘制。

③ 在剖视图或断面图中，相邻两个零件的剖面线倾斜方向应相反，同一张图样上同一个零件在各个视图中的剖面线方向、间隔必须一致。

④ 在剖视图中，当其边界不画波浪线时，应将剖面线绘制整齐。

(3) 螺纹紧固件连接的装配图画法

1）用螺栓连接装配图的画法

螺栓连接由螺栓、螺母、垫圈组成，用于被连接的两零件厚度不大，可钻出通孔的情况。连接时先在两零件上钻出光孔，然后螺栓穿过两零件上的光孔，加上垫圈，

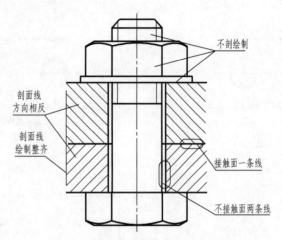

图 5-6　螺纹紧固件连接图的规定画法

最后拧紧螺母，如图 5-7 所示。在画装配图时，应根据螺栓的形式、螺纹大径及被连接零件的厚度，按下式确定螺栓的公称长度（l）。

$l \geqslant$ 被连接零件的厚度$(\delta_1 + \delta_2)$ ＋垫圈厚度(h) ＋螺母高度(m) ＋螺栓伸出螺母的高度(b_1)

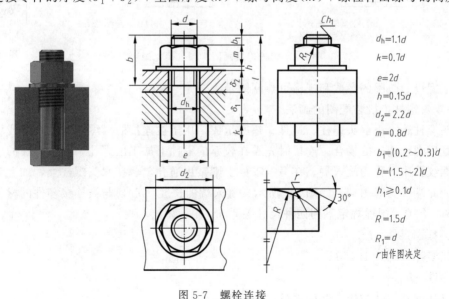

$d_h = 1.1d$

$k = 0.7d$

$e = 2d$

$h = 0.15d$

$d_2 = 2.2d$

$m = 0.8d$

$b_1 = (0.2 \sim 0.3)d$

$b = (1.5 \sim 2)d$

$h_1 \geqslant 0.1d$

$R = 1.5d$

$R_1 = d$

r 由作图决定

图 5-7　螺栓连接

根据公称长度的计算值，在螺栓标准（参考附录表 C-1）的 l 系列值中，选用标准长度。

螺栓连接画图步骤如图 5-8 所示，各部分的尺寸比例如图 5-7 所示。

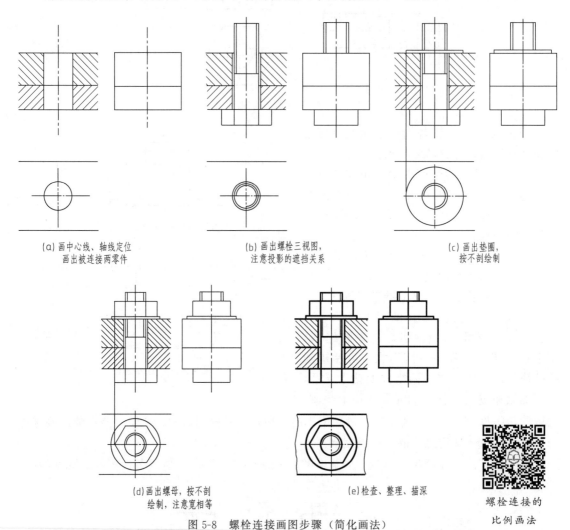

(a) 画中心线、轴线定位
画出被连接两零件

(b) 画出螺栓三视图，
注意投影的遮挡关系

(c) 画出垫圈，
按不剖绘制

(d) 画出螺母，按不剖
绘制，注意宽相等

(e) 检查、整理、描深

螺栓连接的
比例画法

图 5-8　螺栓连接画图步骤（简化画法）

关于螺母、垫圈的参数和规格可参阅附录表 C-4、表 C-5。

2）双头螺柱连接装配图的画法

双头螺柱连接由双头螺柱、螺母、垫圈组成，用于被连接的两零件之一较厚或由于结构限制不宜用螺栓连接的场合。连接时先需在较厚的零件上加工出螺孔，双头螺柱的一端全部旋入此螺纹孔中，称为旋入端。在另一零件上则钻出通孔，套在双头螺柱上，加上垫圈，拧紧螺母，此端称为紧固端，如图 5-9 所示。旋入端的长度（b_m）与被连接零件的材料及螺纹大径（d）有关，国标规定下列四种尺寸关系。

钢、青铜零件　$b_m = d$

铸铁零件　$b_m = 1.25d$

铝零件　$b_m = 2d$

材料强度在铸铁与铝之间的零件　$b_m = 1.5d$

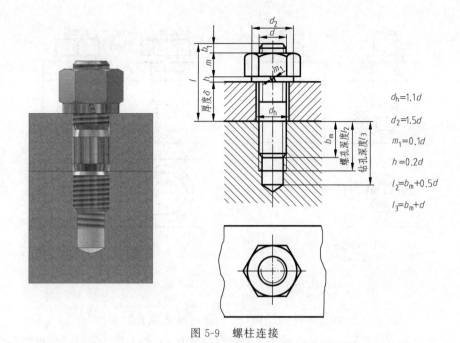

$$d_h=1.1d$$
$$d_2=1.5d$$
$$m_1=0.1d$$
$$h=0.2d$$
$$l_2=b_m+0.5d$$
$$l_3=b_m+d$$

图 5-9 螺柱连接

在画装配图时，应按下式确定双头螺柱的公称长度（l）。

$l \geqslant$ 加工出通孔零件的厚度(δ)＋垫圈厚度(h)＋螺母高度(m)＋ 螺柱伸出螺母的高度(b_1)

根据公称长度的计算值，在螺柱标准（参见附录表 C-2）的 l 系列值中，选用标准长度。

螺柱连接画图步骤如图 5-10 所示，各部分的尺寸比例如图 5-9 所示。

3）螺钉连接装配图的画法

螺钉连接不用螺母，而是直接将螺钉拧入机件的螺孔中，一般用于受力不大而又不需经常拆卸的地方。被连接零件中的一个加工出螺孔，其余零件都加工出通孔或沉孔，如图 5-11 所示。在画装配图时，应按下式确定螺钉的公称长度（l）。

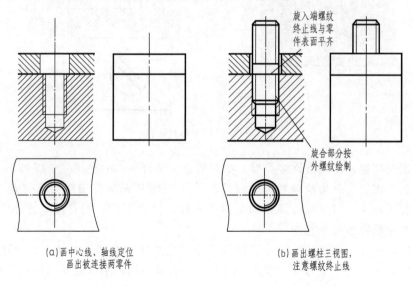

(a)画中心线、轴线定位　　　　　　　(b)画出螺柱三视图，
画出被连接两零件　　　　　　　注意螺纹终止线

图 5-10

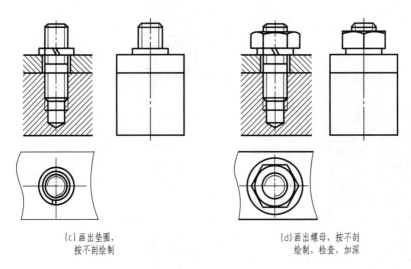

(c)画出垫圈，　　　　　　　(d)画出螺母，按不剖
按不剖绘制　　　　　　　　绘制，检查，加深

图 5-10　螺柱连接画图步骤

$$l \geqslant \text{加工出通孔零件的厚度}(\delta) + \text{螺钉旋入螺孔的深度}(b_{\mathrm{m}})$$

根据公称长度的计算值，在螺钉标准（参见附录表 C-3）的 l 系列值中，选用标准长度。

螺钉旋入螺孔的深度 b_{m} 的大小也与被连接零件的材料及螺纹大径（d）有关，画图时可按双头螺柱旋入端的长度计算方法来确定。画图时要注意螺钉头部起子槽的画法，它在主俯视图中不符合投影关系，在俯视图中要与圆的对称中心线成 45°倾斜。

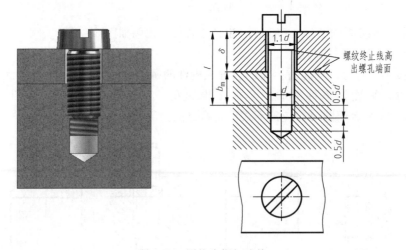

图 5-11　圆柱头螺钉连接

螺钉根据头部形状不同有许多类型，如开槽盘头螺钉、内六角圆柱头螺钉、开槽沉头螺钉、十字槽沉头螺钉、开槽锥端紧定螺钉等，如图 5-12 所示为开槽沉头螺钉及十字槽沉头螺钉连接装配图画法。紧定螺钉用来固定两个零件，使之不产生相对运动。如图 5-13 所示为开槽锥端紧定螺钉连接装配图。

装配图中，螺栓、螺钉的头部及螺母常采用简化画法，如图 5-14 所示。即螺纹紧固件上的工艺结构，如倒角、退刀槽、缩颈、凸肩等可省略不画；不穿通的螺纹孔，可以不画出钻孔深度。

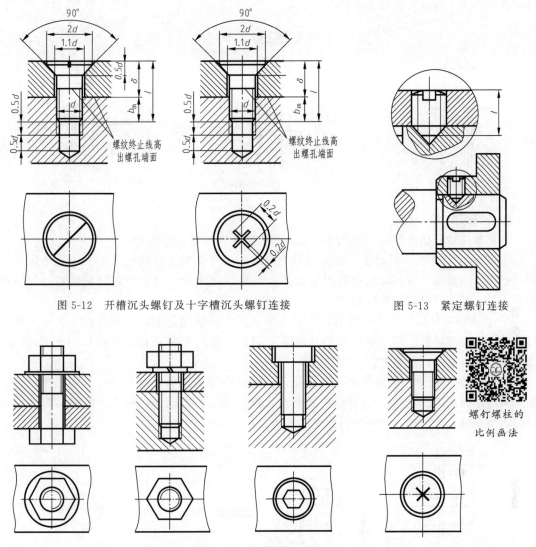

图 5-12　开槽沉头螺钉及十字槽沉头螺钉连接

图 5-13　紧定螺钉连接

螺钉螺柱的
比例画法

图 5-14　螺栓、螺钉连接的简化画法

5.1.3　螺纹连接的防松结构

机器运转过程中，由于受到振动或冲击，螺纹连接件可能会发生自动松动，这时需要设置防松结构，常用的防松结构按原理分为摩擦防松、机械防松和永久防松三种。

(1) 摩擦防松

常见摩擦防松有：双螺母、弹簧垫圈及自锁螺母等。

① 双螺母防松。靠两螺母拧紧后的对顶作用使螺栓始终受到附加的拉力和附加的摩擦力，如图 5-15 所示。这种方法结构简单，但重量大，不经济，拧紧不便，用于低速重载或较平稳的连接。

② 弹簧垫圈防松。靠弹簧垫圈压平后的反弹力使螺纹副间保持压紧力和摩擦力，如图 5-16 所示。这种方法结构简单，但在振动工作条件下防松效果较差，多用于不重要的连接。

③ 自锁螺母防松。螺母一端制成非圆形收口或开缝后径向收口，当螺母拧紧后，收口张开，利用收口的弹力使旋合螺纹间压紧，如图 5-17 所示。这种方法结构简单，防松可靠，

可多次装拆而不降低防松性能。

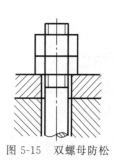
图 5-15 双螺母防松

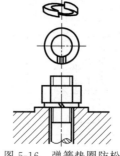
图 5-16 弹簧垫圈防松

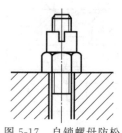
图 5-17 自锁螺母防松

（2）机械防松

常见的机械防松方法有：利用开口销、止动垫片及串联钢丝绳等。

① 槽形螺母和开口销防松。槽形螺母拧紧后，用开口销穿过螺栓尾部的小孔和螺母的槽，也可以用普通螺母拧紧后进行配钻销孔，如图 5-18 所示。这种方法防松可靠，但装拆不便，用于变载、振动的连接场合。

② 止动垫片防松。螺母拧紧后，将单耳或双耳止动垫圈分别向螺母和被连接件的侧面折弯贴紧，实现防松。两个螺栓需要双联锁紧时，可采用双联止动垫片，如图 5-19 所示。这种方法结构简单，使用方便，防松可靠。

③ 串联钢丝绳防松。用低碳钢钢丝穿入各螺钉头部的孔内，将各螺钉串联起来，使其相互制动，如图 5-20 所示。这种结构需要注意钢丝穿入的方向，这种方法防松可靠，但钢丝的缠绕方向必须正确（图中为右旋螺纹的绕向）。

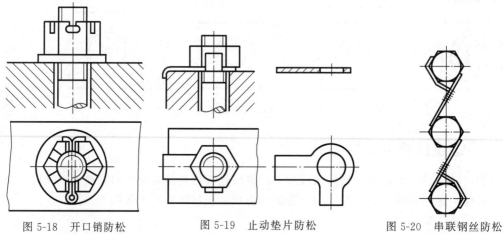
图 5-18 开口销防松　　　图 5-19 止动垫片防松　　　图 5-20 串联钢丝防松

（3）永久防松

为通过破坏螺纹副防松，常用的有：焊住、冲边及黏合等。

① 焊住防松。利用材料的结合力防止螺纹副的相对转动，如图 5-21 所示。

② 冲边防松。利用塑性变形破坏螺纹副，螺母拧紧后在螺纹末端冲点破坏螺纹，如图 5-22 所示。

③ 黏合防松。在旋合螺纹的表面涂上黏合剂，拧紧后黏合剂自行固化，防松效果良好，如图 5-23 所示。

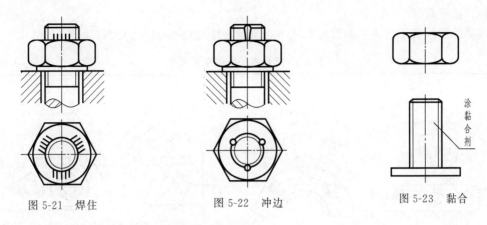

图 5-21 焊住   图 5-22 冲边   图 5-23 黏合

5.1.4 螺纹紧固件相关的工艺结构

(1) 沉孔

常见的与螺纹紧固件相关的工艺结构有凸台和沉孔,其中常见的沉孔尺寸如表 5-2 所示。

表 5-2 沉孔尺寸   单位:mm

螺纹规格		M5	M6	M8	M10	M12	M16	M18	M20
通孔直径 GB/T 5277—1985	精装配	5.3	6.4	8.4	10.5	13	17	19	21
	中等装配	5.5	6.6	9	11	13.5	17.5	20	22
	粗装配	5.8	7	10	12	14.5	18.5	21	24
六角头螺栓和六角螺母用沉孔 GB/T 152.4—1988	d_2	11	13	18	22	26	33	36	40
	d_3 用于标准对边宽度六角头螺栓和六角螺母						16	20	22	24
	d_1	5.5	6.6	9	11	13.5	17.5	20	22
	对于尺寸 t,只要能制出与通孔轴线垂直的圆平面即可								
沉头用沉孔 GB/T 152.2—2014	d_{2min} 用于沉头及半沉头螺钉	10.4	12.6	17.3	20				
	d_{2max}	10.65	12.85	17.55	20.3				
	$t \approx$	2.58	3.13	4.28	4.65				
	d_{1min}	5.5	6.6	9	11				
	d_{1max}	5.68	6.82	9.22	11.27				
圆柱头用沉孔 GB/T 152.3—1988	d_2 用于内六角圆柱头螺钉(GB/T 70.1)	10	11	15	18	20	26		33
	t	5.7	6.8	9	11	13	17.5		21.5
	d_3						16	20		24
	d_1	5.5	6.6	9	11	13.5	17.5		22
	d_2 用于开槽圆柱头螺钉(GB/T 65)和内六角花形圆柱头螺钉(GB/T 6190、6191)	10	11	15	18	20	26		33
	t	4	4.7	6	7	8	10.5		12.5
	d_3						16	20		24
	d_1	5.4	6.6	9	11	13.5	17.5		22

(2) 扳手尺寸

常见的螺栓扳手所占空间尺寸如表 5-3 所示（JB/ZQ 4005—2006）。

表 5-3　螺栓扳手所占空间尺寸　　　　　　　　　　　　　　　　单位：mm

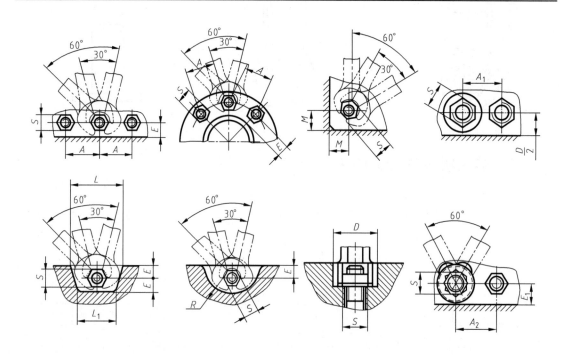

螺纹直径 d	S	A	A_1	A_2	E	E_1	M	L	L_1	R	D
6	10	26	18	18	8	12	15	46	38	20	24
8	13	32	24	22	11	14	18	55	44	25	38
10	16	38	28	26	13	16	22	62	50	30	30
12	18	42	—	30	14	18	24	70	55	32	—
14	21	48	36	34	15	20	26	80	65	36	40
16	24	55	38	38	16	24	30	85	70	42	45
18	27	62	45	42	19	25	32	95	75	46	52
20	30	68	48	46	20	28	35	105	85	50	56
22	34	76	55	52	24	32	40	120	95	58	60
24	36	80	58	55	24	34	42	125	100	60	70
27	41	90	65	62	26	36	46	135	110	65	76
30	46	100	72	70	30	40	50	155	125	75	82
33	50	108	76	75	32	44	55	165	130	80	88
36	55	118	85	82	36	48	60	180	145	88	95
39	80	125	90	88	38	52	65	190	155	92	100
42	65	135	96	96	42	55	70	205	165	100	106
45	70	145	105	102	45	60	75	220	175	105	112
48	75	160	115	112	48	65	80	235	185	115	126
52	80	170	120	120	48	70	84	245	195	125	132
56	85	180	126		52		90	260	205	130	138
60	90	185	134		58		95	275	215	135	145
64	95	195	140		58		100	285	225	140	152
68	100	205	145		65		105	300	235	150	158

5.2
键连接的结构及画法

　　键通常用来连接轴和轴上的零件，如齿轮、带轮等，起传递转矩的作用，如图 5-24 所示。键的大小由被连接的轴孔尺寸大小和所传递的转矩大小所决定，键的类型有常用键和花键。

　　键为标准件，其结构、形式和尺寸国家标准都有规定，使用时可查阅相关标准。

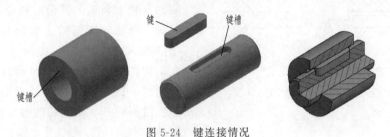

图 5-24　键连接情况

5.2.1　常用键连接、画法及尺寸注法

　　常用键有普通平键、半圆键和钩头楔键三种，如图 5-25 所示。它们的简图和规定标记如表 5-4 所示。

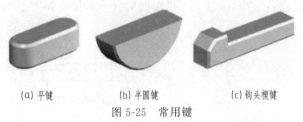

(a) 平键　　　　　　　(b) 半圆键　　　　　　　(c) 钩头楔键

图 5-25　常用键

表 5-4　常用键的简图和规定标记

名称及标准号	简　图	标记及其说明
普通平键 GB/T 1096—2003		标记:GB/T 1096—2003 键 8×7×30 说明:圆头普通平键(A 型),宽度 $b=$ 8mm,高度 $h=7$mm,长度 $L=30$mm
半圆键 GB/T 1099.1—2003		标记:GB/T 1099.1—2003 键 6×25 说明:半圆键,宽度 $b=6$mm,直径 $d=25$mm
钩头楔键 GB/T 1565—2003		标记:GB/T 1565—2003 键 8×30 说明:钩头楔键,宽度 $b=8$mm,长度 $L=30$mm

用键连接轴和轮时，必须在轴和轮上加工出键槽，装配时，键有一部分嵌在轴上的键槽内，另一部分嵌在轮上的键槽内。图 5-24 表示了用普通平键连接轴和轮的情况。

画键连接的装配图时，应该知道轴的直径和键的形式，查阅有关标准（参见附录表 D-1），确定键的公称尺寸，即键的宽度（b）和键的高度（h），选定键的标准长度，以及轴上键槽的尺寸（t_1）和轮上键槽的尺寸（t_2）。

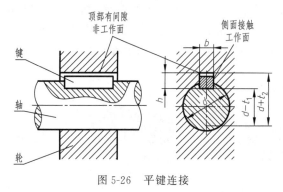

图 5-26　平键连接

（1）普通平键连接装配图的画法

用普通平键连接时，键的两个侧面是工作面，因此画装配图时，键的侧面和下底面与轮上和轴上键槽的相应表面皆接触，只画一条线，而键的上底面与轮毂上的键槽底面间应有间隙，要画两条线。此外，在剖视图中，当剖切平面通过键的纵向对称面时，键按不剖绘制；当剖切平面垂直于轴线剖切时，被剖切的键应画出剖面线，如图 5-26 所示。

（2）半圆键和钩头楔键连接的装配图画法

半圆键常用在载荷不大的传动轴上，连接情况和画图要求与普通平键相似，两侧面与轮和轴接触，顶面应有间隙，如图 5-27 所示。

钩头楔键的键顶面是 1：100 的斜度，装配时打入键槽，依靠键的顶面和底面与轮和轴之间挤压的摩擦力而连接，故画图时上下接触面应画一条线，如图 5-28 所示。

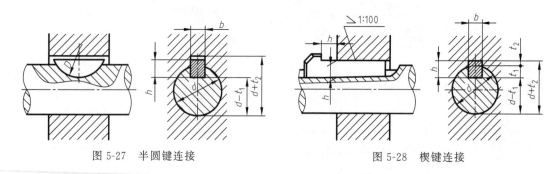

图 5-27　半圆键连接　　　　　　　　　图 5-28　楔键连接

（3）键槽的画法及尺寸标注

轴上键槽画法及尺寸注法如图 5-29 所示，毂上键槽画法及尺寸注法如图 5-30 所示。对于轴的深度标注 $d-t_1$，公差取负值；对于孔的高度标注 $d(D)+t_2$，公差取正值。

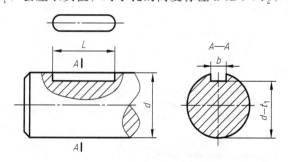

图 5-29　轴上键槽画法及尺寸标注

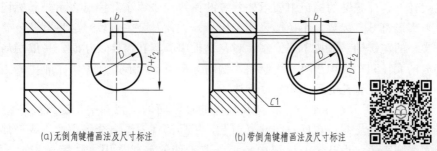

(a)无倒角键槽画法及尺寸标注   (b)带倒角键槽画法及尺寸标注

图 5-30 毂上键槽画法及尺寸标注   常用键连接及画法

5.2.2 花键连接、画法及尺寸注法

花键的齿形有矩形和渐开线形等，其中矩形花键应用最广。花键具有传递转矩大、连接强度高、工作可靠、同轴度和导向性好等优点，是机床、汽车等变速箱中常用的传动轴。花键分内花键（花键孔）和外花键（花键轴），如图 5-31 所示。

图 5-31 花键

(1) 矩形花键轴的画法和尺寸标注

如图 5-32（a）所示，在平行于花键轴轴线的投影面的视图中，大径用粗实线，小径用细实线绘制；在断面上画出全部齿形，或一部分齿形，但要注明齿数；工作长度的终止端和尾部长度的末端均用细实线绘制，并与轴线垂直；尾部则画成与轴线成 30°的斜线；花键代号应

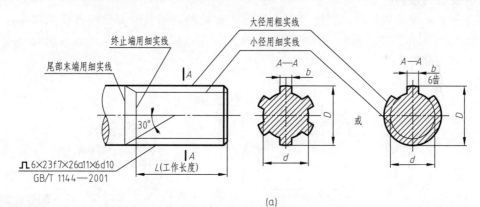

(a)

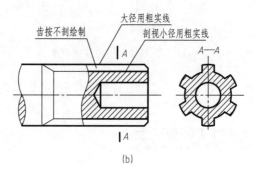

(b)

图 5-32 花键轴的画法和尺寸标注

写在大径上，外花键的标记中表示公差带的偏差代号用小写字母表示。其标记含义依次为：

齿形符号　齿数×小径及公差带代号×大径及公差带代号×齿宽及公差带代号

实心的花键轴一般按不剖绘制，当花键轴中心有孔需要表达时，一般用局部剖，此时剖开部分的大径和小径均用粗实线绘制，如图5-32（b）所示。

（2）矩形花键孔的画法和尺寸标注

如图5-33所示，在平行于花键孔轴线的投影面的剖视图中，键齿按不剖绘制，大径及小径都用粗实线绘制；在反映圆的视图上，用局部视图画出全部齿形，或一部分齿形，大径用细实线圆表示。内花键的标记中表示公差带的偏差代号用大写字母表示。其标记含义依次为：

齿形符号　齿数×小径及公差带代号×大径及公差带代号×齿宽及公差带代号

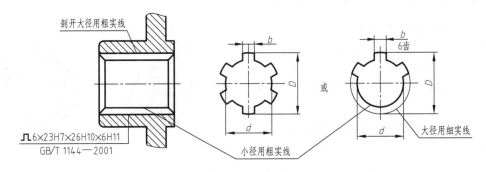

图 5-33　花键孔的画法和尺寸标注

（3）花键连接的画法

用剖视表示花键连接时，其连接部分按外花键绘制，不重合部分按各自的规定画法绘制，如图5-34所示。在花键的连接装配图上标注的花键代号中，公差带代号内花键在分子上，外花键在分母上。

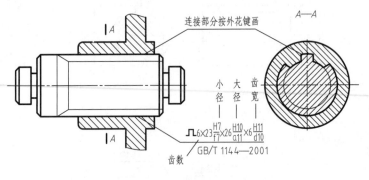

图 5-34　花键连接的画法

花键连接画法

5.3
销连接的结构及画法

常用的销有圆柱销、圆锥销和开口销，如图5-35所示。销为标准件，其结构、形式和尺寸国家标准都有规定，使用时可查阅相关标准（参见附录表D-2）。它们的简图和规定标记如表5-5所示。

(a) 圆柱销   (b) 圆锥销   (c) 开口销

图 5-35　常用的销

表 5-5　常用销的简图和规定标记

名称及标准号	简　图	标记及其说明
圆柱销 GB/T 119.1—2000		标记：销 GB/T 119.1 6m6×30 说明：公称直径 $d=6$mm，公差带代号为 m6，公称长度 $l=30$mm，材料为钢，不经淬火，不经表面处理的圆柱销
圆锥销 GB/T 117—2000	1:50	标记：销 GB/T 117 6×30 说明：公称直径 $d=6$mm，公称长度 $l=30$mm，材料为 35 钢，热处理硬度 28～38HRC，表面发蓝处理的 A 型圆锥销
圆柱销 GB/T 91—2000		标记：销 GB/T 91 5×50 说明：公称直径为 5mm，公称长度 $l=50$mm，材料为 Q215，不经表面处理的开口销

5.3.1　圆柱销连接、画法及尺寸注法

(1) 圆柱销作用

圆柱销用于零件间的连接和定位。常用的圆柱销分为不淬硬钢圆柱销和淬硬钢圆柱销两种。不淬硬钢圆柱销直径公差有 m6 和 h8 两种，淬硬钢圆柱销直径公差只有 m6 一种。淬硬钢圆柱销因淬火方式不同分为 A 型（普通淬火）和 B 型（表面淬火）两种。

(2) 画法及尺寸注法

圆柱销在装配图中的画法如图 5-36 (a) 所示，当剖切平面通过销的轴线时，销按不剖绘制；当垂直于销的轴线时，按剖切绘制出剖面线。

被连接两零件上的销孔，一般需一起加工，并在零件图上注写"装配时作"或"与××件配作"，如图 5-36 (b) 所示。

另外还有内螺纹圆柱销、弹性圆柱销等，当被连接的某零件的孔不通时，可采用内螺纹圆柱销来连接。在某些连接要求不高的场合，还可采用拆卸方便的弹性圆柱销。弹性圆柱销具有弹性，在销孔中始终保持张力，紧贴孔壁，不易松动，且这种销对销孔表面要求不高，

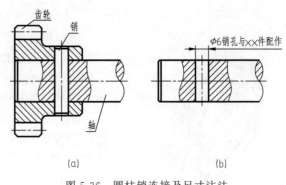

图 5-36　圆柱销连接及尺寸注法

因此，其使用日益广泛。

5.3.2　圆锥销连接、画法及尺寸注法

常用的圆锥销分为 A 型（磨削）和 B 型（切削或冷镦）两种，其公称直径是小头的直径。圆锥销一般用于机件的定位，它在装配图中的画法如图 5-37（a）所示。当剖切平面通过销的轴线时，销按不剖绘制；当垂直于销的轴线时，按剖切绘制出剖面线。

被连接两零件上的销孔，一般需一起加工，并在零件图上注写"装配时作"或"与××件配作"，如图 5-37（b）所示。

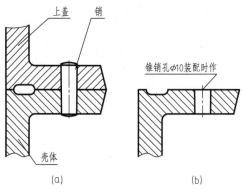

常用销连接及画法

图 5-37　圆锥销连接及尺寸注法

5.3.3　开口销及弹性圆柱销

开口销一般与六角开槽螺母配合使用，它穿过螺母上的槽和螺杆上的孔以防松动，其画法常采用示意画法，如图 5-18 所示。

弹性圆柱销又称弹簧销，是近几年广泛使用的一种销钉，主要用于轴上零件的定位，销钉是空心的，开有一个通槽，如图 5-38 所示。它有一定的弹性，使用中直接钻孔（不需要铰孔），用外力轻轻将弹性圆柱销敲入即可。

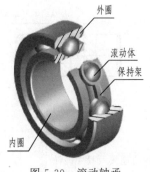

图 5-38　弹性圆柱销

5.4
滚动轴承的结构及画法

滚动轴承是支承轴的部件，主要由外圈（座圈）、内圈（轴圈）、滚动体和保持架等组成，如图 5-39 所示。按其在工作中承受的力不同可以分为向心轴承、推力轴承、向心推力轴承。滚动轴承具有结构紧凑、摩擦阻力小等特点。

滚动轴承是标准件，它的结构形式和尺寸均已标准化，由专业厂生产，用户根据机器的具体情况确定型号选购，因而无需画出零件图，只在装配图上，根据外径、内径和宽度等几个主要尺寸按比例简化画出即可，但要按照规定详细标注。

图 5-39　滚动轴承

5.4.1 滚动轴承的规定画法和简化画法（GB/T 4459.7—2017）

滚动轴承在装配图中有两种画法，即规定画法和简化画法。

(1) 画法的基本规定

① 无论采用何种画法，其中的各符号、矩形线框和轮廓线均用粗实线绘制。

② 表示轴承的矩形线框或外形轮廓的大小应与滚动轴承的外形尺寸一致，并与所属图样采用同一比例。

③ 在剖视图中，用简化画法绘制滚动轴承时，一律不画剖面线。

采用规定画法时，轴承的滚动体不画剖面线，其内、外圈可画成方向和间隔相同的剖面线。在不致引起误解时，也允许省略不画。

(2) 简化画法

用简化画法绘制滚动轴承时，应采用通用画法或特征画法，但在同一图样中一般只采用其中的一种。

① 通用画法。在剖视图中，当不需要确切地表示滚动轴承的外形轮廓、载荷特性、结构特征时可用矩形线框及位于线框中央正立的十字形符号表示，如图5-40（a）所示，十字形符号不应与矩形线框接触。如需确切地表示滚动轴承的外形，则应画出其断面轮廓，并在轮廓中央画出正立的十字形符号，如图5-40（b）所示。通用画法的尺寸比例如图5-41所示。通用画法一般应绘制在轴的两侧，如图5-42所示。

② 特征画法。在剖视图中，如需较形象地表示滚动轴承的结构特征，可采用在矩形线框内画出其结构要素符号的方法表示。表5-6列出了深沟球轴承、圆锥滚子轴承和推力球轴承的特征画法及尺寸比例。在垂直于滚动轴承轴线的投影图上，无论滚动体的形状如何，均可按图5-43的方法绘制。

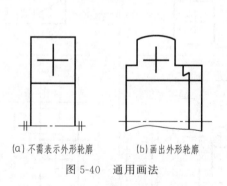

(a) 不需表示外形轮廓　　(b) 画出外形轮廓

图 5-40　通用画法

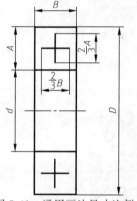

图 5-41　通用画法尺寸比例

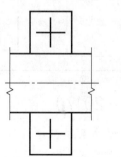

图 5-42　绘制在轴两侧的通用画法

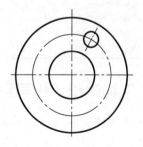

图 5-43　滚动轴承轴线垂直于投影面的特征画法

（3）规定画法

规定画法一般只绘制在轴的一侧，另一侧用通用画法绘制，表 5-6 列出了深沟球轴承、圆锥滚子轴承和推力球轴承的规定画法及尺寸比例。表格中的尺寸除 A 可计算得出外，部分滚动轴承的其余尺寸可查阅相关文献标准。

表 5-6　滚动轴承形式、画法和标记示例

名称、标准号、结构和代号	由标准中查出数据	规定画法	特征画法
深沟球轴承 GB/T 276—2013 60000	D d B		
圆锥滚子轴承 GB/T 297—2015 30000	D d T B C		
推力球轴承 GB/T 301—2015 50000	D d T		

5.4.2　滚动轴承的代号和标记（GB/T 272—2017）

滚动轴承的种类很多，为了方便，将其结构、类型、尺寸系列和内径都用代号表示。

滚动轴承的画法

滚动轴承的标记由名称、代号和标准编号组成，格式如下。

名称　代号　标准编号

名称：滚动轴承

代号：由前置代号、基本代号、后置代号三部分组成，通常用基本代号表示。基本代号由类型代号、尺寸系列代号和内径代号组成。内径代号用两位数字表示，轴承内径尺寸为 1—9mm（整数）用公称内径直接表示（对深沟及角接触球轴承系列 7、8、9，内径与尺寸系列之间用"/"分开）；轴承内径尺寸为 10mm，12mm，15mm，17mm 时，代号用 00，01，02，03 表示；轴承内径为 20mm≤d≤480mm（22、28、32 除外）时，代号乘以 5 即为轴承内径；轴承内径 d≥500mm 时，以及内径尺寸为 22mm、28mm、32mm 时，直接用内径表示，但与尺寸系列之间用"/"分开。

滚动轴承规定标记举例如下：

滚动轴承　61806　GB/T 276—2013

基本代号表示：6 表示深沟球轴承，18 为尺寸系列代号，06 表示内径 30mm。

5.4.3　轴承安装的常用结构画法

画滚动轴承安装的图形时，应注意内外圈的定位，以及轴承的拆卸，如图 5-44 所示。

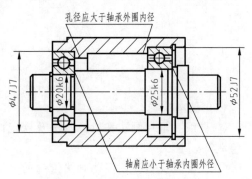

图 5-44　滚动轴承的装配结构

5.5
旋转轴唇形密封圈的结构及画法

5.5.1　旋转轴唇形密封圈结构

旋转轴唇形密封圈习惯上称为骨架式油封，它是油封的典型代表。其功用在于把油腔和外界隔离，对内封油，对外防尘。骨架就如同混凝土构件里面的钢筋，起到加强的作用，并使油封能保持形状及张力。按结构形式可分为带副唇型骨架式油封和无副唇型骨架式油封。副唇型骨架式油封的副唇起防尘作用，防止外界的灰尘、杂质等进入机器内部。按骨架形式可分为内包骨架式油封、外露骨架油封和装配式油封。按工作条件可分为旋转骨架式油封和往返式骨架式油封，旋转轴唇形密封圈的设计除截面参数外还有带金属和无金属、有弹簧和无弹簧，骨架式油封的剖面结构如图 5-45 所示。

骨架式油封广泛用于工程机械的变速箱、驱动桥、汽油发动机曲轴、柴油发动机曲轴、差速器、减振器等部件中。

旋转轴唇形密封圈尺寸参见相关文献及标准。

5.5.2　旋转轴唇形密封圈画法

旋转轴唇形密封圈已标准化，其结构比较复杂，在图样中难以表示，国标 GB/T 4459.8—2009 和 GB/T 4459.9—2009 规定了旋转轴唇形密封圈的通用画法和特征画法及规定画法，通用画法和特征画法又统称简化画法，在同一图样中通用画法和特征画法只采用

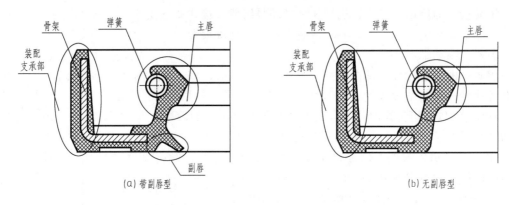

图 5-45　骨架式油封的剖面结构

一种。

(1) 基本规定

① 图线。通用画法和特征画法及规定画法中的各种符号、矩形线框和轮廓线均用粗实线绘制。

② 尺寸及比例。用简化画法绘制的密封圈，其矩形线框和轮廓应与有关标准规定的密封圈尺寸及其安装沟槽协调一致，并与所属图样采用同一比例绘制。

③ 剖面符号。在剖视和断面图中，用简化画法绘制的密封圈一律不画剖面符号。用规定画法绘制密封圈时，仅在金属的骨架等嵌入元件上画出剖面符号或涂黑，如图 5-46 所示。

(2) 通用画法

在剖视图中，如不需要确切地表示密封圈的外形轮廓和内部结构（包括唇、骨架、弹簧等），可采用在矩形线框的中央画出十字交叉的对角线符号的方法表示，如图 5-47 (a) 所示。交叉线符号不应与矩形线框的轮廓线接触。

如需要表示密封的方向，则应在对角线符号的一端画出一个箭头，指向密封的一侧，如图 5-47 (b) 所示。如需要确切地表示密封圈的外形轮廓，则应画出其较详细的剖面轮廓，并在其中央画出对角线符号，如图 5-47 (c) 所示。通用画法应绘制在轴的两侧，如图 5-47 (d) 所示。

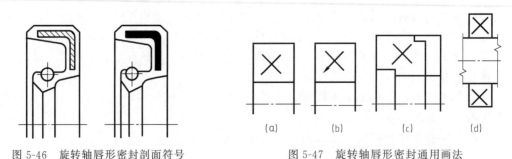

图 5-46　旋转轴唇形密封剖面符号　　　　图 5-47　旋转轴唇形密封通用画法

(3) 特征画法

在剖视图中，如需要比较形象地表示出密封圈的密封结构特征，可采用在矩形线框中间画出密封要素符号的方法表示（参见国标 GB/T 4459.9—2009）。特征画法应绘制在轴的两侧。

（4）规定画法

必要时，可在密封圈的产品图样、产品样本、用户手册和使用说明书等中采用的规定画法绘制密封圈，如图 5-46 所示。这种画法可绘制在轴的两侧，也可绘制在轴的一侧，另一侧按通用画法绘制。

5.6
弹性挡圈的结构及画法

挡圈一般是用于轴向定位的，分为轴用挡圈、孔用挡圈、开口挡圈等，一般所用材料为 65Mn，规格不一。挡圈有：锥销锁紧挡圈、螺钉锁紧挡圈、带锁圈的螺钉锁紧挡圈、钢丝挡圈、孔用弹性挡圈、轴用弹性挡圈、螺钉紧固轴端挡圈、螺栓紧固轴端挡圈、孔用钢丝挡圈、轴用钢丝挡圈等。本节主要介绍孔用弹性挡圈、轴用弹性挡圈，这两种挡圈又有 A、B 两种形式，其中 A 型为标准型，B 型为重型。

5.6.1 孔用弹性挡圈

孔用弹性挡圈，安装于圆孔内，用作固定零部件的轴向运动，这类挡圈的外径比装配圆孔直径稍大。安装时需用卡簧钳，将钳嘴插入挡圈的钳孔中，夹紧挡圈，才能放入预先加工好的圆孔内槽。

A 型孔用弹性挡圈及标准形状挡圈槽的结构和尺寸如图 5-48 所示，其中 d_1 为孔径，根据孔径查阅国标（GB/T 893—2017）可得槽径 d_2、槽宽 m、边距 n。

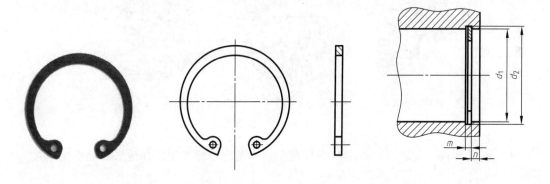

图 5-48　A 型孔用弹性挡圈

5.6.2 轴用弹性挡圈

轴用弹性挡圈是一种安装于槽轴上，用于固定零部件的轴向运动的弹性挡圈，这类挡圈的内径比装配轴径稍小。安装时须用卡簧钳，将钳嘴插入挡圈的钳孔中，扩张挡圈，才能放入预先加工好的轴槽上。

A 型轴用弹性挡圈及标准形状挡圈槽的结构和尺寸如图 5-49 所示，其中 d_1 为轴径，根据轴径查阅国标（GB/T 894—2017）可得槽径 d_2、槽宽 m、边距 n。

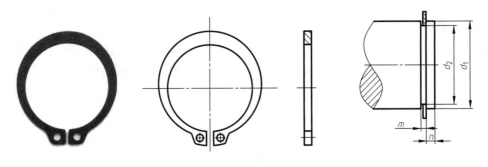

图 5-49　A 型轴用弹性挡圈

5.7
齿轮类零件的结构、画法及尺寸注法

齿轮传动在机器中除了传递动力和运动外，可以完成减速、增速、变向、改变运动形式等功能。齿轮传动种类很多，根据传动轴的相对位置不同，有圆柱齿轮传动——用于两平行轴之间的传动；圆锥齿轮传动——用于两相交轴之间的传动；蜗轮蜗杆传动——用于两交叉轴之间的传动，如图 5-50 所示。

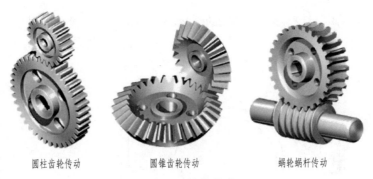

圆柱齿轮传动　　　　　　圆锥齿轮传动　　　　　　蜗轮蜗杆传动

图 5-50　齿轮传动

齿轮是常用件，齿轮的几何参数中只有模数和压力角标准化，其他参数要根据相关条件进行设计和计算。

5.7.1　直齿圆柱齿轮

(1) 直齿圆柱齿轮的基本参数、齿轮的各部分名称和尺寸关系

1）直齿圆柱齿轮的基本参数和齿轮各部分名称

如图 5-51 所示为直齿圆柱齿轮及互相啮合的两个齿轮的一部分，各部分名称及其代号如下。

- 齿数（z）——齿轮上轮齿的个数。
- 齿顶圆（直径 d_a）——通过轮齿顶部的圆。
- 齿根圆（直径 d_f）——通过轮齿根部的圆。

- 分度圆（直径 d）——设计、加工齿轮时，为进行尺寸计算和方便分齿而设定的一个基准圆。
- 节圆（直径 d'）——两齿轮啮合时，连心线 O_1O_2 上两相切的圆称为节圆，节圆直径只有在装配后才能确定。一对正确安装的标准齿轮，其分度圆和节圆重合。
- 齿高（h）——齿顶圆与齿根圆的径向距离。
- 齿顶高（h_a）——齿顶圆与分度圆的径向距离。
- 齿根高（h_f）——分度圆与齿根圆的径向距离。
- 齿距（p）——在分度圆上，相邻两齿对应点间的弧长。
- 齿厚（s）——在分度圆上每个齿的弧长。
- 槽宽（e）——在分度圆上两齿槽间的弧长。在标准齿轮中，$s=e$，$p=s+e$。
- 压力角（α）——过齿廓与分度圆交点的径向直线与在该点处的齿廓切线所夹的锐角。我国规定标准齿轮的压力角为 $20°$。

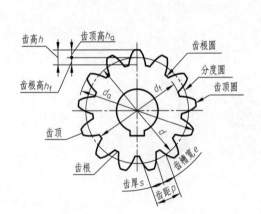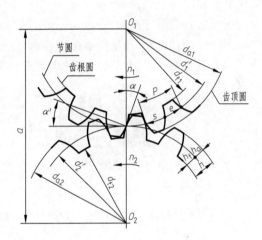

图 5-51　直齿轮各部分名称

- 啮合角（α'）——两相啮轮齿齿廓在节点 p 的公法线与两节圆的公切线所夹的锐角称啮合角。一对正确安装的标准齿轮，其啮合角等于压力角。

- 模数（m）：由图 5-51 可知，$\pi d=pz$，所以 $d=\dfrac{p}{\pi}z$。

比值 $\dfrac{p}{\pi}$ 称为齿轮的模数，即 $m=\dfrac{p}{\pi}$，故 $d=mz$。

两啮合的齿轮 m 必须相等。为了便于齿轮的设计和加工，国家标准已将模数标准化，如表 5-7 所示。选用时优先采用第一系列，其次是第二系列，括号内的模数尽量不用。

表 5-7　齿轮模数标准系列（GB/T 1357—2008）　　　　　　单位：mm

第一系列	1　1.25　1.5　2　2.5　3　4　5　6　8　10　12　16　20　25　32　40　50
第二系列	1.125　1.375　1.75　2.25　2.75　3.5　4.5　5.4　(6.5)7　9　11　14　18　22　28　36　45

2）齿轮各部分的尺寸关系

设计齿轮时，首先要选定模数和齿数，其他尺寸都可以由模数和齿数计算出来，标准直齿圆柱齿轮各部分尺寸关系见表 5-8。

表 5-8　标准直齿圆柱齿轮各部分尺寸关系

名称	代号	尺寸关系
模数	m	由设计确定
分度圆直径	d	$d = mz$
齿顶高	h_a	$h_a = m$
齿根高	h_f	$h_f = 1.25m$
齿高	h	$h = h_a + h_a = 2.25m$
齿顶圆直径	d_a	$d_a = d + 2h_a = m(z+2)$
齿根圆直径	d_f	$d_f = d - 2h_f = m(z-2.5)$
两啮合齿轮中心距	a	$a = (d_1 + d_2)/2 = m(z_1 + z_2)/2$

（2）直齿圆柱齿轮的结构

若钢制齿轮的齿根圆直径与轴径相差不大，则齿轮和轴可制成一体称为齿轮轴，如图 5-52（a）所示。尺寸较大的小齿轮，齿轮与轴可分别制造，但因直径不大，齿轮不必有轮辐，如图 5-52（b）所示。直径较大的一些齿轮，可用腹板，有时在腹板上制出圆孔以减轻重量，如图 5-52（c）所示。

齿顶圆直径小于 500～600mm 的齿轮，可以用锻造的方法；当齿顶圆直径大于 500～600mm 时，采用铸造及轮辐结构。

另外由于加工工艺不同，齿轮上还有键槽、倒角、铸造圆角等结构。

(a)　　　　　　　(b)　　　　　　　(c)

图 5-52　直齿圆柱齿轮的结构

（3）直齿圆柱齿轮的画法

① 单个直齿圆柱齿轮画法。国家标准对齿轮轮齿部分的画法作了统一规定。齿顶圆和齿顶线用粗实线绘制；分度圆和分度线用细点画线画出；齿根圆和齿根线用细实线画出，也可省略不画，如图 5-53（b）所示。在剖视图中，当剖切平面通过齿轮的轴线时，轮齿一律按不剖绘制，并用粗实线表示齿顶线和齿根线，如图 5-53（c）所示。齿轮上的其他结构，如键槽、倒角、铸造圆角以及腹板上的圆孔等结构则按投影关系或相应的标准和要求画出。

圆柱斜齿轮、人字齿轮的齿向 α 和 ϕ，可用与齿形方向一致的三条平行细实线表示，画法如图 5-54 所示。

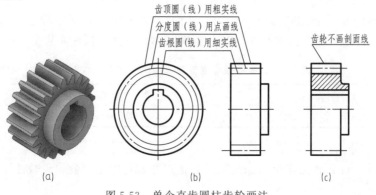

(a)　　　　　　　(b)　　　　　　　(c)

图 5-53　单个直齿圆柱齿轮画法

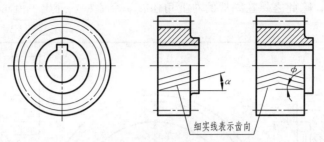

图 5-54　圆柱斜齿轮、人字齿轮画法

② 直齿圆柱齿轮的啮合画法。两个相互啮合的圆柱齿轮，在垂直于圆柱齿轮轴线的投影面的视图中，啮合区内的齿顶圆均用粗实线绘制，也可省略不画，用细点画线画出相切的两节圆，两齿根圆用细实线画出，也可省略不画。在平行于圆柱齿轮轴线的投影面的视图中，啮合区内的齿顶线不需画出，节线用粗实线绘制，其他处的节线用点画线绘制，如图5-55（a）所示。

当画成剖视图且剖切平面通过两啮合齿轮的轴线时，在啮合区内将一个齿轮的轮齿用粗实线绘制，另一个齿轮的轮齿被遮挡的部分用虚线绘制，也可省略不画，如图 5-55（b）所示。

如图 5-56 所示为圆柱齿轮内啮合的画法。

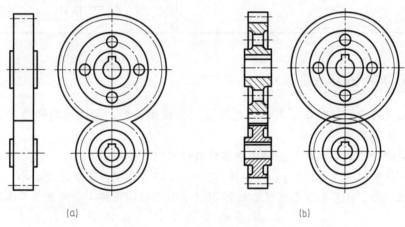

(a)　　　　　　　　　　　　　　　　(b)

图 5-55　直齿圆柱齿轮的啮合画法

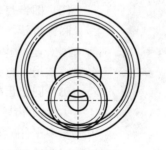

图 5-56　圆柱齿轮内啮合的画法

圆柱齿轮的画法

（4）直齿圆柱齿轮零件图及尺寸标注特点

图 5-57 所示为直齿圆柱齿轮的零件图，从图中可以看出齿轮轮齿的尺寸有齿顶圆直径、

分度圆直径、齿宽，除此之外在图框的右上角还有一个表格，列出了齿轮参数及检验时的参数要求。

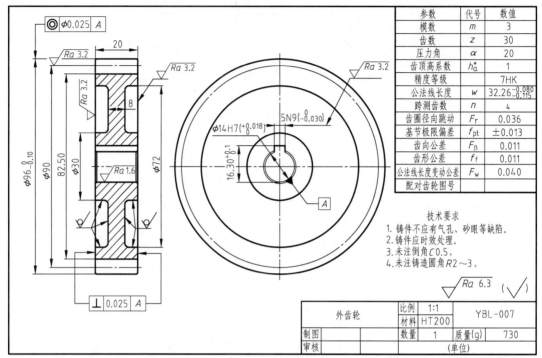

参数	代号	数值
模数	m	3
齿数	z	30
压力角	α	20
齿顶高系数	h_a^*	1
精度等级		7HK
公法线长度	w	$32.26^{-0.080}_{-0.115}$
跨测齿数	n	4
齿圈径向跳动	F_r	0.036
基节极限偏差	f_{pt}	±0.013
齿向公差	F_β	0.011
齿形公差	f_f	0.011
公法线长度变动公差	F_w	0.040
配对齿轮图号		

技术要求
1. 铸件不应有气孔、砂眼等缺陷。
2. 铸件应时效处理。
3. 未注倒角C0.5。
4. 未注铸造圆角R2～3。

外齿轮	比例	1:1	YBL-007
	材料	HT200	
制图	数量	1	质量(g)	730
审核		(单位)	

图 5-57　直齿圆柱齿轮零件图

5.7.2　直齿圆锥齿轮

传递两相交轴间的回转运动和动力可用成对的圆锥齿轮。圆锥齿轮的轮齿有直齿、斜齿、螺旋齿和人字齿等。

(1) 圆锥齿轮的基本参数、齿轮的各部分名称和尺寸关系

由于圆锥齿轮的轮齿位于锥面上，所以轮齿的齿厚从大端到小端逐渐变小，模数和分度圆也随之变化。为了计算和制造方便，规定用大端模数来计算和决定其他各基本尺寸，圆锥齿轮的模数也已经标准化（GB/T 12368—1990）。表 5-9 列出了锥齿轮各部分名称和尺寸关系。

(2) 圆锥齿轮的结构

圆锥齿轮的结构如图 5-58 所示，小的锥齿轮一般都采用实体结构，材料用钢材；大的锥齿轮采用肋板结构，常用材料为铸铁、铸钢。

(3) 圆锥齿轮的画法

① 单个齿轮画法。轮齿画法与圆柱齿轮基本相同，主视图多采用全剖视图，端视图中大端、小端齿顶圆用粗实线绘制，大端分度圆用细点画线绘制，齿根圆和小端分度圆规定不画，如图 5-59 所示。图 5-60 为根据大端模数、齿数和节锥角画圆锥齿轮轮齿的作图步骤，圆锥齿轮的其他结构按投影关系作图。

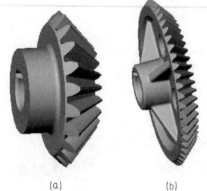

(a)　　　　　　(b)
图 5-58　圆锥齿轮的结构

表 5-9　锥齿轮各部分名称和尺寸关系

基本参数：大端模数 m、齿数 z 和节锥角 δ'

名称	代号	公式	图例
齿顶高	h_a	$h_a = m$	
齿根高	h_f	$h_f = 1.2m$	
齿高	h	$h = h_a + h_f$	
分度圆直径	d	$d = mz$	
齿顶圆直径	d_a	$d_a = m(z + 2\cos\delta')$	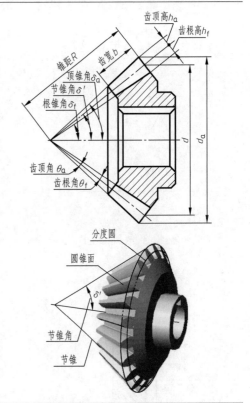
齿根圆直径	d_f	$d_f = m(z - 2.4\cos\delta')$	
锥距	R	$R = mz/2\sin\delta'$	
齿顶角	θ_a	$\tan\theta_a = 2\sin\delta'/z$	
齿根角	θ_f	$\tan\theta_f = 2.4\sin\delta'/z$	
节锥角	δ_1'	$\tan\delta_1' = z_1/z_2$	
	δ_2'	$\tan\delta_2' = z_2/z_1$	
顶锥角	δ_a	$\delta_a = \delta' + \theta_a$	
根锥角	δ_f	$\delta_f = \delta' - \theta_f$	
齿宽	b	$b \leqslant R/3$	

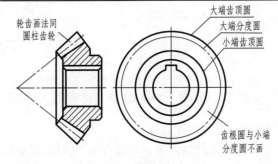

图 5-59　圆锥齿轮的画法

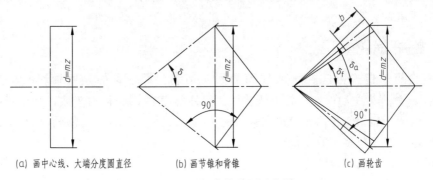

图 5-60　圆锥齿轮的画图步骤

② 齿轮的啮合画法。锥齿轮啮合时，两轮的齿顶交于一点，节锥相切，轴线夹角常为 $90°$。

啮合画法作图步骤如图 5-61 所示。

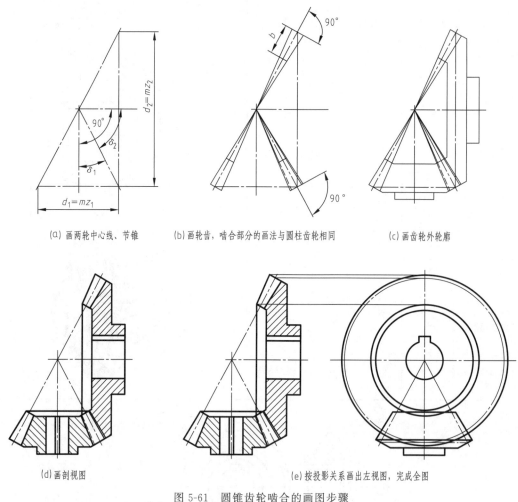

(a) 画两轮中心线、节锥　　(b) 画轮齿，啮合部分的画法与圆柱齿轮相同　　(c) 画齿轮外轮廓

(d) 画剖视图　　　　　　　(e) 按投影关系画出左视图，完成全图

图 5-61　圆锥齿轮啮合的画图步骤

(4) 直齿圆锥齿轮零件图及尺寸标注特点

如图 5-62 所示为直齿圆锥齿轮的零件图，从图中可以看出齿轮轮齿的尺寸有大端齿顶圆直径、分度圆直径、齿宽，除此之外在图框的右上角还有一个表格，列出了齿轮参数及检验时的参数要求。

5.7.3　蜗杆蜗轮

蜗杆蜗轮用来传递空间交叉两轴间的回转运动，最常见的是两轴交叉成直角，如图 5-50 所示。蜗杆为主动件，蜗轮为从动件。蜗杆的齿数 z_1，称为头数，相当于螺杆上螺纹的线数。用蜗杆和蜗轮传动，可得到较大的速比（$i = z_2/z_1$，z_2 为蜗轮齿数）。蜗杆传动的缺点是摩擦大，发热多，效率低。

(1) 蜗轮、蜗杆的结构特点

蜗杆实际上相当于一个齿数不多的斜齿圆柱齿轮，常用的蜗杆的轴向剖面和梯形螺纹相

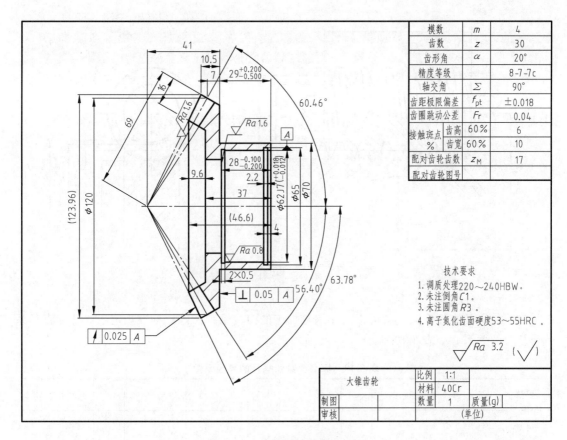

模数	m	4
齿数	z	30
齿形角	α	20°
精度等级		8-7-7c
轴交角	Σ	90°
齿距极限偏差	f_{pt}	±0.018
齿圈跳动公差	F_r	0.04
接触斑点 %	齿高 60%	6
	齿宽 60%	10
配对齿轮齿数	z_M	17
配对齿轮图号		

技术要求
1. 调质处理220~240HBW。
2. 未注倒角C1。
3. 未注圆角R3。
4. 离子氮化齿面硬度53~55HRC。

$\sqrt{Ra\ 3.2}$ ($\sqrt{}$)

大锥齿轮	比例	1:1
	材料	40Cr
制图	数量	1 质量(g)
审核	(单位)	

图 5-62　直齿圆锥齿轮零件图

似，齿数即螺纹线数。蜗杆螺旋部分的直径不大，所以常和轴做成一个整体，如图 5-63（a）所示。当蜗杆螺旋部分的直径较大时，可以将轴与蜗杆分开制作。

蜗轮可看成圆柱斜齿轮，齿顶常加工成凹弧形，借以增加与蜗杆的接触面积，延长使用寿命，如图 5-63（b）所示。为了减摩的需要，蜗轮通常要用青铜制作。为了节省铜材，当蜗轮直径较大时，采用组合式蜗轮结构，齿圈用青铜，轮芯用铸铁或碳素钢。

(a)　　　　　　　　　　　　　　　　(b)

图 5-63　蜗杆蜗轮结构特点

(2) 蜗轮、蜗杆主要参数和尺寸计算

蜗杆蜗轮的模数也已经标准化（GB/T 10088—2018）。蜗杆以轴向剖面的齿形尺寸为准。蜗轮、蜗杆各部分的名称、基本参数与圆柱齿轮基本相同，如图 5-64 所示，但多了一个蜗杆的直径系数 q。

$$q = 分度圆直径\ d_1/m \quad \rightarrow \quad d_1 = mq$$

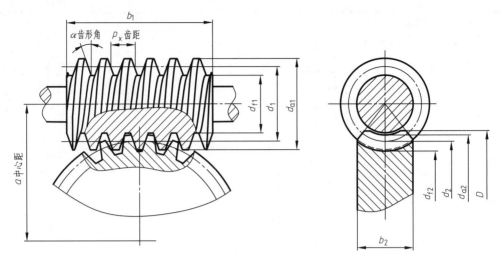

图 5-64　蜗轮、蜗杆主要参数

　　有了蜗杆的直径系数，就可以简化蜗轮加工的刀具系列。国家标准规定了蜗杆的直径系数与模数的关系，如表 5-10 所示。

表 5-10　标准模数和蜗杆的直径系数

单位：mm

模数	1	1.5	2	2.5	3	(3.5)	4	(4.5)	5	6	(7)	8	(9)	10	12
蜗杆的直径系数	14	14	13	12	12	12	11	11	10 (12)	9 (11)	9 (11)	8 (11)	8 (11)	8 (11)	8 (11)

　　蜗轮、蜗杆啮合时，蜗杆的轴向齿距 p_x 应与蜗轮的端面齿距 p_t 相等，所以蜗杆的轴向模数 m_x 必须等于蜗轮的端面模数 m_t；蜗轮的螺旋角必须等于蜗杆的分度圆导程角，且方向相同。

　　各基本尺寸关系可参阅相关书籍。

（3）蜗轮、蜗杆的画法及零件图

　　① 单个蜗杆的画法。画蜗杆时必须知道齿形各部分的尺寸，画法如图 5-65 所示。蜗杆

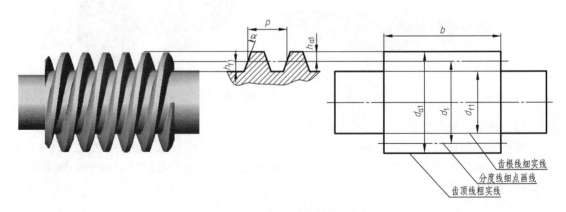

　　　　　　　　　　　　　　　　　　　　　　　　　齿根线细实线
　　　　　　　　　　　　　　　　　　　　　　　　　分度线细点画线
　　　　　　　　　　　　　　　　　　　　　　　　　齿顶线粗实线

图 5-65　蜗杆的画法

的零件图如图 5-66 所示［立体图参图 5-63（a）］，注意在右上方表格中要绘制出蜗杆齿轴向断面。

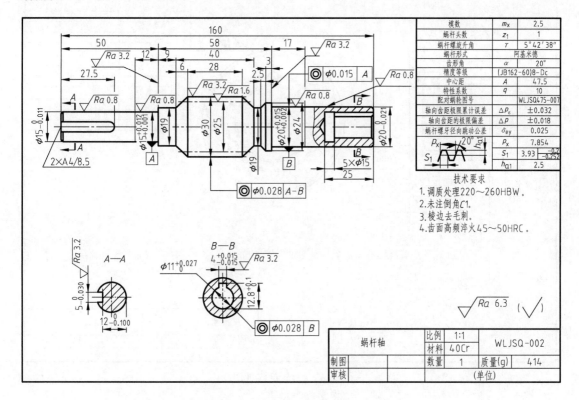

模数	m_x	2.5
蜗杆头数	z_1	1
蜗杆螺旋升角	γ	5°42′38″
蜗杆形式		阿基米德
齿形角	α	20°
精度等级		(JB162-60)8-Dc
中心距	A	47.5
特性系数	q	10
配对蜗轮图号		WLJSQ475-007
轴向齿距极限累计误差	ΔP_ε	±0.032
轴向齿距的极限偏差	ΔP	±0.018
蜗杆螺牙径向跳动公差	δ_{ey}	0.025
	p_x	7.854
	S_1	$3.93^{-0.2}_{-0.252}$
	h_{a1}	2.5

技术要求
1. 调质处理220～260HBW。
2. 未注倒角C1。
3. 棱边去毛刺。
4. 齿面高频淬火45～50HRC。

蜗杆轴	比例	1:1	WLJSQ-002
	材料	40Cr	
制图	数量	1	质量(g) 414
审核		(单位)	

图 5-66 蜗杆的零件图

② 单个蜗轮的画法如图 5-67 所示，在投影为圆的视图上，只画分度圆和外圆，齿顶圆和齿根圆可省略不画。蜗杆的零件图如图 5-68 所示［立体图参图 5-63（b）］。

③ 蜗轮、蜗杆的啮合画法。在蜗杆投影为圆的视图上，蜗轮与蜗杆投影重叠的部分，只画蜗杆的投影；而在蜗轮投影为圆的视图上，啮合区内蜗杆的节线与蜗轮的节圆是相切的，如图 5-69 所示。

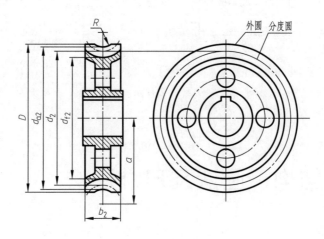

图 5-67 蜗轮的画法

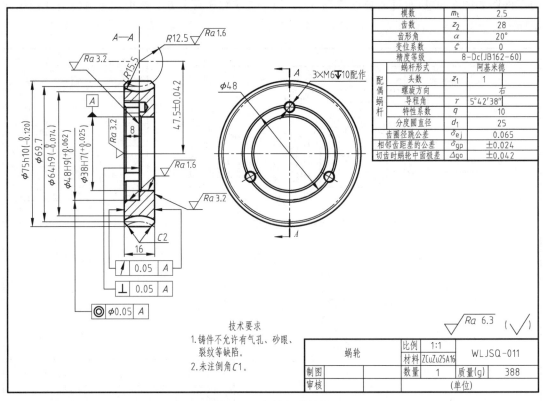

模数	m_t	2.5
齿数	z_2	28
齿形角	α	20°
变位系数	ξ	0
精度等级		8-Dc(JB162-60)
配偶蜗杆	蜗杆形式		阿基米德
	头数	z_1	1
	螺旋方向		右
	导程角	γ	5°42'38"
	特性系数	q	10
	分度圆直径	d_1	25
齿圈径跳公差	δ_{ej}	0.065
相邻齿距差的公差	δ_{gp}	±0.024
切齿时蜗轮中面极差	Δ_{go}	±0.042

技术要求
1. 铸件不允许有气孔、砂眼、裂纹等缺陷。
2. 未注倒角C1。

蜗轮	比例	1:1	WLJSQ-011
	材料	ZCuZu25A16	
制图	数量	1	质量(g)	388
审核		(单位)	

图 5-68 蜗轮的零件图

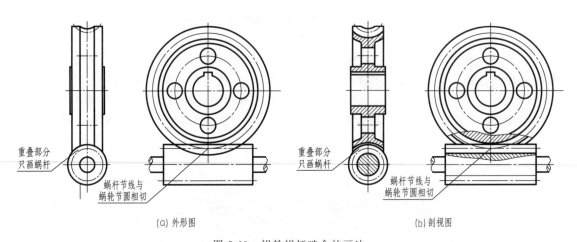

(a) 外形图

(b) 剖视图

图 5-69 蜗轮蜗杆啮合的画法

5.8
常用弹簧结构、画法及尺寸注法

　　弹簧是一种储能的零件，在机器和仪器中起减振、夹紧、测力、复位等作用。其特点是外力去除后能立即恢复原状。弹簧用途广泛，属于常用件。

弹簧的种类很多，有螺旋弹簧、涡卷弹簧、板弹簧和碟形弹簧等，如图 5-70 所示。其中圆柱螺旋弹簧应用最为广泛，国家标准对其形式、端部结构和技术要求等都作了规定。圆柱螺旋弹簧按其受力方向不同，又分为压缩弹簧、拉伸弹簧、扭转弹簧，本节主要介绍螺旋弹簧的画法。

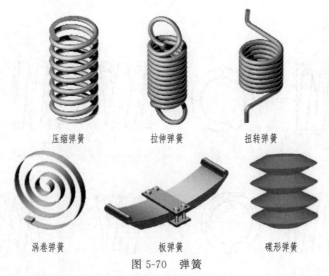

压缩弹簧 拉伸弹簧 扭转弹簧

涡卷弹簧 板弹簧 碟形弹簧

图 5-70 弹簧

5.8.1 螺旋弹簧的规定画法（GB/T 4459.4—2003）

螺旋弹簧的规定画法如图 5-71 所示。

① 在平行于螺旋弹簧轴线投影面的视图中，其各圈的外轮廓应画成直线。

② 螺旋弹簧均可画成右旋，对必须保证的旋向要求应在技术要求中注明。

③ 有效圈数在四圈以上的螺旋弹簧中间部分可以省略。圆柱螺旋弹簧中间部分省略后，允许适当缩短图形的长度，截锥涡卷弹簧中间部分省略后用细实线相连。

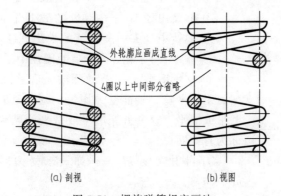

外轮廓应画成直线

4圈以上中间部分省略

(a) 剖视   (b) 视图

图 5-71 螺旋弹簧规定画法

5.8.2 压缩弹簧的结构及画法

(1) 圆柱螺旋压缩弹簧的结构

如图 5-72（a）所示，弹簧的两个端面圈应与邻圈并紧（无间隙），只起支承作用，不参与变形，故称为死圈。当弹簧材料直径为 0.5～60mm 时，弹簧的结构形式有 YA 冷卷两端圈并紧磨平型和 YB 热卷两端圈并紧制扁型两种，如图 5-72 (a)、(b) 所示。当弹簧材料直径小于 0.5mm 时，弹簧的结构形式有两端圈并紧磨平的 YⅠ型和两端圈并紧不磨的 YⅡ型，如图 5-72 (c)、(d) 所示。

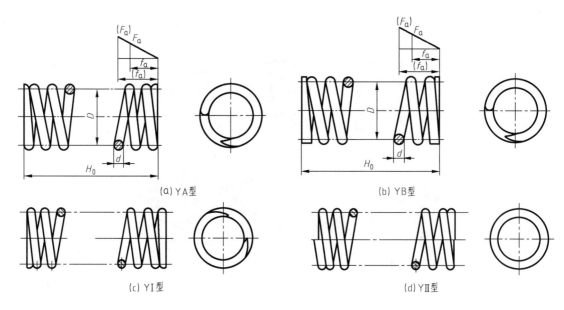

(a) YA型　　　　　　　　　　(b) YB型

(c) YⅠ型　　　　　　　　　　(d) YⅡ型

图 5-72　圆柱螺旋压缩弹簧的结构

（2）圆柱螺旋压缩弹簧的参数

弹簧各部分的名称根据国标 GB/T 1805—2021 的规定，中径 D、内径 D_1、外径 D_2，各部分尺寸关系如图 5-73 所示。

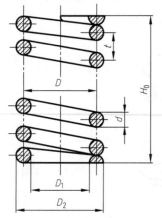

图 5-73　圆柱螺旋压缩弹簧

① 簧丝直径 d——制造弹簧的钢丝直径。

② 弹簧外径 D_2——弹簧的最大直径。

③ 弹簧内径 D_1——弹簧的最小直径，$D_1 = D_2 - 2d$。

④ 弹簧中径 D——弹簧的平均直径，$D = D_2 - d$。

⑤ 节距 t——相邻两个有效圈在中径上对应点的轴向距离。

⑥ 支承圈数 n_2、有效圈数 n 和总圈数 n_1——为了使压缩弹簧工作平稳，端面受力均匀，制造时需将弹簧两端的圈并紧磨平或锻平，这些并紧磨平或锻平的圈称为支承圈，其余的圈称为有效圈。

⑦ 自由高度 H_0——弹簧未受力时的自由高度，$H_0 = nt + (n_2 - 0.5)d$。

⑧ 展开长度 L——制造弹簧时坯料的长度。

（3）圆柱螺旋压缩弹簧的画图步骤

对于螺旋压缩弹簧，如要求两端并紧磨平时，标准中规定，无论支承圈的圈数多少和末端紧贴情况如何，均按 2.5 圈形式绘制。圆柱螺旋压缩弹簧的画图步骤如图 5-74 所示，D 和 H_0 的计算方法如下：

$$D = D_2 - d$$
$$H_0 = nt - (n_2 - 0.5)d$$

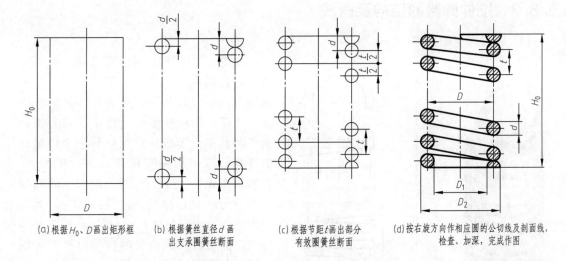

(a) 根据 H_0、D 画出矩形框　　(b) 根据簧丝直径 d 画　　(c) 根据节距 t 画出部分　　(d) 按右旋方向作相应圆的公切线及剖面线，
　　　　　　　　　　　　　出支承圈簧丝断面　　　　有效圈簧丝断面　　　　　检查、加深，完成作图

图 5-74　圆柱螺旋压缩弹簧的画图步骤

（4）螺旋压缩弹簧零件图的格式

如图 5-75 所示为螺旋压缩弹簧零件图，弹簧的参数应直接标注在图形上，若直接标注有困难，可在技术要求中说明；当需要表明弹簧的力学性能时，必须用图解表示。

圆柱螺旋压
缩弹簧的画法

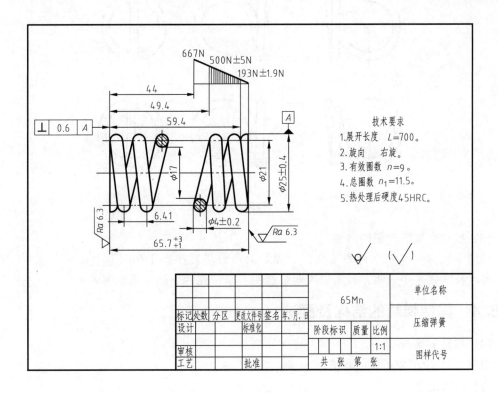

图 5-75　螺旋压缩弹簧零件图

5.8.3 拉伸弹簧的结构及画法

(1) 拉伸弹簧的结构

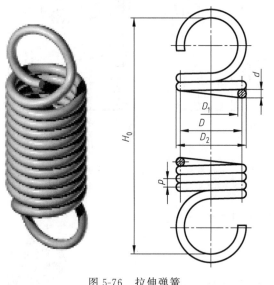

图5-76 拉伸弹簧

如图 5-76 所示，圆柱螺旋拉伸弹簧空载时，各圈应相互并拢。另外，为了节省轴向工作空间，并保证弹簧在空载时各圈相互压紧，常在卷绕的过程中，同时使弹簧丝绕其本身的轴线产生扭转。这样制成的弹簧，各圈相互间具有一定的压紧力，弹簧丝中也产生了一定的预应力，故称为有预应力的拉伸弹簧。这种弹簧一定要在外加的拉力大于初拉力 P_0 后，各圈才开始分离，故可较无预应力的拉伸弹簧节省轴向的工作空间，便于安装。在受力较大的场合，拉伸弹簧的端部制有挂钩，以便安装和加载。挂钩的形式可参阅相关的国家标准。

(2) 拉伸弹簧的画法

拉伸弹簧的画法如图 5-77 所示。

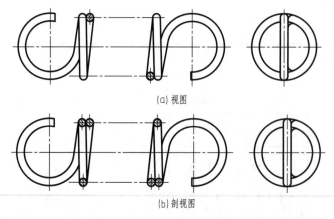

(a) 视图

(b) 剖视图

图5-77 拉伸弹簧的画法

(3) 拉伸弹簧零件图的格式

如图 5-78 所示为拉伸弹簧零件图，弹簧的参数应直接标注在图形上，若直接标注有困难，可在技术要求中说明；当需要表明弹簧的力学性能时，必须用图解表示。

5.8.4 其他弹簧的结构及画法

(1) 扭簧的画法

如图 5-79 所示为扭簧的画法。

(2) 碟簧的画法

如图 5-80 所示为碟簧的画法。

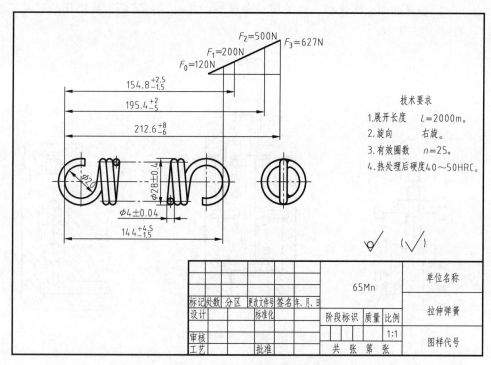

图 5-78　螺旋拉伸弹簧零件图

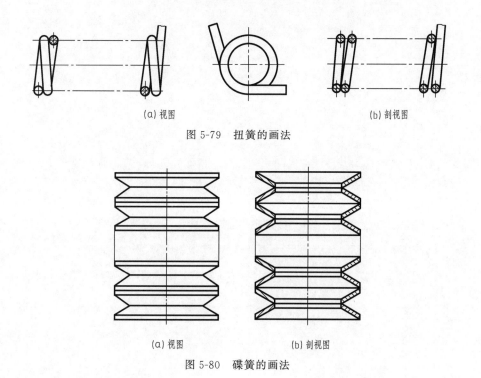

（a）视图　　　　　　　　　　（b）剖视图

图 5-79　扭簧的画法

图 5-80　碟簧的画法

5.8.5　装配图中弹簧的画法

在装配图中画螺旋弹簧时，在剖视图中允许只画出簧丝剖面，当簧丝直径在图上等于或小于 2mm 时，簧丝剖面全部涂黑，或采用示意画法。这时，弹簧后边被挡住的零件轮廓不必画出，如图 5-81 所示。

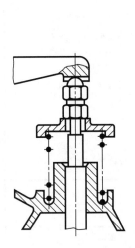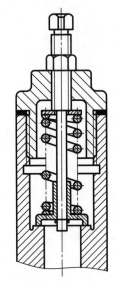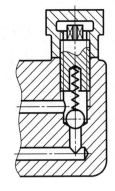

图 5-81　装配图中弹簧画法

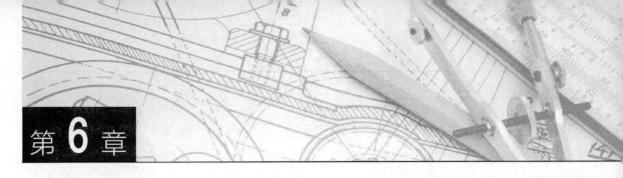

第 6 章

装配图

任何机器或部件，都是由若干相互关联的零件按一定的装配关系和技术要求装配而成的，表达机器或部件的图样，称为装配图。其中表示部件的图样，称为部件装配图；表达一台完整机器的图样，称为总装配图或总图。

在产品设计过程中，根据部件的使用环境和要求选择合适的材料、成形方法进行设计，一般先设计部件的形状和结构并画出装配图，然后根据装配图画出各个零件图。在生产过程中，各个零件按图样加工、检验合格后，根据装配图的要求把零件装配成机器或部件。在使用过程中，装配图可以帮助使用者了解机器或部件的结构和工作原理，为使用和维修提供技术资料。所以，装配图是工程设计人员的设计思想和意图的载体，是设计、制造、装配、检验、使用和维修过程中以及进行技术交流不可缺少的重要技术文件。

装配图是设计者和生产者进行交流的重要技术文件。它表示机器或部件的形状结构、零件间的相对位置、装配关系、工作原理和技术要求等。

如图 6-1 所示为旋塞阀的装配图，一张完整的装配图，包括一组视图，必要的尺寸，技术要求，标题栏和明细栏等内容（参考第 1 章 1.1.1 节所述）。如图 6-2 所示为组成旋塞阀的各零件图。

零件图与装配图的区别如下。

（1）用途上的区别

零件图是加工制造这个零件使用的图纸，如图 6-2 所示。

装配图是将加工检验合格后的零件，按照装配图的要求，将零件组合成部件（或机器）的图纸，如图 6-1 所示。也是用户使用、维护部件（或机器）的技术文件。

（2）视图表达的区别

零件图不但要表达零件的功用、结构和形状，还要表达加工工艺结构。包括倒角、圆角、退刀槽、砂轮越程槽等信息。

装配图除了零件图的表达方法外，还有规定画法和特殊画法，主要表达零件与零件之间的安放位置、装配关系、连接方法、密封方式以及工作原理。用于加工的工艺结构（倒角、圆角、退刀槽等）可以不表达。

（3）标注尺寸的区别

零件图需标注全部尺寸，不遗漏，不重复，包括功能尺寸、定形定位尺寸、总体尺寸和

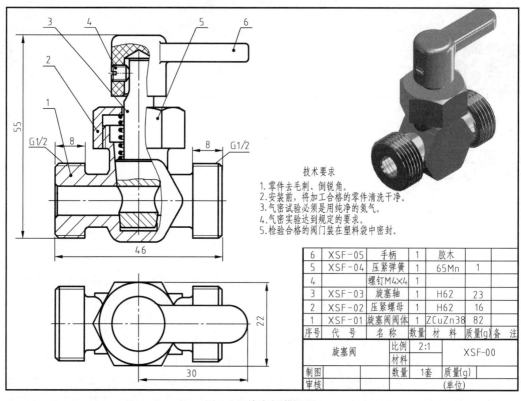

技术要求
1. 零件去毛刺、倒锐角。
2. 安装前, 将加工合格的零件清洗干净。
3. 气密试验必须是用纯净的氮气。
4. 气密实验达到规定的要求。
5. 检验合格的阀门装在塑料袋中密封。

6	XSF-05	手柄	1	胶木	
5	XSF-04	压紧弹簧	1	65Mn	1
4		螺钉M4×4	1		
3	XSF-03	旋塞轴	1	H62	23
2	XSF-02	压紧螺母	1	H62	16
1	XSF-01	旋塞阀阀体	1	ZCuZn38	82
序号	代 号	名 称	数量	材料	质量(g) 备注

旋塞阀	比例	2:1	XSF-00
	材料		
制图	数量	1套	质量(g)
审核			(单位)

图 6-1 旋塞阀装配图

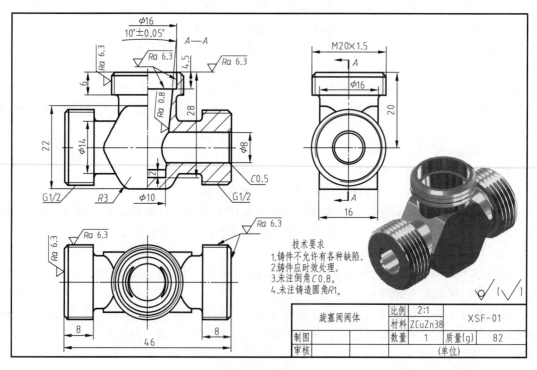

技术要求
1. 铸件不允许有各种缺陷。
2. 铸件应时效处理。
3. 未注倒角C0.8。
4. 未注铸造圆角R1。

旋塞阀阀体	比例	2:1	XSF-01
	材料	ZCuZn38	
制图	数量	1	质量(g)	82
审核			(单位)

(a) 旋塞阀阀体

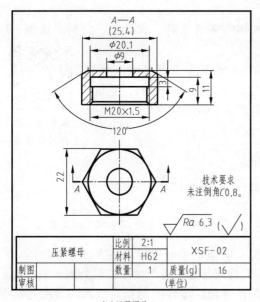

(b) 压紧螺母

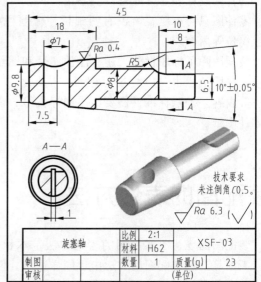

(c) 旋塞轴

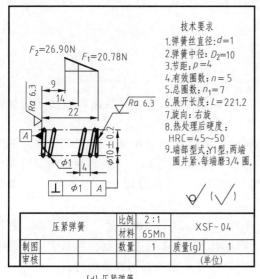

(d) 压紧弹簧

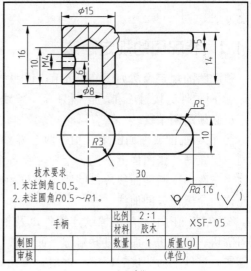

(e) 手轮

图 6-2 旋塞阀零件图

旋塞阀模型

加工工艺尺寸。

　　装配图只标注与装配有关的五种尺寸，即规格（性能）尺寸、装配尺寸、安装尺寸、总体尺寸和其他重要尺寸。其余尺寸可以不标注，如加工工艺尺寸等。

（4）技术要求的区别

　　零件图标注的技术要求是零件内外在质量的体现。包括使用的材料、热处理、加工方法、表面结构、尺寸公差和几何公差等。

　　装配图标注的技术要求是根据这个部件（或机器）在性能、装配、检验、使用过程中提出的要求。例如，阀门开闭自如，不允许滴漏等。如对于减速器的要求是转动灵活自如，外表面不能渗漏，加注润滑脂（或油）等。

(5) 标题栏和零件序号、明细栏

零件图只有标题栏，没有明细栏。标题栏中填写零件名称、设计者、材料、比例、质量、单位等内容。

装配图除了标题栏外，还有零件序号和明细栏。每种零件都会给出一个序号，在明细栏中对应栏填写序号、代号、零件名称、数量、材料、质量、备注等内容。外购标准件需要给出国标代号；需要加工的零件给出图纸代号和零件图纸。

装配图与零件图的区别

6.1
装配图的表达方法

装配图的表达与零件图的表达方法基本相同，前面学过的各种表达方法，如视图、剖视、断面等，在装配图的表达中也同样适用。但机器或部件由若干个零件组装而成，装配图表达的重点在于反映机器或部件的整体结构、工作原理、零件间的相对位置和装配连接关系，以及主要零件的结构特征，而不追求完整表达零件的形状。所以装配图还有一些特殊的表达方法。

6.1.1 装配图的规定画法

装配图的规定画法如图6-3所示，说明如下。

① 两零件的接触面和配合面只画一条线。对于非接触面、非配合表面，即使其间隙很小，也必须画两条线。

② 在剖视图或断面图中，相邻两个零件的剖面线倾斜方向应相反，或方向一致而间隔不同。但在同一张图样上，同一个零件在各个视图中的剖面线方向、间隔必须一致。若相邻零件多于两个，则剖面线应以间隔不同与相邻零件相区别。零件厚度小于等于2mm，剖切时允许用涂黑代替剖面线。

③ 在装配图中，对于螺纹连接件以及轴、连杆、球、钩子、键、销等实心零件，若按纵向剖切，且剖切平面通过其对称平面或轴线，则这些零件均按不剖绘制。当需要特别表明轴等实心零件上的凹坑、凹槽、键槽、销孔等结构时，可采用局部剖视来表达。

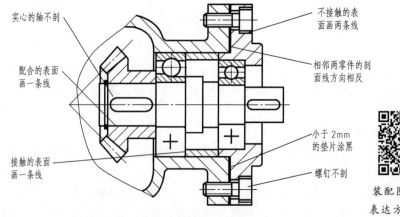

装配图的内容、表达方法及尺寸

图6-3 装配图画法的一般规定

6.1.2 装配图的特殊画法

(1) 拆卸画法和沿结合面剖切

1) 假想拆去某些零件的画法

装配体上零件间往往有重叠现象，当某些零件遮住了需要表达的结构与装配关系时，可假想将这些零件拆去后再画出剩下部分的视图。拆卸画法中的拆卸范围比较灵活，可以将某些零件全拆；也可以将某些零件半拆，此时以对称线为界，类似于半剖；还可以将某些零件局部拆卸，此时，以波浪线分界，类似于局部剖。采用拆卸画法的视图需加以说明时，可标注"拆去××零件"等字样。

2) 假想沿零件的结合面剖切画法

相当于把剖切面一侧的零件拆去，再画出剩下部分的视图。此时，零件的结合面上不画剖面线，但被剖切到的零件必须画出剖面线，如图 6-4 所示 C—C 剖视图。

(2) 假想画法

① 当需要表达所画装配体与相邻零件或部件的关系时，可用细双点画线假想画出相邻零件或部件的轮廓，如图 6-4 中主视图上所示。

② 当需要表达某些运动零件或部件的运动范围及极限位置时，可用细双点画线画出其极限位置的外形轮廓，如图 6-5、图 6-6 所示。

③ 当需要表达钻具、夹具中所夹持工件的位置情况时，可用细双点画线画出所夹持工件的外形轮廓。

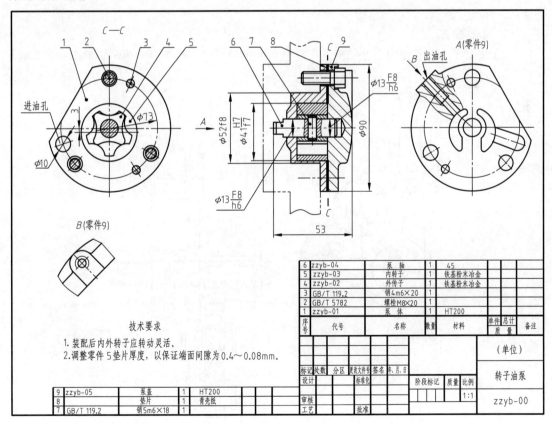

图 6-4 转子油泵

(3) 夸大画法

在装配图中，如绘制厚度很小的薄片、直径很小的孔以及很小的锥度、斜度和尺寸很小的非配合间隙时，这些结构可不按原比例而夸大画出。

(4) 单独表达某个零件

当某个零件在装配图中未表达清楚，而又需要表达时，可单独画出该零件的视图，并在单独画出的零件视图上方注出该零件的名称或编号，其标注方法与局部视图类似，如图 6-4 中 A 向视图所示。

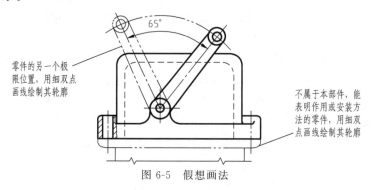

零件的另一个极限位置，用细双点画线绘制其轮廓

不属于本部件，能表明作用或安装方法的零件，用细双点画线绘制其轮廓

图 6-5　假想画法

(5) 展开画法

为了表达传动机构的传动路线和装配关系，可假想按传动顺序沿轴线剖切，然后依次将各剖切平面展开在一个平面上，画出其剖视图。此时应在展开图的上方注明"×-× 展开"字样，如图 6-6 所示。

(6) 简化画法

① 在装配图中，零件的工艺结构，如小圆角、倒角、退刀槽等可不画出，如图 6-7 所示。

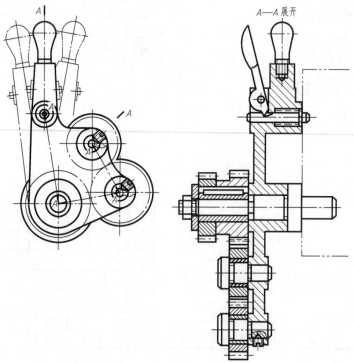

图 6-6　展开画法

② 在装配图中，螺栓、螺母等可按简化画法画出。

③ 对于装配图中若干相同的零件组，如螺栓、螺母、垫圈等，可只详细地画出一组或几组，其余只用细点画线表示出装配位置即可，如图 6-7 所示。

④ 装配图中的滚动轴承，可按规定画法画出一半，另一半按示意画法画出，如图 6-7 所示。

⑤ 在装配图中，当剖切平面通过的某些组件为标准产品，或该组件已由其他图形表达清楚时，则该组件可按不剖绘制。

⑥ 在装配图中，在不致引起误解，不影响看图的情况下，剖切平面后不需表达的部分可省略不画。

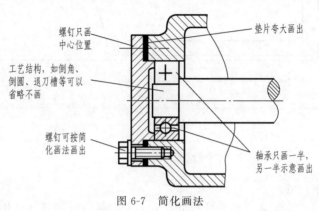

图 6-7　简化画法

装配图的视图画法：
装配图样较难画，视图最好剖开画，装配关系能看清，工作原理能表达。
表达方法比较多，归纳起来有三种：
规定画法是第一：相邻零件分界线，面不接触画双线，配合、接触画单线；
相邻零件剖面线，方向一般不相同；如要相同须错开，且要间隔不相等。
同一零件剖面线，方向间隔都相同。
特殊画法是第二：拆卸剖切联合用，可以夸大和展开，单件形状可补充；
相邻部分辅助用，双点画线勾外形；辐、板、实心回转体，纵剖不剖体完整；
凹坑键槽圆销孔，局部加剖图更清。
简化画法是第三：重复投影可节省，结构一图画清楚，其他视图不必重，
细小结构省略画，标准组件画外形。
零件部件包括全，画图不可漏一种。

6.2
装配图的尺寸标注和技术要求的注写

6.2.1　装配图的尺寸标注

装配图与零件图不同，不是用来直接指导零件生产的，不需要、也不可能注出每一个零件的全部尺寸，一般仅标注出下列几类尺寸，如图 6-8 所示。

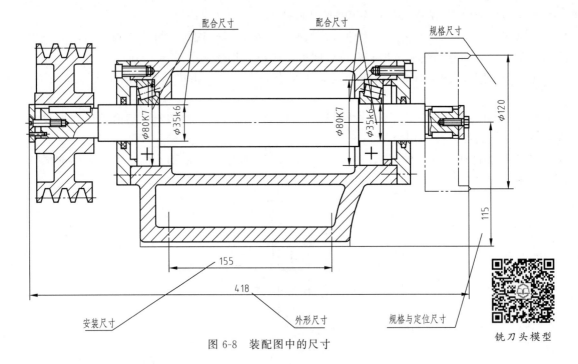

配合尺寸　　配合尺寸　　规格尺寸

$\phi80K7$　$\phi35k6$　$\phi80K7$　$\phi35k6$　$\phi120$

115

155

418

安装尺寸　　　　外形尺寸　　　规格与定位尺寸

铣刀头模型

图 6-8　装配图中的尺寸

（1）特性、规格尺寸

表示装配体的性能、规格或特征的尺寸。它们常常是设计或选择使用装配体的依据。

（2）装配尺寸

表示装配体各零件之间装配关系的尺寸，包括：

① 配合尺寸。表示零件配合性质的尺寸。

② 连接尺寸。表示零件之间的连接尺寸，如螺钉、螺栓、销等的定位尺寸。

③ 相对位置尺寸。表示零件间比较重要的相对位置尺寸。

（3）安装尺寸

表示装配体安装时所需要的尺寸。

（4）外形尺寸

表示装配体的外形轮廓尺寸，如总长、总宽、总高等。这是装配体在包装、运输、安装时所需的尺寸。

（5）其他重要尺寸

例如经计算或选定的不包括在上述几类尺寸中的重要尺寸。此外，有时还需要注出运动零件的极限位置尺寸。

上述几类尺寸，并非在每一张装配图上都必须注全，应根据装配体的具体情况而定。在有些装配图上，同一个尺寸，可能兼有几种含义。

6.2.2　装配图上技术要求的注写

装配图中的技术要求，一般可从以下几个方面来考虑。

（1）性能要求

装配体装配后应达到的性能。

（2）装配要求

装配体在装配过程中应注意的事项及特殊加工要求。例如，有的表面需装配后加工，有的孔需要将有关零件装好后配作等。

(3) 检验、试验方要求

指对机器或部件基本性能的检验、试验、验收方法的说明。

(4) 使用要求

对装配体的维护、保养方面的要求及操作使用时应注意的事项和涂饰要求等。

与装配图中的尺寸标注一样，上述内容不是在每一张图上都要注全，而是根据装配体的需要来确定。

技术要求一般注写在明细栏的上方或图纸下部空白处，参见图 6-1、图 6-4。如果内容很多，也可另外编写成技术文件作为图纸的附件。

装配图的尺寸标注：

装配图中注尺寸，需要标注有五种：

第一种，标性能。规格尺寸标注清。

第二种，标装配。装配包括三内容：配合、连接都标注，装配位置也注明。

第三种，标安装。槽孔位置须标定。

第四种，标外形。包装安装都要用。

第五种，标其他。重要尺寸不能省。

6.3
装配图的零件序号及明细栏

为了便于看图和装配工作，必须对装配图中的所有零部件进行编号，同时要编制相应的明细栏。

6.3.1 零件序号的编写

① 装配图中每种零件或组件都要编写序号。形状、尺寸完全相同的零件只编一个序号，数量填写在明细栏内；形状相同而尺寸不同的零件，要分别编号。

标准化组件，如油杯、滚动轴承和电动机等，可看成是一个整体，只编注一个序号。

② 装配图中编写零件序号的方法如图 6-9 所示。序号由圆点、指引线、横线（或圆圈）和数字四个部分组成。指引线一端应自零件的可见轮廓线内引出，并画一圆点，在另一端横线上（或圆内）填写零件的序号。指引线和横线都用细实线画出。指引线之间不允许相交，避免与剖面线平行。序号的数字要比装配图上尺寸数字大一号或两号，但在同一装配图中注写序号形式应一致。

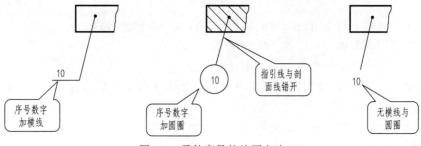

图 6-9 零件序号的编写方法

也允许采用省略横线（或圆圈）的形式。

③ 对于很薄的零件或涂黑的断面，在指引线的末端可画出指向轮廓的箭头，如图 6-4 所示的件 8。

④ 指引线不能相交，必要时可画成折线，但只能曲折一次。对于螺纹连接件或装配关系清楚的零件组，允许采用公共指引线，如图 6-10 所示。

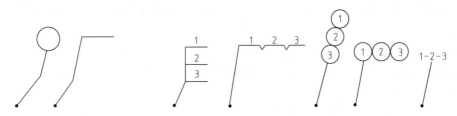

图 6-10　零件序号的形式和画法

⑤ 零件的序号应沿水平或垂直方向排列整齐，并按顺时针或逆时针方向顺次排列，以免混乱，并尽量使序号间隔相等。

6.3.2　明细栏的编写（GB/T 10609.2—2009）

（1）明细栏的基本要求

① 装配图中一般有明细栏。明细栏是机器或部件中全部零、部件的详细目录。

② 明细栏一般配置在装配图中标题栏的上方，按由下而上的顺序填写，如图 6-11 所示。其格数应根据需要而定，当由下而上延伸位置不够时，可紧靠在标题栏的左边自下而上延续。

③ 当装配图中不能在标题栏的上方配置明细栏时，可作为装配图的续页，按 A4 幅面单独给出，其填写顺序应自上而下，如图 6-12 所示。

④ 明细栏中的字体应符合 GB/T 14691—1993 中的要求（参阅 1.2.3 节"字体"）。

⑤ 明细栏中的线型应按 GB/T 17450 和 GB/T 4457.4 中规定的粗实线和细实线要求绘制（参阅 1.2.4 节"图线及其画法"）。

明细栏中表头、竖线为粗实线，其余为细实线，其下边线与标题栏上边线重合，长度相同，如图 6-11 所示。

（2）明细栏的内容

明细栏一般由序号、代号、名称、数量、材料、质量（单件、总计）、分区、备注等组成，也可按实际需要增加或减少。

序号：填写图样中相应组成部分的序号。

代号：填写图样中相应组成部分的图样代号（零件图标题栏中的图样代号）或标准编号。

名称：填写图样中相应组成部分的名称（零件或标准部件名称）。

数量：填写图样中相应组成部分的数量。

材料：填写图样中相应组成部分所用材料名称。

质量（单件、总计）：填写图样中相应组成部分单件和总件数的计算质量。以千克（公斤）为计量单位时，允许不写出其计量单位。

分区：必要时，应按照相关规定将分区代号填写在备注栏中。

备注：填写该项的附加说明或其他有关的内容。

(3) 明细栏的尺寸与格式

装配图中明细栏各部分的尺寸与格式如图 6-11 所示。

明细栏作为装配图的续页单独给出时，各部分的尺寸与格式如图 6-12 所示。

装配图的零部件序号编写：

零件部件全编号，编号形式有三种。

一种是用细横线，编号在上字居中，字号要比尺寸数字大，大一、二号都许用。

二种是用细圆圈，数字在内规格与上同。

三种是在引线旁，大两号字才可用。

引线许可打一折，其与剖（面）线不平行。

紧固件或零件组，若干引线能合并。

引线末端用圆点，涂黑薄片箭头用。

编号排列要整齐，横平竖直间隔等。

顺逆时针都允许，一圈不够可多层。

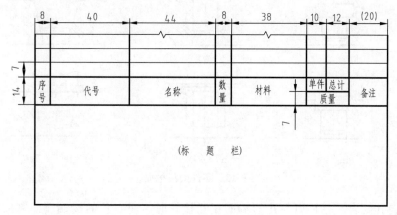

图 6-11　明细栏

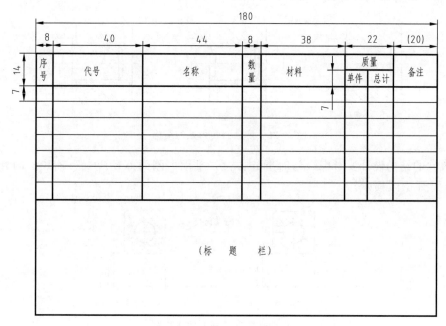

图 6-12　装配图续页明细栏

6.4
常见的装配结构

在机器或部件的设计中，应该考虑装配结构的合理性，以保证机器或部件的工作性能可靠，并给零件的加工和拆装带来方便。下面介绍几种常见的装配工艺结构。

① 为了保证零件之间接触良好，又便于加工和装配，两个零件在同一方向上（横向或竖向），一般只能有一个接触面。若要求在同一方向上有两个接触面，将使加工困难，成本提高，且不便于装配，如图6-13所示。

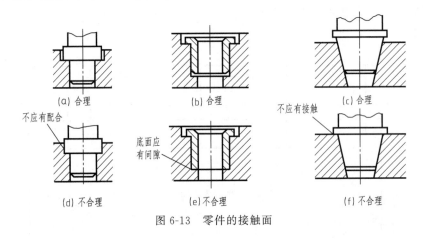

图6-13　零件的接触面

② 当轴与孔配合，且轴肩与孔的端面相互接触时，应在孔的接触端面制成倒角或在轴肩根部切槽，以保证两零件接触良好，如图6-14所示。

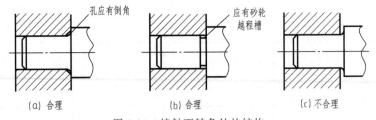

图6-14　接触面转角处的结构

③ 零件的结构设计要考虑维修时拆卸方便，轴承内圈的外径应大于轴端面的外径，便于拆卸，如图6-15所示。

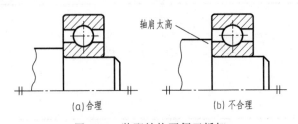

图6-15　装配结构要便于拆卸

④ 用螺栓连接的地方要留足装拆的活动空间，如图 6-16 所示。

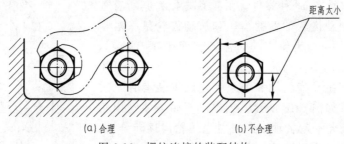

(a) 合理　　　　　　　　(b) 不合理

图 6-16　螺纹连接的装配结构

6.5
装配图的画法

机器或部件是由一些零件所组成的，那么根据部件所属的零件图及有关资料，就可以拼画成部件的装配图。画图步骤如下：

① 画图前的准备——了解机器或部件的功用。
② 表达部件的内外结构——选择视图。
③ 绘制装配图。

6.5.1　画图前的准备

画机器或部件的装配图，必须做到清楚地表达部件的工作原理，零件间的相对位置、装配关系、密封方式和连接关系。下面以齿轮液压泵为例说明装配图的画法。

齿轮液压泵是为液压元件提供压力油的部件，为液压缸（液压马达）提供动力。其主要参数为：额定转速 2000r/min，额定压力 16MPa，额定流量 6L/r，其爆炸图如图 6-17 所示。

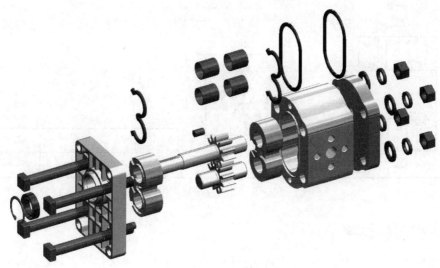

图 6-17　齿轮液压泵爆炸图

(1) 了解部件的用途、工作原理

齿轮液压泵共计有 16 种零件，由 4 条螺栓将其所有零件连接在一起。主动齿轮轴上的齿轮和从动齿轮是一对啮合齿轮，两边各有一个齿轮支座，齿轮支座中镶有轴套，它们一起被装入泵体中。为防止漏油，在齿轮支座和泵体两端有密封圈，在主动齿轮轴和前泵盖之间安装有骨架式油封。其工作原理如图 6-18 所示，当电动机带着主动齿轮轴旋转时，从动齿轮一起转动，此时左边的轮齿逐渐分开，空腔容积逐渐扩大，油压降低，因而油箱中的油在大气压力的作用下进入泵腔中。齿槽中的油随着齿轮的继续旋转被带到右边；而右边的各对轮齿又重新啮合，空腔容积缩小，使齿槽中不断挤出的油成为高压油，并由出油口排出。

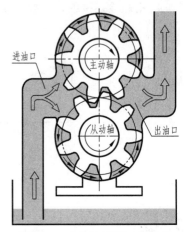

图 6-18　齿轮液压泵工作原理

(2) 熟悉所画部件的各个零件形状结构、相对位置关系和装配连接关系

齿轮液压泵各零件的连接关系如图 6-17 所示，各零件的形状、详细尺寸如图 6-19～图 6-21 所示。

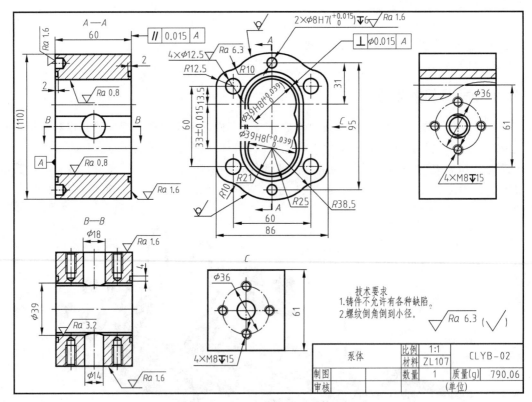

图 6-19　齿轮液压泵泵体

6.5.2　视图的选择

选择部件的表达方法时，应根据部件的机构特点，从装配干线入手。首先考虑和部件功用关系密切的主要干线（如工作系统、传动系统等）；然后，考虑次要干线（如润滑冷却系统、操

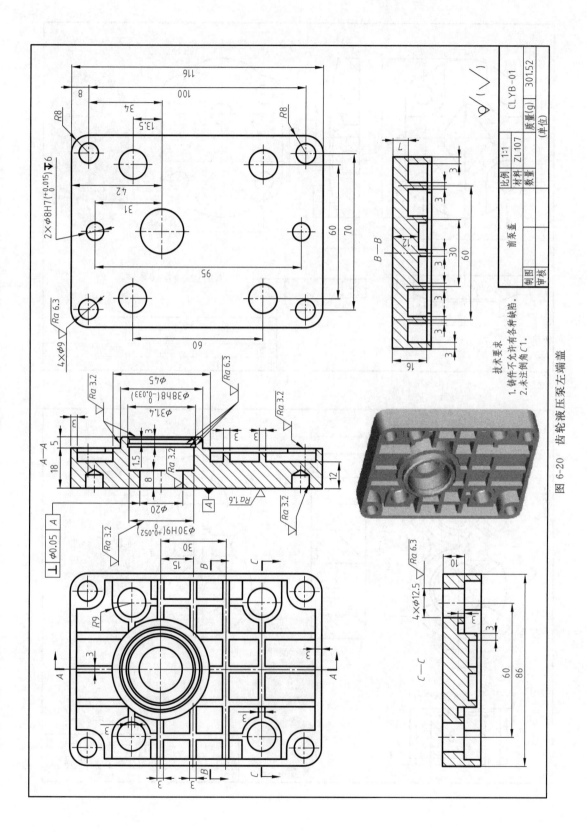

图 6-20 齿轮液压泵左端盖

技术要求
1. 铸件不允许有各种缺陷。
2. 未注倒角 C1。

	比例	1:1		CLYB-01
	材料	ZL107		
前泵盖	数量		质量(g)	301.52
制图				(单位)
审核				

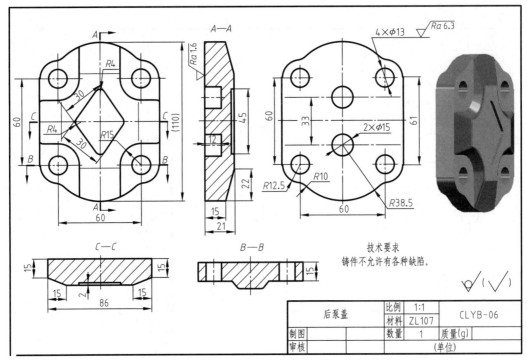

(a) 右泵盖

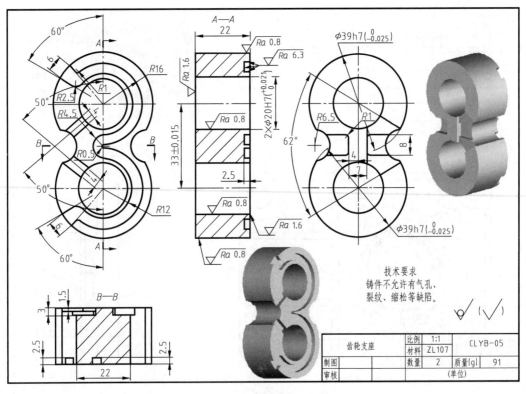

(b) 齿轮支座

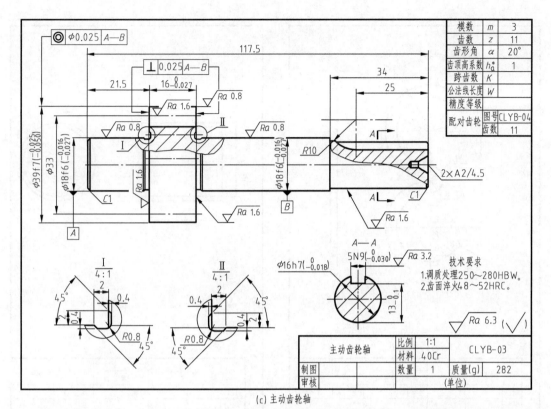

模数	m	3
齿数	z	11
齿形角	α	20°
齿顶高系数	h_a^*	1
跨齿数	K	
公法线长度	W	
精度等级		
配对齿轮	图号	CLYB-04
	齿数	11

技术要求

1.调质处理250~280HBW。

2.齿面淬火48~52HRC。

主动齿轮轴	比例	1:1	CLYB-03
	材料	40Cr	
制图	数量	1	质量(g)	282
审核		(单位)		

(c) 主动齿轮轴

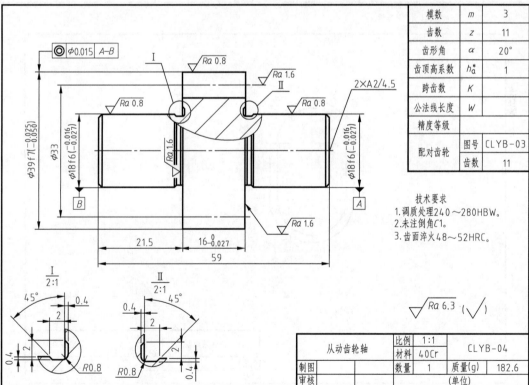

模数	m	3
齿数	z	11
齿形角	α	20°
齿顶高系数	h_a^*	1
跨齿数	K	
公法线长度	W	
精度等级		
配对齿轮	图号	CLYB-03
	齿数	11

技术要求

1.调质处理240~280HBW。

2.未注倒角C1。

3.齿面淬火48~52HRC。

从动齿轮轴	比例	1:1	CLYB-04
	材料	40Cr	
制图	数量	1	质量(g)	182.6
审核		(单位)		

(d) 从动齿轮轴

图 6-21

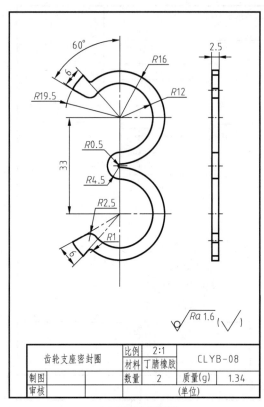

齿轮支座密封圈	比例	2:1	CLYB-08	
	材料	丁腈橡胶		
制图		数量	2	质量(g)	1.34
审核			(单位)	

(e) 齿轮支座密封圈

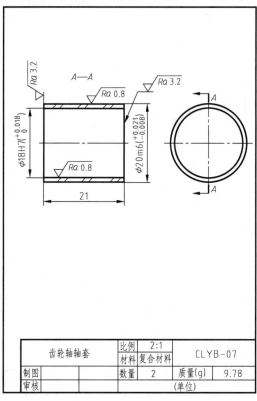

齿轮轴轴套	比例	2:1	CLYB-07	
	材料	复合材料		
制图		数量	2	质量(g)	9.78
审核			(单位)	

(f) 齿轮轴轴套

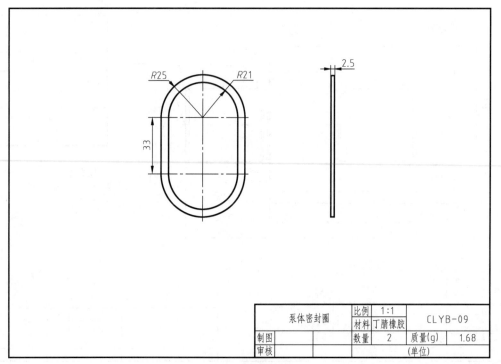

泵体密封圈	比例	1:1	CLYB-09	
	材料	丁腈橡胶		
制图		数量	2	质量(g)	1.68
审核			(单位)	

(g) 泵体密封圈

图 6-21　齿轮液压泵零件图

纵系统和各种辅助装置等）；最后，考虑连接、定位等方面的表达。

（1）选择主视图

一般按部件的工作位置选择，并使主视图能够表达出机器（或部件）的工作原理、传动系统、零件间主要的装配关系及主要零件形状、结构和特征。一般在机器（或部件）中，将组装在同一轴线上的一系列相关零件称为装配干线。机器（或部件）由一些主要和次要的装配干线组成。常通过装配干线的轴线把部件剖开，画出剖视图作为装配图的主视图。

按如图 6-22 所示方向选择主视图，既符合工作位置，又抓住两水平轴线共面的特点，主视图采取全剖视图，就把全部零件的相对位置、连接和装配关系等都表达清楚了。

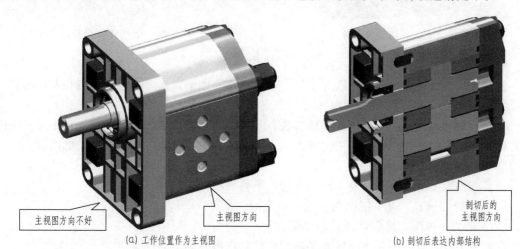

（a）工作位置作为主视图　　　　　　　　　（b）剖切后表达内部结构

图 6-22　齿轮油泵主视图选择图

（2）确定其他表达方法和视图数量

在确定主视图后，还要根据机器（或部件）的结构形状特征，对主视图没有表达而又必须表达的部分，或者表达不够完善、清晰的部分，可以选定其他视图表达，并确定视图数量，表达出其他次要的装配干线的装配关系、工作原理、零件结构及其形状。至于各视图采用何种表达方法，应根据需要来确定，但每个零件至少应在某个视图中出现一次，否则图上就缺少一种零件了。

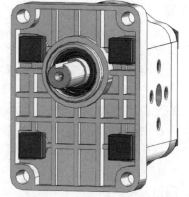

左视图主要反映齿轮液压泵的外形，同时也能反映出齿轮液压泵的安装尺寸，如图 6-23 所示。

图 6-24 用来表达进油口的形状和安装尺寸，图 6-25所示为沿前泵盖与泵体的结合面剖开，用来表达齿轮支座密封圈的安装方向。

图 6-23　齿轮液压泵左视图选择

为了便于看图，视图间的位置应尽量符合投影关系，整个图样的布局应匀称、美观。视图间留出一定的位置，以便注写尺寸和零件序号，还要留出标题栏、明细栏及技术要求所需的位置。

6.5.3　装配图的画图步骤

根据零件草图画装配图时，装配图的画图步骤如下。

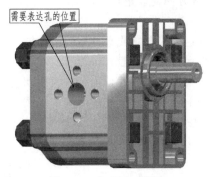

图 6-24 表达油口安装

图 6-25 表达密封圈安装方向

① 根据表达方案，定比例，定图幅，画出图框。

根据拟定的表达方案，确定图样比例，选择标准的图幅，画好图框、明细栏及标题栏。

② 合理布图，留出空隙，画出基准。

根据拟定的表达方案，合理美观地布置各个视图，注意留出标注尺寸、零件序号和明细栏的适当位置，画出各个视图的主要基准线，如轴线、中心线、零件的主要轮廓线等。

③ 画图。

目前画装配图的顺序有几种不同的方法，下列两种供学习时参考。

a. 从主视图画起，几个视图相互配合一起画。

b. 先画某一视图，然后再画其他视图。

在画每个视图时，还要考虑从外向内画，或从内向外画的问题。

从外向内画就是从机器（或部件）的机体出发，逐次向里画出各个零件。它的优点是便于从整体的合理布局出发，决定主要零件的结构形状和尺寸，其余部分也很容易决定下来。

从内向外画就是从里面的主要装配干线出发，逐次向外扩展。它的优点是从最内层实形零件（或主要零件）画起，按装配顺序逐步向四周扩展，层次分明，并可避免多画被挡住零件的不可见轮廓线，图形清晰。

两种方法应根据不同结构灵活选用或结合运用，不论运用哪种方法，在画图时都应该注意以下几点。

a. 各视图间要符合投影关系，各零件、各结构要素也要符合投影关系。

b. 先画起定位作用的基准件，再画其他零件，这样画图准确、误差小，保证各零件间的相互位置准确。基准件的选择可根据具体机器（或部件）加以分析判断。

c. 先画出部件的主要结构形状，以及各零件轮廓及主要结构，然后再画次要结构部分，以及细化详细结构。

d. 画零件时，随时检查零件间正确的装配关系。哪些面应该接触，哪些面之间应该留有间隙，哪些面为配合面等，必须正确判断并相应画出；还要检查零件间有无干涉、互不接触和互相碰撞等问题，查找原因，及时纠正。

④ 标注尺寸。

⑤ 注写零件序号，填写明细栏、标题栏和技术要求。

⑥ 检查、描深、完成全图。

6.5.4 装配图绘制实例

下面以齿轮液压泵为例绘制装配图。齿轮液压泵的工作原理、装配结构、各零件图样和视图选择可参考图 6-17～图 6-25。

（1）选择表达视图

齿轮液压泵在装配过程中，进出油孔是认方向的，泵体两端的齿轮支座不能装反，所以需要多个视图表达。

主视图：选择工作位置，采用全剖视图表达主动齿轮轴线和从动齿轮轴线各零件的装配位置。

左视图：表达左端盖的外形和 4 个安装孔的位置和大小。

B 视图（后视图）：显示进油孔处安装用螺纹孔的圆周定位和大小，以及液压泵的连接方法。

$C—C$ 图：剖切位置是泵体进出油孔的中心线，主要表达进出油孔和内腔是通的，内腔的形状，连接螺孔的位置和深度。

$D—D$ 图：沿左泵盖和泵体的结合面剖切，主要表达齿轮支座的安装方向。

$E—E$ 图：沿右泵盖和泵体的结合面剖切，主要表达齿轮支座的安装方向。

$F—F$ 图：主要表达主动齿轮轴的连接键槽的宽度和深度。

齿轮液压泵需要 7 个视图才能表达清楚，如图 6-28 所示。其中出油孔及安装螺孔的位置和大小没有用图直接表达，不是很直观，需要一定的想象能力。

（2）选择图纸幅面和比例

确定表达视图的数量后，选择图纸幅面和比例，长度方向的外形尺寸（长×高）为 153mm×116mm，宽度方向的外形尺寸（宽×高）为 86mm×116mm，如果选择 A3 图纸幅面，比例为 1：1.5，如果选择 A2 图纸幅面，比例为 1：1。由于视图较多选择 A2 图纸幅面，比例为 1：1 画图比较方便。书中选择 A3 图纸幅面，比例为 1：1.5，比较紧凑，便于看图。

（3）开始画图

首先确定各视图的基准线和外形，所占空间大小，如图 6-26 所示。画图时，由外及内，

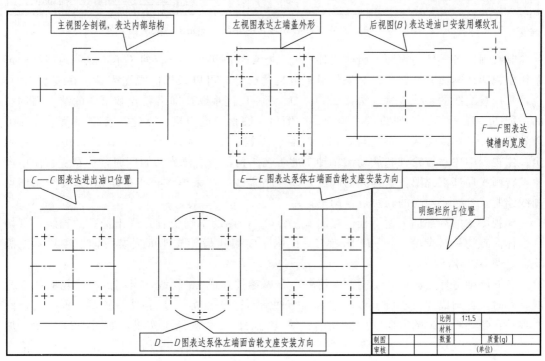

图 6-26　定比例、定图幅、画出图框、画基准和外形

先主后次，画出主要零件（泵体）的内形，如图 6-27 所示。画图时，采用分规度量尺寸，多个视图一起画，提高效率。

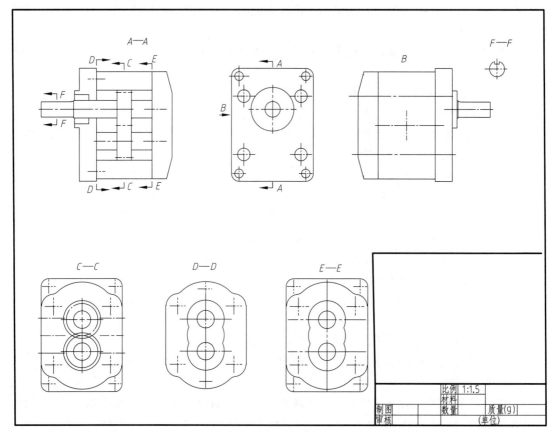

图 6-27 画出主要零件的外形，由外及内、先主后次画图

其次画出各零件的视图，由内向外绘制，主要绘制可见部分；对于不可见的内部结构可采用剖视图、断面图等表示；对于外形不可见的部分，可以采用向视图表达。在装配图中，也可采用装配图的特殊表达方法，如 $D—D$、$E—E$ 剖视图，即沿泵盖和泵体的结合面剖切的，如图 6-28 所示。零件的工艺结构，如倒角、圆角、退刀槽、砂轮越程槽以及中心孔可以省略不画；螺纹连接，键连接，齿轮啮合，弹簧、轴承等标准件和常用件按国标规定画出。主视图中主动齿轮轴和从动齿轮轴中的工艺结构都没有画出。画图时，注意主视图中齿轮啮合画成局部剖视图，啮合区的画法是，三条实线、一条虚线（或省略），分度线用细点画线绘制；骨架式油封的画法可参阅第 5 章（5.5.2 节）。

B 视图中的局部剖表达螺栓连接的画法。$C—C$ 图的剖切位置是进出油孔的轴线，剖切到泵体内腔的一对齿轮，$D—D$ 图和 $E—E$ 图主要表达齿轮支座的安装方向，注意不能画反，如图 6-28 所示。

各图所画零件完成后，绘制剖面符号，金属零件画成 45° 斜线，当剖面线与轮廓线平行或垂直时，可画成 30° 或 60° 斜线。非金属零件剖面符号画成 45° 网格线。绘制剖面线时，同一零件在各个视图中的方向和间隔相同；螺纹孔的剖面线画到粗实线，如图 6-29 所示。加深图线的原则是：先粗后细，先曲线（圆、圆弧等）后直线，由上至下，由左向右，依次进行。

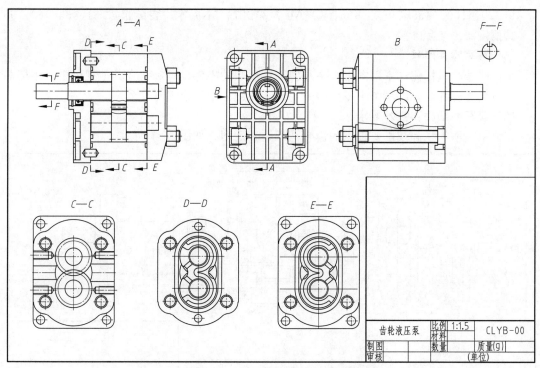

图 6-28　画各零件轮廓及主要结构

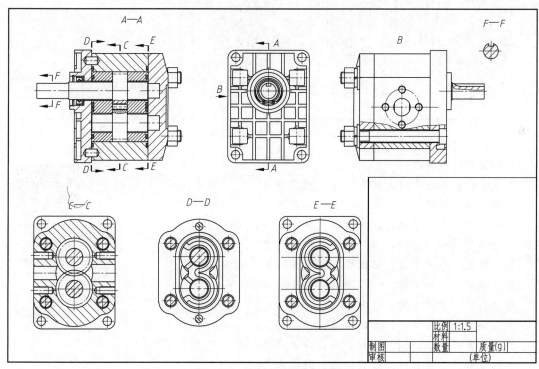

图 6-29　绘制各零件剖面符号

（4）标注尺寸

如图 6-30 所示，装配图只标注五种尺寸。性能规格尺寸，进油孔的直径 $\phi18$。配合尺寸 $\phi18H8/f7$、$\phi20H7/m6$、$\phi39H8/h7$、$\phi39H9/f9$。外形尺寸 153、86、116 等。安装尺寸

$4 \times \phi 9$、70、100、$\phi 38h8$、5、$\phi 36$、$4 \times M8$、$\phi 16h7$、5N9 等。装配尺寸 31、33、60、95 等。其他重要尺寸 $\phi 14$。

(5) 编写零件序号

零件序号尽量标注在主视图上，主视图不能反映的零件也可标注在其他视图上，不能漏注，不然会少零件，先编写图中零件序号，再在明细栏中对应编写序号。

(6) 填写明细栏和技术要求

完成填写明细栏和技术要求后的齿轮液压泵装配图，如图 6-31 所示。

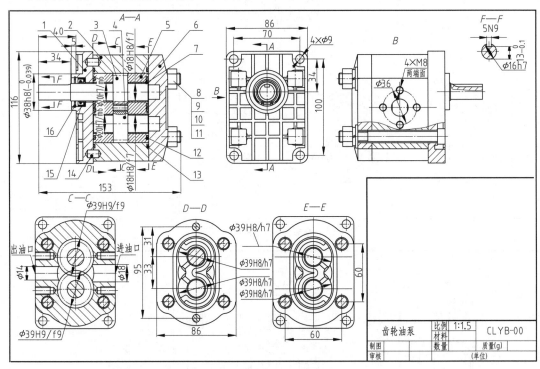

图 6-30　标注尺寸和零件序号

装配图的绘制顺序：

查找资料，弄清原理，熟悉结构，确定方案。

按照比例，选择幅面，画出基准，确定图面。

由外向里，整体布局；按照装位，安排零件；

由里向外，不挡图线，工艺结构，可以省略。

尺寸位置，合理分布，标注完毕，再画剖面。

排列编号，草列名称，分布均匀，再连引线。

线错打叉，暂时不擦，打完底稿，仔细检查。

开始加深，更要谨慎，圆弧连接，注意切点；

先曲后直，先粗后细。留到最后，一次清算。

图纸质量，反映作风，望君制图，求高水平。

6.5.5　画装配图应注意的事项

① 要正确确定各零件间的相对位置。运动件一般按其一个极限位置绘制，另一个极限位置需要表达时，可用细双点画线画出其轮廓。螺纹连接件一般按将连接零件压紧的位置绘制。

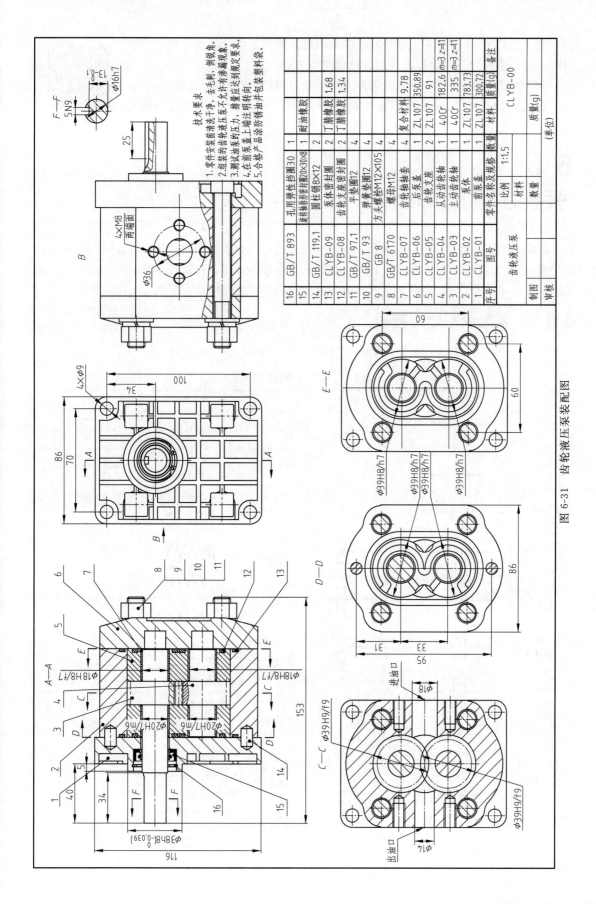

图 6-31 齿轮液压泵装配图

序号	图号	零件名称及规格	数量	材料	质量(g)	备注
16	GB/T 893	孔用弹性挡圈30	1			
15		内六角形防尘堵头30×30×8	1	耐油橡胶		
14	GB/T 119.1	圆柱销8×12	2			
13	CLYB-09	泵体密封圈	2	丁腈橡胶	1.68	
12	CLYB-08	齿轮支座封圈	2	丁腈橡胶	1.34	
11	GB/T 97.1	平垫圈12	4			
10	GB 8	弹簧垫圈12	4			
9	GB/T 6170	方头螺栓M12×105	4			
8		螺母M12	4			
7	CLYB-07	齿轮轴轴套	4	复合材料	9.78	
6	CLYB-06	后泵盖	1	ZL107	350.89	
5	CLYB-05	齿轮支座	2	ZL107	91	
4	CLYB-04	从动齿轮轴	1	40Cr	182.6	$m=3$ $z=11$
3	CLYB-03	主动齿轮轴	1	40Cr	335	$m=3$ $z=11$
2	CLYB-02	泵体	1	ZL107	783.73	
1	CLYB-01	前泵盖	1	ZL107	300.72	
序号	图号	零件名称及规格	数量	材料	质量(g)	备注

齿轮液压泵　　比例 1:1.5　　CLYB-00　　(单位)

制图

审核

技术要求
1. 零件安装前清洗干净, 主毛刺, 倒钝角。
2. 组装的齿轮液压泵不允许有渗漏现象。
3. 测试油泵的压力。
4. 在前泵盖上端注明转向。
5. 合格产品涂防锈油并包装塑料袋。

第6章 装配图 **325**

② 某视图已确定要剖开绘制时，应先画被剖切到的内部结构，即由内逐层向外画。这样其他零件被遮住的外形就可以省略不画。

③ 装配图中各零件的剖面线是看图时区分不同零件的重要依据之一，必须按有关规定绘制。剖面线的密度可按零件的大小来决定，不宜太稀或太密。

齿轮油泵模型

6.6
装配示意图的画法

装配示意图是用规定符号画成的图样，常用来表达机器或部件的传动系统和零、部件的相对位置关系。这种图样简单易懂，因此在机械行业中经常使用。如新产品设计时拟订方案，测绘时记录传动关系和零、部件的相互位置，在产品说明中也常用来介绍机器的性能和原理。

6.6.1 装配示意图的符号

装配示意图中机构简图符号如表 6-1 所示（GB/T 4460—2013）。

表 6-1 机构运动简图符号

名称	基本符号	可用符号	名称	基本符号	可用符号
轴、杆			圆柱凸轮	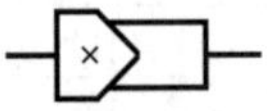	
机架是回转副的一部分	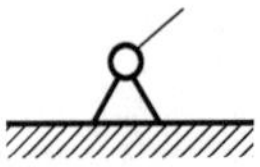		圆锥凸轮		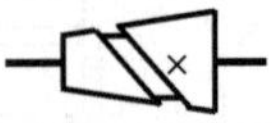
普通轴承	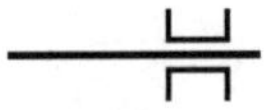		双曲面凸轮	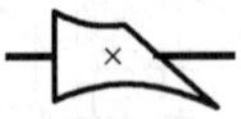	
滚动轴承	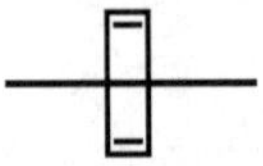	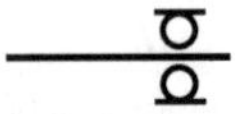	压缩弹簧	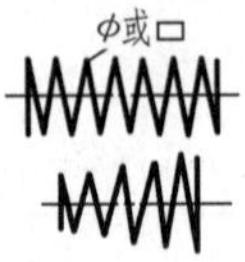	
推力滚动轴承	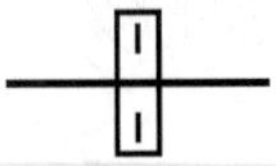	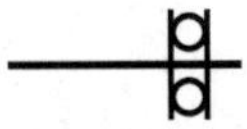	拉伸弹簧		
向心推力滚动轴承	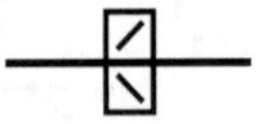	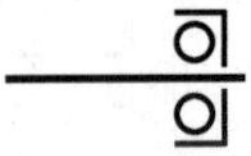	螺杆传动整体螺母	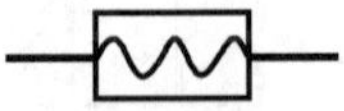	
组成部分与轴的固定连接	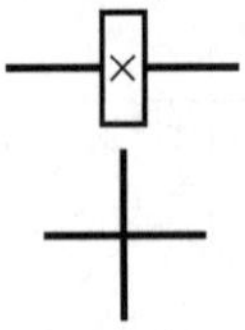	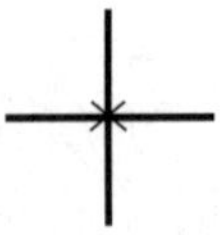	螺杆传动开合螺母	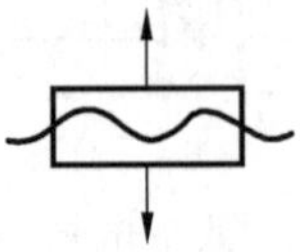	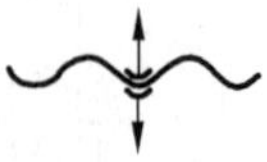
构件组成部分的可调连接			联轴器一般符号	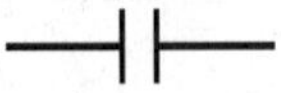	
盘形凸轮	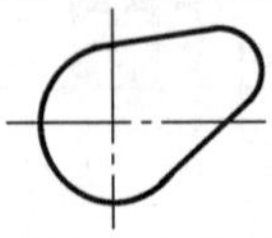		固定联轴器	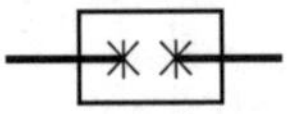	
			可移式联轴器	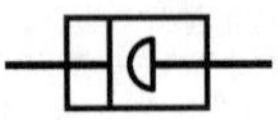	

名称	基本符号	可用符号	名称	基本符号	可用符号
弹性联轴器			圆柱齿轮传动		
啮合式单向离合器			圆锥齿轮传动		
啮合式双向离合器			蜗轮蜗杆传动		
单摩擦式向离合器			齿轮齿条传动		
摩擦式双向离合器			带传动		
圆柱齿轮			链传动		
圆锥齿轮					

6.6.2 装配示意图的绘制实例

装配示意图可参照国家标准《机械制图 机构运动简图符号》（GB/T 4460—2013）绘制。对于国家标准中没有规定符号的零件，可用简单线条勾出大致轮廓。图 6-32 所示为平口钳装配示意图，图 6-33 所示为平口钳的装配图，图 6-34 为一级圆柱齿轮减速器装配示意图，图 6-35 为一级圆柱齿轮减速器的装配图。

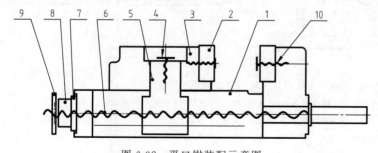

图 6-32 平口钳装配示意图
1—钳座；2—护口板；3—活动钳口；4,10—螺钉；5—方块螺母；
6—螺杆；7—垫圈；8—螺母；9—开口销

平口钳模型

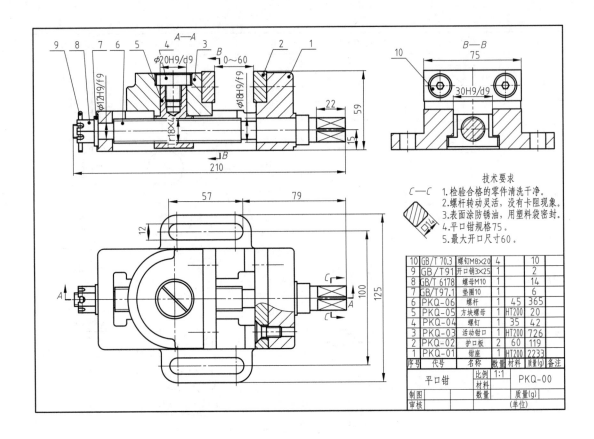

图 6-33　平口钳装配图

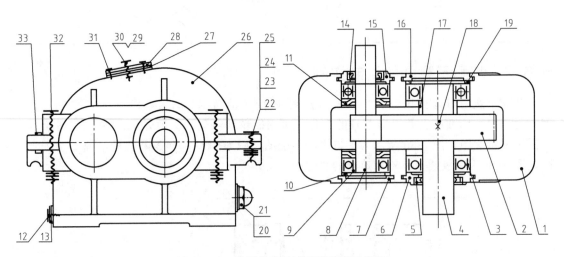

图 6-34　一级圆柱齿轮减速器装配示意图

1—齿轮箱体；2—大齿轮螺栓；3—轴承垫圈；4—输出轴；5—油封；6—输出轴透盖；7—输入轴端盖；

8—输入轴；9—轴承；10—输入轴调整环；11—挡油环；12—放油螺栓；13，24—垫圈；10，14—油封；

15—输入轴透盖；16—输出轴端盖；17—套筒；18—键；19—输出轴调整环；20—游标垫片；21—圆形游标；

22，29—螺母；23—弹性垫圈；25，32—螺栓；26—齿轮箱箱盖；27—加油孔垫片；

28—加油孔小盖；30—通气塞；31—螺钉；33—销

圆柱齿轮
减速器装型

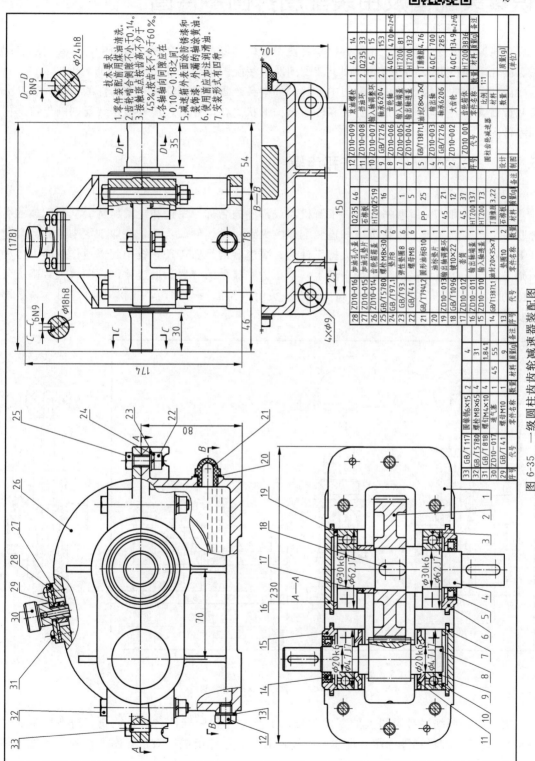

图 6-35 一级圆柱齿轮减速器装配图

6.7
识读装配图及由装配图拆画零件图

在机器的设计、制造、装配、检验、使用、维修以及技术交流等活动中，都要用到装配图。因此工程技术人员必须掌握阅读装配图及由装配图拆画零件图的方法。

读装配图的目的，是从装配图中了解部件中各个零件的装配关系和部件的工作原理，分析和读懂其中主要零件及其他有关零件的结构形状。在设计时，还要根据装配图画出该部件的零件图。

6.7.1　识读装配图的方法和步骤

（1）概括了解

从标题栏和有关说明书入手，了解机器或部件的名称、用途和绘图比例。从装配体的名称联系生产实践知识，往往可以知道装配体的大致用途。例如：阀，一般是用来控制流量起开关作用的；虎钳，一般是用来夹持工件的；减速器则是在传动系统中起减速作用的；各种泵则是在气压、液压或润滑系统中产生一定压力和流量的装置。通过比例，即可大致确定装配体的大小，如图 6-36 所示的气阀是开启或关闭气路的一个阀门，比例 1∶1，图示大小即是实物大小。

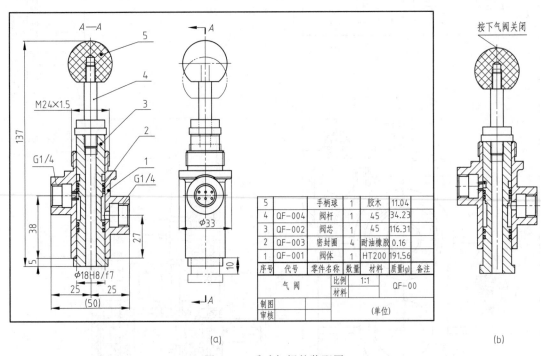

5		手柄球	1	胶木	11.04	
4	QF-004	阀杆	1	45	34.23	
3	QF-002	阀芯	1	45	116.31	
2	QF-003	密封圈	4	耐油橡胶	0.16	
1	QF-001	阀体	1	HT200	191.56	
序号	代号	零件名称	数量	材料	质量(g)	备注

(a)　　　　　　　　　　　　　　　　　　　　(b)

图 6-36　手动气阀的装配图

再从零件明细栏对照图上的零件序号，了解零件和标准件名称、数量、所在位置。从图 6-36（a）明细栏和零件序号可知，该气阀由 5 种零件组成，除密封圈 4 件外，其他零件各 1 件。

另外，对视图进行初步分析，浏览一下所有视图、尺寸和技术要求，初步了解该装配图的表达方法、各视图间的大致对应关系，以及每个视图的表达重点，以便为进一步看图打下基础。气阀的主视图采用全剖视图，主要表达内部的装配关系，左视图主要表达气阀的外形。

（2）读懂部件的工作原理和装配关系

对照视图仔细研究部件的装配关系和工作原理，是深入看图的重要环节。在概括了解装配图的基础上，从反映装配关系、工作原理明显的视图入手，找到主要装配干线，深入分析机器或部件的工作原理，以及各零件的运动情况和装配关系；再找到其他装配干线，继续分析工作原理、装配关系、零件的连接、定位以及配合的松紧程度等。

气阀的工作原理是开启或关闭气路，图 6-36（a）所示的位置是开启位置，按下球头手柄气阀是关闭状态，图 6-36（a）A—A 视图中的双点画线表示气阀的关闭位置。

气阀只有一条垂直装配线，其装配顺序如下：阀芯→密封圈→阀体→阀杆→球头手柄。阀杆与阀芯、阀杆与球头手柄之间是用螺纹连接的，气阀的装配顺序如图 6-37 所示。

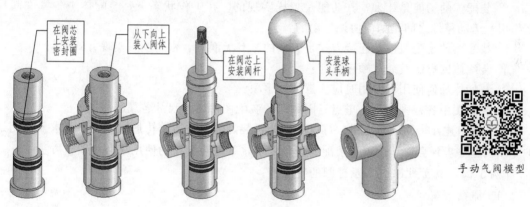

图 6-37　手动气阀的装配关系

（3）读懂零件

读懂零件是读装配图进一步深入的阶段，需要把每个零件的结构形状和各零件之间的装配关系、连接方法等，进一步分析清楚，基本步骤如下。

1）对零件进行分类

从明细栏了解部件由多少零件组成，有多少标准件，多少非标准件，以判断部件复杂程度。

按明细栏中的序号依次熟悉每种零件的名称、材料数量及备注中的说明，零件通常可分成如下几类。

① 标准件——通常在明细栏中已经注明标准件的国家标准编号、规定标记。根据规定标记可以直接采购。

② 常用件——借用其他定型产品上的非标准零件，也可以直接购买或者借用图纸资料复制，所以这类零件不必画图。

③ 一般零件——又称为非标准件，是为装配体专门设计和制造的零件，是阅读装配图的重点研究内容。

2）一般零件的识读

根据零件的编号、投影的轮廓、剖面线的方向、间隔（如同一零件在不同视图中剖面线方向与间隔必须一致）以及某些规定画法（如实心零件不剖）等，来分析零件的投影。了解各零件的结构形状和作用，也可分析其与相关零件的连接关系。一般零件的识读步骤如下。

① 对照视图，分离零件。根据零件的序号和指引线所指部位，先找到零件在该视图上的位置和外形。

② 对照投影关系，并借助同一个零件在不同的剖视图上剖面线方向、间隔应一致的原则，来区分零件的投影，找出该零件在其他视图中的位置及外形。

③ 对分离后的零件投影，采用形体分析法、线面分析法以及结构分析法，逐步看懂每个零件的结构形状和作用。对照投影关系时，可借助三角板、分规等工具，往往能大大提高看图的速度和准确性。

④ 分析与相邻零件的关系，相邻两零件的接触表面一般具有相似性。

(4) 归纳总结

在以上分析的基础上，对装配体的运动情况、工作原理、装配关系、拆装顺序等进一步研究，加深理解，一般可按以下几个主要问题进行。

① 装配体的功能是什么？其功能是怎样实现的？在工作状态下，装配体中各零件起什么作用？运动零件之间是如何协调运动的？

② 装配体的装配关系、连接方式是怎样的？有无润滑、密封及其实现方式如何？

③ 装配体的拆卸及装配顺序如何？

④ 装配体如何使用？使用时应注意什么事项？

⑤ 装配图中各视图的表达重点意图如何？装配图中所注尺寸各属哪一类？

通过对上述几个问题的探讨，可以全面分析装配体的整体结构形状、技术要求及使用维护要领，进一步领会设计意图和装配的技术要求，掌握装配体的使用场合、调整方法。

[例 6-1]　识读图 6-38 所示球阀的装配图。

(1) 概括了解

从标题栏和有关说明书入手，了解机器或部件的名称、用途和绘图比例。球阀是开启或关闭水（气）路的一个阀门，比例 1∶1，图示大小即是实物大小。

从图 6-38 明细栏和零件序号可知，装配体由 15 种零件组成，各零件数量在明细栏中列出。球阀的主视图采用全剖视图，主要表达内部各零件的装配关系，左视图采用半剖视图，主要表达球阀的内、外形状，俯视图主要表达球阀的外形和球阀开启和关闭状态（细双点画线表示）。

(2) 了解工作原理

球阀是开启或关闭水（气）路的一种常用装置，如图 6-38 所示，图中位置是球阀的开启位置。

其工作原理是：当转动扳手时，扳手带动阀杆、阀杆带动阀芯一起转动 90°，这时球阀是关闭状态，俯视图中的双点画线表示球阀的另一工作位置——关闭。

(3) 读懂部件中的各个尺寸

这个球阀的通径是 $\phi32$，是用法兰连接的，连接法兰的直径 $\phi135$，法兰是用 4 条螺栓连接的；球阀的外形尺寸：长 166、宽 135、高 184；阀杆与阀体孔的配合 $\phi18H11/c11$ 是间隙配合，阀体的孔与密封圈 $\phi40H8/k7$ 是过渡配合，如图 6-38 所示。

(4) 了解装配关系

球阀有两条相互垂直的装配线，其装配顺序如下所示。

水平轴线装配：阀体→密封圈→阀芯→密封圈→阀盖垫圈→阀盖→螺栓→螺母。

垂直轴线装配：阀杆（安装在阀芯的槽中）→密封填料→压盖→内六角螺钉→限位板→轴用弹性挡圈→扳手→开口销。

阀体与阀盖之间是用 4 条螺栓连接的，阀体与压盖之间是用 2 条内六角螺钉连接的。安装时注意，阀杆安装在阀芯的槽中后，再拧紧 4 条螺栓和压盖的 2 条内六角螺钉。装配完成后，制造与验收技术条件应符合 GB/T 15185 的规定。球阀的装配顺序如图 6-39 所示。

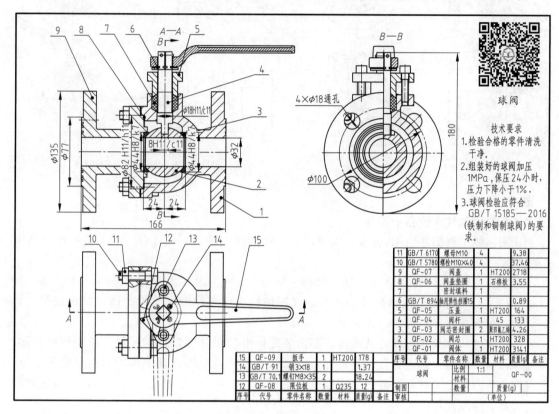

技术要求
1. 检验合格的零件清洗干净。
2. 组装好的球阀加压 1MPa，保压 24 小时时，压力下降小于 1%。
3. 球阀检验应符合 GB/T 15185—2016（铁制和铜制球阀）的要求。

11	GB/T 6170	螺母M10	4		9.38	
10	GB/T 5780	螺栓M10×40	4		37.46	
9	QF-07	阀盖	1	HT200	2718	
8	QF-06	阀盖垫圈	1	石棉板	3.55	
7		密封填料	1			
6	GB/T 894	轴用弹性挡圈15	1		0.89	
5	QF-05	压盖	1	HT200	164	
4	QF-04	阀杆	1	45	133	
3	QF-03	阀芯密封圈	2	聚四氟乙烯	4.26	
2	QF-02	阀芯	1	HT200	328	
1	QF-01	阀体	1	HT200	3141	
序号	代号	零件名称	数量	材料	质量(g)	备注

15	QF-09	扳手	1	HT200	178	
14	GB/T 91	销3×18	1		1.37	
13	GB/T 70.1	螺钉M8×35	2		18.24	
12	QF-08	限位板	1	Q235	12	
序号	代号	零件名称	数量	材料	质量(g)	备注

球阀

	比例 1:1	QF-00
制图	材料	
审核	数量	质量(g)
		(单位)

图 6-38　球阀装配图

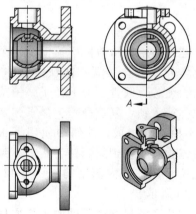

（a）安装阀体、密封圈和阀芯

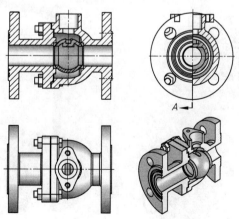

（b）安装密封圈、阀盖垫圈、阀盖和4条螺栓、螺母

图 6-39

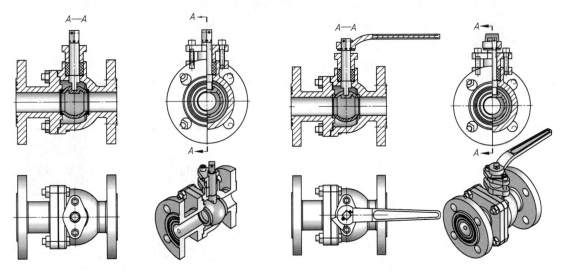

(c) 安装阀杆、填料、压盖和2条螺钉   (d) 安装限位板、轴用弹性挡圈、扳手和开口销

图 6-39 球阀装配顺序

(5) 读懂部件中的各个零件

从明细栏了解部件由 15 种零件组成，其中标准件 5 种，一般零件 9 种，是一个中等复杂的装配体。

标准件有螺栓（M10×40）4 条、螺母（M10）4 件、内六角螺钉（M8×35）2 条、开口销（3×18）1 条和轴用弹性挡圈 1 个，在明细栏中已经注明标准件的国家标准编号、规定标记。根据规定标记可以直接采购。

一般零件又称为非标准件共 9 种，是为装配体专门设计和制造的零件。从明细栏可知，阀体、阀盖、压盖、阀芯和扳手是铸件，需要做木模铸造成形，其中阀体和阀盖较为复杂；密封圈是聚四氟乙烯材料，需压注成型或车削成形；阀杆是 45 钢，车削成形，阀盖密封圈是青稞纸，冲压成形。

另一种零件是密封填料，可用石棉绳或其他材料密封，各零件的形状如图 6-40 所示。

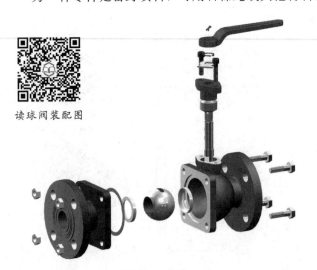

读球阀装配图

图 6-40 球阀

[例 6-2] 识读图 6-41 所示装配图。

(1) 概括了解

挂锁的用途和结构 挂锁是每个家庭常用的安全装置；挂锁由锁体、锁梁、锁芯、锁舌、上下弹子、锁梁复位弹簧、锁舌复位弹簧、弹子弹簧等 14 种零件组成。挂锁中使用了很多压缩弹簧，使锁梁、锁舌、上下弹子复位，挂锁的内部结构如图 6-42、图 6-43 所示。

(2) 了解机器或部件的工作原理和传动关系

对机器或部件有了概括了解之后，

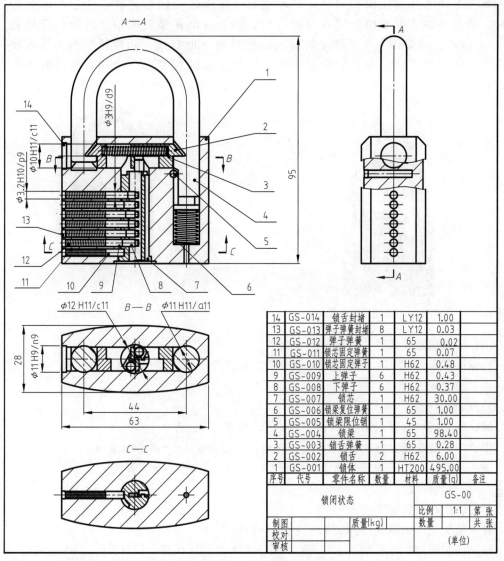

14	GS-014	锁舌封堵	1	LY12	1.00	
13	GS-013	弹子弹簧封堵	8	LY12	0.03	
12	GS-012	弹子弹簧	1	65	0.02	
11	GS-011	锁芯固定弹簧	1	65	0.07	
10	GS-010	锁芯固定弹子	1	H62	0.48	
9	GS-009	上弹子	6	H62	0.43	
8	GS-008	下弹子	6	H62	0.37	
7	GS-007	锁芯	1	H62	30.00	
6	GS-006	锁梁复位弹簧	1	65	1.00	
5	GS-005	锁梁限位销	1	45	1.00	
4	GS-004	锁梁	1	65	98.40	
3	GS-003	锁舌弹簧	1	65	0.28	
2	GS-002	锁舌	2	H62	6.00	
1	GS-001	锁体	1	HT200	495.00	
序号	代号	零件名称	数量	材料	质量(g)	备注

锁闭状态			GS-00		
			比例	1:1	第 张
制图		质量(kg)	数量		共 张
校对					
审核			(单位)		

图 6-41 挂锁装配图

还应了解机器或部件的工作原理。

当挂锁按下锁梁，锁舌在弹簧的作用下，将锁舌插入锁梁的缺口处，挂锁锁闭，锁体中的上下弹子高低不齐，弹子阻止锁芯转动，不能打开挂锁，如图 6-43 所示。当配套的钥匙插入挂锁，钥匙上有许多高低不同的凹槽，每个凹槽对应一组弹子；一组弹子由上、下弹子和一根弹子弹簧组成。在弹子弹簧的作用下，每组弹子的下弹子与钥匙的凹槽接触。当钥匙的凹槽和下弹

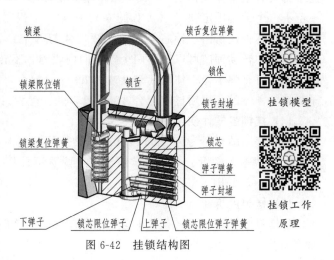

图 6-42 挂锁结构图

挂锁模型

挂锁工作
原理

子的高度与锁芯外圆柱面相切时，转动钥匙，钥匙带动锁芯旋转，锁芯上部有两个小圆柱，两个小圆柱带动两个锁舌向内收缩，锁舌退出锁梁的凹槽，就能打开挂锁，如图 6-44 所示。改变任一个下弹子的高度就会组成一把新锁，同样高度的弹子改变其安装位置也能产生新锁，弹子的组数越多，打开挂锁的难度也会增加，挂锁的安全性越高，锁的体积也会相应增大。提高挂锁的安全性还能采取什么方法，读者可自己考虑。

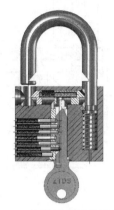

图 6-43　挂锁锁闭结构图　　　　　　　　图 6-44　挂锁插入钥匙结构图

（3）了解机器或部件中零件间的装配关系

挂锁有多条装配线，水平的装配线有锁舌和各弹子装配线；垂直装配线有锁芯和锁梁装配线，其装配顺序如下。

1）水平装配线

锁舌装配线：锁舌封堵 14→锁舌 2→锁舌弹簧 3→锁舌 2。

限位弹子装配线：弹子弹簧封堵 13→锁芯固定弹簧 11→锁芯固定弹子 10。

弹子装配线：弹子弹簧封堵 13→弹子弹簧 12→上弹子 9→下弹子 8。

2）垂直装配线

锁芯装配线：锁芯 7。

锁梁装配线：锁梁复位弹簧 6→锁梁 4→锁梁限位销 5。

锁闭的装配图如图 6-41 所示，锁梁 4 与锁体 1 的孔采用 $\phi 11 H11/a11$ 间隙配合，锁梁的下部装有锁梁复位弹簧 6，锁梁限位销 5 使锁梁在打开的状态下，不会掉出来；锁芯 7 的下部有一个锁芯固定弹子 10，如图 6-41 中 $C—C$ 视图所示，使锁芯可以转动一个角度，不能沿着锁芯轴线滑出；锁芯上部的小圆柱体与两个锁舌 2 的凹槽接触，如图 6-41 中 $B—B$ 视图所示，转动锁芯可以带动两个锁舌向内收缩，不转动时，使锁芯在锁舌弹簧的作用下自动复位。所有弹子与锁体的孔是 $\phi 3 H9/d9$ 间隙配合，在弹子弹簧的作用下，向下压紧。弹子封堵与锁体的孔采用过盈配合 $\phi 3.2 H10/p9$。锁舌封堵与孔采用过盈配合 $\phi 11 H10/n9$。

（4）挂锁各零件使用的材料

锁体使用的材料为铸铁 HT200；锁梁使用的材料为 65 钢，淬火＋回火，硬度为 48～52HRC；锁芯、锁舌、弹子为黄铜 H62；弹簧可使用 70 碳素弹簧钢丝，淬火＋中温回火，硬度为 45～50HRC。

（5）挂锁的拆卸

挂锁弹子弹簧封堵与孔的配合是过盈配合，拆卸时，只能用破坏的方式拆除，取出弹子弹簧和上、下弹子，拆卸过程如下。

① 拆卸各弹子弹簧封堵 13→弹子弹簧 12→上弹子 9→下弹子 8。

② 拆卸弹子弹簧封堵 13→锁芯固定弹簧 11→锁芯固定弹子 10，这样就可以取出锁芯。

③ 取出弹子弹簧封堵 13→锁梁限位销 5→锁梁弹簧 6→锁梁 4。

④ 拆卸锁舌封堵 14→锁舌 2→锁舌弹簧 3→锁舌 2，拆卸完毕。

(6) 挂锁钥匙的制作

将锁芯取出，把不同长度的下弹子依次放入锁芯的弹子孔中，将一把钥匙毛坯插入锁芯，各个弹子会突出锁芯圆柱表面，如图 6-45 所示；将钥匙对应的下弹子位置用锉刀锉一个凹槽，使下弹子的上表面与锁芯圆柱体的外轮廓相切，如图 6-46 所示；依次对应的各槽下弹子都按上述操作，这样一把钥匙就制作完成了，如图 6-47 所示。按照拆卸的反顺序装入，一把挂锁的钥匙就制作完成了，如图 6-48 所示，你学会了吗？

(a) 将一个钥匙毛坯插入锁芯，弹子高低不齐　　(b) 去掉锁芯，钥匙没开槽时弹子状态

图 6-45　钥匙毛坯插入锁芯

(a) 在钥匙毛坯上开一个槽　　(b) 去掉锁芯，钥匙开一个槽时弹子状态

图 6-46　开第一个槽

(a) 将所有与锁芯外圆不相切的弹子下面的钥匙　　(b) 去掉锁芯，钥匙开完槽时弹子一字平齐
毛坯上开槽，使弹子的上面与锁芯外圆相切

图 6-47　配好钥匙

将配好的钥匙插入挂锁中，即可打开挂锁。插入钥匙打开挂锁的装配图，如图 6-49 所示。

6.7.2　由装配图拆画零件图

由装配图拆画零件图，是机器或部件设计过程中的一个重要环节，应在读懂装配图的基础上进行。

(1) 拆画零件图的要求

① 画图前，应认真阅读装配图，全面了解设计意图和装配体的工作原理、装配关系、技术要求及每个零件的结构形状。

② 画图时，不但要从设计方面考虑零件的作用和要求，而且还要从工艺方面考虑零件

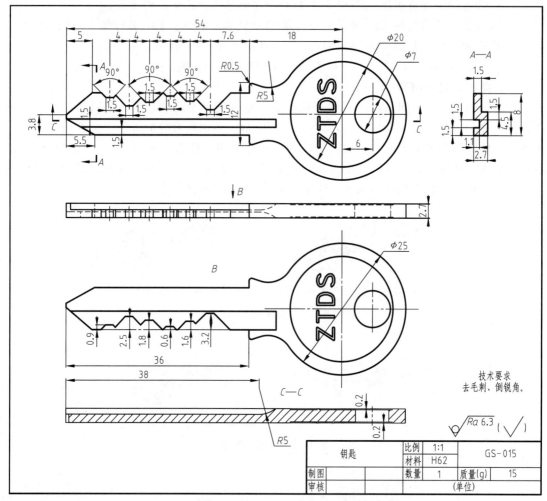

图 6-48　钥匙

的制造和装配，应使所画的零件图符合设计与工艺两方面的要求。

（2）拆画零件图的步骤

① 分析零件，确定拆画零件的结构形状。在读懂装配图的基础上，将零件从装配图中分离出来，分离零件时，应利用投影关系、剖面符号和间隔、零件编号及装配图的规定画法和特殊表达方法，同时注意标准件和常用件的规定画法。有可能的话，先徒手画出从装配图中分离出来的拆画零件的各个图形，由于在装配图中一个零件的可见轮廓线可能要被另一个零件的轮廓线遮挡，所以，分离出来的零件图形往往是不完整的，必须补全。

由于装配图不侧重表达零件的全部结构形状，因此某些零件的个别结构在装配图中可能表达不清楚或未给出形状，对于这种情况，一般可根据与其接触的零件的结构形状及设计和工艺要求加以确定；而对于装配图中省略不画的标准结构，如倒角、圆角、退刀槽等，在拆画零件图时则必须画出，使零件的结构符合工艺要求。

② 确定拆画零件的视图表达方案。零件图和装配图所表达的对象和重点不同，因此在拆画零件图时，每个拆画零件的主视图选择和视图数量的确定，应根据零件本身的结构形状特点来重新考虑。

③ 确定拆画零件的尺寸。根据零件图上尺寸标注的原则，标注出拆画零件的全部尺寸。

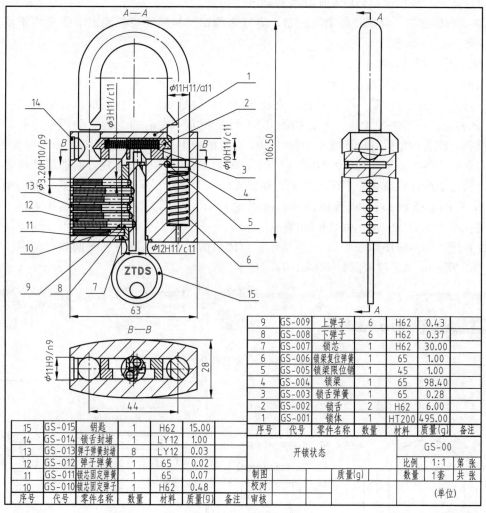

9	GS-009	上弹子	6	H62	0.43	
8	GS-008	下弹子	6	H62	0.37	
7	GS-007	锁芯	1	H62	30.00	
6	GS-006	锁梁复位弹簧	1	65	1.00	
5	GS-005	锁梁限位销	1	45	1.00	
4	GS-004	锁梁	1	65	98.40	
3	GS-003	锁舌弹簧	1	65	0.28	
2	GS-002	锁舌	2	H62	6.00	
1	GS-001	锁体	1	HT200	495.00	
序号	代号	零件名称	数量	材料	质量(g)	备注

15	GS-015	钥匙	1	H62	15.00	
14	GS-014	锁舌封堵	1	LY12	1.00	
13	GS-013	弹子弹簧封堵	8	LY12	0.03	
12	GS-012	弹子弹簧	1	65	0.02	
11	GS-011	锁芯固定弹簧	1	65	0.07	
10	GS-010	锁芯固定弹子	1	H62	0.48	
序号	代号	零件名称	数量	材料	质量(g)	备注

开锁状态　　GS-00　比例 1:1　第 张　数量 1套 共 张

制图　质量(g)　校对　审核　(单位)

图 6-49　插钥匙开锁

拆画零件的尺寸来源，主要有四个方面：一是装配图中所注出的尺寸直接抄注；二是标准的结构，如倒角、圆角、退刀槽、螺纹、销孔、键槽等，它们的尺寸应该通过查阅有关的手册来确定；三是根据装配图所给定的有关尺寸和参数，由标准公式进行计算得出，如齿轮的分度圆直径，可根据给定的模数、齿数或中心距、齿数，根据公式进行计算所得；四是除上述三类尺寸外的其他尺寸，一般按装配图的绘图比例，在装配图上直接量取计算，再按标准圆整后注出。

标注尺寸需要注意的是对有装配关系的两零件，它们的公称尺寸或有关的定位尺寸要相同，避免发生矛盾，从而造成生产损失。

④ 确定拆画零件的技术要求。零件图上的技术要求将直接影响零件的加工质量和使用性能，应根据设计要求和零件的功用进行注写。但此项工作涉及相关的专业知识，如加工、检验和装配等，初学者可通过抄、类比、设计确定的方法注写。

抄：根据装配图标注的配合尺寸和技术要求，在零件图中抄注。

类比：将零件与其他类似零件进行比较，取其类似的技术要求，如表面粗糙度，几何公差等。

设计确定：根据理论分析及设计经验确定。

⑤ 填写标题栏。标题栏应填写完整，零件名称、材料等要与装配图中明细栏所填写的内容一致。

[例6-3] 拆画挂锁中的锁舌。

从图 6-41 中挂锁装配图明细栏可知零件 2 为锁舌，共有两件。安装在 ϕ10H11/d11 的孔中，其主体形状应该是一个圆柱体，直径为 ϕ10，如图 6-50（a）所示；前端做了一个大于 45°的斜面，下部去掉大约一半，如图 6-50（b）所示；左右两个锁舌公用一个孔，而且相互重叠，锁舌的中后部应该是半个圆柱体，锁舌的中上部有一个用于安装锁舌弹簧的孔，左右两个锁舌各占一半，如图 6-50（c）所示；锁芯上部有一个小圆柱，能够带动锁舌水平移动，锁舌中后部应该切除下面的一半，如图 6-50（d）、（e）所示。锁梁两孔之间的距离为 44mm，孔的直径为 ϕ11，锁舌伸出的长度暂定为 4mm，后端超过锁芯孔的中心线 2mm，锁舌的长度大约为 22mm，如图 6-50 所示。

锁舌所在的主视图如图 6-51（a）所示；分离后的锁舌主视图及补画漏线后的视图如图 6-51（b）所示；锁舌零件图如图 6-51（c）所示。

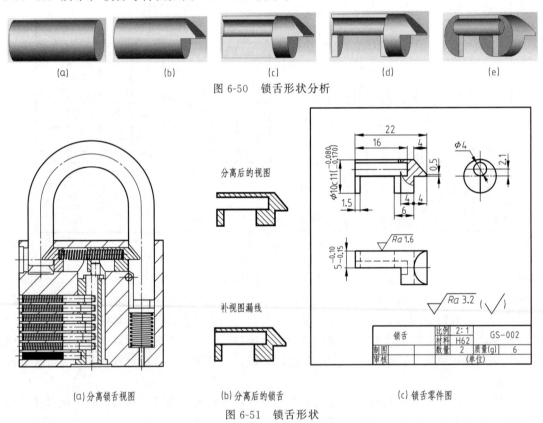

图 6-50 锁舌形状分析

图 6-51 锁舌形状

[例6-4] 拆画挂锁中的锁体。

从图 6-41 中挂锁装配图明细栏可知零件 1 为锁体，共有 1 件，采用的材料是铸铁，挂锁上的所有零件都安装在锁体中。通过看装配图，想象锁体的形状，其主体形状应该是一个长方体，如图 6-52（a）所示；两边带一定的圆弧，如图 6-52（b）所示；上面开了两个 ϕ11 的孔，两孔的中心距为 44mm，左边的孔浅一些，右边的孔深一些，这些孔是安装锁梁的，如图 6-52（c）所示；上端面的前后两边做了一个 45°的斜面，向下 8mm 开了一个 ϕ10 的孔，安装锁舌，左右两个锁舌公用一个孔，如图 6-52（d）所示；锁体的下面中开了一个 $\phi12$ 的孔，与水平的 $\phi10$ 孔相通，用于安装锁芯，如图 6-52（e）所示；锁体左端面开有 7 个 $\phi3$ 的小圆孔，与中间的 $\phi12$ 的孔相通，如图 6-52（f）所示。这些是读装配图获得的已知信息。

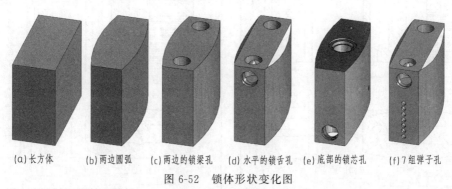

(a)长方体　　(b)两边圆弧　　(c)两边的锁梁孔　　(d)水平的锁舌孔　　(e)底部的锁芯孔　　(f)7组弹子孔

图 6-52　锁体形状变化图

① 分离视图。图 6-53（a）是一个挂锁装配图的简化图，在读懂装配图中锁体形状的基础上，将锁体从装配图中分离出来，由于锁体是装配图最大的零件，只需将装入锁体的其他零件除去，分离零件后的图样，如图 6-53（b）所示。由于在装配图中锁体的可见轮廓线可能要被其他零件的轮廓线遮挡，所以，分离出来的零件图形往往是不完整的，必须补全。这些线段有立体相交的交线——相贯线，也有平面与立体的交线——截交线，如图 6-54（a）中的加粗的线段，这些线段可以通过求点的方式绘出；除以上两种线段外，还有回转体的转向轮廓线、平面的积聚性投影、棱边线等，如图 6-54（b）中的加粗的线段，这些线段比较简单可以直接补绘。

锁体主视图的表达采用与装配图主视图方向一致，为了表达锁体中各孔的大小和位置，主视图采用全剖视图；俯视图采用 $B—B$ 剖视图，表达 $\phi10$ 孔与垂直各孔的位置；左视图表达零件的外形和孔的深度；放大图表达 $\phi3$H11 的大小和位置，如图 6-54（b）所示。

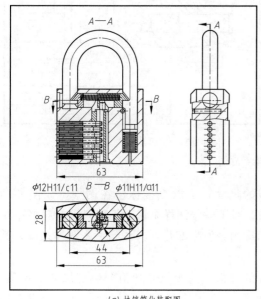

(a)挂锁简化装配图

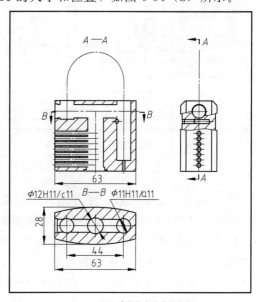

(b)去除锁体中的其他零件

图 6-53　拆画锁体

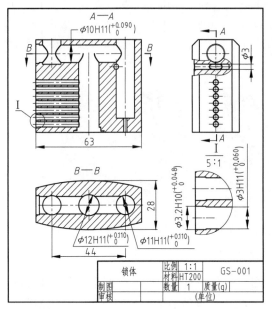

(a) 补全锁体中被遮挡的相贯线

(b) 补全锁体中被遮挡的其他线段

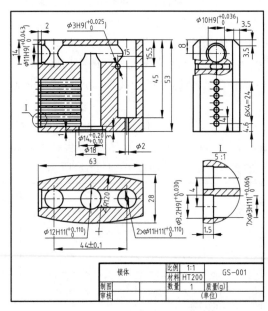

(c) 标注尺寸

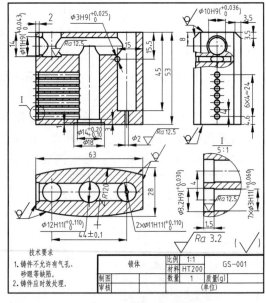

(d) 注写技术要求

图 6-54　锁体零件图

　　② 标注尺寸。装配图中给定的有五种类型的尺寸，可以直接标注在图中，如图 6-54（a）所示。其余尺寸可以通过图样比例换算出来；对于一张图样来说，不能只看标题栏中填写的比例，因为图样在打印或复制过程中，实际比例会发生变化，具体到一张图样来说，其真实比例可以通过下列方法计算出来。

　　选出一个标定尺寸的线段，测量其长度尺寸的数值，这个尺寸数值与标定尺寸的比值，即是该图样的实际比例（可以多测量几个尺寸计算）。有了比例，我们就可以计算出没有标出尺寸线段的实际尺寸大小，来确定实际尺寸。测量图中线段长度后，根据比例可以计算出该结构的尺寸。计算出来的尺寸不一定是整数，尺寸需要圆整，尺寸圆整的一般原则是：圆整为整数。将实测尺寸圆整为整数或带一、两位小数时，尾数删除应采用四舍六入五单双法。即尾数删除时，逢四以下舍，逢六以上进，遇五则以保证偶数的原则决定进舍。

例如：19.6 应圆整成 20（逢六以上进），25.3 应圆整成 25（逢四以下舍），67.5 和 68.5 都应圆整成 68（遇五则保证圆整后的尺寸为偶数）。

通过以上方法，可以标注出锁体的尺寸，如图 6-54（c）所示。

③ 注写技术要求。标注表面粗糙度要求，锁体材料是铸铁，外形采用精密铸造，可以不加工，中间各孔，用于安装锁梁、锁芯、锁舌和弹子，有配合要求，表面粗糙度为 $Ra3.2$，其余加工面为 $Ra12.5$。各孔采用的基孔制间隙配合，按照装配图中的标注，孔为 H10—H11，由于锁体精度不高，机床的加工精度可以保证挂锁的装配，几何公差可以省略。这样一张锁体零件图就完成了，如图 6-54（d）所示。

通过阅读图 6-41 中挂锁装配图，可知挂锁的结构和组成，挂锁的爆炸图如图 6-55 所示；挂锁所有零件的零件图如图 6-56 所示。

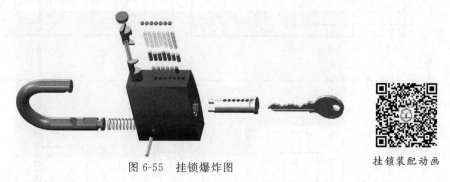

图 6-55　挂锁爆炸图

挂锁装配动画

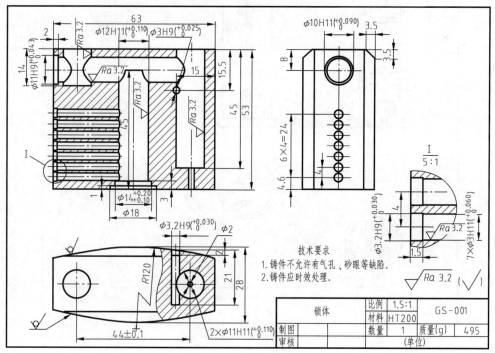

（a）锁体

图 6-56

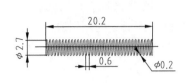

技术要求
1. 端部形式：YI形，两端圈并紧， 6. 总圈数： $n_1=35$。
  每段磨3/4圈，每端并紧1圈。 7. 展开长度： $L=297.58$。
2. 弹簧丝直径： $d=0.2$。 8. 旋向： 右。
3. 弹簧中径： $D=2.7$。 9. 热处理后硬度：45～50HRC。
4. 节距： $p=0.6$。 10. 表面镀锌。
5. 有效圈数： $n=33$。

锁芯固定弹簧	比例	3:1	GS-011
	材料	65	
制图	数量	1	质量(g)
审核	(单位)		

(b) 锁芯固定弹簧

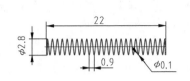

技术要求
1. 端部形式：YI形，两端圈并紧， 6. 总圈数： $n_1=26$。
  每段磨3/4圈，每端并紧2圈。 7. 展开长度： $L=247.4$。
2. 弹簧丝直径： $d=0.1$。 8. 旋向： 右。
3. 弹簧中径： $D=2.8$。 9. 热处理后硬度：45～50HRC。
4. 节距： $p=0.90$。 10. 表面镀锌。
5. 有效圈数： $n=24$。

弹子弹簧	比例	3:1	GS-012
	材料	65	
制图	数量	6	质量(g)
审核	(单位)		

(c) 弹子弹簧

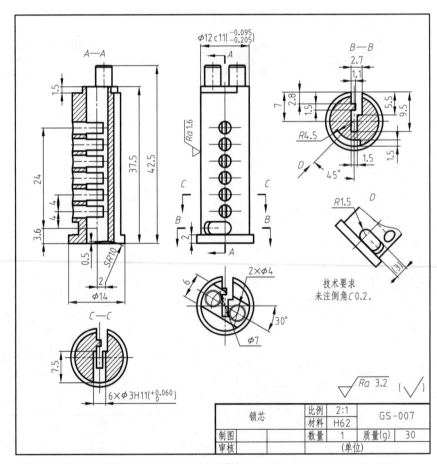

技术要求
未注倒角C0.2。

锁芯	比例	2:1	GS-007
	材料	H62	
制图	数量	1	质量(g)	30
审核	(单位)		

(d) 锁芯

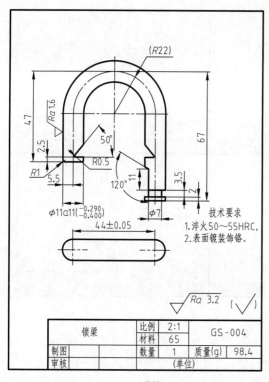

锁梁	比例	2:1	GS-004
	材料	65	
制图		数量	1	质量(g)	98.4
审核			(单位)		

(e) 锁梁

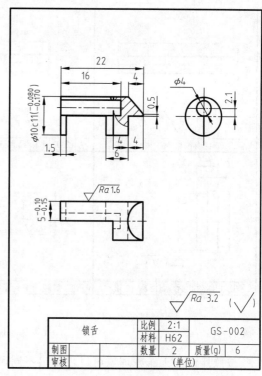

锁舌	比例	2:1	GS-002
	材料	H62	
制图		数量	2	质量(g)	6
审核			(单位)		

(f) 锁舌

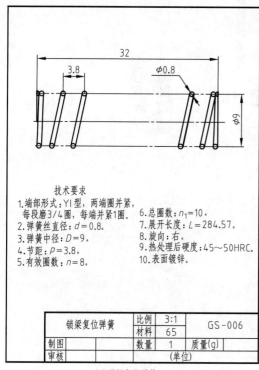

技术要求

1. 端部形式：YI 型，两端圈并紧，
   每段磨3/4圈，每端并紧1圈。
2. 弹簧丝直径：$d=0.8$。
3. 弹簧中径：$D=9$。
4. 节距：$P=3.8$。
5. 有效圈数：$n=8$。

6. 总圈数：$n_1=10$。
7. 展开长度：$L=284.57$。
8. 旋向：右。
9. 热处理后硬度：45～50HRC。
10. 表面镀锌。

锁梁复位弹簧	比例	3:1	GS-006
	材料	65	
制图		数量	1	质量(g)	
审核			(单位)		

(g) 锁梁复位弹簧

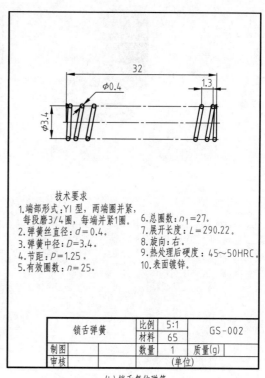

技术要求

1. 端部形式：YI 型，两端圈并紧，
   每段磨3/4圈，每端并紧1圈。
2. 弹簧丝直径：$d=0.4$。
3. 弹簧中径：$D=3.4$。
4. 节距：$P=1.25$。
5. 有效圈数：$n=25$。

6. 总圈数：$n_1=27$。
7. 展开长度：$L=290.22$。
8. 旋向：右。
9. 热处理后硬度：45～50HRC。
10. 表面镀锌。

锁舌弹簧	比例	5:1	GS-002
	材料	65	
制图		数量	1	质量(g)	
审核			(单位)		

(h) 锁舌复位弹簧

图 6-56

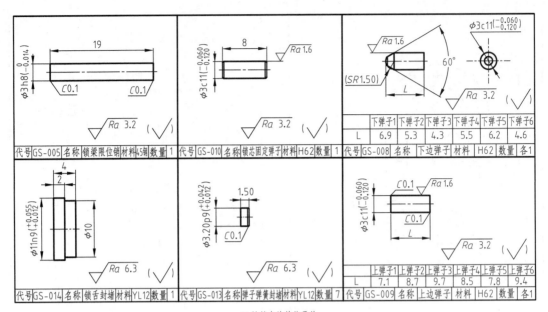

代号	GS-005	名称	锁梁限位销	材料	45钢	数量	1

代号	GS-010	名称	锁芯固定弹子	材料	H62	数量	1

	下弹子1	下弹子2	下弹子3	下弹子4	下弹子5	下弹子6
L	6.9	5.3	4.3	5.5	6.2	4.6

代号	GS-008	名称	下边弹子	材料	H62	数量	各1

代号	GS-014	名称	锁舌封堵	材料	YL12	数量	1

代号	GS-013	名称	弹子弹簧封堵	材料	YL12	数量	7

	上弹子1	上弹子2	上弹子3	上弹子4	上弹子5	上弹子6
L	7.1	8.7	9.7	8.5	7.8	9.4

代号	GS-009	名称	上边弹子	材料	H62	数量	各1

(i) 挂锁中的其他零件

图 6-56　挂锁的零件图

按照挂锁的工作原理，可以设计出不同用途的锁具，如图 6-57 所示。

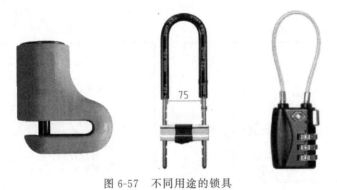

图 6-57　不同用途的锁具

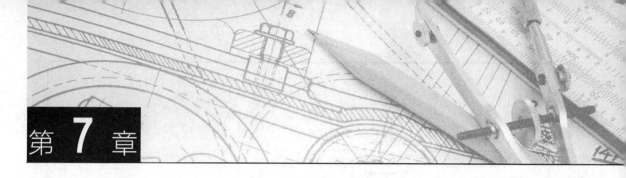

第 7 章

识读装配图和零件图实训

学习了前面 6 章内容后，本章通过识读所给螺旋千斤顶、球阀、齿轮液压泵装配图及相关零件图并回答问题，来检验一下学习结果。

7.1
实训说明

1. 实训题目包括单选题和多选题（多选题全部答对才得分），请看清楚后再答题。

2. 读图类型包括读装配图与读零件图。其中读装配图时可以查看对应的零件图，读零件图时可以查看对应的装配图。

3. 题中所讲的前后、左右、上下等方位，以及长度方向（X）、宽度方向（Y）、高度方向（Z），按照《机械制图》课程中三视图的有关规定（有特别规定的除外）；而肋、键槽、退刀槽、越程槽、凸台、孔等常见结构的长度、宽度、高度、深度、厚度等按照习惯，与上述规定无关。

7.2
识读螺旋千斤顶实训测验题

（一）识读图 7-1 所示螺旋千斤顶装配图，并结合所给的零件图，回答问题。

1. 螺旋千斤顶的支撑高度的范围是（　　）。

A. 230～330　　　　　　B. 0～300　　　　C. 不大于 100　　　　D. 不小于 100

2. 螺钉 8 的作用是（　　）。

A. 固定并连接螺套和底座　　　　　　　　B. 固定螺套和底座位置

C. 固定螺套位置　　　　　　　　　　　　D. 固定底座位置

3. 螺旋杆下端采用梯形螺纹的原因是（　　）。

A. 梯形螺纹可以传递较大的运动和动力　　B. 梯形螺纹转动平稳

C. 梯形螺纹齿形厚　　　　　　　　　　　D. 梯形螺纹加工方便

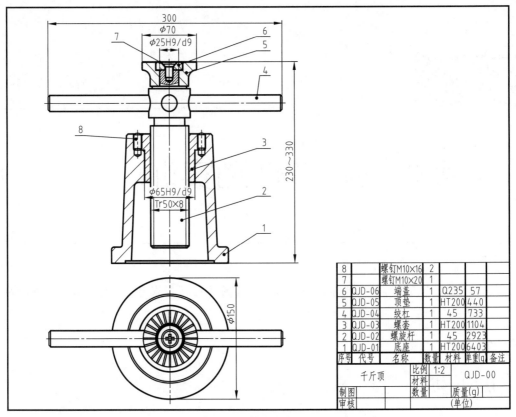

8		螺钉M10×16	2			
7		螺钉M10×20	1			
6	QJD-06	端盖	1	Q235	57	
5	QJD-05	顶垫	1	HT200	440	
4	QJD-04	绞杠	1	45	733	
3	QJD-03	螺套	1	HT200	1104	
2	QJD-02	螺旋杆	1	45	2923	
1	QJD-01	底座	1	HT200	6403	
序号	代号	名称	数量	材料	单重q	备注

千斤顶		比例	1:2	QJD-00
		材料		
制图		数量		质量(g)
审核				(单位)

图 7-1　螺旋千斤顶

4. 螺旋千斤顶中有（　　　）个标准件？

A. 3　　　　　　　　　　B. 2　　　　　　　　　　C. 8　　　　　　　　　　D. 6

5. 主视图采用的表达方法为（　　　）。

A. 在全剖视中再作局部剖　　　　　　　B. 全剖

C. 局部剖　　　　　　　　　　　　　　D. 规定画法

6. 底座和螺套之间的连接方式是（　　　）。

A. 紧定螺钉连接　　　　　　　　　　　B. 螺纹连接

C. 过盈配合　　　　　　　　　　　　　D. 铆接

7. $\phi 65 \dfrac{H9}{d9}$ 的含义是（　　　）。

A. 基孔制、间隙配合　　　　　　　　　B. 基孔制、过渡配合

C. 基轴制、间隙配合　　　　　　　　　D. 基轴制、过渡配合

8. $\phi 65 \dfrac{H9}{d9}$ 的公差带图为下面的图（　　　）。

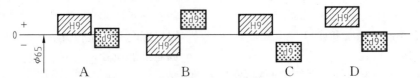

9. 顶垫和螺旋杆之间采用 H9/d9 配合形式的原因是（　　　）。

A. 可以满足顶垫的自由转动　　　　　　B. 便于顶垫加工

C. 便于螺旋杆加工 D. 便于配合

10. 该螺旋千斤顶的拆卸顺序为（　　　）。

A. 螺钉 7、端盖、顶垫、螺旋杆、绞杠、螺钉 8、螺套

B. 螺钉 7、端盖、顶垫、绞杠、螺旋杆、螺钉 8、螺套

C. 螺钉 8、螺套、螺旋杆、螺钉 7、端盖、顶垫、绞杠

D. 绞杠、螺钉 7、端盖、顶垫、螺旋杆、螺钉 8、螺套

11. 不用螺套，（　　）直接在底座上加工螺纹。加螺套的目的是（　　）。

A. 可以，便于加工 B. 可以，减轻底座重量

C. 不可以，便于加工 D. 不可以，无法加工

（二）识读图 7-2 所示螺旋杆的零件图，并结合螺旋千斤顶装配图，回答下列问题。

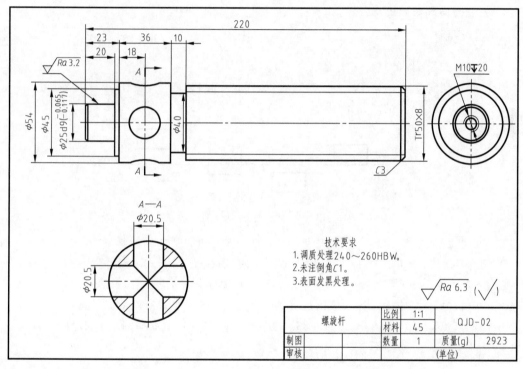

图 7-2　螺旋杆

1. 螺旋杆右端的螺纹为（　　　）。

A. 梯形螺纹 B. 锯齿形螺纹 C. 普通螺纹 D. 管螺纹

2. $\phi40$、长 10mm 这部分结构为（　　　）。

A. 退刀槽 B. 砂轮越程槽 C. 形成轴肩 D. 倒角

3. A—A 断面图中中间相交的两段粗实线表达的是（　　　）。

A. 空间两椭圆投影 B. 两相交直线投影

C. 两相交圆的投影 D. 4 个圆锥面投影

4. 螺旋杆采用的表达方法有（　　　）。（多选）

A. 基本视图 B. 全剖视图 C. 移出断面图 D. 向视图

E. 局部放大图

5. 螺旋杆长度方向（轴向）的主要尺寸基准为（　　　）。

A. 左端面 B. 右端面 C. $\phi54$ 左端面 D. $\phi54$ 右端面

6. M10▽20 表示（　　）。

A. 公称直径为 10mm 的普通粗牙螺孔，深度为 20mm

B. 公称直径为 10mm 的普通细牙螺孔，深度为 20mm

C. 螺距为 1mm 的螺孔，螺纹孔深 10mm，钻深 15mm

D. 螺距为 1.25mm 的螺孔

7. Tr50×8 表示（　　）。

A. 梯形螺纹，公称直径为 50mm，螺距为 8mm

B. 锯齿形螺纹，公称直径为 50mm，螺距为 8mm

C. 普通形螺纹，公称直径为 50mm，螺距为 8mm

D. 传动螺纹，公称直径为 50mm，螺距为 8mm

8. 右端螺纹的粗糙度是（　　）。

A. $\sqrt{Ra\,6.3}$　　　　B. $\sqrt{Ra\,3.2}$　　　　C. $\sqrt{}$　　　　D. $\sqrt{}$

9. 尺寸 $\phi 25^{-0.065}_{-0.117}$ 的尺寸公差是（　　）。

A. ＋0.052　　　　B. ＋0.065　　　　C. ＋0.117　　　　D. －0.065

10. 尺寸 $\phi 25^{-0.065}_{-0.117}$ 的公差带图为（　　）。

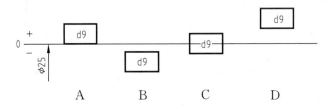

A　　　　　B　　　　　C　　　　　D

11. 尺寸 $\phi 25^{-0.065}_{-0.117}$ 中，"$\phi 25$" 称为（　　），该尺寸的基本偏差是（　　）。

A. 公称尺寸，－0.065　　　　　　　B. 基本尺寸，－0.065

C. 公称尺寸，－0.117　　　　　　　D. 基本尺寸，－0.117

12. 尺寸 $\phi 25^{-0.065}_{-0.117}$ 中，最大极限尺寸为（　　），该尺寸的公差带代号是（　　）。

A. $\phi 24.935$，d9　　B. $\phi 24.883$，d9　　C. $\phi 24.935$，D9；　　D. $\phi 24.883$，D9

13. 表面粗糙度 $\sqrt{Ra\,6.3}$（$\sqrt{}$）是指（　　）。

A. 零件表面除图上所注粗糙度值之外，其余表面是用去除材料方法获得的，表面粗糙度算术平均偏差为 $6.3\mu m$

B. 零件表面除图上所注粗糙度值之外，其余表面是用不去除材料方法获得的，表面粗糙度算术平均偏差为 $6.3\mu m$

C. 零件表面是用去除材料方法获得的，表面粗糙度为 6.3mm

D. 零件表面是不用去除材料方法获得的，表面粗糙度算术平均偏差为 6.3mm

14. 调质处理指的是（　　）。

A. 淬火后高温回火　　　　　　　　B. 淬火后低温回火

C. 淬火后中温回火　　　　　　　　D. 自然冷却后高温回火

（三）识读图 7-3 所示底座的零件图，并结合螺旋千斤顶的装配图，回答下列问题。

1. 底座的外形为（　　）。

A. 上方圆锥下方圆柱叠加而成　　　　B. 上下两个圆柱叠加而成

C. 上下两个圆锥叠加而成　　　　　　D. 都不是

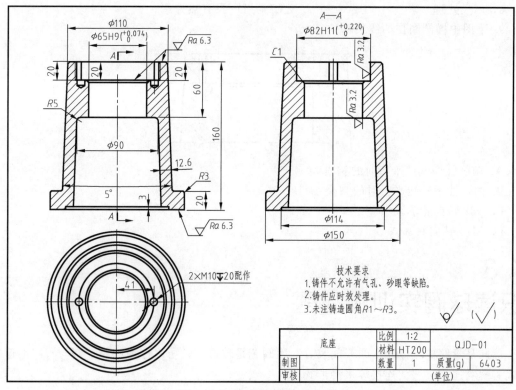

图 7-3 底座

2. 底座的表达方法有（　　）。

A. 全剖、基本视图

B. 全剖、向视图

C. 全剖、局部视图

D. 半剖、基本视图

3. 底座高度方向的主要尺寸基准为（　　）。

A. 上端面

B. 底面

C. 离上端面 20mm 的平面

D. 离上端面 60mm 的平面

4. 2×M10 ⊥ 20 配作表示（　　）。

A. 2 个直径为 10mm 的普通粗牙螺孔，深度为 20mm，与螺套一起加工

B. 2 个直径为 10mm 的普通细牙螺孔，深度为 20mm，与螺套一起加工

C. 螺距为 1mm 的螺孔，螺纹孔深 10mm，钻深 15mm，与螺套一起加工

D. 2 个直径为 10mm 的普通粗牙螺孔，深度为 20mm

5. 尺寸 $\phi 65^{+0.074}_{0}$ 中，"$\phi 65$" 称为（　　），该尺寸的基本偏差是（　　）。

A. 公称尺寸，0

B. 基本尺寸，0

C. 公称尺寸，+0.074

D. 基本尺寸，+0.074

6. 尺寸 $\phi 65^{+0.074}_{0}$ 中，最小极限尺寸为（　　），该尺寸的标准公差等级是（　　）。

A. $\phi 65$，IT9

B. $\phi 65.074$，IT9

C. $\phi 64.926$，IT9

D. $\phi 64.926$，IT0

7. 零件表面精度要求最高的粗糙度是（　　）。

A. $Ra 3.2$

B. $Ra 6.3$

C. $R1$

D. ⊘

8. 该零件采用了（　　）的热处理方法。

A. 时效处理

B. 表面热处理

C. 回火处理   D. 没有热处理

9. 下图中椭圆圈住的线表示的是（　　　）。

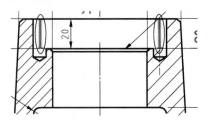

A. 两圆柱面轴线平行时的相贯线
B. 两圆柱面轴线平行时的截交线
C. $\phi 82$ 转向轮廓线
D. M10 转向轮廓线

7.3
识读球阀实训测验题

球阀是管路中流体输送的开闭装置，因阀芯是球形的，所以称为球阀，其与管路的连接方式有螺纹连接、法兰连接等多种形式。

（一）识读图 7-4 所示球阀装配图，并结合所给的零件图，回答问题。

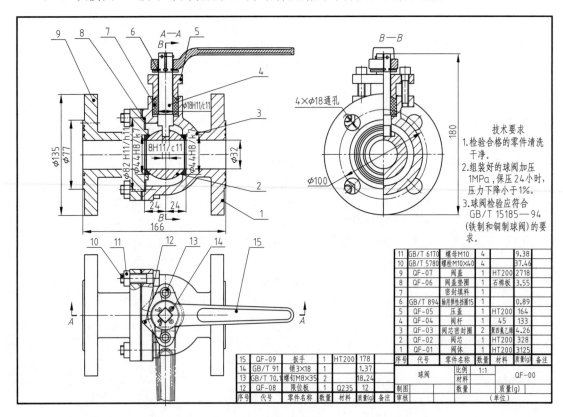

图 7-4　球阀

1. 当球阀扳手处于下列（　　　）位置时，阻断介质流动。

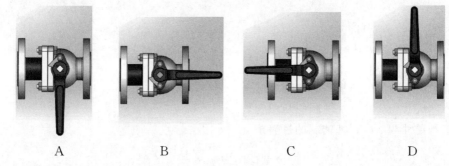

A   B   C   D

2. 关于件10用双头螺柱代替，下列说法正确的是（　　　）。

A. 可以替代

B. 功能和结构没有区别

C. 结构上无区别，功能不同

D. 功能上无区别，结构设计和空间位置上有所不同

3. 球阀从打开到关闭，扳手需要转动（　　　）角度。

A. 45°   B. 60°

C. 90°   D. 180°

4. 球阀开启的传动路线是（　　　）。

A. 转动扳手，扳手带动阀杆，阀杆带动密封填料和阀芯旋转

B. 转动扳手，扳手带动阀杆，阀杆带动阀芯旋转

C. 转动扳手，扳手带动阀杆，阀杆带动压盖和阀芯旋转

D. 转动扳手，扳手带动阀杆和压盖，阀杆带动密封填料和阀芯旋转

5. 球阀中有（　　　）个标准件。

A. 11   B. 5

C. 12   D. 10

6. 俯视图采用的表达方法有（　　　）。（多选）

A. 视图；局部剖视图   B. 假想画法

C. 放大画法   D. 拆卸画法

E. 假象画法

7. 主视图 A—A 剖视中的件4阀杆为什么没有剖面线？（　　　）。

A. 没有剖切到   B. 截止状态（阻断介质流动）

C. 实心杆件   D. 任意状态

8. 关于俯视图中细双点画线下列说法正确的是（　　　）。（多选）

A. 球阀的另一工作位置   B. 假想画法

C. 没有剖切到   D. 扳手极限位置

E. 画法错误

9. 球阀的规格尺寸是（　　　）。

A. $\phi18$ B. $\phi32$

C. $\phi40$ D. $\phi77$

10. 下面尺寸中属于安装尺寸的有（　　　）。（多选）

A. $4\times\phi18$ B. $\phi77$

C. 166   D. 24

E. $\phi 100$

11. 主视图中 $\phi 18 \dfrac{H11}{c11}$ 的含义是（   ）。

A. 公称尺寸为 $\phi 18$，基孔制的间隙配合

B. 基本尺寸为 $\phi 18$，基孔制的过渡配合

C. 公称尺寸为 $\phi 18$，基轴制的间隙配合

D. 基本尺寸为 $\phi 18$，基轴制的过渡配合

12. 下列（   ）组公差带图符合主视图中 $\phi 18 \dfrac{H11}{c11}$ 的配合。

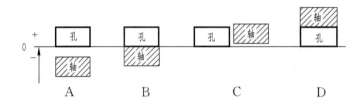

13. 下列（   ）组公差带图符合主视图中 $\phi 40 \dfrac{H8}{k7}$ 的配合。

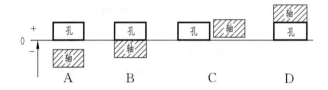

14. 主视图中 $\phi 80 \dfrac{H11}{h11}$ 的含义是（   ）。

A. 阀杆 $\phi 80H11$ 的孔与阀芯 $\phi 80c11$ 轴之间的配合是过盈配合

B. 阀体 $\phi 80H11$ 的孔与压盖 $\phi 80c11$ 轴之间的配合是过渡配合

C. 阀体 $\phi 80H11$ 的孔与阀盖 $\phi 80h11$ 的轴之间的配合是间隙配合

D. 压盖 $\phi 80H11$ 的孔与阀杆 $\phi 80c11$ 轴之间的配合是间隙配合

15. 假设介质的流动方向从左到右，流过的零件依次为（   ）。

A. 阀体、阀芯密封圈、阀芯、阀芯密封圈、阀盖

B. 阀盖、阀芯密封圈、阀芯、阀芯密封圈、阀体

C. 阀体、阀芯、阀盖

D. 阀盖、阀芯、阀芯密封圈、阀体

16. 沿着阀杆装配干线，零件从上到下依次为（   ）。

A. 扳手、轴用弹性挡圈、限位板、压盖、螺钉、密封填料、阀体

B. 扳手、轴用弹性挡圈、限位板、压盖、螺钉、密封填料、阀体、阀芯

C. 扳手、轴用弹性挡圈、限位板、压盖、螺钉、密封填料、阀体、阀芯

D. 阀芯、阀体、密封填料、限位板、轴用弹性挡圈、压盖、扳手

17. 该球阀的拆卸顺序为（   ）。

A. 开口销、扳手、轴用弹性挡圈、限位板、螺钉、压盖、密封填料、阀杆、螺母、螺

栓、阀盖、阀芯密封圈、阀芯

B. 螺母、螺栓、阀盖、阀芯密封圈、阀芯、开口销、扳手、轴用弹性挡圈、限位板、螺钉、压盖、密封填料、阀杆

C. 螺母、螺栓、阀盖、阀芯密封圈、开口销、扳手、轴用弹性挡圈、限位板、螺钉、压盖、密封填料、阀杆、阀芯

D. 开口销、扳手、轴用弹性挡圈、限位板、螺钉、压盖、密封填料、螺母、螺栓、阀盖、阀芯密封圈、阀杆、阀芯

18. 阀体和阀盖与阀芯之间有密封件 3，阀体和阀盖之间还有密封件 8，（　　）出现过定位，因为（　　）。

A. 不会，件 8 比件 3 软一点，且可以通过螺母进行调节

B. 会，夹死转不动

C. 会，保证尺寸 24

D. 去掉件 8 就不会

19. 密封用的填料用（　　）材料。

A. 橡胶圈   B. 聚四氟乙烯

C. 塑料   D. 棉布

20. 球阀的失效形式有（　　）。（多选）

A. 关闭不严   B. 沿阀杆漏水

C. 阀杆不能带动阀芯旋转   D. 阀杆上部的方形变成圆形

E. 锈蚀

21. 当球阀沿着阀杆漏水时，应采取（　　）措施。（多选）

A. 拧紧件 13 螺钉   B. 更换密封用的填料

C. 更换阀盖   D. 更换螺栓

E. 更换扳手

22. 如果阀芯锈蚀了，下列说法错误的是（　　）。

A. 关闭不严   B. 转动不流畅

C. 卡死   D. 不影响球阀使用

23. 球阀出厂检验时，应给球阀充入（　　）压力的气体。

A. 5MPa   B. 10MPa

C. 1MPa   D. 0.5MPa

24. 球阀装配过程中，阀盖和阀体连接时，上紧四条螺栓时的顺序是（　　）。

A. 先上紧上面两条，再上紧下面两条螺栓

B. 顺时针依次上紧螺栓

C. 逆时针依次上紧螺栓

D. 以对角线依次上紧螺栓

25. 关于四条螺栓安装方式能否反装，下列说法正确的是（　　）。

A. 可以

B. 不可以，螺栓无法穿入

C. 不可以，螺母不能拧紧

D. 不可以，没有扳手空间

（二）识读图 7-5 所示阀杆的零件图，并结合球阀的装配图，回答下列问题。

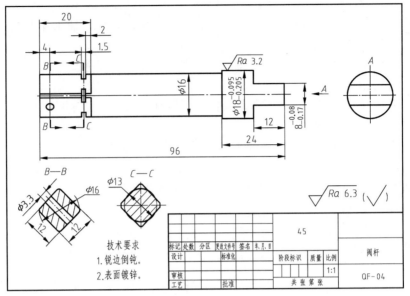

图 7-5 阀杆

1. 下图所示为阀杆右端长 12mm 部分的断面图形状，正确的是（   ）。

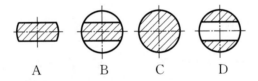

A B C D

2. 阀杆左侧长 20mm 轴段的基本外形为（   ）。

A. 带圆角的四棱柱   B. 四棱柱

C. 圆柱   D. 圆柱和四棱柱叠加而成

3. 主视图左侧轴段上，如图中圈出的矩形线框，其含义是（   ）。

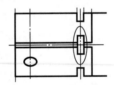

A. 此处是圆柱面的投影

B. 此处有一个方形通槽

C. 此处有一个方形凸台

D. 此处图样绘制错误

4. 下面所述阀杆采用的表达方法，正确的是（   ）。

A. 主视图＋1 个向视图＋1 个移出断面图＋1 个全剖视图

B. 主视图＋1 个向视图＋2 个断面图

C. 主视图＋左视图＋2 个断面图

D. 主视图＋右视图＋1 个断面图＋1 个全剖视图

5. 主视图左下角的 B—B 图样是用来表达（   ）。

A. 阀杆形状

B. 阀杆左端长 20 部分的横断面形状

C. 阀杆左端销孔的位置和形状

D. 阀杆上销孔在断面上的倾斜位置及孔的通透性

6. 主视图用来表达（　　）。

A. 阀杆形状和各部分之间的位置关系

B. 阀杆的形状特征

C. 阀杆各部分之间的位置关系

D. 阀杆的外形

7. $C—C$ 图的表达方式为（　　）。

A. 全剖视图　　　　　B. 重合断面图　　C. 移出断面图　　　D. 视图

8. $C—C$ 图表达目的是（　　）。

A. 显示环槽底部直径及左端铣方的外形

B. 显示方槽形状及右端轴径

C. 显示该处形状既可以是方形也可以是圆形

D. 显示左端直径及右端方台

9. 在其他标注不变的情况下，（　　）标注出 $\phi18$ 段的长度尺寸，因为（　　）。

A. 不可以、标注后会形成封闭尺寸链

B. 不可以、该尺寸不便测量

C. 不可以、该尺寸不便加工

D. 可以

10. 主视图左上方尺寸标注"2"属于（　　）。

A. 定位尺寸

B. 定形尺寸

C. 既是定位尺寸又是定形尺寸

D. 规格基准

11. （　　）取消右端 24 的轴向尺寸标注，改注更加符合车削工艺的 72（从阀杆最左端面到 $\phi18$ 的左端），因为（　　）。

A. 不可以，24 是保证阀杆与球阀装配的轴向长度的设计尺寸

B. 不可以，尺寸越短，越容易保证准确性

C. 可以，只要不出现封闭尺寸链就行

D. 可以，标注 72 更符合车削加工工艺

12. 尺寸 $8^{-0.08}_{-0.17}$ 的尺寸公差是（　　）。

A. 0.09　　　　　　B. ＋0.25　　　　　C. ＋0.08　　　　　D. －0.09

13. 尺寸 $\phi18^{-0.095}_{-0.205}$ 中，"$\phi18$"称为（　　），该尺寸的基本偏差是（　　）。

A. 公称尺寸，－0.095　　　　　　B. 基本尺寸，－0.205

C. 公称尺寸，－0.205　　　　　　D. 基本尺寸，－0.095

14. 尺寸 $\phi18^{-0.095}_{-0.205}$ 中，最小极限尺寸为（　　），该尺寸的标准公差等级是（　　）。

A. $\phi17.795$，IT11　　　　　　　B. $\phi17.905$，IT11

C. 17.905，11　　　　　　　　　D. 17.795，11

15. $\phi16$ 圆柱面的粗糙度是（　　）。

A. $\sqrt{Ra\,3.2}$　　　　B. $\sqrt{Ra\,6.3}$　　　C. $\sqrt{}$　　　D. $\sqrt{}$

16. 与阀杆有配合关系的零件有（　　　）。（多选）

A. 阀体　　　　　　　B. 阀芯　　　　　　　C. 压盖

D. 限位板　　　　　　E. 阀盖

17. 阀杆右端 $8^{-0.08}_{-0.17}$ 设置公差的目的是（　　　）。

A. 保证装配间隙　　　　　　　　　B. 防止阀杆顶不到阀芯

C. 保证过盈装配　　　　　　　　　D. 保证加工效率

18. 下列对材料 45 的描述正确的是（　　　）。（多选）

A. 普通碳素结构钢　　　　　　　　B. 优质碳素结构钢

C. 渗碳钢　　　　　　　D. 中碳钢　　　　　　　E. 工具钢

19. "表面镀锌"是（　　　）工艺。

A. 表面处理工艺　　　　B. 化学工艺　　　　C. 冶金工艺　　　　D. 冷加工工艺

（三）识读图 7-6 所示阀盖的零件图，并结合球阀的装配图，回答下列问题。

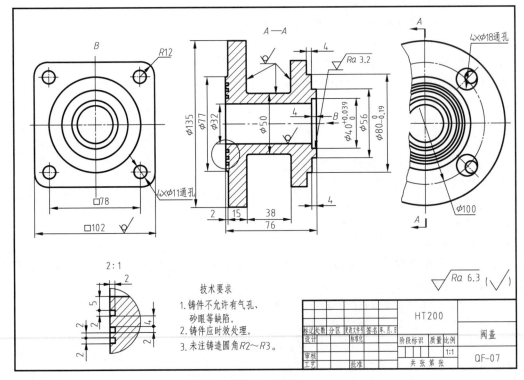

图 7-6　阀盖

1. 阀盖右端的法兰盘外轮廓形状是（　　　）。

A. 圆形　　　　　　　　　　　　　B. 带圆角的正方形

C. 带圆角的长方形　　　　　　　　D. 都不是

2. 阀盖最右侧视图中，小圆中的圆弧含义是（　　　）。

A. 方形法兰盘上孔 $\phi11$ 的投影

B. 方形法兰盘外轮廓的投影

C. 圆形法兰盘孔的投影

D. 画法错误，无该圆弧

3. 阀盖采用的表达方式中，下列说法正确的有（　　）。（多选）

A. 全剖视图　　　　　B. 左视图　　　　　C. 局部放大图

D. 局部剖视图　　　　E. 右视图

4. 图样中左下方的放大图，主要是为了表达环槽的（　　）。（多选）

A. 宽度　　　　　　B. 径向间距　　　　　C. 上下间距

D. 深度　　　　　　E. 左右位置

5. 阀盖上两个法兰盘之间的间距为（　　）。

A. 41　　　　　　　B. 38　　　　　　　C. 39　　　　　　　D. 43

6. 左端法兰盘上矩形环槽的宽度和深度分别为（　　）。

A. 2，2　　　　　　B. 1，1　　　　　　C. 4，4　　　　　　D. 4，2

7. A—A 图左侧三个端面环槽中，最内圈的环槽外轮廓直径是（　　）。

A. $\phi46$　　　　　　B. $\phi39$　　　　　　C. $\phi37$　　　　　　D. $\phi42$

8. 与阀盖有配合关系的零件有（　　）。（多选）

A. 阀体　　　　　　B. 阀芯密封圈　　　　　C. 阀芯

D. 阀盖密封圈　　　　E. 阀杆

9. A—A 剖视图左端的三个矩形环槽的作用是（　　）。

A. 润滑　　　　　　B. 密封　　　　　　C. 减重　　　　　　D. 退刀

10. 阀盖的毛坯应为（　　）。

A. 型材棒料　　　　B. 锻件　　　　　　C. 铸件　　　　　　D. 粉末冶金件

11. 对于材料牌号 HT200，下列说法正确的是（　　）。

A. 车削后的切屑是带状的

B. 车削后的切屑是节状的

C. 车削后的切屑是皱皮的

D. 车削后的切屑是崩碎的

12. 材料牌号 HT200 中，200 含义是（　　）。

A. 抗拉强度 200MPa　　　　　　　　B. 屈服强度 200MPa

C. 硬度 HRC200　　　　　　　　　　D. 质量等级 200

13. 关于材料 HT200 说法正确的是（　　）。（多选）

A. 可铸造金属　　　B. 黑色金属　　　　　C. 脆性金属

D. 铁碳合金　　　　E. 耐蚀金属

14. 关于材料 HT200 说法正确的是（　　）。（多选）

A. 其抗压强度接近钢　　　　　　B. 不可锻造

C. 适合焊接　　　　D. 不耐磨　　　　　E. 抗冲击

15. 技术要求中"时效处理"是（　　）处理方式，目的是（　　）。

A. 静处理方式；增加强度

B. 化学处理方式；降低脆性

C. 冷处理方式；增强外观效果

D. 热处理方式；消除内应力

16. 阀盖最右端内孔 $\phi 40$ 的尺寸要设极限偏差的原因是（　　）。

A. $\phi 40$ 是定位面

B. $\phi 40$ 是装配基准

C. $\phi 40$ 与密封圈有配合要求

D. 可以与其他尺寸区别

（四）识读图 7-7 所示阀体的零件图，并结合球阀的装配图，回答下列问题。

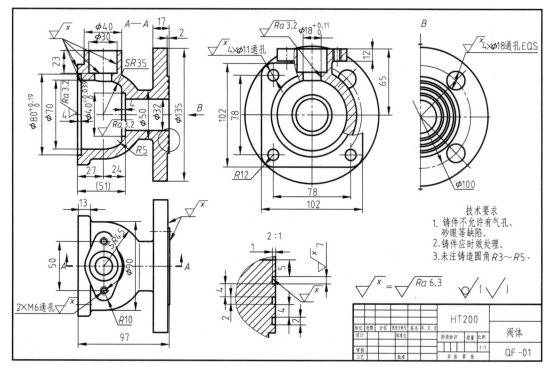

图 7-7　阀体

1. 关于零件的形状组成，下列说法正确的有（　　）。（多选）

A. 右侧是一个圆形法兰

B. 有一个菱形法兰

C. 有一部分是外球面

D. 有一个长方形法兰

E. 左侧是一个圆形法兰

2. 有关零件的结构形状，下列说法正确的有（　　）。（多选）

A. 前后对称　　　　　　　　　　　　B. 上下不对称

C. 上下对称　　　　　　　　　　　　D. 左右对称

E. 前后不对称

3. 阀体内部主要结构形状为（　　）。

A. 圆柱面和圆球面　　　　　　　　　B. 圆柱面

C. 圆球面　　　　　　　　　　　　　D. 圆锥面

4. 阀体上与阀盖连接部分的结构形状是（　　）。

A. 长方形　　　　　B. 正方形　　　　　C. 圆形　　　　　D. 椭圆形

5. 俯视图中标注为 2×M6 的螺纹孔，用于（　　　）。

A. 连接压盖   B. 安装限位板

C. 控制限位板   D. 固定扳手

6. 零件上的孔 $\phi 40^{+0.039}_{0}$，其主要作用是（　　　）。

A. 容纳阀芯   B. 容纳阀芯密封圈

C. 容纳阀杆   D. 减少重量

7. 零件上的孔 $\phi 30$，其主要作用有（　　　）。（多选）

A. 容纳阀芯   B. 容纳密封填料

C. 容纳压盖   D. 方便介质流通

E. 容纳阀芯密封圈

8. 关于左视图采用的表达方法，下列说法正确的是（　　　）。

A. 局部剖视图   B. 局部视图   C. 向视图   D. 视图

9. 为了清晰地表达密封槽的结构和标注尺寸，采用了（　　　）来表达。

A. 局部放大图   B. 断面图   C. 局部剖视图   D. 夸大画法

10. 零件的主视图、左视图表达了（　　　）。（多选）

A. 零件的主要内腔形状

B. $4\times\phi 11$ 孔的分布

C. 2 个 M6 是螺纹通孔

D. 菱形法兰的形状

E. $4\times\phi 18$ 孔的分布

11. 关于 B 图，下列说法正确的是（　　　）。

A. 简化画法   B. 向视图   C. 基本视图   D. 右视图

12. 左视图采用了局部剖视图，目的是表达（　　　）。（多选）

A. $\phi 18 H10$ 圆柱孔   B. 2 个 M6 是螺纹通孔

C. $\phi 30$ 圆柱孔   D. 菱形法兰的形状

E. 4 个 $\phi 11$ 孔的分布

13. 对于下图中，椭圆所圈出的水平线段，下列说法正确的有（　　　）。（多选）

A. 表示圆柱孔与内圆球面相贯线的投影

B. 表示一个半圆的投影

C. 画法错误，应该画成曲线

D. 表示圆柱孔与内圆球面截交线的投影

E. 表示两个圆柱孔相贯线的投影

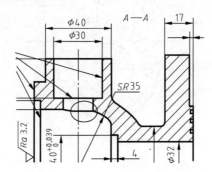

14. 尺寸 "$4\times\phi 18$ 通孔 EQS" 中的 EQS 表示（　　　）。

A. 均布   B. 相等

C. 质量等级   D. 在同一圆周上

15. 关于标注"2×M6 通孔"，下列说法正确的有（   ）。（多选）

A. 是普通螺纹   B. 是右旋螺纹

C. 螺纹大径是 6mm   D. 是细牙螺纹

E. 螺纹小径是 6mm

16. 左视图中的尺寸 78，是（   ）尺寸。

A. 4 个 ϕ11 孔的定位   B. 4 个 ϕ11 孔的定形

C. 4 个 ϕ18 孔的定位   D. "2×M6 通孔"螺孔的定位

17. 确定菱形法兰的尺寸有（   ）。（多选）

A. 50   B. ϕ40   C. R10

D. ϕ90   E. 2×M6

18. 直径尺寸 $\phi40^{+0.039}_{0}$ 的基本偏差代号是（   ）。

A. H   B. h   C. K   D. k

19. 与阀体有配合关系的零件有（   ）。（多选）

A. 阀盖   B. 阀杆   C. 阀盖垫圈

D. 阀芯   E. 压盖

7.4
识读齿轮液压泵实训测验题

    齿轮液压泵的工作原理：齿轮液压泵用于输送润滑油、液压油等类似的液体。如图 7-8 所示，在齿轮液压泵的泵体中，装有一对回转齿轮，一个主动，一个从动；通过两个相互啮合的齿轮，将泵内的整个工作腔分成左右两个独立的部分。齿轮按图示的方向旋转，当转到吸油区（右边）时，轮齿从啮合状态逐渐分开，工作腔容积增大形成局部真空，吸入液体；被吸入的液体充满齿轮的各个齿槽中被带到压油区（左边），此时轮齿从分开状态逐渐啮合，液体被挤压而形成高压液体，并经出油口排出。主动齿轮和从动齿轮不停地旋转，泵就能连续不断地吸入和排出液体。

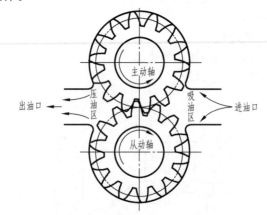

图 7-8　齿轮液压泵工作原理图

    齿轮液压泵安装与动力输入说明：如图 7-9 所示，齿轮液压泵通过泵体（件 3）上的 4 个 ϕ9 孔（用 4 组螺栓连接件）安装在平板上，动力由电机通过外齿轮（件 10）传输给主动齿轮轴（件 4）。

（一）识读图 7-9 所示齿轮液压泵的装配图，并结合所给的零件图，回答下列问题。

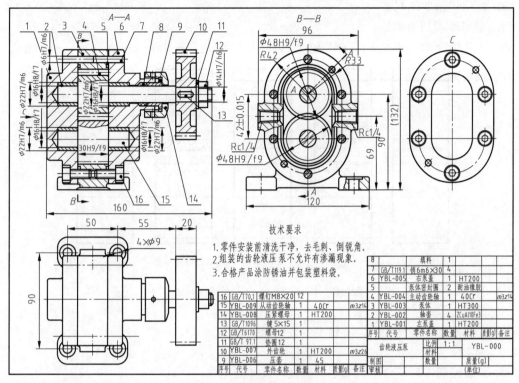

8		填料			
7	GB/T119.1	销6m6×30	4		
6	YBL-005	右泵盖	1	HT200	
5		泵体密封圈	2	耐油橡胶	
4	YBL-004	主动齿轮轴	1	40Cr	m3z14
3	YBL-003	泵体	1	HT300	
2	YBL-002	轴套	4	ZCuAl10Fe3	
1	YBL-001	左泵盖	1	HT200	
16	GB/T70.1	螺钉M8×20	12		
15	YBL-009	从动齿轮轴	1	40Cr	m3z14
14	YBL-008	压紧螺母	1	HT200	
13	GB/T1096	键5×15	1		
12	GB/T6170	螺母12	1		
11	GB/T 97.1	垫圈12	1		
10	YBL-007	外齿轮	1	HT200	m3z28
9	YBL-006	压套	1	45	
序号	代号	零件名称	数量	材料	质量(g) 备注

技术要求
1. 零件安装前清洗干净，去毛刺、倒锐角。
2. 组装的齿轮液压泵不允许有渗漏现象。
3. 合格产品涂防锈油并包装塑料袋。

			齿轮液压泵	比例 1:1	YBL-000
				材料	
制图				数量	质量(g)
审核					(单位)

图 7-9　齿轮液压泵装配图

1. 装配图主视图中，关于销（件 7）没有画剖面线的原因，下列说法正确的是（　　　）。

A. 应该画剖面线　　　　　　　　　　　B. 销是实心零件

C. 没有剖到销　　　　　　　　　　　　D. 销是紧固件

2. 装配图主视图上的尺寸标注"$\phi16H8/f7$"，对应公差带图是（　　　）。

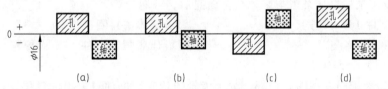

A. 图（a）　　　　　B. 图（b）　　　　　C. 图（c）　　　　　D. 图（d）

3. 本装配图所采用的表达方法中，在零件图中不能使用的是（　　　）。

A. 局部剖视图　　　　　　　　　　　　B. 全剖视图

C. 假想沿某些零件的结合面剖切　　　　D. 向视图

4. 下图为装配图主视图的局部，关于螺纹连接的画法，下列说法不正确的是（　　　）。

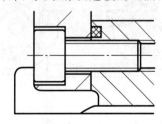

A. 接触的表面画一条线

B. 旋合部分按外螺纹绘制

C. 螺纹粗细实线对齐

D. 剖面线画到细实线

5. 下图为装配图主视图所示的两齿轮啮合区域的几种画法，下列画法正确的有（　　）。（多选）

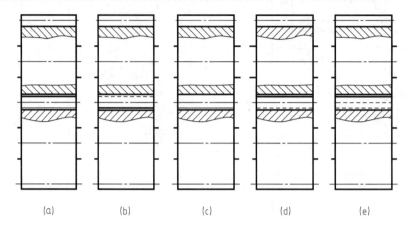

A. 图（a）　　　　　　B. 图（b）　　　　　　C. 图（c）

D. 图（d）　　　　　　E. 图（e）

6. 在装配图下列尺寸中，不属于安装尺寸的是（　　）。

A. 50　　　　　　　B. 90（俯视图）　　C. $4\times\phi9$　　　　　D. 55

7. 在装配图下列尺寸中，属于性能规格尺寸的是（　　）。

A. Rc1/4　　　　　B. 69　　　　　　　C. $\phi48H9/f9$　　　D. 42 ± 0.015

8. 在装配图中与主动齿轮轴（件4）相接触的零件有（　　）。（多选）

A. 右泵盖（件6）　　　　　　　　B. 从动齿轮轴（15）

C. 泵体密封圈（件5）　　　　　　D. 压紧螺母（件14）

E. 泵体（件3）

9. 齿轮液压泵如果从泵盖与泵体结合面漏油，可能的原因有（　　）。（多选）

A. 螺钉（件16）没拧紧　　　　　　B. 泵体密封圈（件5）损坏

C. 销（件7）漏装　　　　　　　　D. 压紧螺母（件14）没拧紧

E. 填料（件8）漏装

10. 下图为装配图左视图的局部，关于齿轮的转向、进油口、出油口位置，符合逻辑关系的是（　　）。

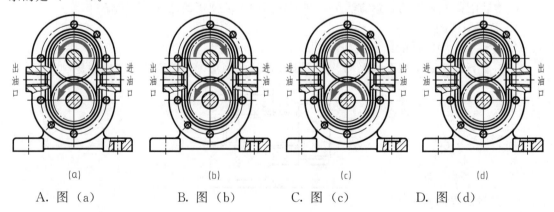

A. 图（a）　　　　B. 图（b）　　　　C. 图（c）　　　　D. 图（d）

11. 看 $B—B$ 图，齿轮液压泵有关转向要求，下列说法正确的是（　　）。

A. 只能顺时针旋转 　　　　　　　　　　B. 只能逆时针旋转

C. 两种转向都行 　　　　　　　　　　　D. 以上都不对

12. 装配图主视图中，关于尺寸标注"$\phi22H7/m6$"的含义，下列说法正确的是（　　）。

A. 基本尺寸为 $\phi22$，基孔制的间隙配合

B. 公称尺寸为 $\phi22$，基孔制的过渡配合

C. 基本尺寸为 $\phi22$，基轴制的间隙配合

D. 公称尺寸为 $\phi22$，基轴制的过渡配合

13. 下图为在装配图主视图键连接处作的 $D—D$ 断面图，画法正确的是（　　）。

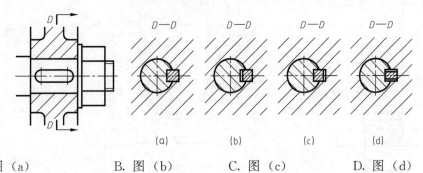

A. 图（a） 　　　　　B. 图（b） 　　　　　C. 图（c） 　　　　　D. 图（d）

14. 齿轮液压泵零件装配的先后顺序，下列说法正确的有（　　）。（多选）

A. 先将轴套（件2）装入右泵盖（件6）的孔中，再装从动齿轮轴（件15）

B. 先将轴套（件2）装在从动齿轮轴（件15）的轴上，再一起装入右泵盖（件6）的孔中

C. 先将主动齿轮轴（件4）装配到位，再装填料（件8）

D. 先将填料（件8）装配到位，再装主动齿轮轴（件4）

E. 维修后装配时，先装销（件7），再拧紧螺钉（件16）

15. 在图样中，粗实线的应用，说法正确的有（　　）。（多选）

A. 可见轮廓线 　　　　　B. 可见棱边线 　　　　　C. 可见相贯线

D. 可见的螺纹牙顶线 　　　E. 剖切符号用线

16. 齿轮油泵中，有关主动齿轮轴和从动齿轮轴中的参数，下列说法不正确的是（　　）。

A. 两者模数都是 3mm 　　　　　　　　B. 两者齿数都是 14

C. 两者压力角相等 　　　　　　　　　D. 从动齿轮轴少一齿

17. 在明细栏代号一栏中有图号和国标代号，下列说法正确的有（　　）。（多选）

A. 有图号的零件有图样

B. 有国标代号的零（部）件不需要图样

C. 图样便于加工制造

D. 有国标代号的零（部）件可以购买

E. 有图号的图样便于装订归档

18. 齿轮液压泵中，除了标准件之外，有（　　）种零件。

A. 9 　　　　　　　　B. 10 　　　　　　　　C. 11 　　　　　　　　D. 12

19. 装配泵盖时，6组螺钉紧固件（件16），正确的拧紧顺序是（　　）。

A. 沿顺时针方向依次拧紧 　　　　　　B. 对边交替依次拧紧

C. 沿逆时针方向依次拧紧 　　　　　　D. 没有顺序，随机拧紧

20. 关于件 14 压紧螺母中的 $4 \times \phi 4$ 小孔（俯视图可以看到）的作用，下列说法正确的是（　　）。

A. 拧紧时用的 　　　　　　　　　　　　B. 观察孔

C. 放油孔 　　　　　　　　　　　　　　D. 以上都对

（二）识读图 7-10 所示泵体的零件图，并结合齿轮液压泵的装配图，回答下列问题。

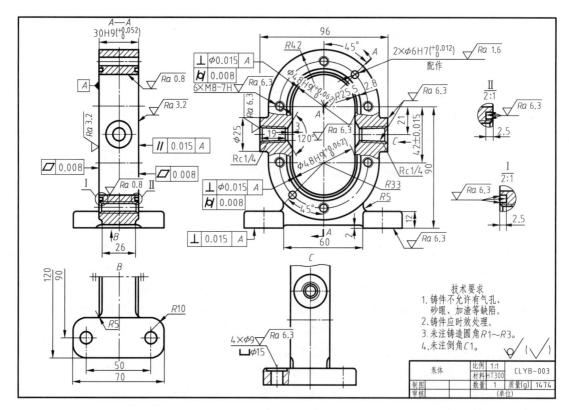

图 7-10　泵体

1. 下图为泵体零件图 A—A 图的局部，关于灰色区域所表示的结构，下列说法正确的是（　　）。

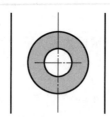

A. 圆柱面 　　　　　　B. 圆锥面 　　　　　　C. 圆环面 　　　　　　D. 环形平面

2. 关于泵体零件图几何公差标注 $\boxed{\perp | \phi 0.015 | A}$ ，基准要素和被测要素分别是（　　）。

A. 左端面、内孔 $\phi 48 \mathrm{H}9$ 轴线

B. 左端面、内孔 $\phi 48 \mathrm{H}9$ 表面

C. 下底面、内孔 $\phi 48 \mathrm{H}9$ 轴线

D. 右端面、内孔 $\phi 48 \mathrm{H}9$ 表面

3. 关于泵体零件图尺寸标注 $\phi48H9$，下列说法不正确的是（　　）。

A. 基本偏差代号为 H
B. 公差带代号为 H9
C. 公差带代号为 H
D. 公差等级为 9

4. 泵体零件图中，基准符号 "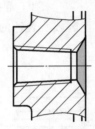" 的画法和标注方法，下面说法正确的有（　　）。
（多选）

A. 基准用大写字母表示
B. 字母标注在正方形的基准方格内
C. 用细实线与一个涂黑的等边三角符号相连
D. 细实线与基准要素垂直
E. 也可用空白的等边三角形

5. 下图为左视图的局部，黑色区域表达的形状结构，下列说法正确的是（　　）。

A. 圆柱的内表面
B. 圆锥的内表面
C. 平面
D. 圆柱的外表面

6. 泵体上有几处螺纹孔（　　）。

A. 7 处
B. 8 处
C. 9 处
D. 10 处

7. 下图为泵体零件图 C 图的局部，箭头所指的加粗线条表达的含义是（　　）。

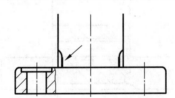

A. 直线的投影
B. 平面的投影
C. 截交线的投影
D. 相贯线投影

8. 泵体零件图，下列几何要素中不是长、宽、高方向基准的是（　　）。

A. 左端面
B. 前后对称面
C. Rc1/4 的表面
D. 底面

9. 关于泵体零件图 A—A 图中的剖切方法，下列说法正确的是（　　）。

A. 用两个平行的剖切平面剖切
B. 用平行于某一基本投影面的平面剖切
C. 用不平行于任何基本投影面的剖切平面剖切
D. 用两个相交的剖切平面剖切

10. 关于泵体零件图 A—A 图的作用，下列说法正确的是（　　）。

A. 表示出 "$4 \times \phi9$" 孔的分布

B. 表示出"6×M8"螺孔是通孔

C. 表示出"Rc1/4"螺孔是通孔

D. 表示出泵体高、宽方向的主要外形

11. 关于泵体零件图 I 图上方的比例 2∶1，下列说法正确的是（　　　）。

A. 该图中的线性尺寸与主图中的线性尺寸之比为 2∶1

B. 主图中的线性尺寸与该图中的线性尺寸之比为 2∶1

C. 该图中的线性尺寸与实际的线性尺寸之比为 2∶1

D. 实际的线性尺寸与该图中的线性尺寸之比为 2∶1

12. 泵体零件图中尺寸标注 Rc 1/4 中"1/4"的含义是（　　　）。

A. 螺纹孔大径　　　　　　　　　　　B. 螺纹孔的公称直径

C. 螺纹的螺距　　　　　　　　　　　D. 螺纹孔的尺寸代号

13. 泵体毛坯是（　　　）类型的零件。

A. 铸件　　　　　　B. 锻件　　　　　　C. 焊接件　　　　　　D. 冲压件

14. 下图为泵体主视图的局部，黑色区域所表达的结构是（　　　）。

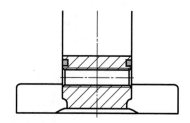

A. 回油槽　　　　　　B. 润滑油槽　　　　　C. 卸荷槽　　　　　D. 密封槽

15. 下图为泵体主视图的局部，有关螺纹的画法说法不正确的是（　　　）。

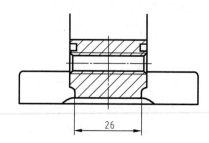

A. 牙顶画粗实线

B. 牙底画细实线

C. 剖面线画到细实线处

D. 剖面线画到粗实线处

16. 关于泵体零件图标题栏上方的这个符号"⩗（√）"，从制造过程中的含义讲，下列说法正确是（　　　）。

A. 凡是有这个符号的表面在铸造中必须留有加工余量

B. 凡是有这个符号的表面在铸造中不留加工余量

C. 凡是有这个符号的表面在铸造中可留也可不留加工余量

D. 凡是有这个符号的表面在铸造中由加工者自定

（三）识读图 7-11 所示右泵盖零件图，并结合齿轮液压泵的装配图，回答下列问题。

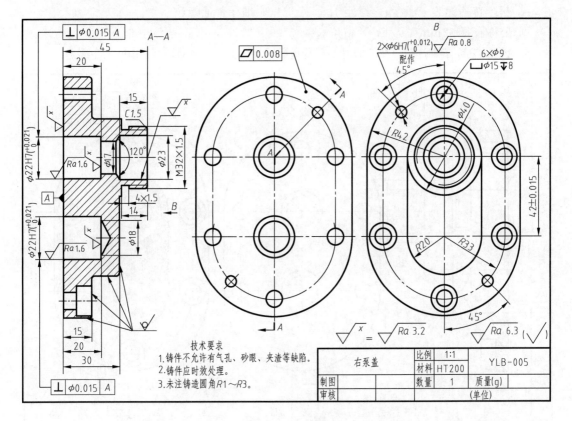

图 7-11　右泵盖

1. 关于右泵盖的表达方法，下列说法不正确的是（　　　）。

A. 主视图　　　　　　B. 右视图　　　　　　C. 向视图　　　　　　D. 左视图

2. 关于右泵盖左视图所表达的结构，下列说法不正确的有（　　　）。

A. 两个 ϕ22H7 孔的位置　　　　　　B. 6×ϕ9 孔的分布

C. 零件左端面的形状　　　　　　　　D. 6 个 ϕ15 沉孔

3. 下图为右泵盖左视图，灰色区域所表示的形状结构，下列说法正确的是（　　　）。

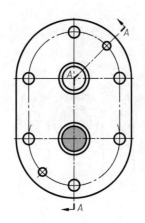

A. 圆柱面　　　　　　B. 平面　　　　　　C. 圆锥面　　　　　　D. 空腔

4. 关于右泵盖中螺纹标注"M32×1.5"，下列说法正确的有（　　）。（多选）

A. 粗牙普通螺纹　　　　B. 螺距1.5　　　　C. 细牙普通螺纹

D. 公称直径32mm　　　E. 牙型角55°

5. 下图为右泵盖零件图，在 B 图中，两灰色区域各表示一个平面，两平面间的距离是（　　）。

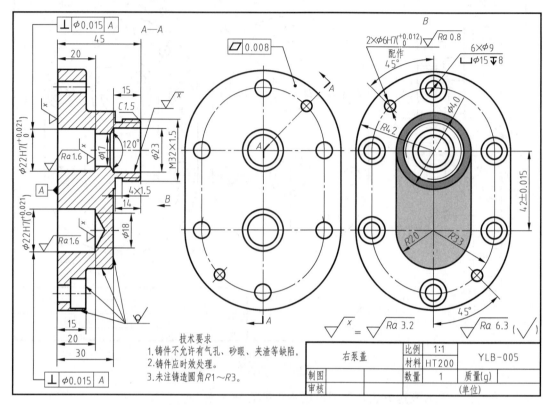

A. 14　　　　　　　　B. 15　　　　　　　C. 1　　　　　　　D. 31

6. 关于右泵盖零件图中，几何公差标注 ▱ 0.008，下列说法正确的是（　　）。

A. 被测要素是左端面　　　　　　B. 标注方法不规范

C. 公差数值为 φ0.008　　　　　　D. 公差项目为平行度

7. 右泵盖上有几个通孔（　　）。

A. 8　　　　　　　　B. 9　　　　　　　C. 10　　　　　　　D. 11

8. 下图为右泵盖 B 图的局部，关于灰色区域所表示的结构，下列说法正确的是（　　）。

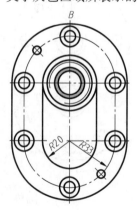

A. 圆柱面   B. 圆球面   C. 圆锥面   D. 环形平面

9. 右泵盖 A—A 图中，尺寸 45、20、30 的尺寸基准是（ ）。

A. 左端面   B. 右端面

C. 退刀槽左端面   D. 退刀槽右端面

10. 关于右泵盖中尺寸标注 $\dfrac{6 \times \phi 9}{\sqcup\ \phi 15 \downarrow 8}$ 的含义，下列说法不正确的是（ ）。

A. 沉孔深度为 8mm   B. ⊔表示埋头孔

C. 通孔直径为 $\phi 9$ D. 沉孔直径为 $\phi 15$

11. 右泵盖 A—A 图中右端面表面粗糙度 Ra 值是（ ）。

A. 1.6μm B. 3.2μm

C. 6.3μm D. 没有标注

（四）识读图 7-12 所示主动齿轮轴的零件图，并结合齿轮液压泵的装配图，回答下列问题。

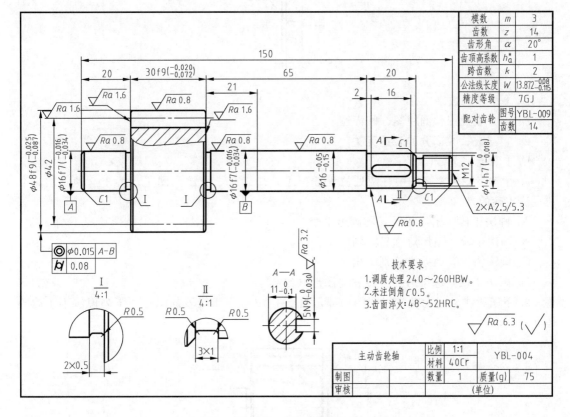

图 7-12 主动齿轮轴

1. 关于主动齿轮轴的形状结构，下列说法正确的有（ ）。（多选）

A. 有 1 个键槽   B. 有 2 处螺纹   C. 有 2 处退刀槽

D. 有 1 处退刀槽   E. 有 2 个越程槽

2. 主动齿轮轴中表面粗糙度 "$\sqrt{\quad Ra\,0.8}$" 标注方法，下列说法正确的有（ ）。（多选）

A. 每一表面只注一次

B. 标注在尺寸的同一视图上

C. 其注写方向与尺寸一致

D. 其符号应从材料外指向并接触表面

E. 也可用带箭头或黑点的指引线引出标注

3. 关于主动齿轮轴 A—A 图剖切位置标注的三项内容（注剖切符号、箭头和字母），下列说法正确的是（　　）。

A. 必须标注剖切符号、箭头和字母

B. 可以省略字母

C. 可以省略箭头

D. 箭头和字母都可省略

4. 主动齿轮轴中，Ⅰ局部放大图的画法，下列说法不正确的是（　　）。

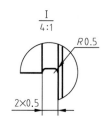

A. Ⅰ是罗马数字

B. 可画成视图、剖视图、断面图

C. 它与被放大部分的表达无关

D. Ⅰ为英文字母

5. 主动齿轮轴主视图中有两处放大部位Ⅰ，却只有 1 个放大图Ⅰ，关于这种画法，下列说法正确的是（　　）。

A. 画法正确，图形相同只需画出 1 个

B. 画法正确，图形对称只需画出 1 个

C. 画法错误，两处应分别画出

D. 画法错误，应按另一个位置的图形画出

6. 下图为主动齿轮轴主视图的局部，关于 1、2、3、4 线段的画法，下列说法不正确的是（　　）。

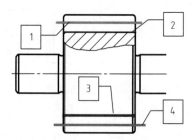

A. 1、4 为分度线   B. 1、4 线段画成细点画线

C. 2 线段为细实线   D. 3 线段可以省略

7. 在主动齿轮轴零件图中，下图椭圆圈住部分，标注在 $\phi42$ 上部尺寸界线上的 $\sqrt{}$ $Ra\,1.6$ 指的是哪个表面的表面粗糙度。（　　）。

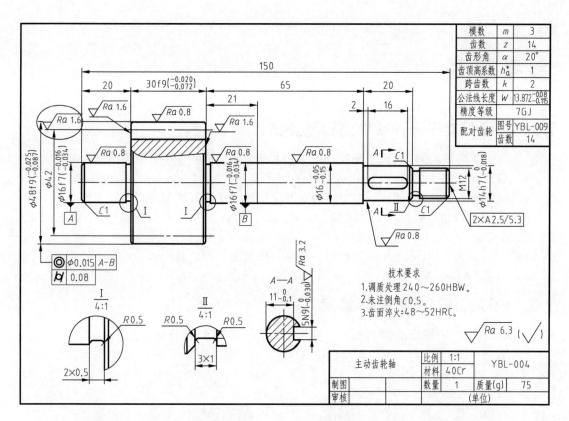

模数	m	3
齿数	z	14
齿形角	α	20°
齿顶高系数	h_a^*	1
跨齿数	k	2
公法线长度	W	$13.872^{-0.08}_{-0.115}$
精度等级		7GJ
配对齿轮	图号	YBL-009
	齿数	14

技术要求
1. 调质处理240~260HBW。
2. 未注倒角$C0.5$。
3. 齿面淬火：48~52HRC。

$\sqrt{Ra\ 6.3}$ ($\sqrt{\quad}$)

主动齿轮轴	比例	1:1	YBL-004
	材料	40Cr	
制图		数量	1	质量(g)	75
审核		(单位)

A. 齿顶圆 　　 B. 轮齿表面 　　 C. 齿根圆 　　 D. 分度圆

8. 上图中，主动齿轮轴右端（方框内）标注"2×A2.5/5.3"含义是（　　）。

A. 轴两端打中心孔，质量A级，导向孔直径5.3，锥孔直径2.5

B. 轴两端打A型中心孔，导向孔直径5.3，锥孔直径2.5

C. 轴两端打A型中心孔，导向孔直径2.5，锥孔直径5.3

D. 轴两端打中心孔，质量A级，导向孔直径2.5，锥孔直径5.3

参考答案

7.2　识读螺旋千斤顶实训测验题答案

（一）识读图 7-1 所示螺旋千斤顶装配图，并结合所给的零件图，回答问题。

1. A；2. A；3. A；4. A；5. A；6. A；7. A；8. C；9. A；10. A；11. A

（二）识读图 7-2 所示螺旋杆的零件图，并结合螺旋千斤顶装配图，回答下列问题。

1. A；2. A；3. A；4. A、C；5. A；6. A；7. A；8. A；9. A；10. B；11. A；12. A；13. A；14. A

（三）识读图 7-3 所示底座的零件图，并结合螺旋千斤顶的装配图，回答下列问题。

1. A；2. A；3. A；4. A；5. A；6. A；7. A；8. A；9. A

7.3　识读球阀实训测验题答案

（一）识读图 7-4 所示球阀装配图，并结合所给的零件图，回答问题。

1. A；2. D；3. C；4. B；5. C；6. AB；7. C；8. ABD；9. B；10. AE；11. A；12. A；13. C；14. C；15. B；16. C；17. A；18. A；19. B；20. ABCDE；21. AB；22. D；23. C；24. D；25. B

（二）识读图 7-5 所示阀杆的零件图，并结合球阀的装配图，回答下列问题。

1. A；2. A；3. A；4. A；5. D；6. A；7. A；8. A；9. A；10. A；11. A；12. A；13. A；14. A；15. A；16. AB；17. A；18. BD；19. A

（三）识读图 7-6 所示阀盖的零件图，并结合球阀的装配图，回答下列问题。

1. B；2. A；3. ABC；4. ABD；5. B；6. A；7. A；8. AB；9. B；10. C；11. D；12. A；13. ABCD；14. AB；15. D；16. C

（四）识读图 7-7 所示阀体的零件图，并结合球阀的装配图，回答下列问题。

1. ABC；2. AB；3. A；4. B；5. A；6. B；7. BC；8. A；9. A；10. ABC；11. A；12. ABC；13. AB；14. A；15. ABC；16. A；17. ABC；18. A；19. AB

7.4　识读齿轮液压泵实训测验题答案

（一）识读图 7-9 所示齿轮液压泵的装配图，并结合所给的零件图，回答下列问题。

1. B；2. A；3. C；4. D；5. BC；6. D；7. A；8. ABE；9. AB；10. C；11. C；12. B；13. C；14. ACE；15. ABCDE；16. D；17. ABCDE；18. C；19. B；20. A；

（二）识读图 7-10 所示泵体的零件图，并结合齿轮液压泵的装配图，回答下列问题。

1. B；2. A；3. C；4. ABCDE；5. B；6. B；7. B；8. C；9. D；10. B；11. C；12. D；13. A；14. D；15. C；16. B

答案解析：对铸造零件，有这个符号的表面，在铸造过程中是不留加工余量的。

（三）识读图 7-11 所示右泵盖零件图，并结合齿轮液压泵的装配图，回答下列问题。

1. B；2. D；3. C；4. BCD；5. C；6. A；7. B；8. C；9. A；10. B；11. C

（四）识读图 7-12 所示主动齿轮轴的零件图，并结合齿轮液压泵的装配图，回答下列问题。

1. ADE；2. ABCDE；3. A；4. D；5. B；6. C；7. B；8. C

附　录

附录 A 优先及常用配合孔和轴的极限偏差

表 A-1　优先及常用配合孔的极限偏差表

单位：μm

代号		A	B	C	D	E	F	G	H							JS		K			M	N		P		R	S	T	U
公称尺寸/mm		公差等级																											
大于	至	11	11	*11	*9	8	*8	*7	6	*7	*8	*9	10	*11	12	6	7	6	*7	8	7	6	*7	6	*7	7	*7	7	*7
—	3	+330 +270	+200 +140	+120 +60	+45 +20	+28 +14	+20 +6	+12 +2	+6 0	+10 0	+14 0	+25 0	+40 0	+60 0	+100 0	±3	±5	0 -6	0 -10	0 -14	-2 -12	-4 -10	-4 -14	-6 -12	-6 -16	-10 -20	-14 -24	—	-18 -28
3	6	+345 +270	+215 +140	+145 +70	+60 +30	+38 +20	+28 +10	+16 +4	+8 0	+12 0	+18 0	+30 0	+48 0	+75 0	+120 0	±4	±6	+2 -6	+3 -9	+5 -13	0 -12	-5 -13	-4 -16	-9 -17	-8 -20	-11 -23	-15 -27	—	-19 -31
6	10	+370 +280	+240 +150	+170 +80	+76 +40	+47 +25	+35 +13	+20 +5	+9 0	+15 0	+22 0	+36 0	+58 0	+90 0	+150 0	±4.5	±7	+2 -7	+5 -10	+6 -16	0 -15	-7 -16	-4 -19	-12 -21	-9 -24	-13 -28	-17 -32	—	-22 -37
10 14	14 18	+400 +290	+260 +150	+205 +95	+93 +50	+59 +32	+43 +16	+24 +6	+11 0	+18 0	+27 0	+43 0	+70 0	+110 0	+180 0	±5.5	±9	+2 -9	+6 -12	+8 -19	0 -18	-9 -20	-5 -23	-15 -26	-11 -29	-16 -34	-21 -39	—	-26 -44
18	24	+430 +300	+290 +160	+240 +110	+117 +65	+73 +40	+53 +20	+28 +7	+13 0	+21 0	+33 0	+52 0	+84 0	+130 0	+210 0	±6.5	±10	+2 -11	+6 -15	+10 -23	0 -21	-11 -24	-7 -28	-18 -31	-14 -35	-20 -41	-27 -48	—	-33 -54
24	30																											-33 -54	-40 -61
30	40	+470 +310	+330 +170	+280 +120	+142 +80	+89 +50	+64 +25	+34 +9	+16 0	+25 0	+39 0	+62 0	+100 0	+160 0	+250 0	±8	±12	+3 -13	+7 -18	+12 -27	0 -25	-12 -28	-8 -33	-21 -37	-17 -42	-25 -50	-34 -59	-39 -64	-51 -76
40	50	+480 +320	+340 +180	+290 +130																								-45 -70	-61 -86
50	65	+530 +340	+380 +190	+330 +140	+174 +100	+106 +60	+76 +30	+40 +10	+19 0	+30 0	+46 0	+74 0	+120 0	+190 0	+300 0	±9.5	±15	+4 -15	+9 -21	+14 -32	0 -30	-14 -33	-9 -39	-26 -45	-21 -51	-30 -60	-42 -72	-55 -85	-76 -106
65	80	+550 +360	+390 +200	+340 +150																						-32 -62	-48 -78	-64 -94	-91 -121
80	100	+600 +380	+440 +220	+390 +170	+207 +120	+126 +72	+90 +36	+47 +12	+22 0	+35 0	+54 0	+87 0	+140 0	+220 0	+350 0	±11	±17	+4 -18	+10 -25	+16 -38	0 -35	-16 -38	-10 -45	-30 -52	-24 -59	-38 -73	-58 -93	-78 -113	-111 -146
100	120	+630 +410	+460 +240	+400 +180																						-41 -76	-66 -101	-91 -126	-131 -166

表头：代号（上行）/ 公差等级（下行），公称尺寸单位 mm。单位：μm（上偏差/下偏差）

公称尺寸/mm 大于	至	A11	B11	C*11	D*9	E8	F*8	G*7	H6	H*7	H*8	H*9	H10	H*11	H12	JS6	JS7	K6	K*7	K8	M7	N6	N*7	P6	P*7	R7	S*7	T7	U*7
120	140	+710/+460	+510/+260	+450/+200	+245/+145	+148/+85	+106/+43	+54/+14	+25/0	+40/0	+63/0	+100/0	+160/0	+250/0	+400/0	±12.5	±20	+4/−21	+12/−28	+20/−43	0/−40	−20/−45	−12/−52	−36/−61	−28/−68	−48/−88	−77/−117	−107/−147	−155/−195
140	160	+770/+520	+530/+280	+460/+210																						−50/−90	−85/−125	−119/−159	−175/−215
160	180	+830/+580	+560/+310	+480/+230																						−53/−93	−93/−133	−131/−171	−195/−235
180	200	+950/+660	+630/+340	+530/+240	+285/+170	+172/+100	+122/+61	+61/+15	+29/0	+46/0	+72/0	+115/0	+185/0	+290/0	+460/0	±14.5	±23	+5/−24	+13/−33	+22/−50	0/−46	−22/−51	−14/−60	−41/−70	−33/−79	−60/−106	−105/−151	−149/−195	−219/−265
200	225	+1030/+740	+670/+380	+550/+260																						−63/−109	−113/−159	−163/−209	−241/−287
225	250	+1110/+820	+710/+420	+570/+280																						−67/−113	−123/−169	−179/−225	−267/−313
250	280	+1240/+920	+800/+480	+620/+300	+320/+190	+191/+110	+137/+69	+69/+17	+32/0	+52/0	+81/0	+130/0	+210/0	+320/0	+520/0	±16	±26	+5/−27	+16/−36	+25/−56	0/−52	−25/−57	−14/−66	−47/−79	−36/−88	−74/−126	−138/−190	−198/−250	−295/−347
280	315	+1370/+1050	+860/+540	+650/+330																						−78/−130	−150/−202	−220/−272	−330/−382
315	355	+1560/+1200	+960/+600	+720/+360	+350/+210	+214/+125	+151/+75	+75/+18	+36/0	+57/0	+89/0	+140/0	+230/0	+360/0	+570/0	±18	±28	+7/−29	+17/−40	+28/−61	0/−57	−26/−62	−16/−73	−51/−87	−41/−98	−87/−144	−169/−226	−247/−304	−369/−426
355	400	+1710/+1350	+1040/+680	+760/+400																						−93/−150	−187/−244	−273/−330	−414/−471
400	450	+1900/+1500	+1160/+760	+840/+440	+385/+230	+232/+135	+165/+83	+83/+20	+40/0	+63/0	+97/0	+155/0	+250/0	+400/0	+630/0	±20	±31	+8/−32	+18/−45	+29/−68	0/−63	−27/−67	−17/−80	−55/−95	−45/−108	−103/−166	−209/−272	−307/−370	−467/−530
450	500	+2050/+1650	+1240/+840	+880/+480																						−109/−172	−229/−292	−337/−400	−517/−580

注：带"*"者为优先选用的，其他为常用的。

表 A-2　优先及常用配合轴的极限偏差表

单位：μm

公称尺寸/mm 大于	至	a 11	b 11	c *11	d *9	e 8	f *7	g *6	h 5	h *6	h *7	h 8	h *9	h 10	h *11	h 12	js 6	k *6	m 6	n *6	p *6	r 6	s *6	t 6	u *6	v 6	x 6	y 6	z 6
—	3	−270/−330	−140/−200	−60/−120	−20/−45	−14/−28	−6/−16	−2/−8	0/−4	0/−6	0/−10	0/−14	0/−25	0/−40	0/−60	0/−100	±3	+6/0	+8/+2	+10/+4	+12/+6	+16/+10	+20/+14	—	+24/+18	—	+26/+20	—	+32/+26
3	6	−270/−345	−140/−215	−70/−145	−30/−60	−20/−38	−10/−22	−4/−12	0/−5	0/−8	0/−12	0/−18	0/−30	0/−48	0/−75	0/−120	±4	+9/+1	+12/+4	+16/+8	+20/+12	+23/+15	+27/+19	—	+31/+23	—	+36/+28	—	+43/+35
6	10	−280/−338	−150/−240	−80/−170	−40/−76	−25/−47	−13/−28	−5/−14	0/−6	0/−9	0/−15	0/−22	0/−36	0/−58	0/−90	0/−150	±4.5	+10/+1	+15/+6	+19/+10	+24/+15	+28/+19	+32/+23	—	+37/+28	—	+43/+34	—	+51/+42
10	14	−290/−400	−150/−260	−95/−205	−50/−93	−32/−59	−16/−34	−6/−17	0/−8	0/−11	0/−18	0/−27	0/−43	0/−70	0/−110	0/−180	±5.5	+12/+1	+18/+7	+23/+12	+29/+18	+34/+23	+39/+28	—	+44/+33	—	+51/+40	—	+61/+50
14	18	−290/−400	−150/−260	−95/−205	−50/−93	−32/−59	−16/−34	−6/−17	0/−8	0/−11	0/−18	0/−27	0/−43	0/−70	0/−110	0/−180	±5.5	+12/+1	+18/+7	+23/+12	+29/+18	+34/+23	+39/+28	—	+44/+33	+50/+39	+56/+45	—	+71/+60
18	24	−300/−430	−160/−290	−110/−240	−65/−117	−40/−73	−20/−41	−7/−20	0/−9	0/−13	0/−21	0/−33	0/−52	0/−84	0/−130	0/−210	±6.5	+15/+2	+21/+8	+28/+15	+35/+22	+41/+28	+48/+35	—	+54/+41	+60/+47	+67/+54	+76/+63	+86/+73
24	30	−300/−430	−160/−290	−110/−240	−65/−117	−40/−73	−20/−41	−7/−20	0/−9	0/−13	0/−21	0/−33	0/−52	0/−84	0/−130	0/−210	±6.5	+15/+2	+21/+8	+28/+15	+35/+22	+41/+28	+48/+35	+54/+41	+61/+48	+68/+55	+77/+64	+88/+75	+101/+88
30	40	−310/−470	−170/−330	−120/−280	−80/−142	−50/−89	−25/−50	−9/−25	0/−11	0/−16	0/−25	0/−39	0/−62	0/−100	0/−160	0/−250	±8	+18/+2	+25/+9	+33/+17	+42/+26	+50/+34	+59/+43	+64/+48	+76/+60	+84/+68	+96/+80	+110/+94	+128/+112
40	50	−320/−480	−180/−340	−130/−290	−80/−142	−50/−89	−25/−50	−9/−25	0/−11	0/−16	0/−25	0/−39	0/−62	0/−100	0/−160	0/−250	±8	+18/+2	+25/+9	+33/+17	+42/+26	+50/+34	+59/+43	+70/+54	+86/+70	+97/+81	+113/+97	+130/+114	+152/+136
50	65	−340/−530	−190/−380	−140/−330	−100/−174	−60/−106	−30/−60	−10/−29	0/−13	0/−19	0/−30	0/−46	0/−74	0/−120	0/−190	0/−300	±9.5	+21/+2	+30/+11	+39/+20	+51/+32	+60/+41	+72/+53	+85/+66	+106/+87	+121/+102	+141/+122	+163/+144	+191/+172
65	80	−360/−550	−200/−390	−150/−340	−100/−174	−60/−106	−30/−60	−10/−29	0/−13	0/−19	0/−30	0/−46	0/−74	0/−120	0/−190	0/−300	±9.5	+21/+2	+30/+11	+39/+20	+51/+32	+62/+43	+78/+59	+94/+75	+121/+102	+139/+120	+165/+146	+193/+174	+229/+210

公　差　等　级　　公　差

注：带"*"者为优先选用的，其他为常用的。

公称尺寸/mm 大于	至	a 11	b 11	c *11	d *9	e 8	f *7	g *6	h 5	h *6	h *7	h 8	h *9	h 10	h *11	h 12	js 6	k *6	m 6	n *6	p *6	r 6	s *6	t 6	u *6	v 6	x 6	y 6	z 6
80	100	−380/−600	−220/−440	−170/−390	−120/−207	−72/−126	−36/−71	−12/−34	0/−15	0/−22	0/−35	0/−54	0/−87	0/−140	0/−220	0/−350	±11	+25/+3	+35/+13	+45/+23	+59/+37	+73/+51	+93/+71	+113/+91	+146/+124	+168/+146	+200/+178	+236/+214	+280/+258
100	120	−410/−630	−240/−460	−180/−400	−120/−207	−72/−126	−36/−71	−12/−34	0/−15	0/−22	0/−35	0/−54	0/−87	0/−140	0/−220	0/−350	±11	+25/+3	+35/+13	+45/+23	+59/+37	+76/+54	+101/+79	+126/+104	+166/+144	+194/+172	+232/+210	+276/+254	+332/+310
120	140	−460/−710	−260/−510	−200/−450	−145/−245	−85/−148	−43/−83	−14/−39	0/−18	0/−25	0/−40	0/−63	0/−100	0/−160	0/−250	0/−400	±12.5	+28/+3	+40/+15	+52/+27	+68/+43	+88/+63	+117/+92	+147/+122	+195/+170	+227/+202	+273/+248	+325/+300	+390/+365
140	160	−520/−770	−280/−530	−210/−460	−145/−245	−85/−148	−43/−83	−14/−39	0/−18	0/−25	0/−40	0/−63	0/−100	0/−160	0/−250	0/−400	±12.5	+28/+3	+40/+15	+52/+27	+68/+43	+90/+65	+125/+100	+159/+134	+215/+190	+253/+228	+305/+280	+365/+340	+440/+415
160	180	−580/−830	−310/−560	−230/−480	−145/−245	−85/−148	−43/−83	−14/−39	0/−18	0/−25	0/−40	0/−63	0/−100	0/−160	0/−250	0/−400	±12.5	+28/+3	+40/+15	+52/+27	+68/+43	+93/+68	+133/+108	+171/+146	+235/+210	+277/+252	+335/+310	+405/+380	+490/+465
180	200	−660/−950	−340/−630	−240/−530	−170/−285	−100/−172	−50/−96	−15/−44	0/−20	0/−29	0/−46	0/−72	0/−115	0/−185	0/−290	0/−460	±14.5	+33/+4	+46/+17	+60/+31	+79/+50	+106/+77	+151/+122	+195/+166	+265/+236	+313/+284	+379/+350	+454/+425	+549/+520
200	225	−740/−1030	−380/−670	−260/−550	−170/−285	−100/−172	−50/−96	−15/−44	0/−20	0/−29	0/−46	0/−72	0/−115	0/−185	0/−290	0/−460	±14.5	+33/+4	+46/+17	+60/+31	+79/+50	+109/+80	+159/+130	+209/+180	+287/+258	+339/+310	+414/+385	+499/+470	+604/+575
225	250	−820/−1110	−420/−710	−280/−570	−170/−285	−100/−172	−50/−96	−15/−44	0/−20	0/−29	0/−46	0/−72	0/−115	0/−185	0/−290	0/−460	±14.5	+33/+4	+46/+17	+60/+31	+79/+50	+113/+84	+169/+140	+225/+196	+313/+284	+369/+340	+454/+425	+549/+520	+669/+640
250	280	−920/−1240	−480/−800	−300/−620	−190/−320	−110/−191	−56/−108	−17/−49	0/−23	0/−32	0/−52	0/−81	0/−130	0/−210	0/−320	0/−520	±16	+36/+4	+52/+20	+66/+34	+88/+56	+126/+94	+190/+158	+250/+218	+347/+315	+417/+385	+507/+475	+612/+580	+742/+710
280	315	−1050/−1370	−540/−860	−330/−650	−190/−320	−110/−191	−56/−108	−17/−49	0/−23	0/−32	0/−52	0/−81	0/−130	0/−210	0/−320	0/−520	±16	+36/+4	+52/+20	+66/+34	+88/+56	+130/+98	+202/+170	+272/+240	+382/+350	+457/+425	+557/+525	+682/+650	+822/+790
315	355	−1200/−1560	−600/−960	−360/−720	−210/−350	−125/−214	−62/−119	−18/−54	0/−25	0/−36	0/−57	0/−89	0/−140	0/−230	0/−360	0/−570	±18	+40/+4	+57/+21	+73/+37	+98/+62	+144/+108	+226/+190	+304/+268	+426/+390	+511/+475	+626/+590	+766/+730	+936/+900
355	400	−1350/−1710	−680/−1040	−400/−760	−210/−350	−125/−214	−62/−119	−18/−54	0/−25	0/−36	0/−57	0/−89	0/−140	0/−230	0/−360	0/−570	±18	+40/+4	+57/+21	+73/+37	+98/+62	+150/+114	+244/+208	+330/+294	+471/+435	+566/+530	+696/+660	+856/+820	+1036/+1000
400	450	−1500/−1900	−760/−1160	−440/−840	−230/−385	−135/−232	−68/−131	−20/−60	0/−27	0/−40	0/−63	0/−97	0/−155	0/−250	0/−400	0/−630	±20	+45/+5	+63/+23	+80/+40	+108/+68	+166/+126	+272/+232	+370/+330	+530/+490	+635/+595	+780/+740	+960/+920	+1140/+1100
450	500	−1650/−2050	−840/−1240	−480/−880	−230/−385	−135/−232	−68/−131	−20/−60	0/−27	0/−40	0/−63	0/−97	0/−155	0/−250	0/−400	0/−630	±20	+45/+5	+63/+23	+80/+40	+108/+68	+172/+132	+292/+252	+400/+360	+580/+540	+700/+660	+860/+820	+1040/+1000	+1290/+1250

附录 B
常用零件的结构要素

表 B-1　零件倒角与圆角（摘自 GB/T 6403.4—2008）

倒角圆角形式

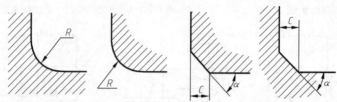

注：α 一般采用 45°，也可采用 30° 或 60°。倒圆半径、倒角的尺寸标注符合 GB/T 4458.4 的要求。

倒圆、倒角尺寸系列值　　　　　　　　　　　　单位：mm

R、C	0.1	0.2	0.3	0.4	0.5	0.6	0.8	1.0	1.2	1.6	2.0	2.5	3.0
	4.0	5.0	6.0	8.0	10	12	16	20	25	32	40	50	—

装配形式

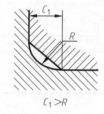 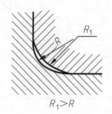 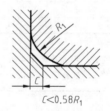 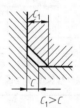

$C_1>R$　　　　　　$R_1>R$　　　　　　$C<0.58R_1$　　　　　　$C_1>C$

内角倒角、外角倒圆

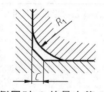

内角倒角，外角倒圆时 C 的最大值 C_{max} 与 R_1 的关系　　　　单位：mm

R_1	0.1	0.2	0.3	0.4	0.5	0.6	0.8	1.0	1.2	1.6	2.0
C_{max}	—	0.1	0.1	0.2	0.2	0.3	0.4	0.5	0.6	0.8	1.0
R_1	2.5	3.0	4.0	5.0	6.0	8.0	10	12	16	20	25
C_{max}	1.2	1.6	2.0	2.5	3.0	4.0	5.0	6.0	8.0	10	12

与直径 ϕ 相应的倒角 C、倒圆 R 的推荐值　　　　单位：mm

ϕ	<3	>3～6	>6～10	>10～18	>18～30	>30～50
C 或 R	0.2	0.4	0.6	0.8	1.0	1.6
ϕ	>50～80	>80～120	>120～180	>180～250	>250～320	>320～400
C 或 R	2.0	2.5	3.0	4.0	5.0	6.0
ϕ	>400～500	>500～630	>630～800	>800～1000	>1000～1250	>1250～1600
C 或 R	8.0	10	12	16	20	25

表 B-2　砂轮越程槽（摘自 GB/T 6403.5—2008）

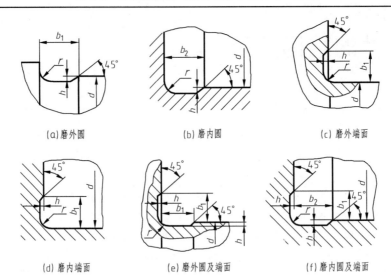

(a) 磨外圆　　　　　　　　(b) 磨内圆　　　　　　　　(c) 磨外端面

(d) 磨内端面　　　　　(e) 磨外圆及端面　　　　(f) 磨内圆及端面

回转面及端面砂轮越程槽的尺寸　　　　　　　　单位：mm

b_1	0.6	1.0	1.6	2.0	3.0	4.0	5.0	8.0	10
b_2	2.0	3.0		4.0			5.0	8.0	10
h	0.1	0.2		0.3	0.4		0.6	0.8	1.2
r	0.2	0.5		0.8	1.0		1.6	2.0	3.0
d	~10			10~50		50~100		100	

注：1. 越程槽内与直线相交处，不允许产生尖角。

2. 越程槽深度 h 与圆弧半径 r，要满足 $r \leqslant 3h$。

表 B-3　中心孔的尺寸参数（摘自 GB/T 145—2001）

A 型孔的形式和尺寸

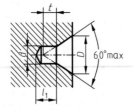 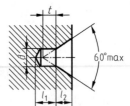

单位：mm

d	D	l_2	t 参考尺寸	d	D	l_2	t 参考尺寸
(0.50)	1.06	0.48	0.5	2.50	5.30	2.42	2.2
(0.63)	1.32	0.60	0.6	3.15	6.70	3.07	2.8
(0.80)	1.70	0.78	0.7	4.00	8.50	3.90	3.5
1.00	2.12	0.97	0.9	(5.00)	10.60	4.85	4.4
(1.25)	2.65	1.21	1.1	6.30	13.20	5.98	5.5
1.60	3.35	1.52	1.4	(8.00)	17.00	7.79	7.0
2.00	4.25	1.95	1.8	10.00	21.20	9.70	8.7

注：1. 尺寸 l_1 取决于中心钻的长度 l_1，即使中心钻重磨后再使用，此值也不应小于 t 值。

2. 表中同时列出了 D 和 l_2 尺寸，制造厂可任选其中一个尺寸。

3. 括号内的尺寸尽量不采用。

B 型孔的形式和尺寸

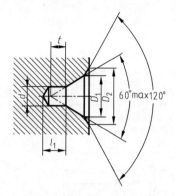
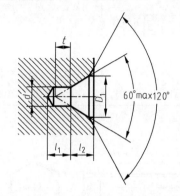

单位:mm

d	D_1	D_2	l_2	t 参考尺寸	d	D_1	D_2	l_2	t 参考尺寸
1.00	2.12	3.15	1.27	0.9	4.00	8.50	12.50	5.05	3.5
(1.25)	2.65	4.00	1.60	1.1	(5.00)	10.60	16.00	6.41	4.4
1.60	3.35	5.00	1.99	1.4	6.30	13.20	18.00	7.36	5.5
2.00	4.25	6.30	2.54	1.8	(8.00)	17.00	22.40	9.36	7.0
2.50	5.30	8.00	3.20	2.2	10.00	21.20	28.00	11.66	8.7
3.15	6.70	10.00	4.03	2.8					

注:1. 尺寸 l_1 取决于中心钻的长度 t_1,即使中心钻重磨后再使用,此值也不应小于 t 值。

2. 表中同时列出了 D_2 和 l_2 尺寸,制造厂可任选其中一个尺寸。

3. 尺寸 d 和 D_1 与中心钻的尺寸一致。

4. 括号内的尺寸尽量不采用。

表 B-4　中心孔表示法（摘自 GB/T 4459.5—1999）

	要求	规定表示法	简化表示法	说明
中心孔表示法	在完工的零件上要求保留中心孔	GB/T 4459.5-B4/12.5	B4/12.5	采用 B 型中心孔 $D=4$, $D_1=12.5$
	在完工的零件上可以保留中心孔（是否保留都可以,多数情况如此）	GB/T 4459.5-A2/4.25	A2/4.25	采用 A 型中心孔 $D=2$, $D_1=4.25$ 一般情况下,均采用这种方式
		2×A4/8.5 GB/T 4459.5	2×A4/8.5	采用 A 型中心孔 $D=4$, $D_1=8.5$ 轴的两端中心孔相同,可只在一端标注
	在完工的零件上不允许保留中心孔	GB/T 4459.5-A1.6/3.35	A1.6/3.35	采用 A 型中心孔 $D=1.6$, $D_1=3.35$

注：1. 对于标准中心孔,在图样中可不绘制其详细结构。

2. 简化标注时,可省略标准编号。

附录 C
螺纹紧固件

表 C-1 六角头螺栓（优选的螺纹规格）规格

（摘自 GB/T 5780—2016、GB/T 5781—2016、GB/T 5782—2016、GB/T 5783—2016）

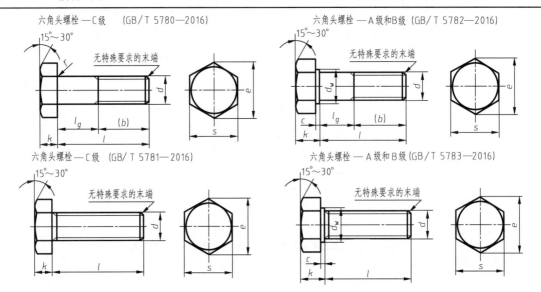

六角头螺栓—C级 （GB/T 5780—2016）　　六角头螺栓—A级和B级 （GB/T 5782—2016）

六角头螺栓—C级 （GB/T 5781—2016）　　六角头螺栓—A级和B级 （GB/T 5783—2016）

标记示例：

螺纹规格为 M12、公称长度 $l＝80$mm、性能等级为 4.8 级、表面不经处理、产品等级为 C 级的六角头螺栓的标记：螺栓 GB/T 5780 M12×80

螺纹规格为 M12、公称长度 $l＝80$mm、全螺纹、性能等级为 4.8 级、表面不经处理、产品等级为 C 级的六角头螺栓的标记：螺栓 GB/T 5781 M12×80

螺纹规格为 M12、公称长度 $l＝80$mm、性能等级为 8.8 级、表面不经处理、产品等级为 A 级的六角头螺栓的标记：螺栓 GB/T 5782 M12×80

螺纹规格为 M12、公称长度 $l＝80$mm、性能等级为 8.8 级、表面不经处理、产品等级为 A 级的六角头螺栓的标记：螺栓 GB/T 5783 M12×80

单位:mm

螺纹规格 d		M5	M6	M8	M10	M12	M16	M20	M24	M30	M36	M42	M48
b 参考	$l\leqslant125$	16	18	22	26	30	38	46	54	66	—	—	—
	$125<l\leqslant200$	22	24	28	32	36	44	52	60	72	84	96	108
	$l>200$	35	37	41	45	49	57	65	73	85	97	109	121
k 公称		3.5	4	5.3	6.4	7.5	10	12.5	15	18.7	22.5	36	30
s 公称		8	10	13	16	18	24	30	36	46	55	65	75
e	A 级	8.79	11.05	14.38	17.77	20.03	26.75	33.53	39.98	—	—	—	—
	B、C 级	8.63	10.89	14.2	17.59	19.85	26.17	32.95	39.55	50.85	60.79	71.3	82.6
r_{min}		0.2	0.25	0.4	0.4	0.6	0.6	0.8	0.8	1	1	1.2	1.6
c_{max}		0.5	0.5	0.6	0.6	0.6	0.8	0.8	0.8	0.8	0.8	1	1
$d_{w\,min}$		6.74	8.74	11.47	14.47	16.47	22	27.7	33.25	42.75	51.11	59.95	69.45
l 范围	GB/T 5780	25～50	30～60	40～80	45～100	55～120	65～160	80～200	100～240	120～300	140～360	180～420	200～480
	GB/T 5781	10～50	12～60	16～80	20～100	25～120	35～160	40～200	50～240	60～300	70～360	80～420	100～480
	GB/T 5782	25～50	30～60	40～80	45～100	55～120	65～160	80～200	90～240	110～300	140～360	160～440	180～480
	GB/T 5783	10～50	12～60	16～80	20～100	25～120	30～150	40～150	50～150	60～200	70～200	80～200	100～200
l 系列		10、12、16、20～70(5 递增)、80～160(10 递增)、180～480(20 递增)											

表 C-2 双头螺柱规格（摘自 GB/T 897～900—1988）

$b_m=1d$(GB/T 897—1988)；$b_m=1.25d$(GB/T 898—1988)；$b_m=1.5d$(GB/T 899—1988)；$b_m=2d$(GB/T 900—1988)

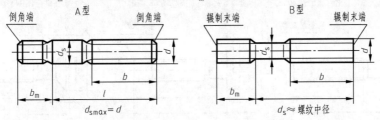

标记示例：

螺柱 GB/T 899—1988 M10×50 两端均为粗牙普通螺纹，$d=$M10，$l=50$mm，性能等级为 4.8 级，不经表面处理，B 型，$b_m=1.5d$ 的双头螺柱

螺柱 GB/T 897—1988 AM10—M10×1×50 旋入机体一端为粗牙普通螺纹，旋螺母端为螺距 $P=1$ 的细牙普通螺纹，$d=$M10，$l=50$mm，性能等级为 4.8 级，不经表面处理，A 型，$b_m=d$ 的双头螺柱

单位：mm

螺纹规格 d	b_m				l/b
	GB/T 897	GB/T 898	GB/T 899	GB/T 900	
M4	—	—	6	8	$(16\sim22)/8$、$(25\sim40)/14$
M5	5	6	8	10	$(16\sim22)/10$、$(25\sim50)/16$
M6	6	8	10	12	$(20\sim22)/10$、$(25\sim30)/14$、$(32\sim75)/18$
M8	8	10	12	16	$(20\sim22)/12$、$(25\sim30)/16$、$(32\sim90)/22$
M10	10	12	15	20	$(25\sim28)/14$、$(30\sim38)/16$、$(40\sim120)/26$、$130/32$
M12	12	15	18	24	$(25\sim30)/16$、$(32\sim40)/20$、$(45\sim120)/30$、$(130\sim180)/36$
M16	16	20	24	32	$(30\sim38)/20$、$(40\sim55)/30$、$(60\sim120)/38$、$(130\sim200)/44$
M20	20	25	30	40	$(35\sim40)/25$、$(45\sim65)/35$、$(70\sim120)/46$、$(130\sim200)/52$
M24	24	30	36	48	$(45\sim50)/30$、$(55\sim75)/45$、$(80\sim120)/54$、$(130\sim200)/60$
M30	30	38	45	60	$(60\sim65)/40$、$(70\sim90)/50$、$(95\sim120)/66$、$(130\sim200)/72$、$(210\sim250)/85$
M36	36	45	54	72	$(65\sim75)/45$、$(80\sim110)/60$、$120/78$、$(130\sim200)/84$、$(210\sim300)/97$
M42	42	52	63	84	$(70\sim80)/50$、$(85\sim110)/70$、$120/90$、$(130\sim200)/96$、$(210\sim300)/109$
M48	48	60	72	96	$(80\sim90)/60$、$(95\sim110)/80$、$120/102$、$(130\sim200)/108$、$(210\sim300)/121$
l 系列	12、(14)、16、(18)、20、(22)、25、(28)、30、(32)、35、(38)、40、45、50、55、60、(65)、70、75、80、(85)、90、(95)、100～260(10 递增)、280、300				

注：1. 尽可能不采用括号内的长度系列。

2. $b_m=1d$，一般用于钢对钢；$b_m=(1.25\sim1.5)d$，一般用于钢对铸铁；$b_m=2d$，一般用于钢对铝合金。

3. 螺纹公差为 6g，力学性能等级有 4.8、5.8、6.8、8.8、10.9、12.9 级（材料：钢），产品等级为 B 级。

4. 末端按 GB/T 2—2000 规定。

表 C-3　螺钉规格（摘自 GB/T 65—2016、GB/T 67—2016、GB/T 68—2016）

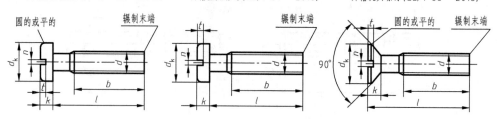

开槽圆柱头螺钉(GB/T 65—2016)　　开槽盘头螺钉(GB/T 67—2016)　　开槽沉头螺钉(GB/T 68—2016)

（无螺纹部分杆径≈中径或无螺纹部分杆径＝螺纹大径）

标记示例：
　　螺钉 GB/T 65　M5×20　螺纹规格 d＝M5，公称长度 l＝20mm，性能等级为 4.8 级，不经表面热处理的 A 级开槽圆柱头螺钉

单位：mm

d		M1.6	M2	M2.5	M3	M4	M5	M6	M8	M10
P（螺距）		0.35	0.4	0.45	0.5	0.7	0.8	1	1.25	1.5
b_{min}		25	25	25	25	38	38	38	38	38
n		0.4	0.5	0.6	0.8	1.2	1.2	1.6	2	2.5
GB/T 65—2016	d_{kmax}	3.0	3.8	4.5	5.5	7	8.5	10	13	16
	k_{max}	1.1	1.4	1.8	2.0	2.6	3.3	3.9	5	6
	t_{min}	0.45	0.6	0.7	0.85	1.1	1.3	1.6	2	2.4
	商品规格长度 l	2～16	3～20	3～25	4～30	5～40	6～50	8～60	10～80	12～80
	全螺纹长度 l	2～30	3～30	3～30	4～30	5～40	6～40	8～40	10～40	12～40
GB/T 67—2016	d_{kmax}	3.2	4	5	5.6	8	9.5	12	16	20
	k_{max}	1.0	1.3	1.5	1.8	2.4	3	3.6	4.8	6
	t_{min}	0.35	0.5	0.6	0.7	1	1.2	1.4	1.9	2.4
	商品规格长度 l	2～16	2.5～20	3～25	4～30	5～40	6～50	8～60	10～80	12～80
	全螺纹长度 l	2～30	2.5～30	3～30	4～30	5～40	6～40	8～40	10～40	12～40
GB/T 68—2016	d_{kmax}	3.0	3.8	4.7	5.5	8.4	9.3	11.3	15.8	18.3
	k_{max}	1	1.2	1.5	1.65	2.7	2.7	3.3	4.65	5
	t_{min}	0.32	0.4	0.5	0.6	1	1.1	1.2	1.8	2
	商品规格长度 l	2.5～16	3～20	4～25	5～30	6～40	8～50	8～60	10～80	12～80
	全螺纹长度 l	2.5～30	3～30	4～30	5～30	6～45	8～45	8～45	10～45	12～45
l 系列		2,2.5,3,4,5,6,8,10,12,(14),16,20,25,30,35,40,45,50,(55),60,(65),70,(75),80								

注：1. 尽可能不采用括号内的长度系列。
　　2. 本表所列螺钉的螺纹公差为 6g，力学性能等级为 4.8、5.8 级，产品等级为 A 级。

表 C-4　六角头螺母规格（摘自 GB/T 41—2000、GB/T 6170—2015、GB/T 6172—2016）

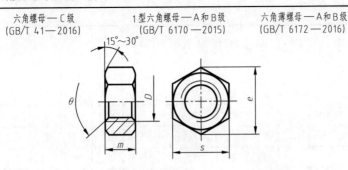

六角螺母—C 级
(GB/T 41—2016)

1 型六角螺母—A 和 B 级
(GB/T 6170—2015)

六角薄螺母—A 和 B 级
(GB/T 6172—2016)

标记示例：
螺纹规格 $D=$ M12
C 级六角螺母
螺母　GB/T 41　M12

标记示例：
螺纹规格 $D=$ M12
A 级 1 型六角螺母
螺母　GB/T 6170　M12

标记示例：
螺纹规格 $D=$ M12
A 级六角薄螺母
螺母　GB/T 6172　M12

单位：mm

螺纹规格 D		M3	M4	M5	M6	M8	M10	M12	M16	M20	M24	M30	M36
e_{min}	GB/T 41			8.63	10.89	14.20	17.59	19.85	26.17	32.95	39.55	50.85	60.79
	GB/T 6170	6.01	7.66	8.79	11.05	14.38	17.77	20.03	26.75	32.95	39.55	50.85	60.79
	GB/T 6172	6.01	7.66	8.79	11.05	14.38	17.77	20.03	26.75	32.95	39.55	50.85	60.79
s_{max}	GB/T 41			8	10	13	16	18	24	30	36	46	55
	GB/T 6170	5.5	7	8	10	13	16	18	24	30	36	46	55
	GB/T 6172	5.5	7	8	10	13	16	18	24	30	36	46	55
m_{max}	GB/T 41			5.6	6.4	7.9	9.5	12.2	15.9	19	22.3	26.4	31.9
	GB/T 6170	2.4	3.2	4.7	5.2	6.8	8.4	10.8	14.8	18	21.5	25.6	31
	GB/T 6172	1.8	2.2	2.7	3.2	4	5	6	8	10	12	15	18

注：1. A 级用于 $D{\leqslant}$M16；B 级用于 $D{>}$M16。
2. 对 GB/T 41 允许内倒角，GB/T 6170 $\theta=90°\sim120°$，GB/T 6172 $\theta=110°\sim120°$。

表 C-5　垫圈规格（摘自 GB/T 95—2002、GB/T 97.1—2002、GB/T 97.2—2002、GB/T 93—1987）

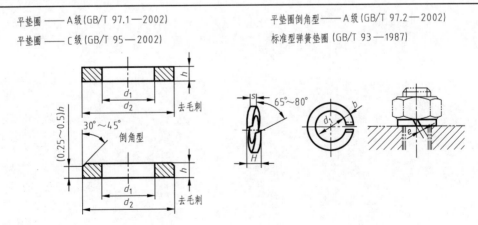

平垫圈——A 级(GB/T 97.1—2002)

平垫圈——C 级(GB/T 95—2002)

平垫圈倒角型——A 级(GB/T 97.2—2002)

标准型弹簧垫圈(GB/T 93—1987)

标记示例：
　垫圈 GB/T 95—2002 10　标准系列,公称尺寸 $d=$10mm,性能等级为 100HV 级(属于 C 级),不经表面处理的平垫圈
　垫圈 GB/T 97.2—2002 10　标准系列,公称尺寸 $d=$10mm,性能等级为 140HV 级(属于 A 级),倒角型,不经表面处理的平垫圈
　垫圈 GB/T 93—1987 10　规格为 10mm,材料为 65Mn、表面氧化的标准型弹簧垫圈

公称直径 d（螺纹规格）		4	5	6	8	10	12	14	16	20	24	30	36	42	48
GB/T 97.1—2002（A级）	d_1	4.3	5.3	6.4	8.4	10.5	13	15	17	21	25	31	37	—	—
	d_2	9	10	12	16	20	24	28	30	37	44	56	66	—	—
	h	0.8	1	1.6	1.6	2	2.5	2.5	3	3	4	4	5	—	—
GB/T 97.2—2002（A级）	d_1	—	5.3	6.4	8.4	10.5	13	15	17	21	25	31	37	—	—
	d_2	—	10	12	16	20	24	28	30	37	44	56	66	—	—
	h	—	1	1.6	1.6	2	2.5	2.5	3	3	4	4	5	—	—
GB/T 95—2002（C级）	d_1	—	5.5	6.6	9	11	13.5	15.5	17.5	22	26	33	39	45	52
	d_2	—	10	12	16	20	24	28	30	37	44	56	66	78	92
	h	—	1	1.6	1.6	2	2.5	2.5	3	3	4	4	5	8	8
GB/T 93—1987	d_1	4.1	5.1	6.1	8.1	10.2	12.2	14.2	16.2	20.2	24.5	30.5	36.5	42.5	48.5
	$s=b$	1.1	1.3	1.6	2.1	2.6	3.1	3.6	4.1	5	6	7.5	9	10.5	12
	H	2.8	3.3	4	5.3	6.5	7.8	9.0	10.3	12.5	15	18.8	22.5	26.3	30

注：1. A级适用于精装配系列，C级适用于中等装配系列。

2. A级　力学性能等级有140HV、200HV、300HV（材料：钢）；C级　力学性能等级有100HV（材料：钢）。

3. C级垫圈没有 $Ra3.2$ 和去毛刺的要求。

附录 D
键与销

表 D-1　平键及键槽各部分尺寸（摘自 GB/T 1096—2003、GB/T 1095—2003）

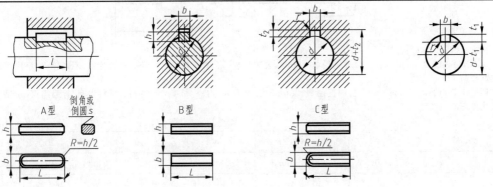

标记示例：

键 GB/T 1096 12×8×60　圆头普通平键，$b=12mm$，$h=8mm$，$L=60mm$（A 型不标出"A"）

键 GB/T 1096 B12×8×60　平头普通平键，$b=12mm$，$h=8mm$，$L=60mm$

键 GB/T 1096 C12×8×60　单圆头普通平键，$b=12mm$，$h=8mm$，$L=60mm$

单位：mm

轴	键				键　槽									
					宽度 b					深度				半径 r
						极限偏差				轴 t_1		毂 t_2		
						松连接		正常连接		紧密连接				
公称直径 d	宽度 b (h8)	高度 h (h11)	长度 L (h14)	倒角或倒圆 s	基本尺寸 b	轴 H9	毂 D10	轴 N9	毂 JS9	轴和毂 P9	基本尺寸	极限偏差	基本尺寸	极限偏差	最大	最小
---	---	---	---	---	---	---	---	---	---	---	---	---	---	---	---	---
6～8	2	2	6～20	0.16～0.25	2	+0.025 0	+0.060 +0.020	−0.004 −0.029	+0.0125	−0.006 −0.031	1.2	+0.1 0	1	+0.1 0	0.08	0.16
>8～10	3	3	6～36		3						1.8		1.4			
>10～12	4	4	8～45	0.25～0.40	4	+0.030 0	+0.078 +0.030	0 −0.030	±0.015	−0.012 −0.042	2.5		1.8		0.16	0.25
>12～17	5	5	10～56		5						3.0		2.3			
>17～22	6	6	14～70		6						3.5		2.8			
>22～30	8	7	18～90	0.40～0.60	8	+0.036 0	+0.098 +0.040	0 −0.036	±0.018	−0.015 −0.051	4.0		3.3		0.25	0.40
>30～38	10	8	22～110		10						5.0		3.3			
>38～44	12	8	28～140		12						5.0		3.3			
>44～50	14	9	36～160		14	+0.043 0	+0.120 +0.050	0 −0.043	±0.0215	−0.018 −0.061	5.5	+0.2 0	3.8	+0.2 0		
>50～58	16	10	45～180		16						6.0		4.3			
>58～65	18	11	50～200		18						7.0		4.4			
>65～75	20	12	56～220	0.60～0.80	20	+0.052 0	+0.149 +0.065	0 −0.052	±0.026	−0.022 −0.074	7.5		4.9		0.40	0.60
>75～85	22	14	63～250		22						9.0		5.4			
>85～95	25	14	70～280		25						9.0		5.4			
>95～110	28	16	80～320		28						10.0		6.4			

注：1. GB/T 1095—2003、GB/T 1096—2003 中无轴的公称直径一列，现列出仅供参考。

2. $(d-t_1)$ 和 $(d+t_2)$ 两组组合尺寸的极限偏差按相应的 t_1 和 t_2 的极限偏差选取，但 $(d-t_1)$ 极限偏差应取负号（−）。

3. L 系列 6～22（2 递增）、25、28、32、36、40、45、50、56、63、70、80、90、100、110、125、140、160、180、200、220、250、280、320。

表 D-2　普通圆柱销规格（摘自 GB/T 119.1—2000、GB/T 119.2—2000）

圆柱销 不淬硬钢和奥氏体不锈钢 (GB/T 119.1—2000)
圆柱销 淬硬钢和马氏体不锈钢 (GB/T 119.2—2000)

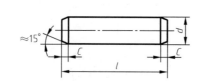
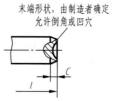

末端形状，由制造者确定
允许倒角或凹穴

标记示例：

销 GB/T 119.1　6m6×30　公称直径 $d=6$mm，公差为 m6，公称长度 $l=30$mm，材料为钢，不经淬火、不经表面处理的圆柱销

销 GB/T 119.2　10m6×50　公称直径 $d=10$mm，公差为 m6，公称长度 $l=50$mm，材料为钢，普通淬火（A 型），表面氧化处理的圆柱销

单位：mm

$d_{公称}$ m6/h8	2	3	4	5	6	8	10	12	16	20
$c\approx$	0.35	0.5	0.63	0.8	1.2	1.6	2	2.5	3	3.5
l 范围	6～20	8～30	8～40	10～50	12～60	14～80	18～95	22～140	26～180	35～200
l 系列	6～32(2 递增)、35～100(5 递增)、120～200(按 20 递增)									

表 D-3　圆锥销规格（摘自 GB/T 117—2000）

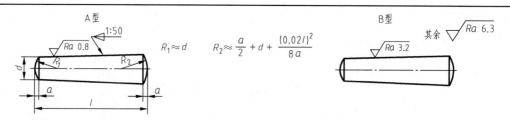

A 型

$Ra\ 0.8$　1:50

$R_1\approx d$　$R_2\approx \dfrac{a}{2}+d+\dfrac{(0.02l)^2}{8a}$

B 型

其余 $\sqrt{Ra\ 6.3}$

$\sqrt{Ra\ 3.2}$

标记示例：

销 GB/T 117 10×60　公称直径 $d=10$mm，长度 $l=60$mm，材料为 35 钢，热处理硬度 28～38HRC，表面氧化处理的 A 型圆锥销

单位：mm

d h10	2	2.5	3	4	5	6	8	10	12	16	20	25
$a\approx$	0.25	0.3	0.4	0.5	0.63	0.8	1.0	1.2	1.6	2.0	2.5	3.0
l 范围	10～35	10～35	12～45	14～55	18～60	22～90	22～120	26～160	32～180	40～200	45～200	50～200
l 系列	6～32(2 递增)、35～100(5 递增)、120～200(20 递增)											

参 考 文 献

[1] 全国技术产品文件标准化技术委员会，中国标准出版社第三室. 技术产品文件标准汇编. 机械制图卷
     ［M］. 2 版. 北京：中国标准出版社，2009.
[2] 唐克中，郑镁. 画法几何及工程制图［M］. 5 版. 北京：高等教育出版社，2017.
[3] 何铭新，钱克强，徐祖茂. 机械制图［M］. 6 版. 北京：高等教育出版社，2010.
[4] 大连理工大学工程画教研室编. 机械制图［M］. 5 版. 北京：高等教育出版社，2003.
[5] 何培英，段红杰. 机械零部件测绘实用教程［M］. 北京：化学工业出版社，2019.
[6] 朱冬梅，胥北澜，何建英. 画法几何及机械制图［M］. 6 版. 北京：高等教育出版社，2008.
[7] 车世明. 机械识图［M］. 北京：清华大学出版社，2009.
[8] 蒲良贵，纪名刚. 机械设计［M］. 8 版. 北京：高等教育出版社，2006.
[9] 樊宁，何培英. 典型机械零部件表达方法 350 例［M］. 北京：化学工业出版社，2016.
[10] 大连理工大学工程画教研室编. 画法几何学［M］. 6 版. 北京：高等教育出版社，2003.
[11] 樊宁，何培英. 机械图识读从入门到精通［M］. 北京：化学工业出版社，2018.
[12] 何培英，贾雨，白代萍. 机械工程图学习题集［M］. 武汉：华中科技大学出版社，2016.